国家出版基金项目
NATIONAL PUBLICATION FOUNDATION

国家“十三五”重点图书
中宣部主题出版物

长江巨变70年丛书

缚龙捉鳖

1949—2019

长江防洪减灾70年

徐照明——等编著

长江出版社
CHANGJIANG PRESS

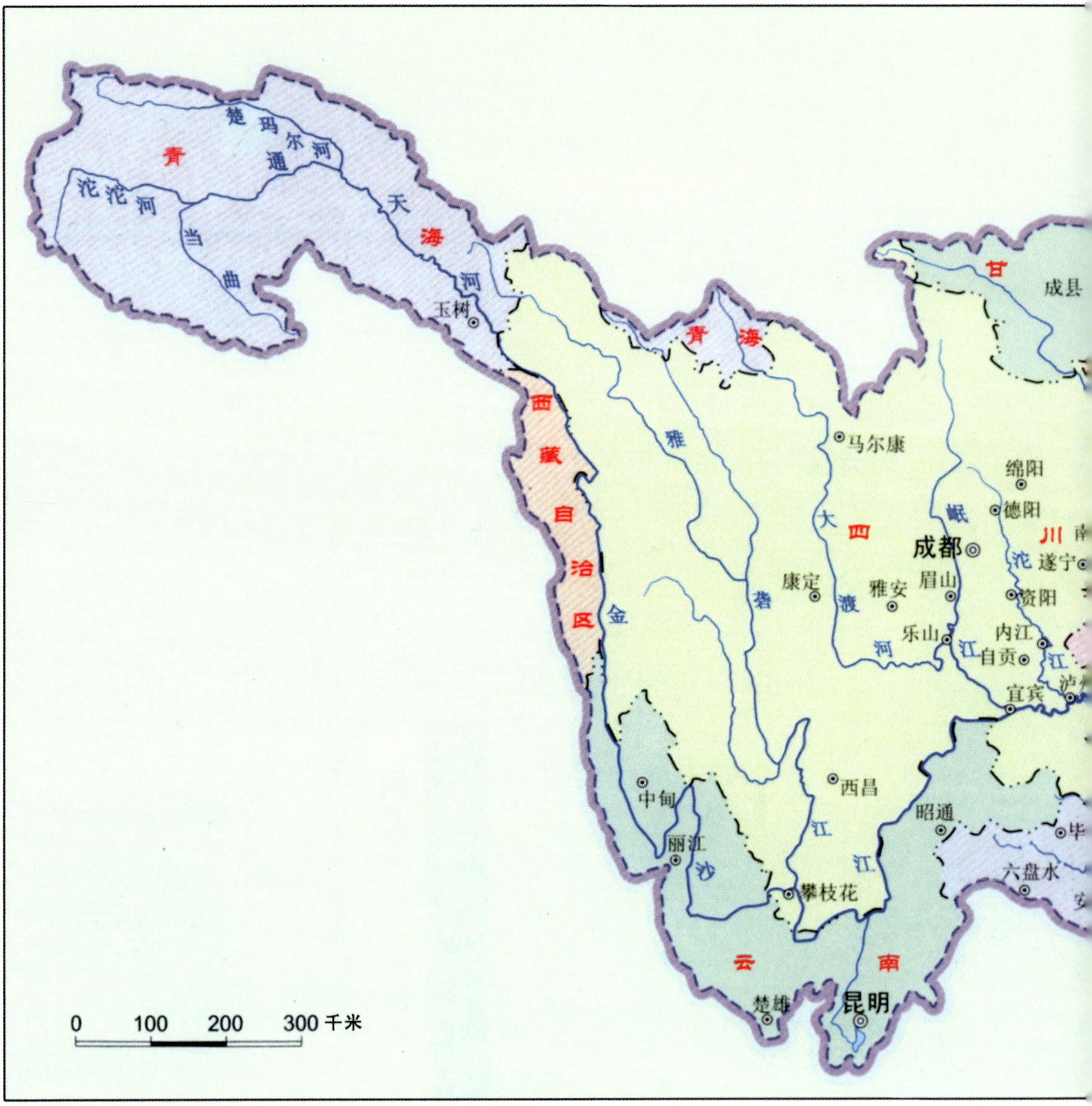
青
海
楚
玛
尔
河
通
沱沱河
当
曲
天
河
玉树
青
海
西
藏
自
治
区
甘
成县
雅
马尔康
绵阳
德阳
四
川
大
成都
岷
沱
遂宁
康定
雅安
眉山
资阳
金
砻
渡
乐山
内江
自贡
河
江
江
宜宾
中甸
西昌
丽江
沙
江
江
昭通
六盘水
攀枝花
云
南
楚雄
昆明
0
100
200
300 千米

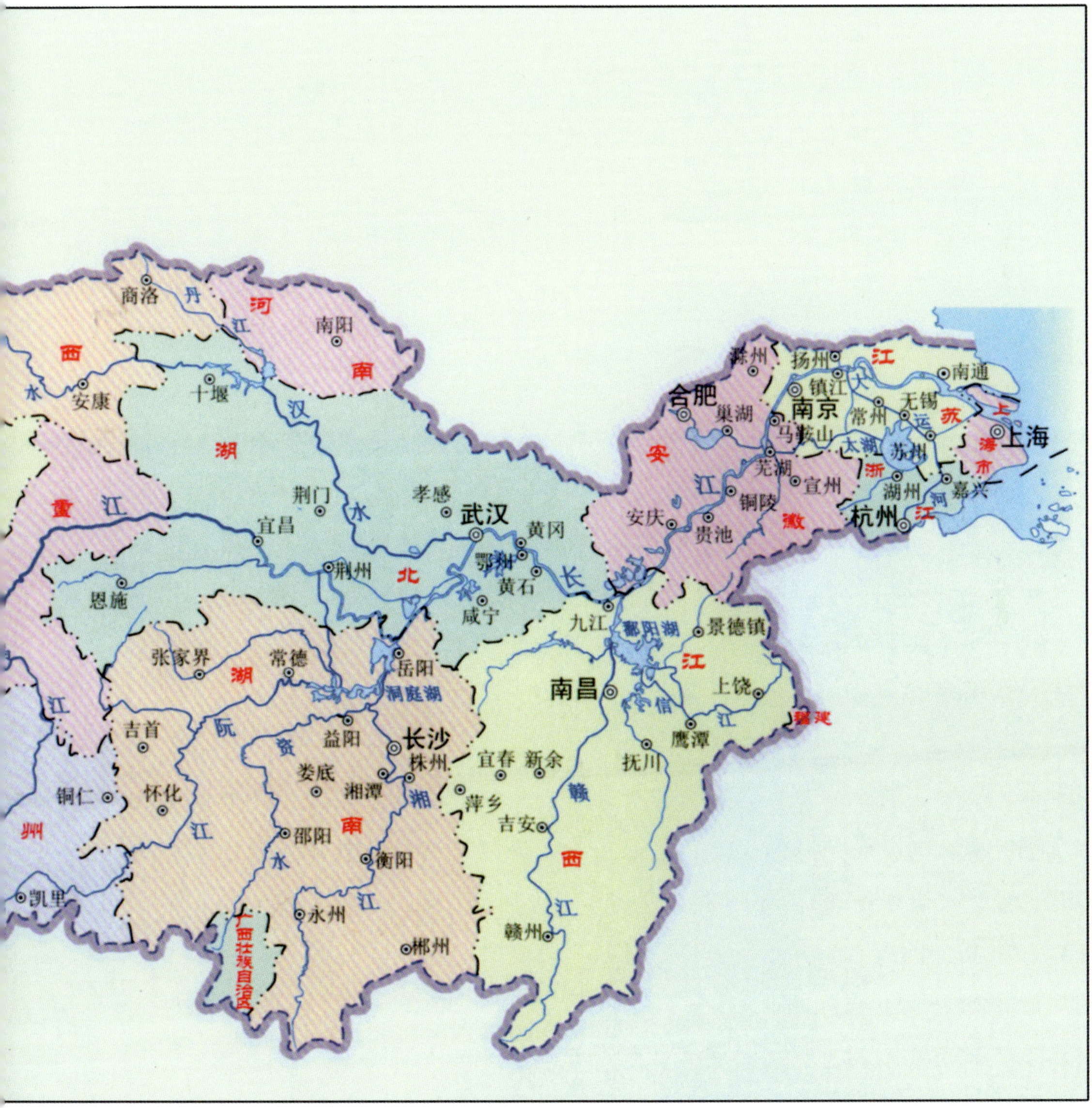
商洛
丹江
河南
南阳
西
水
安康
十堰
汉水
湖北
荆门
孝感
武汉
黄冈
宜昌
荆州
鄂州
黄石
长江
咸宁
恩施
九江
鄱阳湖
景德镇
张家界
常德
湖南
岳阳
洞庭湖
南昌
上饶
信江
吉首
益阳
长沙
株州
资水
湘江
宜春
新余
抚川
鹰潭
娄底
湘潭
萍乡
赣江
铜仁
怀化
沅江
邵阳
衡阳
吉安
江西
凯里
永州
郴州
赣州
广西壮族自治区
滁州
扬州
镇江
南通
合肥
巢湖
南京
马鞍山
常州
无锡
上海
安徽
芜湖
太湖
苏州
江苏
浙江
宣州
湖州
嘉兴
安庆
铜陵
贵池
杭州
上海市
福建
运河

长江流域图

总前言

岁月不居，天道酬勤。2019年，最难忘的是隆重庆祝新中国成立70周年。我们为共和国70年的辉煌成就喝彩，被爱国主义的硬核力量震撼。大江南北披上红色盛装，人们脸上洋溢着自豪的笑容，《我和我的祖国》在大街小巷传唱。这一切，汇聚成礼赞新中国、奋斗新时代的前进洪流，给我们增添了无穷力量。共和国栉风沐雨的70年，也是长江治理保护的70年。作为世界第三、中国第一大江河，长江不仅是中华文明的摇篮之一，也是中国经济社会可持续发展的重要命脉。治理好、利用好、保护好长江，不仅是长江流域4亿多人民的福祉所系，而且关系着全国经济社会发展的大局。1950年2月24日，新中国刚刚成立4个月，中央人民政府就批准成立水利部长江水利委员会。70年来，一代代长江委人坚守为党和人民守护好长江的初心，推动治江事业取得了举世瞩目的成就。

长江是中华民族的母亲河，也是中华民族发展的重要支撑。但是新中国成立前，长江洪涝灾害频繁，平均每10年发生一次较大洪水。治国先治水，新中国成立仅4个月就组建了长江委。70年来，在党中央、国务院的亲切关怀下，我们肩负起为党和人民守护长江的重任，开启了长江治理与保护的新纪元，推动长江流域发生了翻天覆地的变化：以防洪为重点的治江三阶段计划提出实施，开展了大规模水利建设；流域综合规划3次修编，描绘了治江事业发展的美好蓝图；治江基础资料日益积累，摸清了母亲河的家底；科技平台和综合站网建设持续加强，夯实了治江管水的基础；大国重器三峡工程建成运行，实现了中华民族百年梦想；“人间天河”南水北调工程顺利通水，创造了人工调水世界奇迹；3900千米中下游干流堤防全面加固，筑牢了防洪保安的“水上长城”；100座水工程实施联合统一调度，减轻了水旱灾害损失；长江大保护战略深入实施和河湖长制全面推行，改善了流域万水千山面貌；水利改革发展总基调贯彻落实，提升了流域治理水平和能力；西南诸河（澜沧江及以西）纳入统一管理，扩大了流域管理的职责和范围；60多个国家、地区和国际组织纳入“朋友圈”，助力“一带一路”走深走实……七十载励精图治、团结拼搏，令昔日桀骜不驯、灾害频发的长江已经成为一条洪行其道、惠泽人民的安澜巨川，更是成为实现中国梦的重要战略支点。

回首波澜壮阔的70年，这是一部兴利除害、造福人民的治理史，是一部依法管江、绿色发展的保护史，是一部人才辈出、成果丰硕的创新史，更是一部坚守初心、勇担使命的奋斗史。我们为70年来取得的辉煌成就感到无比骄傲与自豪！

70年在历史长河中如沧海一粟，昨天的辉煌已经载入史册，明天的奋斗更加恢宏壮阔。进入新时代，习近平总书记高度重视长江保护与治理，两次视察长江并亲自擘画了长江大保护的宏伟蓝图，人民群众对防洪保安全、充足水资源、优质水环境、健康水生态有了新期待，水利部提出了水利改革发展总基调，治江形势发生了深刻变化。“为长江经济带高质量发展提供全面的水利支撑和保障，使长江永远润泽华夏、造福人民”成为我们新的历史使命，我们已经站在一个新的历史起点上，开启了历史性跨越的新航程。

七十载大江东去，九万里风鹏正举。忆往昔，人水和谐蓝图绘；看今朝，治理保护正扬帆。让我们高举习近平新时代中国特色社会主义思想伟大旗帜，积极响应建设“幸福河”的伟大号召，不忘初心，牢记使命，奋楫激浪，砥砺前行，当好新时代长江的守护者和长江大保护的先行者，为流域经济社会高质量发展提供更加坚实有力的水利支撑与保障，以永不懈怠的奋斗精神开启时代新征程，以一往无前的奋斗姿态再创历史新荣光！

长江堤防建设

前 言

长江是中华民族的母亲河，是中华民族发展的重要支撑，是长江经济带发展、长江三角洲一体化发展等国家战略的重要依托。保护好、治理好长江，不仅是长江流域4亿多人民的福祉所系，也关系到全国经济和社会可持续发展的大局，具有十分重要的战略意义。

新中国的成立，开创了长江治理开发与保护的新纪元。1950年2月，经中央人民政府批准，以治理开发长江、防治水患为主要任务的流域管理机构——水利部长江水利委员会（简称长江委，1956年10月至1989年6月称长江流域规划办公室，简称长办）在湖北武汉正式成立。70年来，一代代长江委人坚守为党和人民守护好长江的初心，与流域人民一道，同心协力，努力奋斗，推动治江事业取得了举世瞩目的成就，尤其是长江流域防洪减灾体系的逐步建立，为流域经济社会发展和人民生活幸福安康提供了保障。

防洪规划研究持续开展，有效指导了不同时期的长江防洪建设。以防洪为主的治江三阶段战略计划提出实施，为长江防洪治理提出了总的方向；1972年和1980年两次长江中下游防洪座谈会的召开，奠定了长江防洪总体布局的基础；《长江流域综合利用规划要点报告》（以下简称《要点报告》）、《长江流域综合利用规划简要报告（1990年修订）》（以下简称《简要报告》）、《长江流域综合规划（2012—2030年）》三次流域综合规划修编和《长江流域防洪规划》的批复，描绘了以防洪为首要任务的治江事业发展的美好蓝图。

防洪减灾体系基本建立，长江防洪体系建设取得了巨大的成就。目前长江流域基本建成了以堤防为基础，三峡工程为骨干，其他干支流水库、蓄滞洪区、河道整治相配合，平垸行洪、退田还湖、水土保持等工程措施和防洪非工程措施相结合的防洪减灾体系。长江中下游3900余千米干流堤防全线达标，汉江遥堤、赣抚大堤等重要支流堤防达到规划标准，洞庭湖区、鄱阳湖区重要堤防和洞庭湖湘资沅澧四水、鄱阳湖赣抚信饶修五河等其他主要支流堤防防洪能力明显提高；长江干支流已建成包括三峡、丹江口水库在内的重要防洪水库54座，防洪库容约624亿立方米，在拦洪削峰、减轻中下游防洪压力方面作用显著；长江中下游干流逐步实施了蓄滞洪区建设；开展了长江中下游干流河道治理，对直接危及重要堤防安全的崩岸段和部分河势变化剧烈的河段进行了治理，目前河势基本稳定；实施了平垸行洪、退田还湖圩垸1400余处，恢复调蓄容积约178亿立方米；中小河流治理、山洪灾害防治、重点易涝区治理、病险水库除险加固等防洪薄弱环节建设持续推进；已建成报汛站达13000多个，初步建立了水情信息采集系统，其他通信预警系统及各种管理法律法规等非工程措施也正逐步完善。

新中国成立70年来，长江流域相继发生了1954年、1981年、1983年、1991年、1996年、1998年、1999年、2010年、2012年、2016年、2017年等多次大洪水。在党中央、国务院的坚强领导下，长江委与流域人民并肩战斗，依托逐步完善的综合防洪减灾体系，依靠全社会的广泛参与，依赖精确预报和科学调度，战胜了历次大洪水，有效应对了频繁发生的台风和山洪灾害袭击，夺取了抗洪救灾斗争的重大胜利，最大限度地减轻了灾害损失，确保了人民群众的生命安全，确保了长江干堤、大中城市和重要基础设施的安全，旧中国长江水患频繁的局面得到改观，昔日桀骜不驯、多灾多难的长江已经成为一条洪行其道、惠泽人民的安澜巨川，更是成为实现中国梦的重要战略支点。

回首往昔，长江防洪治理走过了70年如歌征程，谱写了震古烁今的灿烂篇章，取得了举世瞩目的巨大成就。展望未来，随着长江经济带发展战略的深入实施、

"两个一百年"奋斗目标的逐步贯彻，人民群众对防洪保安有了新期待，治江形势发生了深刻变化，我们站在为实现百年治江宏图而奋斗的新的历史起点，开启了历史性跨越的新航程。所以，编撰本书是系统总结长江防洪治理历程以及取得的成就与经验的需要，同时为新时期长江防洪减灾举措提供思路。本书共分为八章，第一章系统分析了长江洪水和洪灾的特性；第二章在总结长江防洪特点的基础上，回顾了长江防洪治理的历程；第三章分阶段阐述了流域防洪规划研究的要点，突出了防洪规划方案的与时俱进和重要指导作用；第四章和第五章分别介绍了长江防洪工程建设和非工程措施建设历程及成就；第六章总结了流域内重点和重要城市防洪建设取得的进展；第七章介绍了长江防汛工作任务和调度程序，从典型洪水年防汛实践中总结了防汛工作的规律、经验、短板与出路；第八章分析了新时期长江防洪减灾面临的形势和挑战，提出了贯彻人水和谐防洪理念的长江防洪减灾重要举措。

全书共分八章，由徐照明担任主编。第一章由王乐撰写，第二章由要威、余建平撰写，第三章由张黎明撰写，第四章由杨哲江、余建平写，第五章由游中琼撰写，第六章由李昌文撰写，第七章由李安强撰写，第八章由徐照明撰写。全书由徐照明主持，具体王乐、李昌文组稿、统稿，由王翠平、郭铁女校稿。

本书高程系统除特殊注明外，均采用冻结吴淞基面。

编　者

2020 年 5 月

目　录

第一章　长江洪水与洪灾……1

第一节　长江洪水……2

第二节　长江洪灾……19

第二章　长江防洪的特点及治理历程……38

第一节　长江防洪的特点……39

第二节　长江防洪保护区基本情况……41

第三节　长江防洪治理历程……50

第三章　长江防洪规划研究……56

第一节　长江流域防洪规划研究……58

第二节　重要支流防洪规划研究……90

第四章　长江防洪工程建设……97

第一节　堤防工程……99

第二节　蓄滞洪区……115

第三节　防洪水库……140

第四节　河道整治工程……152

第五节　中小河流治理、山洪灾害防治及平垸行洪、退田还湖……162

第六节　水土保持建设……165

第五章　长江防洪非工程措施建设……169
第一节　洪水监测预报预警……170
第二节　长江防御洪水方案和防洪预案……178
第三节　长江水工程群联合调度……182
第四节　防洪政策法规……186
第五节　防洪管理……191
第六章　城市防洪工程……207
第一节　流域城市防洪建设概况……207
第二节　重点城市的防洪建设……209
第三节　重要城市的防洪建设……225
第七章　长江防汛……238
第一节　防汛方针与长江防汛任务……239
第二节　长江防汛工作……240
第三节　长江防汛调度……243
第四节　典型洪水年防汛纪实……246
第五节　长江防汛的规律、经验、短板与出路……263
第八章　新时期长江防洪面临的形势及展望……272
第一节　新时期长江防洪减灾面临的形势和挑战……272
第二节　新时期长江防洪减灾需贯彻人水和谐的理念……275
第三节　新时期长江防洪减灾的重要举措……278

附件1：国务院关于长江流域防洪规划的批复（国函〔2008〕62号） ……285
附件2：国务院关于长江流域综合规划（2012—2030年）的批复
（国函〔2012〕220号） ……286
附件3：中共中央、国务院关于灾后重建、整治江湖、兴修水利的若干意见
（中发〔1998〕15号） ……287
附件4：国务院批转水利部关于加强长江近期防洪建设若干意见的通知
（国发〔1999〕12号） ……293
附件5：国务院批转水利电力部制定的《黄河、长江、淮河、永定河防御特大洪水方案》（国发〔1985〕79号）
——《长江防御特大洪水方案》部分 ……298
附件6：国家防总批复的《长江洪水调度方案》（国汛〔2011〕22号） ……301
附件7：国务院批复的《长江防御洪水方案》（国函〔2015〕124号） ……309
附件8：《长江流域防汛抗旱应急预案》（长防总〔2016〕17号）部分 ……316

附图 ……339

第一章

长江洪水与洪灾

长江流域的洪水主要由暴雨形成。长江上游直门达以上少有洪水，径流量主要由融冰化雪形成；金沙江洪水由暴雨和融冰化雪共同形成。宜宾至宜昌河段有川西暴雨区和大巴山暴雨区，岷江、沱江和嘉陵江洪水相互遭遇，易形成寸滩、宜昌站峰高量大的洪水。宜昌至螺山河段洪水主要来自长江上游以及清江、洞庭湖水系，此间有湘西北、鄂西南暴雨区。螺山至汉口河段洪水除主要来自螺山以上外，汉江的加入对这一河段的洪水也有较大影响。汉口以下河段有大别山和江西两个暴雨区，江西九岭至安徽黄山一带暴雨区暴雨频次多、雨量大、范围广，是汉口以下洪水的主要来源之一。大通以下为感潮河段，受上游来水和潮汐双重影响，长江口主要受风暴潮影响。

长江流域洪水发生的时间和地区分布与暴雨一致，一般是中下游早于上游，江南早于江北。中下游鄱阳湖水系、洞庭湖水系的湘江、资水、沅水一般为4—7月，澧水与清江、乌江为5—8月，金沙江下游和四川盆地各水系为6—9月，汉江为7—10月。一般年份各河洪峰互相错开，中下游干流可顺序承泄中下游支流和上游干支流洪水，不致造成大的洪灾。但如气象异常，干支流洪水遭遇，会形成大洪水或特大洪水。

按暴雨地区分布和覆盖范围大小，通常将长江大洪水分为两类：一类是区域性大洪水，历史上的1860年、1870年及1935年、1981年、1991年、2016年、2017年洪水即为此类；另一类为流域性大洪水，1931年、1954年、1998年和历史上的1788年、1849年洪水即属此类。此外，山丘区可由短历时、小范围大暴雨引起突发性洪水；地震、滑坡等形成堰塞湖溃决洪水，上游高海拔地区存在冰湖溃决洪水；长江河口三角洲地带受风暴潮威胁。

长江流域的洪灾基本上由暴雨洪水形成。除海拔3000米以上青藏高原的高寒、少雨区外，凡是有暴雨和暴雨洪水行经的地方，都可能发生洪灾。所以长江流域洪灾分布范围广泛，在山区、丘陵区、平原区、河口区都可能发生程度不同的各种洪水灾害。长江洪灾类型有：山丘区因暴雨引起的山洪及诱发的泥石流和滑坡灾害；因上中游干支流洪水上涨漫溢，造成冲毁、淹没两岸河谷阶地的灾害；中下游干流及其支流洪水泛滥或堤防溃决造成平原区大片土地淹没的灾害；河口滨海地区受台风暴潮侵袭而造成海塘溃决的灾害等。

长江上游地区多属山地、丘陵及盆地，上游洪灾主要影响四川省、重庆市和云南省。长江上游和支流山丘区洪水一般具有峰高、来势迅猛、历时短和灾区分散的特点，局部区域性大洪水有时也造成局部地区的毁灭性灾害，山洪灾害常造成大量人员伤亡。1981 年 7 月，成都平原和四川、重庆腹地的岷江、沱江、嘉陵江发生特大洪水灾害，受淹农田 1311 万亩，受灾人口 1584 万人，死亡 888 人，成渝、宝成、成昆铁路运输中断 10 ～ 20 天，倒塌房屋 139 万间；1870 年，长江上游出现了 800 多年来最大的一次特大洪水灾害。

长江中下游沿江两岸是我国经济社会发展的重要区域，而两岸平原区地面高程一般低于汛期江河洪水位数米至十数米，洪水灾害频繁、严重，一旦堤防溃决，淹没时间长，损失大。1931 年、1935 年大洪水，长江中下游死亡人数分别为 14.5 万人、14.2 万人；1954 年洪水为长江流域百年来最大洪水，长江中下游共淹农田 4755 万亩，死亡 3 万余人，京广铁路不能正常通车达 100 天；1998 年大洪水长江中下游受灾范围遍及 334 个县（市、区）5271 个乡镇，倒塌房屋 212.85 万间，死亡人口 1562 人。

长江口地区是我国经济最发达的地区之一，也是台风暴潮频繁发生的地区。1949 年上海市遭受强台风袭击，造成房屋倒塌 6 万余间，死 1600 多人；1997 年受 9711 号台风影响，上海出现台风、暴雨和天文大潮三碰头的局面，全市受灾人口 15.34 万人，死亡 7 人，倒塌房屋 540 间。

第一节　长江洪水

一、长江流域的暴雨

长江流域地处欧亚大陆东岸，濒临西太平洋，属典型的亚热带季风气候区域，雨带和暴雨的分布都有明显的季节变化。长江流域的暴雨以日降水量大于 50 毫米为标准，其中，日降水量在 100 ～ 200 毫米的为大暴雨，日降水量大于 200 毫米的为特大暴雨。通常以一年出现暴雨的天数的多寡反映一个地区暴雨的频繁程度，以暴雨天数的月分配及年际变化反映暴雨的时间分布特征。

（一）暴雨天气系统

长江流域暴雨天气系统主要有冷锋低槽、低涡切变、梅雨锋及热带气旋（台风）等。冷锋低槽和低涡切变天气系统在全流域都能受其影响。金沙江下游，岷江、沱江、嘉陵江，汉江中上游及三峡区间的暴雨天气系统以西南低涡为主；乌江流域以冷锋低槽、南北向切变和长江横切变为主；长江中下游以梅雨锋、低涡切变和台风为主。梅雨锋是造成长江中下游大范围暴雨的主要天气系统，台风是造成长江中下游特大暴雨的天气系统，长江上游的东南部可受其间接影响。

（二）暴雨的时空分布

1. 暴雨发生时间

长江流域暴雨的季节变化同夏季风活动、副热带高压的季节性位移有密切的关系。每年 3 月至 4 月间，夏季风随副热带高压西伸北跳而入侵长江流域，并逐渐自东南向西北推进。首先是东南季风从流域东部入侵，4 月以后东南季风开始影响长江中下游地区，江南最早进入雨季并形成多雨区。5 月，副热带高压脊线在 20° N 以南，南北气流在江南对峙，暴雨区主要在湘赣水系。6 月中旬，副热带高压脊线北跳并稳定在 20° N～25° N 之间，随着西南季风加强，长江中下游梅雨季节开始，洞庭湖、鄱阳湖、乌江流域暴雨迭现。7 月上旬后期，副热带高压脊线再次北跳跃过 25° N，长江流域梅雨结束，多雨区北移到四川盆地及黄、淮地区，长江上游暴雨明显增加。8 月中旬，脊线北移到 30° N，主要雨带北上移到川北、陕西一带，岷江、沱江、嘉陵江、汉江上游形成暴雨区。9 月，脊线南撤到 25° N，锋面在川黔山地和汉江上游受山脉阻挡，有时呈半静止状态，使这一带形成连阴雨天气，时有暴雨发生。10月以后，副热带高压脊线南退到 20° N 以南，长江雨季和暴雨随之结束。由此可见，暴雨的季节变化与雨带的季节变化相一致。

长江流域雨季集中在 5—10 月，暴雨出现时间一般中下游早于上游，江南早于江北。降雨分布的一般规律是：5 月份雨带主要分布在湘、赣水系；6 月中旬至 7 月中旬，雨带徘徊于长江干流两岸，中下游为梅雨季节，上游雨带呈东西向分布，江南雨量大于江北；7 月中旬至 8 月上旬，雨带移至四川和汉江流域，上游除乌江降水稍微减少以外，其他地区都有所增加，主要雨区在四川西部呈东北、西南向带状分布；8 月中下旬，雨带北移至黄河、淮河流域，长江流域有时出现伏旱现象；9 月，雨带又南旋回至长江中上游，长江上游降水中心从四川西部移到东部，川西雨量大为减少。

长江中下游南岸 2—3 月就开始有暴雨出现，而汉江、嘉陵江、岷江、沱江、乌江则 4 月才开始出现暴雨；雅砻江和大渡河部分地区只有 7 月、8 月才有暴雨发生。暴雨结束时间与开始时间相反，自流域西北向东南推迟。长江上游和中游北岸大多于 9—10 月结束，长江中下游南岸多于 11 月结束。

暴雨出现最多的连续 4 个月时间，上游和中下游不尽相同，赣江和湘江上游为 4—7 月，中游南岸和下游大多为 5—8 月，长江上游大部和中游北岸为 6—9 月。暴雨出

现最多的月份，中下游南岸和乌江大部为6月，其暴雨日数可占全年的30%，而中下游北岸、澧水上游、嘉陵江等地为7月，可占全年的30%～50%，岷江、沱江和金沙江下游为8月，其次为7月，7、8两月暴雨日数可占全年的80%，有的地区如雅砻江冕宁一带、渠江和大巴山南坡为9月。金沙江下游、乌江下游、渠江和汉江上游7月、9月多暴雨，8月相对较少，有些年份秋季暴雨十分突出，易造成秋季大洪水，如1983年10月汉江暴雨洪水。

2. 暴雨地区分布

从长江流域多年平均年暴雨日数等值线图（图1.1–1）可见，长江流域除金沙江巴塘以上，雅砻江雅江以上及大渡河上游共约35万平方千米地区，因地势高、水汽条件差，基本无暴雨外，其他广大地区均有暴雨。其分布趋势为：上游四川盆地西北部边缘向盆地腹部及西部高原递减，中下游自东南向西北递减。山区多于河谷和平原，迎风坡多于背风坡。

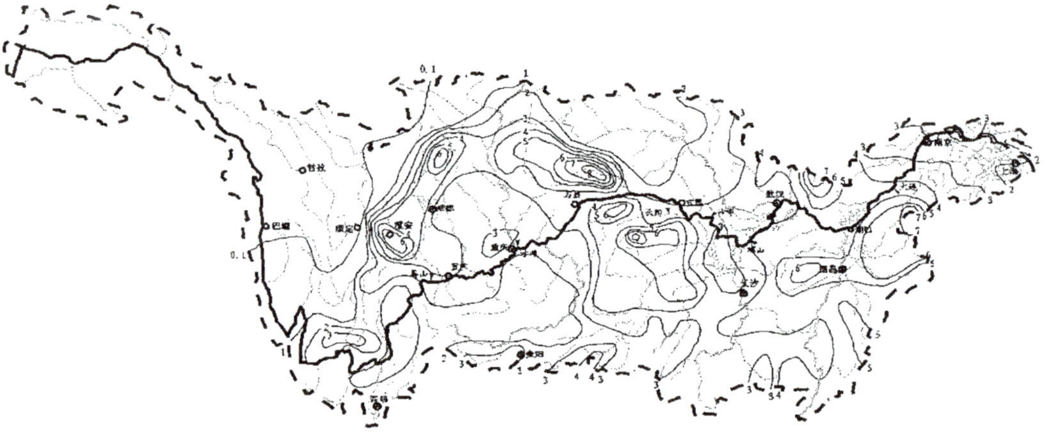

图1.1–1 长江流域多年平均年暴雨日数等值线图

全流域有5个暴雨区，多年平均年暴雨日数在5天以上，按其范围大小依次是：

1）江西暴雨区。该区是长江流域最大的一个多暴雨区，范围延伸到安徽南部，其中有两个暴雨中心，一个位于江西省甘坊，一个位于安徽省黄山。黄山气象站多年平均年暴雨日数为8.9天，是长江流域暴雨最多之地。由于该暴雨区位于长江下游南岸，对鄱阳湖水系洪水形成有重要作用。

2）湘西北、鄂西南暴雨区。该区有两个暴雨中心，分别位于清江北岸的湖北省建始县瑱厂坪和澧水流域的大坪站，平均年暴雨日数分别为7.3天和8.7天。这个暴雨区是清江、澧水、沅江洪水的主要来源区。

3）大巴山暴雨区。该区分布于陕南、川东北和鄂西北一带，是渠江、汉江上游及三峡区间雨洪的主要来源区，其中有两个暴雨中心，分别位于四川省万源市和重庆市巫溪县的建楼站，平均年暴雨日数为 5.8 天和 7.7 天。

4）川西暴雨区。该区位于四川盆地向川西高原的过渡地带，是长江上游面积最大的暴雨区，有两个暴雨中心，一个位于峨眉山，另一个位于绵竹县的汉王场，平均年暴雨日数均为 6.9 天，是金沙江下段、岷江、沱江和嘉陵江雨洪的主要来源。

5）大别山暴雨区。暴雨中心湖北省英山县田桥站平均年暴雨日数为 6.6 天。

上述五处多暴雨区也是年降水量多的地区，其中有两处在长江上游北岸，是长江三峡雨洪的主要来源。长江上游的暴雨大多自西向东或自西北向东南移动，恰与川江洪水传播方向一致，易形成上游峰高量大的洪水。湘西北、鄂西南暴雨区是仅次于江西暴雨的第二大暴雨区，是宜昌至汉口河段洪水的主要来源之一。大别山和江西两个暴雨区位于汉口至大通区间，江西暴雨区范围广，暴雨频次多，暴雨持续时间也较长，是汉口至大通区间洪水的主要来源之一。

（三）暴雨类型

根据暴雨动态，可将暴雨分为稳定型暴雨和移动型暴雨两类。

1. 稳定型暴雨

稳定型暴雨是指暴雨在某地出现后，就地持续 2 ～ 3 天以上，雨区位置变动不大。

长江中下游梅雨锋暴雨和长江上游的川西阻塞型暴雨是较稳定的暴雨。由江淮梅雨锋产生的暴雨，一般在 6 月中下旬至 7 月上旬发生在长江中下游地区。此时，西风带大气环流稳定，中纬度地区短波槽活动频繁，西太平洋副热带高压脊维持在 20° N ～ 22° N之间，在这样的环流形势下，带有气旋波动的梅雨锋徘徊于长江流域，造成长江中下游广大地区持续或频繁往复的暴雨天气过程。在中下游地区一次暴雨可持续 8 天（如 1982 年 6 月 14 日至 22 日），雨区多呈东—西向带状。梅雨锋暴雨由于范围广、降水总量大，也属大范围暴雨类型，常造成长江流域大范围严重洪水。如 1954 年 7 月就有 7 次暴雨过程，累计暴雨范围达 200 万平方千米，造成的洪涝灾害极为严重。1931 年和 1949 年 7 月的暴雨也属此类型。川西阻塞型暴雨多发生在 7—8 月川西地区及四川盆地。此时，西太平洋副热带高压西伸稳定，乌拉尔山地区上空对流层中部有阻塞高压，巴尔喀什湖地区上空常为一低压槽且较稳定，不断分裂小槽东移，造成川西地区持续暴雨，持续时间 5 ～ 6 天，雨区呈东北—西南向带状。这类暴雨相对范围不如前者大，常造成岷江、沱江的大洪水。

2. 移动型暴雨

长江流域内 85% 的地区均会发生移动型暴雨。其移动方向有：①自西北向东南移动，这一类型出现最多；②自西向东移动，主要发生在长江中下游干流地区；③自西南向东北移动，主要发生在上游地区。

暴雨强度特大的地区性暴雨的特点是：暴雨集中于某一地区，暴雨中心移动范围不大，暴雨强度特大。如1935年7月鄂西五峰大暴雨，1981年7月中旬四川大暴雨，暴雨中心的一日、三日降水量都创当地历史最高纪录，这种暴雨常造成局部地区的特大洪水。1870年7月、1896年9月长江上游的大暴雨也属地区性大暴雨。

（四）暴雨笼罩面积

暴雨笼罩面积是指日降水量图上50毫米以上成片雨区面积。长江上游一日暴雨覆盖面一般比中下游地区小，暴雨面积在40000平方千米以下的约占75%；50000～80000平方千米的占19%；90000平方千米以上的仅占6%。大面积暴雨大多发生在川东，1973年6月30日在川东、黔北发生了一次笼罩面积超过150000平方千米的大暴雨。中下游地区暴雨面积在40000平方千米以下的占46%；50000～80000平方千米的占28%，90000～140000平方千米的占23%，150000平方千米以上的暴雨占3%。中下游90000平方千米以上大范围暴雨多发生在鄱阳湖、洞庭湖及下游干流一带，全流域暴雨面积最大一次达250000平方千米，发生在1954年6月25日，且持续3天大于150000平方千米，即24日为213000平方千米，26日为180000平方千米。

（五）暴雨最大值

24小时降雨，全流域以1951年8月17日江西省庐山植物园的900毫米为最大；上游以四川省夹江县千佛岩的565毫米为最大，发生在1938年7月11日。全流域最大三日暴雨发生在1935年7月3日至5日长江中游地区的湖北省五峰县，雨量为1076毫米；下游地区以1963年7月13日至15日安徽省潜山县大水河的959毫米为最大。

二、长江流域的洪水

（一）长江洪水的形成

长江流域的洪水主要由暴雨形成，除青藏高原外，流域内各地均可能发生暴雨。上游直门达以上，年平均气温在0℃以下，7—8月有少量降雨，因此直门达站很少有洪水，径流量主要由融冰化雪形成。金沙江洪水由暴雨和融冰化雪共同形成。上游宜宾至宜昌河段，有川西暴雨区和大巴山暴雨区，暴雨频繁，岷江、嘉陵江两支流分别流经这两个暴雨区，洪峰流量甚大，暴雨走向大多和河流流向一致，使岷、沱江和嘉陵江洪水相互遭遇，易形成寸滩、宜昌站峰高量大的洪水。经过对宜昌百余次洪水分析，宜昌站一次洪水过程至少由两次暴雨过程形成。宜昌至螺山河段的洪水，主要来自长江上游，清江、洞庭湖水系，此间有湘西北、鄂西南暴雨区，暴雨主要出现在6—7月和5—6月，相应清江和洞庭湖水系的洪水也出现在6—7月间。螺山至汉口河段洪水，除主要来自螺山以上外，汉江的加入对这一河段的洪水也有较大影响。汉口以下有大别山和江西两个暴雨区，江西九岭至安徽黄山一带暴雨区暴雨频次多、雨量大、范围广，是汉口以下河段洪水的主要来源之一。大通以下为感潮河段，受到上游来水和潮汐的双重影响，江阴以下河段高水位受潮汐影响很大，长江河口水位的急剧变化主要受台风引起的风暴潮影响，发生在长江口的风暴潮使江水位异常升降是长江河口段洪灾的主要原因。

（二）长江洪水的类型

按暴雨地区分布和覆盖范围大小，通常将长江大洪水分为两种类型：一种类型是区域性大洪水，是由上游若干支流或中游汉江、澧水以及干流某些河段发生强度特别大的集中暴雨而形成的大洪水，历史上的1860年、1870年及1935年、1981年、1991年、2016年、2017年洪水即为此类；另一种类型为全流域型大洪水，是某些支流雨季提前或推迟，上、中、下游干支流雨季相互重叠，形成全流域洪水量大，持续时间长的大洪水，1954年、1998年、1931年和历史上的1849年、1788年洪水即属此类。不论哪一类大洪水均对中下游平原区造成很大的威胁。

此外，还有由短历时、小范围特大暴雨引起的突发性洪水，往往产生泥石流、滑坡、山崩、城市积水、圩垸内涝等灾害。这种洪水灾害范围虽小，却会造成铁路、公路、通信中断，人员伤亡、毁坏房屋和农田等严重灾害。长江下游台风风暴潮洪水也属此类。

（三）长江洪水的特性

1. 洪水发生时间

长江流域洪水发生的时间和地区分布与暴雨一致。一般是中下游洪水早于上游，江南早于江北岸。洪水主要出现时间，中下游鄱阳湖水系和洞庭湖的湘、资、沅水洪水一般为4—7月；澧水、清江稍晚，并与上游南岸支流乌江洪水发生时间同为5—8月；金沙江和上游北岸各支流为6—9月；中游北岸支流汉江为6—10月。长江上游干流受上游各支流洪水的影响，洪水主要发生时间为7—9月，长江中下游干流因承泄上游和中下游支流的洪水，汛期为5—10月。

2. 洪水地区组成

长江流域水系繁多，水情复杂，各年暴雨区位置不同，洪水来源与组成相差很大。

宜昌汛期洪水三分之一来自金沙江，三分之二来自金沙江宜宾以下至宜昌间50多万平方千米的暴雨区。金沙江屏山站控制面积约占宜昌控制面积的二分之一，多年平均汛期（5—10月）水量占宜昌水量的三分之一，因其洪水过程平缓，年际变化较小，是长江宜昌洪水的基础来源。岷江、嘉陵江分别流经川西暴雨区和大巴山暴雨区，洪峰流量甚大，两条支流的控制站面积占宜昌控制面积的 29%，但多年平均汛期水量共占宜昌 40% 左右，是宜昌洪水的主要来源。此外，干流区间（宜宾至寸滩，寸滩至宜昌）的来水也不可忽视，特别是寸滩至宜昌区间是长江上游的主要暴雨区之一，其面积虽然只占宜昌控制面积的 5.6%，但多年平均汛期水量约占宜昌水量的 8% 左右，个别年份可达宜昌的 20% 以上（如 1982 年）。

宜昌的一次洪水过程为 20 ～ 30 天，据统计，宜昌最大 15 天洪量与最大 30 天洪量，各地区洪水组成的比例相差不大，各地区组成分别为：金沙江来水约占 30%，嘉陵江与岷江两水系约占 38%，乌江占 10%，干流区间占 16%，其他所占比例较小。

长江中下游洪水以宜昌以上来水占主导地位，洞庭湖和鄱阳湖水系洪水是其重要组成部分，汉江洪水也是其重要来源之一。长江宜昌至螺山河段，主要有支流清江及洞庭湖四水洪水的加入；螺山至汉口河段加入的主要支流有汉江。汉口至大通河段，左岸有府环河、倒水、举水、巴水、浠水、蕲水、皖河等汇入，右岸主要有鄱阳湖五河的来水。汛期 5—10 月，汉口站水量以宜昌以上来水为主，宜昌汛期多年平均水量占汉口水量的 66%，其次是洞庭湖水系和汉江洪水，分别占汉口水量的 20.7% 和 6.7%。大通站汛期水量平均有 80% 以上来自汉口，鄱阳湖水系的面积占大通站控制面积的比重不足 10%，但其汛期来水量平均占大通站总水量的 15% 左右。

城陵矶以下一次洪水过程往往持续 2 个月左右，据统计，螺山站最大 60 天洪量中，上游宜昌来水约占 70%，洞庭湖水系来水约占 25%，清江及区间各占 2.5% 左右；而在汉口站最大 60 天洪量中，上游宜昌来水约占 67%，洞庭湖水系来水占 20%（大于面积占比 14%），其余 13% 来自区间；在大通站最大 60 天洪量中，宜昌来水占 51%，约占洪水总量的一半，洞庭湖与鄱阳湖水系分别为 21% 和 15%（其中鄱阳湖水系的比例远大于面积占比 10%），其余 5% 来自汉江，约 8% 来自宜昌至大通区间。

3. 长江干支流洪水遭遇

受长江上、中、下游雨季和暴雨发生时间不同的影响，长江洪水发生的时间上、中、下游往往错开，中下游早于上游，江南早于江北。一般情况下，长江上游的大洪水与中游大洪水不相遭遇。年最大洪峰遭遇机会更少，但遇气候反常，上游洪水提前，或中下游洪水滞后，就会形成长江中下游地区洪水与上游地区洪水相遭遇的情况。

（1）中下游洪水延后，与上游洪水遭遇

由于长江中下游洪水滞后，江湖底水较高，上游洪水又接踵而来，洪水过程叠加，形成峰高量大的大洪水，如 1931 年、1954 年和 1998 年洪水。

1931 年，长江中下游洪水延后，且持续时间长，洞庭湖水系一般 7 月份汛期基本结束，但该年洞庭湖出口城陵矶站最大洪峰延后至 8 月 16 日发生，在洞庭湖涨水接近最大洪峰时，恰值长江上游年最大洪峰东泄进入长江中游，宜昌 8 月 10 日最大洪峰流量 64600 立方米每秒。上游与中下游洪水相遇，使中游大量圩垸溃决，武汉关 8 月 19 日水位达 28.28 米。据 130 多年实测资料统计，该水位次于其后发生的 1954 年、1998 年、1999 年和 1996 年最高洪水位，居第五位。

1954 年，长江中下游及两湖水系 6、7 月间暴雨频繁，雨季延长，在上游洪水到来之前，中下游湖泊洼地均已蓄满，以至上游洪水东下时，发生遭遇，8 月 7 日宜昌站洪峰流量为 66800 立方米每秒。上游与中下游洪水叠加，造成洪峰高、洪量大、历时长的特大洪水，中下游干流水位都创了新纪录，汉口 8 月 18 日水位高达 29.73 米，创最高水位纪录。

1998 年洪水大体情况是：长江中下游地区 6 月 11 日进入梅雨季节，两湖水系持续出现大暴雨，7 月 4 日至 15 日随着副热带高压的西伸北抬，雨带推移到上游地区，第一阶段梅雨结束。但是到了 7 月 16 日，副热带高压突然南撤，雨带又重回中下游地区，两湖水系的沅水、澧水、修水、信江、饶河及长江中下游沿江地区和巴水、浠水流域相继出现持续半月之久的大暴雨，形成“复梅”或“二度梅”。8 月 1 日以后，雨带又被推移到长江上游和汉江流域。暴雨频繁，雨带在上下游来回摆动，长江中下游地区的雨季比正常年份滞后了 20 多天，故而形成了上、中、下游洪水遭遇，沿江水位居高不下，武汉关 8 月 20 日洪水位达 29.43 米，仅次于 1954 年。

有些年份，长江中游也发生了较大洪水，但由于宜昌以上长江干流来水不大，对荆江河段未造成较大威胁。如 1996 年洞庭湖区发生了较大洪水，城陵矶（七里山）洪峰流量达 43900 立方米每秒，与 1954 年洪峰流量 44500 立方米每秒相当，最高洪水位 35.31 米较 1954 年最高洪水位 34.55 米高出 0.76 米，洞庭湖区防洪形势十分紧张，所幸上游来水量较小，宜昌同期来水量在 32000 立方米每秒以下，尽管受城陵矶入汇洪水的顶托，当年沙市同期水位仍不高，为 42.99 米，远低于 1954 年 44.67 米的洪水位，对荆江河段的安全未造成大的威胁。如若该年宜昌洪水与 1954 年或 1998 年相似，其后果不堪设想。

（2）上游干流洪水提前，与中下游洪水发生遭遇

1935 年 7 月 3 日至 7 日，长江中游的清江、洞庭湖水系的澧水以及汉江发生特大暴雨（即“35 · 7”暴雨），这场暴雨波及长江上游的乌江及三峡区间，宜昌 7 月 7 日发生该年最大洪峰流量 56900 立方米每秒，并与清江洪峰相遇，致使枝城 7 月 7 日的洪峰流量达 75000 立方米每秒，洪水下泄至城陵矶、汉口又分别与澧水、汉江洪水相遇，形成长江中游特大洪水。

（3）上游各支流及区间洪水相互遭遇

1870年7月中下旬，长江重庆至宜昌河段发生800多年来最大的一次洪水。该年洪水主要来自宜宾至重庆干支流和嘉陵江的中下游以及寸滩至宜昌区间。由于洪水特大，给沿江城镇造成毁灭性灾害，因此，不论是官方或民间，对当年的雨情、水情和灾情都留下了大量的真实记录。

据历史文献考证和实地调查，1870年7月中下旬，嘉陵江、渠江、涪江三江洪水汇合后，致使嘉陵江下游洪水暴涨，合川县几乎全城淹没，北碚洪峰流量达57300立方米每秒。与此同时，长江江津以上江水盛涨，江津大水入城，洪水下泄至重庆与嘉陵江洪水相遇，洪流汹涌，顺江而下，于涪陵纳乌江洪水后，沿程又与寸滩至宜昌区间的各条支流大洪水相遇，江水迅猛骤涨，寸滩与宜昌最大洪峰流量分别为100000立方米每秒和105000立方米每秒，洪水在宜昌出峡谷后，与清江中等洪水遭遇，一泻千里，直达长江中游的荆江段，致使荆江南岸松滋口溃决成松滋河，公安全城淹没，斗湖堤决口，监利邹码头、引港、螺山等处溃堤，数百里洞庭湖与辽阔的荆北平原一片汪洋。

距1870年110年以后的1981年7月中旬，长江上游支流岷江、沱江、嘉陵江同时发生特大暴雨，嘉陵江发生特大洪水，北碚站7月16日洪峰流量达44700立方米每秒，为新中国成立以来嘉陵江的第一大洪水。与此同时，7月15日沱江也出现1949年以来的最大洪峰流量，岷江7月14日也出现洪峰，三江洪水倾泻入长江，正好相遇叠加，长江上游干流河段水位猛涨10～20米，寸滩实测最大洪峰流量为85700立方米每秒，居实测洪峰流量系列的首位。所幸的是，寸滩以下至宜昌区间及南岸乌江基本无雨，使得寸滩的洪峰流量经河槽调蓄，到达宜昌时，洪峰流量为70800立方米每秒，沙市水位高达44.47米。如若该年寸滩至宜昌区间发生1982年同样的区间洪水，就很可能出现比1870年更为恶劣的水情。

4. 长江洪水特征

长江上游两岸多崇山峻岭，江面狭窄，河道坡降陡，洪水汇集快，河槽调蓄能力小。长江流域暴雨的走向多为自西北向东南或自西向东，与长江干流流向一致，上游岷江、沱江、嘉陵江洪水依次叠加，形成陡涨陡落、过程尖瘦的洪水；宜昌以上暴雨产生的洪水汇集到宜昌有先有后，因此宜昌洪水峰高量大，过程历时较长，一次洪水过程短则7～10天，长则可达1月以上。长江出三峡后，进入中下游冲积平原，江面展宽，水流变缓，河槽、湖泊蓄量大，上游干流和中下游支流入汇的洪水过程经河湖调蓄后，峰型较为平缓，洪水过程逐渐上涨，到达峰顶后，再缓慢下落，退水过程十分缓慢，退水时若遇某一支流涨水，又会出现局部的涨水现象，形成多次洪峰的连续洪水，一次洪水过程往往要持续 30 ～ 60 天，甚至更长，因而长江中下游干流和长江上游干流洪水过程有较大差异。

长江流域面积广，降雨量大，暴雨频繁，形成的中下游干流洪水大都峰高量大，持续时间长。长江干流主要控制站宜昌、螺山、汉口、大通多年平均年最大洪峰流量均在 50000 立方米每秒以上。宜昌站实测最大洪峰流量为 1981 年的 70800 立方米每秒，历史调查洪峰流量为 1870 年的 105000 立方米每秒；汉口站实测最大流量为 1954 年的 76100 立方米每秒；大通站实测流量也以 1954 年的 92600 立方米每秒为最大。长江各支流中洪水较大的岷江、嘉陵江、湘江、汉江及赣江实测年最大洪峰多年平均值在 12300 ～ 23400 立方米每秒，洪峰流量以 1870 年嘉陵江北碚的 57300 立方米每秒最大，1935 年汉江襄阳站 52400 立方米每秒次之。

三、历史及实测大洪水

长江流域暴雨洪水灾害频繁，据历史记载，长江中下游地区自西汉（公元前 206 年）至清朝末的 2100 余年间，曾发生较大水灾 214 次，平均约 10 年一次。自 1860 年至今约 160 年间，出现大洪水或特大洪水 6 次，即 1860 年、1870 年、1931 年、1935 年、1954 年和 1998 年洪水。

（一）1860 年洪水

1860 年，长江汛期较早，雨水较多。强度较大的暴雨发生在 6 月中旬至 7 月上旬，6 月上游干流地区及岷江流域连降大雨，7 月金沙江下游出现特大暴雨。7 月 14 日屏山县城被淹，此时屏山至忠县一带雨势减弱，水势有所缓和；但忠县以下雨势增强，当洪水下泄时，正值乌江、三峡区间、清江、荆江一带大雨，致使江水猛涨。在巴东以下，洪水位仅低于最大的 1870 年历史洪水，到宜昌只比 1870 年洪水位低 1 ～ 2 米，至宜都、枝江一带洪水位已接近 1870 年，荆江两岸堤溃成灾，灾情惨重，藕池口溃决，洪水倾泻入洞庭湖，沿江滨湖地带积水甚深。

（二）1870 年洪水

1870 年洪水是长江上游的一次特大历史洪水，不仅调查有洪峰水位，且有可靠的洪水位过程，是峰高量大重现期长的典型，在三峡坝址设计洪水计算中占有重要位置，对研究长江中下游地区的防洪问题具有十分重要的意义。

1. 洪水过程

同治九年（公元 1870 年），嘉陵江及长江上游其他支流都出现大洪水且严重遭遇，其特点是暴雨范围广、历时长、雨强特大而集中，造成峰高量大的洪水过程，使长江遭受到严重洪水灾害。5 月上中旬，南岭以北、长江以南的广大地区连续降雨，河水泛涨。5 月下旬至 6 月，雨区向西北方向发展至长江上中游和汉江上游，局部地区暴雨成灾。据史籍记载，湖北“大雨时行，汉水陡涨”，“襄水横贯荆河，遏阻川水东下，荆川诸水，倒漾入湘，湖河因此并涨”。7 月份雨区范围继续扩大至金沙江下段地区，嘉陵江、渠江、涪江中下游和重庆至宜昌河段，笼罩于强大暴雨之下。据《合川县志》记载，嘉陵江“夏残洪水急争流，连雨滂沱涨不休”，“雨如悬绳连三昼夜”，“水（涨）连八日……迟半月始落”。重庆以下还有“七天七夜雨没住点”的传说。上游沿江的长寿、丰都、忠县、万县、云阳、奉节、巫山等县城都受到洪水冲淹。由于上游洪水来量特大，造成宜昌数百年来未见的特大洪水，宜昌城被淹。川水东下，在荆江导致松滋江堤溃口，监利以下江堤 4 处溃口，且当时中游江湖底水也较高，更加重了中游洪水危害，致使南北两岸江堤大量漫溃，受灾惨重。

2. 最大流量

1870 年洪水，长江有汉口站实测水位及上游较多洪水调查资料，重庆至宜昌之间沿江有洪水题刻 90 余处，指认洪痕 250 余处（仅宜昌就有 59 处），洪峰水位基本可靠。根据实测与调查资料进行分析，并采用多种方法推算出宜昌站该年最大流量为 105000 立方米每秒，寸滩站最大流量为 100000 立方米每秒。

3. 洪水总量与洪水过程

20 世纪 50 年代和 60 年代，曾运用汉口与宜昌洪量和峰量相关法、宜昌至汉口洪水演算法等探讨 1870 年 60 天洪量，最后以洪水演算法为主，确定宜昌 30 天洪量为 1650 亿立方米。70 年代又广泛深入调查，发现同治十三年（公元 1874 年）编写的《万县志采访事实》记有 1870 年洪水涨落过程的描述；另外，涪陵李渡水账、忠县乌洋溪调查资料、民间传说、洪水题刻等均为该年洪水涨落过程提供了参证资料。据此认为宜昌 30 天洪量 1650 亿立方米是可信的。

同治《万县志采访事实》记述：“六月十五日江水泛，十六日没河岸，十七日啮城根，十八日及县署照墙，十九日夜子时大雨彻霄，骤涨，平明，县地陆沉，道路断绝，舟船阻碍不通，……经两日雨止，水迤逦退。”涪陵县居民李渡的一本账本上写有“同治九年庚午岁，六月初十日涨大水又落大雨，……十八日肖公庙打去，十九日王爷庙打去，二十二日退。大水已过生意好”。此外，据乌溪华家犹回忆，华石林老教书先生出卖的一本书上，写有这次涨退水过程的描述。在万县、巫山还调查到洪水过程的指认描述资料。上述资料经过现场考查，接测高程，并参照万县实测大洪水特性，定出万县站 30 天水位涨落过程。通过水位—流量关系转换，与万县至宜昌区间洪水叠加，演算求得宜昌 30 天流量过程线，经多方验证表明宜昌 30 天洪水总量 1650 亿立方米较为合理，过程线形状基本可靠。这年洪水主要来自嘉陵江中下游及重庆至宜昌三峡区间暴雨，并与中游清江洪水遭遇，推算枝城洪峰流量为110000立方米每秒。这次洪水是长江洪水峰高量大的典型，在宜昌洪水频率计算，特别是三峡工程设计洪水计算中占有极为重要的位置，对研究长江中下游地区的防洪问题很有价值。

（三）1931年洪水

1931年7月，长江广大地区普降暴雨，且雨带持续徘徊于流域内，月雨量超过常年同期雨量一倍以上，江湖洪水满盈。8月上旬，雨区扩大并加强。8月2日至5日，川西及金沙江下段、汉江中下游、澧水一带暴雨相继发生。8月6日至8日长江上游暴雨虽有减弱，但中下游雨区再度扩展，雨强增大。使长江上游金沙江、岷江、嘉陵江等干支流都发生大水，其中岷江高场站洪峰流量达40800立方米每秒，为最大。宜昌8月10日出现年最大流量64600立方米每秒。川水东下又与长江中下游洪水遭遇，如沅江常德站8月9日洪峰流量21000立方米每秒，澧水、资水都有洪峰出现，洞庭湖出口的城陵矶（七里山）站出现57900立方米每秒的最大流量，8月19日汉口站出现最高水位28.28米，最大60天及90天洪量分别为3315亿立方米和4437亿立方米（汉口水位、流量属中游干支流大量溃口后出现的）。

（四）1935年洪水

1935年大水属区域性洪水。1935年7月3日至7日雨带主要位于湘西北—鄂西山地东侧，雨带南北长，东西短，且有南北两个中心。南部中心在清江、澧水分水岭南侧一带，五天实测雨量以五峰1281.8毫米为最大，是长江著名的“35·7”暴雨（1935年7月）的中心。北部暴雨中心兴山的雨量1084毫米。此外在汉江支流堵河、丹江另有两个相对较小的暴雨中心，日雨量达300毫米。由于暴雨猛急，清江、澧水、汉江诸河陡涨，最大洪峰流量澧水三江口站为30300立方米每秒、清江搬鱼咀站为15000立方米每秒、汉江黄家港站为50000立方米每秒，均为这些支流罕见的特大洪水。7月7日，宜昌洪峰流量为56900立方米每秒，在宜昌站虽不算大，但与清江、沮漳河洪水遭遇，故沙市河段总入流约80000立方米每秒。因短时段洪量集中，汉口站最高水位达27.58米，九江站水位为20.62米。1935年洪水洪峰高而洪量相对较小，长江中下游平原区溃口水量比1931年小。

（五）1954年洪水

1. 洪水过程

1954年，长江流域的梅雨期比一般年份增长约一倍，北方的冷空气和南方的暖湿气流交绥激烈，且锋带常与长江干流成平行趋势，造成长江流域历时长、雨日多、覆盖面广的特大降水。暴雨区多呈东西向带状，徘徊在长江南北，致使长江流域产生了近百年来的流域性特大洪水。

自 4 月份开始，鄱阳、洞庭两湖水系降雨就极为丰沛，各河洪峰频发，湖区水位节节上升，湖容充满；5、6 月间上游发生几次涨峰，助长了干流中下游各站的水位涨势。干流调弦口至镇江间各站 5、6 月份即先后达到或超过防汛警戒水位。6 月上旬江湖已成满槽之势，6、7 月间全流域又连续大范围的暴雨，致使长江水位持续上涨。上游嘉陵江 7 月下旬水位创全年最高峰；乌江 7 月 27 日出现约 16000 立方米每秒的洪峰，超过实测纪录；金沙江、岷江 7 月份水位亦数度上涨。长江干流水位在各支流交相上涨中，连续出现洪峰：寸滩站 7 月 22 日出现 182.57 米的洪峰水位；宜昌 7 月 26 日起涨水位 51.80 米，30 日水位达 54.77 米。当时预报沙市站 7 月下旬洪峰将超过 44.49 米的保证水位，达到 45.03 米，经运用荆江分洪工程，将沙市水位保持在 44.40 米左右。洞庭湖水系的资水、沅江下游各控制站 7 月下旬超过保证水位，创全年最高纪录。5 月上旬至 6 月上旬，鄱阳湖水系的信、饶、抚河均接连出现全年最高水位，有的超过历史纪录。干流汉口站水位自 6 月中旬以后持续上涨，7 月 2 日超过 1949 年最高水位，18 日突破 1931 年的历史最高纪录。汉江下游汉川、新沟等站在上游来洪及长江顶托影响下，7 月上旬达保证水位，汉川站 10 日创 30.84 米的历史纪录。7 月份各地水位达到或超过原定保证水位后，仍继续上涨。8 月份金沙江、四川盆地及汉江上游仍暴雨频发，洪峰一再出现，且中下游及两湖 8 月上半月也仍有降雨。因此，7 月底至 8 月上中旬全江洪涨达到最高潮。这期间上游嘉陵江、乌江洪峰迭起，再加上三峡区间和清江暴雨，至 8 月 7 日宜昌水位达 55.73 米。三次运用荆江分洪工程后，沙市 7 日最高水位仍达 44.67 米；汉口站 8 月 18 日达最高峰，水位 29.73 米，超 1931 年的最高水位 1.45 米，为 90 年有水位记载以来的新纪录；黄石、九江、安庆、南京在此前后出现全年最高水位，各站最高水位分别为 26.39 米、22.08 米、18.74 米和 10.22 米。9、10 月间中下游干流各站始先后退出警戒水位。据统计，长江中下游各站的警戒水位以上的持续时间为 69 ～ 135 天，其中自 6 月 25 日至 10 月 3 日，汉口站持续 100 天，大通站持续达 109 天，为历史罕见。

2. 洪水总量及地区组成

从洪水组成来看，宜昌站自 6 月 25 日起至 9 月 6 日为时不到两个半月的洪水量总计达 2795 亿立方米（其中最大 60 天洪量 2448 亿立方米），约占年径流量的 50%，以金沙江屏山站洪水量 899 亿立方米，占 32.2% 比重为最大。其次顺序为岷江高场站洪水总量 502 亿立方米，占 17.9%；嘉陵江北碚站洪水总量 331 亿立方米，占 11.9%；乌江武隆站 390 亿立方米，占 14.0%；屏山至寸滩区间占 15.2%；寸滩至宜昌区间占 8.8%。宜昌站全年径流总量为 5751 亿立方米，4—10 月和 7—9 月的洪水量分别占该年径流总量的 86.6% 和 56.6%，8 月份占 23%，7 月份占 20.4%。

可见 1954 年上游洪水主要集中在 7、8 月主汛期，占 43.4%。螺山站的洪水组成除干流宜昌站为主外，还有清江、沮漳河、洞庭湖四水等。螺山站以上于 8 月 7 日出现全年江湖最大容蓄量 573 亿立方米（4—7 月），其中有 354 亿立方米为洞庭湖该年 4—7 月的总容蓄量。但 4—6 月洞庭湖蓄量已达 265 亿立方米，7 月份只剩 90 亿立方米，削减最高洪峰的作用已不大，以致造成两岸水位抬高、堤防分洪溃口和荆江大堤险情频现的严峻局面。7 月 19 日汉口站涨达原保证水位 28.28 米，为了确保武汉市安全，7 月 13 日起至 8 月 10 日止，采取了一系列有计划的临时分洪措施，缓和了汉口水位涨势，为防汛抢险赢得了时间。在汉口以下，鄱阳湖 4 月份水位即开始持续上涨，6 月下旬九江、安庆、大通各站先后突破原防汛保证水位。鄱阳湖 7 月中旬至 8 月上旬湖区平均水位达 21.40 米时（最高水位为 21.84 米），相应湖面积 5100 平方千米，蓄水量 360 亿立方米。

3. 洪水特点

1）洪水量大，洪峰水位流量高。如洞庭湖水系、鄱阳湖水系等重要支流、湖泊的洪水量几乎全部超过或接近该水系的大洪水年份，最大流量自城陵矶以下均突破历年实测纪录。宜昌、汉口、大通等主要站汛期（5—10 月）洪水总量的频率均相当于 100 ～ 200 年一遇。

2）峰型肥大，洪水历时长。长江上游金沙江及岷江、嘉陵江、乌江等主要支流汇入干流后，在宜昌形成较肥胖的洪峰，全年流量超过 40000 立方米每秒的持续时间达 45 天，这是有记载以来持续时间较长的一年。洪水流经枝城后，汇集洞庭、鄱阳两湖及汉江水系的洪水，经沿江湖泊洼地的天然调蓄与分洪溃口等影响，洪水过程线总体上呈现为一个馒头状的肥大峰型，几乎完全超出了各大水年洪水过程线，成为历年的“外包线”。

3）上中下游洪水发生遭遇。该年长江中下游地区洪水推迟到 7 月份，较一般年份推迟了将近一个月，上游的洪水又提前发生，这样遭遇的结果，使全江各河段干支流洪水过程叠加，交相影响，才形成该年的流域性特大洪水。

4）中下游地区成灾洪量巨大。1954 年洪水中下游地区实际分洪量、溃口水量达 1023 亿立方米。

（六）1998 年洪水

1. 洪水过程

1998 年 1 月至 3 月，长江中下游降雨量较正常年份明显偏多，致使长江干流螺山水文站以下及洞庭湖、鄱阳湖出口控制站城陵矶（七里山）和湖口等站水位迅速上涨，江湖水位明显偏高，出现“枯水不枯”的异常水情。4 月，长江中下游各站水位

稍有回落。5月，受降雨影响，流域内江河水位又开始回升。

6月份起，各大支流先后发生洪水，江湖水位迅猛上涨。自6月11日长江中下游入梅以后，两湖水位迅速上涨，资水桃江站于14日率先达该年最高水位；鄱阳湖水系五河各控制站均超警戒水位，其中抚河李家渡、信江梅港、昌江渡峰坑三站先后超过历史最高水位。两湖洪水汇入长江，长江中下游干流各站从13日起水位急剧上涨，6月24日九江率先突破警戒水位。6月27日至7月15日，长江上游出现两次暴雨过程，宜昌站分别于7月2日和7月18日出现第一次和第二次洪峰，洪峰流量分别为54500立方米每秒和55900立方米每秒，7月4日干流监利、武穴、九江三站水位均超过历史最高水位，汉口站7月5日洪峰水位达28.17米。

7月16日至31日，长江中下游再次入梅，中下游地区再度出现大范围暴雨，洞庭湖水系的沅江和澧水、鄱阳湖水系的信江和乐安河、鄂东北同时再次发生大洪水，其中澧水石门水文站洪峰流量为19900立方米每秒，突破实测最大记录。7月24日，上游宜昌站出现第三次洪峰，流量为51700立方米每秒。上游洪峰向下游传播中与清江、洞庭湖洪水遭遇，长江中下游各站水位迅速回涨，石首、监利、莲花塘、螺山、城陵矶、湖口等站水位于26日至27日超历史实测最高水位，汉口、黄石、安庆、大通四站水位跃居历史第二位。

8月份，长江上游至汉江，暴雨频繁，宜昌站出现了五次洪峰，其中8月7日至17日的10天内连续出现三次洪峰，且均超过60000立方米每秒，致使中游水位不断升高。8月16日，宜昌出现第六次洪峰，流量为63300立方米每秒，为1998年的最大洪峰。中游各水文站于8月中旬相继达到最高水位。干流沙市、监利、莲花塘、螺山等水文站洪峰水位分别为45.22米、38.31米、35.80米和34.95米，均超过历史及实测最高水位。汉口站20日出现了1998年最高水位29.43米，为历史实测记录的第二位。8月下旬，长江上游地区仍维持大面积降雨，25日、30日宜昌站出现第七次和第八次洪峰。由于第七次洪峰增量来水在螺山退水面上叠加，未造成螺山以下各站水位回涨；第八次洪峰使螺山站水位稍有回涨，而汉口以下各站水位未起波澜。8月末以后，长江中下游干流各站水位开始缓慢回落。至此，长达3个月紧张抗洪局面逐步缓解。

2. 洪水总量及地区组成

（1）洪水总量

长江流域面积广、支流多，洪水汇聚向下游传播中，受湖泊、水库及河道调蓄影响，峰型逐渐由“尖瘦”变为“矮胖”。因此，中下游干流各站洪水历时都较长，长江中游荆江河段沙市站在30天左右，而汉口、大通等站均超过50天。根据长江中下游洪水特点，在防洪规划设计中，一般以汛期内最大洪峰过程的 30 天和 60 天的洪水总量作为基本依据。

1998 年长江三大主要控制站宜昌、汉口和大通站年最大 30 天实测洪量分别为 1379 亿立方米、1754 亿立方米和 2027 亿立方米，与多年均值相比，偏多均接近 50%；年最大 60 天实测洪量分别为 2545 亿立方米、3365 亿立方米和 3951 亿立方米，与多年均值相比，偏多均超过 50%。因此，从总体上看，1998 年洪水水量是巨大的。

（2）洪量地区组成

1）宜昌洪量组成。

宜昌站洪水主要由上游金沙江、岷江、沱江、嘉陵江、乌江以及区间来水组成。金沙江、岷江、沱江、嘉陵江、乌江分别占宜昌以上集水面积的 48.2%、13.5%、2.3%、15. 5% 和 8.2%，区间面积占 12.3%。长江上游金沙江流域面积虽约占宜昌以上二分之一，但汛期洪量多年平均值仅约占宜昌三分之一，金沙江洪水流量较平稳，是组成宜昌洪水的主要基础，其余三分之二洪量来自宜宾至宜昌之间 50 万平方千米的暴雨区。

2）汉口总入流组成。

汉口站为长江干流中游主要控制站之一，集水面积 148.8 万平方千米。宜昌以上面积约占汉口以上总面积 68%，汛期多年平均洪量占汉口 66% 左右，是汉口洪水的主要组成部分；洞庭湖水系集水面积约占汉口 17%，汛期多年平均洪量占汉口 24% 左右，是汉口洪水的重要组成部分。

3）大通总入流组成。

长江宜昌以上流域面积占大通以上集水面积的 59%，洞庭湖水系占 15%，鄱阳湖水系占 9.5%，汉江皇庄约占 8.2%，清江约占 1%。从汛期水量多年年平均组成看，宜昌洪量占大通总水量 50% 以上，洞庭湖水系约占 20%，鄱阳湖水系约占 15%。

3. 洪水特点

（1）洪水发生早，洪水上涨迅猛

1998 年洪水发生之早，为历年少见。3 月份，长江中下游干流、洞庭湖、鄱阳湖水系因受降雨影响，就出现历史同期最高水位，部分地区水位超过当地警戒水位。进入主汛期后，受两湖地区强降雨影响，长江中下游干流水位上涨迅猛。主要站城陵矶（莲花塘）、螺山、汉口、大通水位自 6 月 13 日开始上涨，至警戒水位仅历时 15 天左右，平均日涨率在 0.4 米左右，最大日涨率高达 0.83 米。干流洪水位上涨如此迅速，历史上也并不多见。

（2）洪峰次数多，洪水水量大

长江流域面积广，各支流地理气候差异较大，由于暴雨时空分布的不同，洪水遭遇程度也因此而异。1998年，由于暴雨反复交替出现，致使宜昌洪水峰连峰、峰叠峰，主汛期内先后出现了八次洪峰，仅8月份就持续20多天流量超过50000立方米每秒，上游来水量巨大。从最大洪峰流量看，宜昌、汉口、大通3个控制站1998年分别为63300立方米每秒、71100立方米每秒和82300立方米每秒，分别居有实测流量记录以来第十五位、第二位和第二位，比多年最大洪峰流量平均值偏多23%、42%和44%。从6—9月径流总量看，宜昌径流总量超过多年同期均值41%，汉口超过近40%，大通超过47%。因此，从总体上看，1998年洪水水量大是形成1998年长江中下游高洪水位的主要因素。

（3）中下游洪水水位高，高水位历时长

1998年，长江干流枝城至螺山、武穴至九江河段及洞庭湖湖区、鄱阳湖湖区各站均创造了有实测记录以来的最高水位记录，汉口至黄石、安庆至大通河段各站及南京站水位均居第二位，仅次于1954年。中下游干流站洪水位超过警戒水位历时特长，远超过正常年份，监利以下河段各站均超过80天；宜昌至螺山河段超过警戒水位历时长于1954年，汉口至大通河段比1954年略短。

（4）洪水遭遇较恶劣

由于长江的流向与西风带天气系统的移动方向大体一致，因此暴雨的大小、持续时间、移动路径及与洪水的遭遇是决定长江洪水大小的决定因素。1998年汛期，由于暴雨频繁、范围广、强度大，雨带南北拉锯、上下游来回摆动，致使长江洪水发生恶劣遭遇。6月中下旬，鄱阳湖、洞庭湖地区的强降雨，使得鄱阳湖、洞庭湖水位迅速上涨。受两湖出流的影响，长江中下游干流水位随之上涨。7月2日，宜昌出现1998年的第一次洪峰，宜昌以下河段全线超警戒水位。7月17日，宜昌出现第二次洪峰后，由于长江上游雨区东移，上游洪水在向中下游推进的过程中，与中游洞庭湖水系的澧水、沅江，鄱阳湖水系的昌江等河流及区间洪水叠加。8月中下旬，长江上游洪水向下游推进时，多次与三峡区间和清江暴雨洪水发生恶劣遭遇；第六次洪峰向下游传播时，与洞庭湖、澧水洪水遭遇，洪水行经汉口河段时，又与先期到达的汉江洪水遭遇。

第二节　长江洪灾

一、长江上游洪水灾害

长江上游地区由于地形差别大，洪水灾害种类相对较多。在干流和主要支流尾闾河谷较宽阔、地势较低平的地区，主要受河流洪灾影响，以四川盆地最为集中，造成的灾害损失也较大。在山地和丘陵地带，主要为山洪灾害和泥石流、山体坍滑堵塞河道而次生的洪灾，其地区分布比较分散，多为局地洪灾；其影响范围虽小，但对局部地区也会造成严重灾害，且每年汛期都时有发生。

（一）上游典型年洪灾

1.1860 年洪灾

1860 年长江洪水主要由夏季上游暴雨形成。该年汛期较早、雨水较多，其暴雨发生在五月下旬，暴雨中心分别在金沙江下游及三峡区间。当洪水下泄时，正值三峡、清江、荆州一带大雨，致使江水猛涨，宜昌水涌入城，平地水深六七尺，出现前所未有之洪灾。枝江水入城民舍漂没殆尽，荆江万城堤破，荆江南岸藕池口溃决，洞庭湖滨湖各州县均被淹。

这次洪水在金沙江屏山一带，由于暴雨洪水奇涨，据邑痒彭应芳笔记有：洪水自五月二十七日涨水至六月半，城厢内外荡去房屋数十家，此千百年未闻之奇涨也。在丰都至宜昌沿江各县有江水暴涨入城，城垣房舍多有倾圮，丰都江溢入城塌二百丈有余，会川门圮。万县六月大水入城，滨江市街唯见屋瓦，钟鼓楼大水圮于江。云阳坏城垣数十丈。奉节、巫山均大水入城，城垣被淹没。秭归大水江岸漂没民居无算。宜昌江涨骤发，水涌入城，房屋倾塌，古未有之灾也。有碑文记载：秭归香溪江水泛涨，势倍汹涌，民房尽漂流，公安地势低洼，水势建瓴直下，漫城而入，水高城墙丈余，江湖连成一片，其他州县多有冲溃垸堤。

2.1870 年洪灾

1870 年的特大洪水，造成的灾情极为严重。由于暴雨洪水集中在嘉陵江中下游及其支流与三峡地区，造成当时的四川（包含现在的重庆市行政区划范围）、湖北、湖南三省遭受空前罕见的灾害。

长江上游干流，据《大清历朝实录》有：“本年六月间川东连日大雨，江水陡涨数尺，南充、合州江北厅、巴县、长寿、涪州、忠州、丰都、万县、奉节、云阳、巫山等州县，城垣、衙署、营汛、民田、庐舍多被冲淹，居民迁徙不及，多有溺毙者。”嘉陵江下

游灾情极重，据《合川县志》记载："是年六月，大水入城，深四丈余，城不没者仅城北一隅，登高四望，竟成泽国。各衙房屋倾圮几半，城垣倒塌数处，压毙者数十人。"州人陈在宽有诗记云："夏残洪水忽争流，连雨涝沱涨不休，……漫道壬寅涌巨涛，较前壬戌水尤高。……六霄久困三江水，千户都无一亩宫。除却北城家数十，城垣尽在淖泥中，……嘉靖迄兹凡两见，异灾三百有余年。"丁树成记其事云："州城三面通江，为嘉、渠、涪三水交汇处，……前道光庚子年、水及上半城，至州署大堂止。……而庚之水，更高丈余.浸至二堂之半扉，街户尽淹，……城中青龙阁高八九丈，未没仅小半，奎阁地卑，九层只有其二。南津之白塔，荡漾烟波中，如蜃市然。……雨如悬绳连三昼夜。……水连八日……，近半月水始落，……历两月之久，炊烟起，稍可居人，满城精华一洗成空，十余年来未复元气，此城内被水之大略也。"这些是嘉陵江下游汇入长江地区的洪水及灾害情况的真实写照。长江干流沿江城镇，江津城被淹；涪陵六月十六至二十，江盛涨，水入城，不没者一版，江岸南北漂没民居无数；丰都全城淹没无存；忠县大水浸入州城南门内，舟行南门内；万县城不没者仅西北炮台隅，城乡漂没倾倒民房七八千间；云阳江水大范冒城，城东南沦没；奉节城垣、民舍淹没大半，仅有城北一隅，临江一带城墙全行淹没冲塌，崩陷无完址，人畜死者甚众；巫山城垣、民舍淹没大半，仅存城北一隅。全省约有二十余州县受灾。

3.1905年洪灾

1905年，金沙江中下游、长江上游发生特大洪水。七月初五，金沙江中下游、沱江并涨，致使长江上游干流水位陡涨，寸滩洪峰流量达85100立方米每秒，川、滇二省20余县受灾较重。重庆市死亡8000余人，整个四川省约10余万户受灾害。

4.1917年洪灾

1917年7月19日至22日，岷江流域出现了历史上罕见的特大洪水，高场站洪峰流量达51000立方米每秒，为实测和调查期内最大的一次洪水。同时，在长江干流（宜宾至重庆段）也发生了大洪水，四川盆地西部造成了严重水灾，受灾地区达37个县市以上，主要分布在岷江及青衣江中下游，波及长江干流（宜宾至重庆段）及沱江中上游广大地区。

岷江沿江城市灾情异常严重。成都"城内水入民房，祠堂街、东城根街可行舟"。青神"城内水深八九尺"，"附郭水深丈许，荡激入城，顺江地带则尽成泽国矣"。乐山位于大渡河与岷江交汇处，全城尽被水淹，"城中进水之地，深至五六尺……灌玉堂街、育贤街、道门口皆成巨浸……沿河居民破瓦凳屋脊，处处呼救，有两日不得食者"；"水穿城，深及檐，倒城墙二百五十八丈，屋舍冲走三分之二，竹根滩受灾尤巨，共损失财产百余万金，淹死一千六百多人，秋收颗粒无收，诚数百年未有之灾”。宜宾在岷江与金沙江交汇处，洪水来势凶猛，“其水流冲激，波浪滔天，真个有排山倒海之势”，此次大水暴涨系夜间，所以沿河居民多搬避不及而遭淹没；“蕨溪镇……仅余花市一街尚可立足，团防局、高小、初小、文明社、公质局概行冲没，河东之马边坝、肖家坝等处，一片汪洋，男女老少淹没无余……财产完全冲尽，水退后沙土堆积六尺”。据调查，从下午到第二天早上河心洲全部淹没，黄天坝最大淹没水深达 12.76 米，其余洲坝最大淹没水深也均在 6 米以上，耕地淹没 90% 以上，受灾人口 78% 以上。

青衣江流域的雅安“北城淹没三四尺”，洪雅“大水入城”，夹江更为严重。据《夹江县志》记载：“田禾尽没，损坏房屋人畜不计其数，城中水高五六尺……被水害者十居八九，城乡居民难以举火者，不下千余家……此为百年未有之奇灾也。”沱江洪水较小，部分地区受灾害较重，如内江“附城河街冲没，沿江损坏田房甚多”。

5.1981 年洪灾

1981 年 7 月，成都平原和四川腹地的岷江、沱江、嘉陵江上下游发生特大洪水灾害。根据《“81·7”暴雨洪水调查分析报告》：四川省除甘孜、阿坝、凉山三州和渡口市外，洪水淹及 14 个地市的 119 个县市，受灾人口 1584 万人；遭到不同程度淹没的县以上城市共 53 个，其中全部或绝大部分被淹没的有金堂、潼南、合川、资阳、资中、射洪、南部 7 个县城，淹没严重的有北碚、成都、龙泉驿、内江、富顺、丰都、涪陵、万县、遂宁、剑阁、盐亭、南充等 21 个市县。受淹的县以下场镇 556 个；受淹农田 1311 万亩，其中颗粒无收的 342 万亩；冲毁耕地 112 万亩，冲走粮食 2.5 亿公斤，洪灾减产 13.35 亿公斤；死亡 888 人，伤 13010 人，牲畜死亡 138812 头；冲毁小型水库 15 座，以及大量的渠塘、堰等水利工程；成渝、宝成、成昆铁路多处坍方，运输中断 10 ～ 20 天，80 条公路干线和 482 条县以上的公路全部中断；淹没房屋 223.7 万间，其中倒塌 139 万间；洪灾经济损失约 20 亿元。

（二）上游主要支流洪灾

1. 雅砻江

雅砻江流域洪灾频繁，平均 3 ～ 5 年一次，主要发生在安宁河、鲜水河等支流上，多由暴雨和长时间持续降雨造成。其洪灾特点是局部地区暴雨造成山洪暴发，洪水陡涨，来势迅猛，历时短，突发性强，破坏力大，损失严重。

新中国成立后雅砻江流域发生大洪水年份有 1965 年、1970 年、1974 年、1980 年、1981 年、1993 年、1997 年、1998 年、2003 年、2005 年、2009 年、2012 等年份，其中 2012 年洪灾损失最为惨重。

1980 年，雅砻江大水，流域内甘孜、新龙、雅江均不同程度受灾，直接经济损

失3800余万元。1993年8月，雅砻江洪水大涨，造成农业、交通、林业、水电、通信、房屋及人畜等直接经济损失达1085万元。

1997年和1998年受洪水及山洪影响，新龙县8个乡镇20个村5000多人受灾，死亡5人，冲毁房屋83间，直接经济损失2600多万元。

2003年、2005年和2009年，雅砻江流域均遭受不同程度的洪灾，直接经济损失均在1000万元以上。2009年7月27日，米易县遭受暴雨洪水并引发山洪灾害，因灾死亡26人，受灾耕地面积3.6万亩，道路、沟堰、城市设施等基础设施遭损坏，直接经济损失超过2亿元。

2012年8月29日至9月2日，凉山州局部发生大暴雨，盐源县洼里乡南北沟发生山洪，锦屏水电站部分工区被泥石流覆盖，死亡10人，失踪14人；安宁河支流孙水河洪水导致喜德县17个乡镇受灾，8420户房屋倒塌或严重损坏，16座桥梁被冲毁，全县经济损失31.6亿元。

据不完全统计，雅砻江流域有资料记载的山洪灾害达1384次，累计死亡人数741人，直接经济损失达66.9亿元。

2. 岷江

岷江流域干支流上游属山洪灾害高发区，都江堰以下成都、乐山、雅安、宜宾等地遇大暴雨极易造成江河洪水泛滥。

岷江干流金马河段是岷江进入成都平原后的主要排洪河道，历史上曾多次发生洪灾。据史料记载，1911年到1949年间，成都市境内先后发生洪涝灾害22次，其中严重洪涝灾害就有10次。1949年以来，金马河段流量达3000立方米每秒以上的洪水共有11次，给两岸五县市造成不同程度的灾害。1995年8月洪水，成都段96个乡镇受灾，受灾人口4.3万人，死亡6人，冲毁房屋2.41万间，直接经济损失3.42亿元。2001年8月洪水，成都市6个区县62.8万人受灾，损毁堤防50处、长度15.9千米，直接经济损失2.3亿元。

乐山市2008年至2010年受灾人口50.27万人，倒塌房屋0.097万间，经济损失4.31亿元。雅安市1951年至2006年出现区域性洪灾210次，年均出现4次。其中1991年至2004年洪涝成灾面积2352亩，受灾面积1301亩，死亡162人，房屋倒塌4.88万间，经济损失7.08亿元。宜宾市1961年至2007年发生洪灾18次，特别是宜宾县泥溪镇和喜捷镇、翠屏城区和菜坝区饱受洪灾之患。

岷江流域山洪灾害具有点多面广、规模大、成灾快、暴发频率高、延续时间长的特点，每年均有大量的山洪、泥石流和滑坡等灾害发生，造成较多人员伤亡和较大经济损失。例如大渡河干流丹巴上游的干海子滑坡、甲居滑坡和普角坝滑坡均属大型滑坡，海螺沟上游由地震引起的摩岗岭垮山曾形成堰塞堵江长达 10 天。

3. 沱江

沱江流域近代历史上有记载的大洪水年份有 1934 年、1951 年、1959 年、1964 年、1978 年、1981 年、1989 年、1993 年、1995 年、1998 年等，尤其以 1981 年洪水损失最为严重。

据统计，“81 · 7”洪水全沱江流域共 22 个县、739 个乡镇、3.66 万个村的 311.65 万人受灾，淹没县级城镇 9 个、区级场镇 49 个，倒塌房屋 21.43 万间，受灾农田 217.95 万亩，淹没农田 68.25 万亩，损失粮食 2.25 亿公斤，损毁水利工程 5969 处，直接经济损失 5.87 亿元。其中：

1）金堂县城淹没深达 5 ～ 7 米，赵镇以上区域一片汪洋，形成东西长 12 千米、南北宽 7 千米的洪水区，造成民房垮塌、交通中断、水利设施被毁，粮食损失 5000 多万公斤，经济损失 1 亿多元。

2）资阳城区 3.6 万人受灾，被淹房屋面积 61 万平方米，房屋倒塌 17.7 万平方米，被淹单位 779 个，经济损失 4132 万元。淹没除资阳火车站和成渝铁路以下全部城区，洪水倒灌九曲河至筏子桥。

3）内江受灾农田 7.39 万亩，受灾人口 41.97 万人，死亡 180 人，直接经济损失 1.53 亿元。其中，城区 452 个单位、1.87 万户家庭、7.76 万人受灾，倒塌房屋 1.6 万间，死亡 3 人，直接经济损失 3545.89 万元。

4）富顺 8 个乡镇、17 个乡场、211 个大队被淹，受灾 46863 户、20.1 万人，3.18 万人无家可归，淹没农田 91353 亩，毁房 60256 间，直接经济损失达 6130 万元。

5）沱江市区直接经济损失 2700 万元，受灾人口约 2 万人。

4. 赤水河

赤水河流域河流多为山区雨源性河流，遇大暴雨易在河谷坝子地区（即沿河干支流城镇）造成洪水灾害。同时，流域内局部区域易发生山洪、滑坡和泥石流等自然灾害。

据长江委荆江河床实验站 1966 年 8 月调查和贵阳勘测设计院编制的《赤水河干流水电规划成果》资料，1918 年洪水为赤水河流域最大洪水，其次为 1878 年、1953 年、1926 年和 1943 年洪水。自 1949 年以来，赤水河流域先后发生较大洪水灾害 17 次，历史上有资料记载的灾害性水灾 11 次。各省洪灾分述如下：

1）云南省：云南省赤水河区域流域属山区河流，一旦发生暴雨，易形成溪河洪水、滑坡和泥石流等自然灾害。由于防洪工程建设滞后，一般洪水即可致灾，基本每年都有洪灾发生。1980 年以来发生较大洪灾的年份有 1983 年、1991 年、1993 年、1995 年、1999 年、2001 年和 2002 年等。据不完全统计，云南省昭通市威信县 1980 年至 2002

年受灾面积累计达 725.5 平方千米，受灾耕地 32.3 万亩，受灾人口约 24 万人，死亡 75 人。

2）贵州省：1918 年 7 月洪水时，贵州省仁怀县茅台站以下一片汪洋，群众无家可归，受灾约千户；赤水市城区洪水位达 237.68 米，洪灾损失惨重。1953 年 9 月洪水，仁怀县茅台镇滨河街水深约 2 米，茅台、羊子酒厂地势较低部分进水；赤水市受灾人口 674 人。1998 年 8 月洪水，赤水市受淹 780 户、房屋 2126 间，受灾人口 2850 人。据 1951 年至 2007 年资料不完全统计，习水县城发生较重洪灾 12 次，平均约 4 年一次，累计重灾面积约 13.6 万亩，重灾户数约 2351 户，重灾人口约 1.09 万人，死亡 39 人。

3）四川省：泸州市古蔺县 1822—2002 年共发生洪灾 30 余次，其中较为严重的有 11 次，分别为 1822 年、1922 年、1936 年、1945 年、1946 年、1967 年、1968 年、1973 年、1979 年、1982 年和 1995 年，据不完全统计，1995—2006 年累计受灾面积 200.45 万亩，受灾人口 104.6 万，死亡 122 人。合江县 1905 年至 2004 年遭受大洪水 8 次，分别为 1905 年、1917 年、1931 年、1936 年、1948 年、1955 年、1966 年和 1991 年。1991 年洪水，合江县城区街道多数被淹，洪灾损失 1400 万元以上。

二、长江中下游干流平原区洪水灾害

（一）1860 年洪灾

1860 年 7 月中旬，金沙江中下游发生特大暴雨，7 月 14 日屏山县城被淹，当洪水下泄时，正值三峡区间、清江及宜昌至荆州一带大雨，洪水发生遭遇，形成区域性的特大洪灾，当时“宜昌水涌入城，平均水深六七尺；枝江西门城决，水入城，民舍漂没殆尽；荆江万城堤破，公安县水位高出城墙一丈多，江湖连成一片”，“荆江藕池决口”。这次大水，上荆江虽未溃口，但冲开了藕池口，大量洪水分流入洞庭湖，湖区淹没范围很大，造成洞庭湖区大范围的水灾。

（二）1870 年洪灾

据历史洪水调查资料，1870 年荆江两岸、汉江中下游、洞庭湖区都遭受极重灾害。长江中下游地区和宜昌出现了自 1153 年以来，数百年未有的特大洪水，洪峰流量创历史纪录达 105000 立方米每秒，宜昌“郡城内外，概被淹没”，荆江河段堤防在南岸松滋县庞家湾、黄家铺堤段溃决，冲成松滋河，洪水大量向洞庭湖倾泻，所过之处，庐舍荡然无存。公安县“冈峦宛在水中，水浸城垣数尺，街署庙宇民房倒塌殆尽”，松滋、石首、监利、嘉鱼、咸宁等县城房屋田亩亦尽被淹没。洞庭湖区安乡、华容等县，舟行城中，竟成泽国。汉江宜城以下，江堤尽溃决，江汉平原一片汪洋。武汉地区当江汉汇合之冲，亦大部被淹，致使两湖平原汪洋无际，宜昌至汉口间的平原地区受灾范围3万余平方千米（见附图1）。长江下游亦受波及，江西省的新建、湖口、彭泽3县“江水陡涨，倒灌入湖，田禾尽淹”，安徽省的桐城、宿松、铜陵、无为、和州等地也受水灾。

（三）1931年洪灾

1931年洪水属全流域性大洪水，长江上游金沙江、岷江、嘉陵江均发生大水，川水东下时又与中下游支流洪水遭遇，造成中下游平原堤防多处溃决，洪灾遍及鄂、湘、赣、皖、苏、浙、豫、沪等省市的205个县，淹没农田5090万亩，被淹房屋180万间，受灾民众2855万人，其中被淹死亡者达14.5万人，当年估计损失银圆13.45亿元。受灾最重的是湖北、湖南两省。

1. 湖北省

湖北省淹没面积45.107平方千米，受灾人口7918423人，死亡67854人，受灾农田2023万亩。汉口站7月28日水位达27.15米，分金炉堤防溃口；至8月19日汉口站达到最高水位28.28米期间，分别有丹水池拦江堤溃口，单洞孔溃口，黄金堂滩堤溃口，武昌堤也多处溃决。武汉三镇平地被淹，沦为泽国，水深2～6米，市区“大船若蛙浮水面，小船如蚁，漂流四周”，街道行船，史所罕见。市区被洪水浸泡约3个月之久，直接受洪水侵害的灾民有63.7万人，武汉三镇死于洪水、饥饿和瘟疫的灾民有32600余人。荆江两岸多处溃垸，最严重的是北岸荆江大堤的齐家堤口溃决，水头6～7米，在荆北平原上下横流，一片汪洋，水深3～6米，群众逃命困难，淹死23000余人。

2. 湖南省

由于湘、资、沅、澧四水同时漫溢，与长江洪水遭遇，造成全省性的洪灾。受灾县市61个，淹没农田759万亩，淹死5.5万人。据《湖南省水利志》记载，洞庭湖区各县完全沦为泽国，堤垸溃决1600多处，淹没稻田400万亩。生者流离转徙，死者随波漂荡，其状之惨，实属罕见。

3. 江西省

据当时的《全国水灾续讯》《水利月刊》第一卷第二期报道：“江西九江市地势稍低者，悉成泽国。南浔铁路自九江至德安沿路铁轨均没，7月27日停车。附近各县如彭泽、德安、湖口、瑞昌均淹。江北圩堤冲决殆尽，七八十里乡村一片汪洋。”

4. 安徽省

据《安徽通志稿》记载，安徽省的望江、安庆、贵池、无为、滁县、巢县、当涂、芜湖等44县淹水。巢湖流域淹农田300余万亩，受灾人口150万人，冲毁房屋22万间。芜湖市大片成灾，交通中断，商业停顿。滁县境内，沿河二百余里庐田牲畜淹没无数。全椒市街水深五六尺，镇市荡平，田禾淹没，浮尸累累。

5. 江苏省

江苏省沿江各县均受灾。南京市低地尽被水淹，镇江属县灾区殆遍，“街巷平地水深丈余”，京沪铁路因尧化门一带轨道被淹，影响全线通车。

（四）1935年洪灾

1935年洪水，造成长江中下游洪水灾区8.9万平方千米，湖北、湖南、江西、安徽、江苏、浙江六省均受灾，中下游平原区共淹没农田2263万亩，受灾人口1000余万人，淹死14.2万人，估计损失3.55亿银圆，其中湖南、湖北两省灾情最重。

1. 湖北省

1）1935年汉江流域属百年罕有大水，自光化、谷城、襄阳、宜城等县沿江一带尽成泽国，钟祥县汉江干堤三四弓及十一弓溃口12处，天门、潜江、汉川、京山、应城等县一片汪洋。洪水横扫汉北平原，直抵张公堤，淹没汉北耕地400余万亩。汉江中下游受灾农田640万亩，受灾人口370万人，淹死8万余人，20处大小城镇受灾。汉江左干堤三四弓的溃决影响尤为深远，由于原堤40余千米无法恢复，采取退建遥堤措施，放弃大柴湖区200余平方千米的土地。遥堤1937年春才建成，使汉北区数百万亩耕地连续两年遭灾。大柴湖区的20余万亩耕地成为自然泛区，荒废近30年，直到1964年方修复30年前水毁的堤线，随着丹江口水库兴建，方始陆续恢复农业生产。

2）清江发生洪峰骤涨，洗荡了长阳县城一条街。沮漳河河溶站洪峰流量达7000立方米每秒，淹死数千人，大片民垸溃决。

3）荆江右岸干堤罗家潭溃口（流市以下5千米处），江南大片耕地受灾。荆江大堤上段外垸全部被淹，大堤在得胜寺至堆金台一带溃口，洪水直冲马山、江陵、草市，横扫荆北平原，江陵县受灾农田164万亩，受灾人口35.5万人。荆州城内外交通断绝，灾民栖身于城墙之上，城外大片农村“淹毙者几达三分之二，其幸存者鹄立水中，延颈待食，不死于水者，将悉死于饥”。继而荆江大堤下段麻布拐决口，荆北区全部被淹。

4）宜昌以下沿江各县均遭受巨大洪水灾害。全省受灾农田达1230万亩，受灾人口695万人，淹死10万人。

2. 湖南省

除澧水发生特大洪水淹死3万余人外，由于长江洪水与洞庭湖水系洪水遭遇，洞庭湖区灾情也很严重。据1936年《湖南年鉴》记载，民国二十四年（1935年）夏，“滨湖各区水势大涨，益以西水倒溢，田禾庐宇概付东流，人民死亡达数万，溃决堤垸较二十年（1931年）尤多”。

3. 其他省份

江西省83个县中有49个县受灾，灾民达180万人，淹没农田546万亩。安徽省有13个县受灾，灾民30万人。

（五）1954年洪灾

1954年洪水为长江中下游近百年来最大的一次，长江干流上自枝江下至镇江，均出现有记录以来的最高水位。由于新中国成立初期全面恢复整修江河堤防，修建了荆江分洪工程，加上全国动员，军民全力抗洪抢险，保住了荆江大堤和武汉、南京等重要城市，但仍然造成了巨大的经济损失和社会影响。长江干堤和汉江下游堤防溃口64处，扒口13处，全长8617米，支堤、民堤溃口无数。中下游湘、鄂、赣、皖、苏五省有123个县市受灾，受灾面积4755万亩，受灾人口1888万人，死亡3.3万余人。

1. 湖北省

上自宜昌，下至黄梅，长江洪水位高，持续时间长，江河堤防险情迭出。为了确保荆江大堤与武汉市等重点地区的安全，除了中下游堤垸自然溃决外，自7月19日至8月12日在长江两岸和汉江采取了扒口分洪措施，连同荆江分洪共计14处，其中长江11处，汉江3处，分洪历时34天。有计划的分蓄洪起到了降低洪水位、确保重点、限制淹没损失的作用。武汉市长期处于洪水包围之中，动员30万人参加防汛，临时分期加固堤防，抢修子堤加高达2米。京广铁路中断通车达100天之久。全省总计被淹农田2127万亩，被淹房屋205.34万间，灾民达926万人，淹死3万余人。

2. 湖南省

洞庭湖区溃垸、扒垸356个，湖南全省被淹农田589万亩，灾民达257万人。

3. 江西省

鄱阳湖滨湖圩堤几乎全部溃决，九江市街道大部被淹，江西全省被淹农田652万亩，灾民达191万人。

4. 安徽省

安徽省境内长江两岸全部受灾，安庆、芜湖地区先后溃口13处，无为大堤安定街溃口，洪水淹及无为、庐江、巢县、和县、含山、舒城、肥东、肥西、合肥9个县市，受灾农田近450万亩。全省淹没农田909万亩，淹没房屋185万间，受灾人口514.3万人。

5. 江苏省

江苏省受灾农田478万亩，江心洲除扬中县外，全部淹没行洪，灾情惨重。

1954年洪水使京广铁路100天不能正常通行，灾后疾病流行，仅洞庭湖区死亡

达 3 万余人。由于洪涝淹没地区积水时间长，房屋大量倒塌，庄稼大部分绝收，灾后数年才完全恢复。由于长江流域工农业生产和水陆交通运输在全国的重要地位，1954 年大水不仅造成当年重大经济损失，对以后几年经济发展都产生了很大影响。洪水淹没区域及中下游分洪溃口位置分别见附图 2 和附图 3。据不完全统计，将长江中下游湖北、湖南、江西、安徽、江苏五省灾情列于表 1.2–1。

表 1.2–1　　长江中下游湖北、湖南、江西、安徽、江苏 5 省灾情表

省份	受灾县数（个）	受灾人口（万人）	受灾面积（万亩）	溃口			分洪		山洪		渍水		死亡人数（人）
				溃口数量（个）	受灾人口（万人）	受灾面积（万亩）	受灾人口（万人）	受灾面积（万亩）	受灾人口（万人）	受灾面积（万亩）	受灾人口（万人）	受灾面积（万亩）	
湖北	43	926	2127	46	223	390	315	923	8535	159	303	656	30582
湖南	20	257	589	1	165	385					92	204	470
江西	12	191	652	2		243				148		260	972
安徽	27	514	909	13		511				398			1145
江苏	21		478	2		53						425	
合计	123	1888	4755	64	388	1582	315	923	85.5	705	395	1545	33169

（六）1998 年洪灾

1998 年，长江中下游持续高洪水位，长江中下游堤防工程经受了严峻的考验，累计出现各类险情 73825 处，其中较大险情 1702 处。据湖南、湖北、江西、安徽四省上报资料统计，溃决堤垸 1975 座，淹没耕地 358.6 万亩，受灾人口 231.6 万人。其中，万亩以上堤垸 57 座，淹没耕地 184.7 万亩，受灾人口 94.7 万人；千亩至万亩堤垸 414 座，淹没耕地 115.2 万亩，受灾人口 86.9 万人。详见表 1.2–2。

表 1.2–2　　1998 年长江中下游圩垸溃决统计表

省份	万亩以上圩垸				千亩至万亩圩垸				千亩以下圩垸				合计			
	溃垸数量（个）	总面积（万亩）	耕地（万亩）	人口（万人）	溃垸数量（个）	总面积（万亩）	耕地（万亩）	人口（万人）	溃垸数量（个）	总面积（万亩）	耕地（万亩）	人口（万人）	溃垸数量（个）	总面积（万亩）	耕地（万亩）	人口（万人）
湖北	17	150.8	89.6	36.3	65	23.5	19.5	5.9	59	3.9	3.2	2.9	141	178.2	112.3	45.1
湖南	8	44.9	24.1	18.8	55	15.0	10.2	13.2	80	4.8	3.2	4.6	143	64.7	37.5	36.6
江西	23		63.3	37.5	219		69.4	55.3	1117		44.6	42.5	1359		177.3	135.3
安徽	9	14.6	7.7	2.1	75	26.6	16.1	12.5	248	0.1	7.6		332	41.3	31.5	14.6
合计	57		184.7	94.7	414		115.2	86.9	1504		58.6	50.0	1975		358.6	231.6

备注：本表统计范围，包括长江干流、洞庭湖、鄱阳湖及干支流汇合处，空栏为数据不详。

1. 湖北省

1998 年入汛以来，湖北省境共出现 13 次强降雨，其中有 6 次最大强度突破历史

同期最高纪录，尤其是6月下旬以来多次遭受暴雨袭击，灾害损失重于常年。全省共有73个县市、1357个乡镇受灾，14个城镇进水。被洪水围困232万人，紧急转移242万人，死亡528人，倒塌房屋50.41万间；停产和部分停产企业14616个；铁路中断1条次2小时，公路中断1217条次，冲毁铁路路基300米、公路路基3506千米；损坏输电线路67636杆、50051千米，损坏通讯线路45873杆、34866千米。在长江持续高水位情况下，湖北省长江、汉江沿线洲滩民垸因自然漫溢，溃决和扒口行蓄洪共141个，其中省、市防总命令扒口46处，溃决9处，漫溢86处。

2. *湖南省*

湖南省自3月上旬提前进入汛期，先后八次遭受暴雨洪水袭击，特别是6月中旬后，湘西北和洞庭湖区发生了1954年以来最大洪水。肆虐的洪水给人民生命财产造成巨大损失，受灾范围遍及全省14个地（州、市）、108个县（市、区）、1438个乡镇，有的地县重复受灾。被洪水围困人口348.72万人，紧急转移350.84万人，死亡616人，倒塌房屋68.86万间；停产和部分停产企业45152个；铁路中断4条次62小时，公路中断7520条次，冲毁铁路路基300米、公路路基14300千米；损坏输电线路119620杆、5526千米，损坏通信线路101344杆、5960千米。全省山丘区因山洪暴发，河水陡涨，共有14个县级城镇进水受淹，总淹没范围89.26平方千米，淹没范围相当于城区面积的33%～80%，淹没范围最大的慈利县城达85%。淹没深度最大的是桑植县达11米，其次是永顺县达7米。洞庭湖区受高洪水位袭击共有63个千亩以上堤垸溃决成灾。

3. *江西省*

江西省自3月上旬发生罕见早汛后，6月中旬开始连续发生两次大范围集中强暴雨过程，使赣江下游、抚河、信江、饶河、修河、鄱阳湖区和长江九江河段相继超历史最高水位，造成严重洪涝灾害，据统计受灾遍及93个县（市、区）、1786个乡镇，28个城镇进水。被洪水围困438.53万人，紧急转移350.84万人，因灾死亡313人，倒塌房屋76.68万间；停产和部分停产企业35115个；铁路中断5条次270小时；公路中断2763条次，冲毁铁路路基6千米、公路路基12355千米，损坏输电线路35723杆、7591千米，损坏通信线路16799杆、4028千米。在鄱阳湖区溃决千亩以上堤垸242座。8月7日，九江市城区长江大堤溃决，7天后复堵。

三、长江中下游主要支流洪水灾害

（一）汉江洪灾

汉江流域暴雨具有强度大、历时短、雨量集中的特点，极易在汉江中下游形成峰

高量大的洪水，加上河道泄流能力沿程减小，洪水来量大和泄流能力不足的矛盾十分突出，历史上洪水灾害频发。据史料记载，从1822年至1949年，汉江中下游干流堤防发生溃决的有73年（共决口130处），平均约2年溃口一次。汉江近两百年来发生特大洪灾的有1832年、1852年、1867年、1921年、1935年、1954年、1964年和1983年等。

1832年洪水汉江两岸溃决10余处，经过4年才复堵。1921年洪水又溃，口门长达5千米，灾区遍及钟祥等县，费75万两白银，经半年才堵成。

1935年7月汉江流域暴雨洪水为近百年来最严重的一次，干支流洪水遭遇，造成峰高量大的特大洪水，黄家港站、襄阳站、碾盘山站洪峰流量分别达到50000立方米每秒、52400立方米每秒和57900立方米每秒。郧县漫溢溃口六十丈，襄阳城平地水深丈余，钟祥三四弓处堤防溃决，口门达7000余米。洪水横扫汉北，直达汉口张公堤，从光化（现老河口市）到武汉两岸16个县市一片汪洋。淹没耕地640万亩，受灾人口370万人，死亡8万余人，灾情十分惨重，损失值约1.6亿银圆。

1954年，长江发生了全流域性的特大洪水，汉江洪水与长江洪水遭遇，潜江市汉江右岸干堤饶家月漫溃，12.8万亩农田、45.3万人受灾。

1964年10月，汉江发生秋季洪水（约20年一遇），碾盘山、新城、仙桃洪峰流量分别为29100立方米每秒、20300立方米每秒和14600立方米每秒，最高水位分别达到52.3米、44.28米和36.22米，汉川站最高水位31.16米，东荆河陶朱埠洪峰流量5060立方米每秒。杜家台闸10月6日17时30分开闸分洪，持续时间达7天多，最大分洪流量5600立方米每秒，分洪量25.09亿立方米。在虽经新中国成立15年来加培堤防的抗御及近百万人的紧张防汛抢险，仍然被迫扒口7处，分洪量达14亿立方米，淹没耕地约50万亩。

1983年7月的汉江洪水，安康市城区受淹，直接经济损失达8亿元。同年10月洪水，中游皇庄站、沙洋站、仙桃站实测洪峰流量分别为26100立方米每秒、21600立方米每秒和13800立方米每秒，最高水位分别为50.62米、44.50米和36.20米，汉川站最高水位31.12米，东荆河陶朱埠洪峰流量4910立方米每秒，最高水位42.09米。杜家台闸于10月7日16时、21日12时2次开闸分洪，持续时间分别为8天和3天，最大分洪流量5100立方米每秒，分洪量分别达到23.26亿立方米和5.96亿立方米；10月7日16时，邓家湖在槐路口炸堤分洪，最大进洪流量约4000立方米每秒，蓄洪总量2.85亿立方米；8日13时，小江湖在黄堤坝炸堤分洪，最大进洪流量约6000立方米每秒，蓄洪总量5.8亿立方米。同时，由于丹江口水库超蓄至160.07米，库区正常蓄水位157米至160.07米之间的地区遭受淹没损失。

1990 年 7 月，汉江上游发生百年一遇特大洪水，使汉中平川段受灾人数达 100.76 万人，损坏房屋 400 间，死亡 63 人，直接经济损失 5.3 亿元。

2017 年 9 月下旬开始，受北方强冷空气和西南暖湿气流的共同影响，汉江上游先后出现五次强降雨过程，中下游出现四次强降雨过程。此次秋汛造成湖北省 43 个县（市、区）受灾，受灾人口 272.2 万人，临时转移群众 2.7 万人，农作物受灾面积 31.09 万公顷，直接经济损失 46.3 亿元。

（二）洞庭湖水系与湖区洪灾

1. 洞庭湖水系

洞庭湖水系包括湘、资、沅、澧四水。洞庭湖四水遇较大暴雨，洪峰流量常超过河道安全泄量，造成洪水灾害，尤以澧水下游尾闾河段最为严重。洞庭湖水系洪水若与长江上游洪水遭遇，在湖区平原地带则酿成大面积洪水灾害。如 1560 年、1831 年、1931 年、1935 年、1949 年、1954 年、1980 年、1995 年和 2017 年等年的洪灾就是这样形成的。各典型年洪灾简述如下：

（1）1560 年（明嘉靖三十九年）洪灾

据各府州县地方志记载：本年四、五月间，湘、资、沅三水暴雨泛涨，五月又与长江洪峰遭遇，导致全省性大水灾。据光绪《善化县志》：长沙“大水浸入城廓”；道光《辰溪县志》载：辰溪“南城冲陷”；嘉庆《邵阳县志》：“庐舍漂没甚多”；道光《洞庭湖志》记载：“夏五月大水，山水内冲，江水外涨，洞庭泛滥如海，伤坏田庐无数。水发迅速，老幼多溺死，尸满湖中，漂流畜产所在皆是，本岁之潦，为古今仅见。”

（2）1831 年（清道光十一年）洪灾

初夏四水同涨，全省水灾惨重。据同治《长沙县志》：长沙“大水，围垸多溃，低田无收”；同治《浏阳县志》：浏阳“五月大水，坏田庐，民饥相掠”；同治《安化县志》：安化“六月大水，田尽圮，民房漂没无算”；同治《沅陵县志》：“五月初旬大雨，城市低洼处水深五尺余，至十五日水大涨，舟行市中”；同治《武陵县志》：常德“大水，东西堤全部溃决，淹死居民不可胜记”；光绪《龙阳县志》：汉寿“大水，诏免钱粮，借给种子”；同治《直隶澧州志》：安乡“夏大水，饿殍相枕藉”；光绪《华容县志》：华容“大水，围垸溃决，坏田庐，死人畜无算”；同治《益阳县志》：益阳“大水，民饥”。本年滨湖各湖县堤垸大都溃决，受灾尤为惨重。

（3）1931 年洪灾

据《湖南省水利志》记载：“本年五月份涟水陡涨，湘乡首当其冲，仅虞塘镇即捞出尸首六七十具，宁乡也都灾情惨重。六月中、下旬及七月初，常德、桃源因两次大雨，沅水陡涨，沿河乡村均成泽国，常德城内可行船，桃源除南街稍高外，东、西、北三街均被水淹。沅水上游的沅陵、辰溪、泸溪、黔阳、洪江等县均遭受严重水灾。沅陵七月五日大雨如注，并历时七昼夜，县城河街尽成泽国。沿兰溪、西溪、明溪、深溪各乡镇均损失惨重。辰溪田禾被淹的占全县十分之七八，城内进水，人均登楼而居，黔阳、泸溪、洪江等县水情、灾情均为百年来所罕见。资水流域的新化锡矿山，矿窿全淹，炼厂冲毁。益阳附城房屋淹没无余。澧水流域的津市、慈利自七月七日起大雨倾盆，平地水深丈余，受灾亦较严重。”湖南全省本年共计 66 县受水灾，淹田 759 万亩，损失稻谷 10 亿公斤，被淹 1600 万人，淹死 54837 人。

（4）1935 年洪灾

1935 年 7 月，澧水出现特大洪峰流量 30300 立方米每秒，远远超过尾闾河段泄量，造成死亡 3 万余人的毁灭性灾害。据 1936 年《湖南年鉴》记载：洞庭湖区“共溃 1659 垸，339.8 万亩，受渍 283 垸 166.1 万亩，溃渍田亩占湖区 11 县总耕地的 68%，受灾人口 311 万人，占 11 个县总人口的 58%，共损失稻谷 27.8 亿斤，房屋器具及牲畜等其他损失折洋 1250 万元”。

（5）1949 年洪灾

据 1949 年 7 月 5 日湖南当时的《中央日报》记载：“全省水灾被淹灾田达 1535 万亩，死亡人口 57877 人，各项财产损失约一亿五千万银圆。除去湖区，山丘区受灾田亩达一千万亩，山丘区各县的灾情以衡阳、邵阳、长沙等 14 县最重。衡阳沿湘江及来、蒸二水沿岸田亩房屋几乎尽被冲洗，衡阳市东岸街道舟行无阻。该县共冲毁房屋 8737 栋，受灾田亩 98 万多亩，居民淹死 20016 人，仅合江套即捞死尸二千余具。长沙市南门外灵官渡和天府庙水深三尺，西湖桥、小西门、大西门一带水淹尺余。沿江马路一带小船通行无阻，长沙县境沿湘水及各支流的村镇堤垸大都被淹。”

（6）1954 年洪灾

1954 年，湘、资、沅、澧四水汛期连续发生较大洪峰八九次，并多与长江干流洪峰遭遇，使当年出现百年罕见的特大洪水，有 66 个县市受到程度不同的灾害。湖南全省受灾农田 915 万亩，成灾 631 万亩，减产粮食 104 亿公斤。另由于山洪淹死 1774 人，伤 1266 人，损失房屋 38 万间，损坏塘堰 50529 处、坝 44435 座、中小水库 136 座。

（7）1980 年洪灾

1980 年汛期，澧水有 5 次洪峰水位超过历史最高水位，沿澧水堤垸遭受严重溃渍灾害，澧阳平原和梦溪等地受灾农田 20 多万亩，冲倒房屋 6800 多间；常德县山洪灾害受灾农田 60 万亩，冲毁房屋一万多间，因灾死亡 9 人，冲毁山塘河坝 20 多万处。

沅江和湘江干支流也多次暴发山洪，冲毁塘坝等420处、公路190千米，死亡4人。保靖县受山洪袭击，受灾耕地2.5万亩，减产粮食500万公斤。1980年全省受洪灾农田993万亩，成灾582万亩，粮食减产9亿公斤。

（8）1995年洪灾

1995年长江中游洪水较大，洞庭湖四水最大30天洪量占汉口站35.6%，在各大水年中比值较大。资水桃江、沅江桃源最高水位分别为44.30米和45.86米，均破历史纪录。湖南全省洪涝成灾面积1797.5万亩，受灾人口2761万人，死亡633人，其中平原圩湖区溃11垸共计41万亩，灾民33万人。

（9）2017年洪灾

2017年6月22日至7月2日，湖南省发生超历史暴雨洪水。受强降雨影响，湘江发生了流域性特大洪水，资水和沅江发生了大洪水，湘江、资水、沅江3条河流洪水同时在洞庭湖遭遇，形成洞庭区大洪水。本轮强降雨造成湖南省14个市州118县（市、区）、1621个乡镇的1158.7万人受灾，紧急转移人口146.9万人，农作物受灾面积87.99万公顷，倒塌房屋3.86万间，直接经济损失305.6亿元，水利设施直接经济损失74.49亿元。

2. 洞庭湖区

洞庭湖区洪涝灾害频繁，灾情严重。据统计，洞庭湖区1949年至1992年累计淹没耕地1254.9万亩，年均29.19万亩；涝灾累计受灾面积9156.96万亩，年均212.32万亩。在典型洪涝年份中，1995年洪水洞庭湖区溃垸11个，淹没耕地36万亩，受灾人口28.2万人；1996年洪水洞庭湖区溃垸145个，淹没耕地122.9万亩，受灾人口113.8万人，因灾死亡170人；1998年洪水湖南省重点垸安造垸溃决，淹没耕地15.7万亩，受灾人口17.53万人，湖北省公安县孟溪垸溃决，淹没耕地19.66万亩，受灾人口15.65万人；2012年洞庭湖区长时间超警戒水位，常德、益阳、岳阳三市受渍严重，三市累计排渍面积达84.88万亩，累计排水8.9亿立方米。

（三）鄱阳湖水系与湖区洪灾

1. 鄱阳湖水系

鄱阳湖水系包括赣、抚、信、饶、修五河，流域大部分处于暴雨多发区，且因沿江滨湖堤垸抗御洪涝能力低，每当江河发生较大洪水时往往发生洪涝灾害。鄱阳湖水系1404年至1949年间，成灾年份有近65次，平均约8年一次，1949年以来平均约6年一次。1931年洪水，江西省受灾60余县，受灾面积8817平方千米，淹没农田547万亩，被淹房屋22万栋，倒坍6万余栋，灾民179.8万人。1983年，长江与鄱阳湖五河均发生大洪水，江西省受灾农田616万亩，受灾人口546万人，南浔铁路中断行车 16 天，湖口最高水位 21.7 米，仅约为 10 年一遇洪水位，湖区立新、畲湾、潼丰、康山等 9 座万亩以上圩垸先后溃决，加上溃决的小圩，共淹没农田 64 万亩。

赣江洪灾在鄱阳湖水系中较为突出，自 1647 年至 1949 年的 302 年间，成灾年份有 38 次，平均 8 年一次。1949 年以来成灾洪水年主要有 1951 年、1954 年、1955 年、1961 年、1962 年、1974 年、1983 年、1995 年、1998 年、2002 年和 2010 年等。其中 1962 年影响浙赣铁路通车 9 天，中断公路交通 28 天，并威胁南昌市安全，仅城市工业、交通损失约 3800 万元。

2. 鄱阳湖区

鄱阳湖区属洪水灾害频发地区，洪水灾害均由暴雨形成。强降雨往往引起江河水位猛涨，造成严重灾害。据 1950 年至 2007 年资料统计，年最高水位超过 20 米的有 17 年，受灾农田在 50 万亩以上的有 6 年。

1954 年大洪水，湖口最高水位达 21.68 米，除南昌市的富大有堤等少数圩堤外，鄱阳湖区 15 个县（市、区）的绝大多数圩堤溃决，受灾人口 330 多万人，100 多万人无家可归，淹没农田 315 万亩，绝收农田面积 279.7 万亩。九江市区水深 3 ～ 4 米，南浔铁路中断 125 天。

1962 年洪水，湖口最高水位达 20.22 米，淹没农田 156 万亩。1973 年洪水，湖口最高水位达 20.91 米，淹没农田 124 万亩。1983 年洪水，湖口最高水位达 21.71 米，湖区溃堤 108 座，其中，保护耕地面积 5 万亩以上的圩堤 2 座（康山大堤、畲湾联圩），保护耕地面积 1 万亩以上的圩堤 7 座，共淹没农田 64 万亩。1995 年洪水，湖口最高洪水位 21.80 米，湖区溃堤 145 座，其中有 10 万亩以上的重点圩堤廿四联圩、1 万亩以上的圩堤 8 座，共淹没农田 55 万亩。

1998 年，湖口最高水位达 22.59 米，为有记录以来最高洪水位。这次洪水给鄱阳湖区及江西省其他区域的工农业生产和人民生命财产造成了重大损失。沿湖区的湖口、星子、德安等城镇严重受淹，105、206、320、316 国道交通中断，京九铁路昌北段因路基塌陷中断行车 20 小时，保护京九铁路的郭东圩、永北圩险象环生，经广大军民团结奋战，才确保圩堤安全。鄱阳湖区 10 万亩以上重点圩堤发生大量泡泉、塌坡等重大险情，护坡毁坏，堤身淘空。湖区有 138 座保护农田面积 1000 亩以上的圩堤溃决，其中有 5 万亩以上的三角联圩、1 万～ 5 万亩圩堤 15 座溃决，淹没耕地 69 万亩，受灾人口 60 万人。

（四）青弋江、水阳江洪灾

青弋江、水阳江流域地跨安徽、江苏两省，有鲁港、芜湖、当涂三口与长江相通，流域内有耕地约 543 万亩，其中平原圩区 300 余万亩，平原区水网交织，水流紊乱。

中游洪灾主要受上游来水影响，上游来水往往超过中游河道安全泄洪能力。下游圩区同时受江洪高水位影响，汛期芜湖江水位常高出下游圩区地面 5 ～ 7 米，圩内水不能自流外排，乃至洪涝频仍。据记载，自 1644 年至 1949 年发生较大洪灾 203 次，其中以 1931 年最大，圩区受灾田 305 万亩。1954 年圩区受灾 273 万亩，由于江水位特高（12.87 米），芜湖市被淹。1983 年青弋江、水阳江上游大水，受灾 290 万亩。进入 20 世纪 90 年代后，流域内连续发生了 1991 年、1995 年、1996 年、1998 年和 1999 年五次大洪水，均造成了严重的洪灾损失。

（五）巢湖流域洪灾

巢湖流域地理位置特殊，气候条件复杂，水旱灾害频繁。圩区及大部分城镇和村庄因地势较低，汛期处于长江和内河洪水位之下，易发生洪涝灾害。新中国成立以来，发生较大洪涝灾害有 17 年，约 4 年出现一次，尤以 1954 年、1969 年、1983 年、1991 年、1998 年和 2003 年洪灾较为严重。1954 年无为大堤决口，沿江沿湖一片汪洋，淮南铁路中断，洪水顶托波及合肥市，合肥市东门南淝河沿河一带地面淹水深 1.3 ～ 1.7 米，巢湖流域受灾面积达 427.3 万亩，受灾人口 230.52 万人。1969 年，庐江县石大圩和杨柳圩先后溃破，白湖西大圩破堤蓄洪，无为、庐江、含山、和县、肥东等 6 县共溃破大小圩 458 个，淹没农田 67 万亩。1991 年发生区域性洪水，巢湖忠庙水位在保证水位以上持续 54 天，巢湖流域破圩 500 多个，洪水淹没农田 80 余万亩，内涝面积 90 余万亩，淮南铁路交通中断 18 天，工农业直接损失达 48.5 亿元。2003 年，巢湖流域溃破圩口 231 个、面积 17.4 万亩，均为万亩以下圩口。

（六）滁河洪灾

滁河流域大洪水大多出现在梅雨季节，较易与长江干流洪水遭遇，致使滁河圩区洪涝灾害频发。自 1949 年以来，滁河流域已发生过 15 次大或较大的洪水灾害，平均约 4 年出现一次。其中 1954 年、1987 年、1991 年、2003 年、2008 年和 2015 年洪灾较为严重。1954 年沿滁圩区一片汪洋，淹没农田 94 万亩，津浦线火车被迫减速行驶。1987 年 7 月 1 日至 7 日，滁河干流襄河口闸上、晓桥、汊河集闸上等站水位突破防洪控制水位或接近历史最高水位，含山、古河、和县一线溃堤淹没农田 3 万余亩，蒿子圩等破圩滞洪。1991 年，滁河干流沿线多处破圩，全椒县城两次受淹，六合县城被洪水包围，部分堤段洪水位接近堤顶高程。2003 年 7 月共破圩 39 个，滁州市区、全椒县城部分被淹，津浦铁路一度中断行驶。2008 年，滁河流域发生大洪水，襄河口闸上水位超历史最高水位 0.24 米，汊河集闸上水位和流量为有记录以来第二位，洪水造成滁河沿岸安徽、江苏两省受灾人口 104.57 万人，倒塌及受淹房屋 1.85 万间，农作物受灾面积 178.6 万亩，直接经济损失 30.73 亿元。2015 年 6 月，滁河襄河口以上河段发生超历史最高水位的大洪水，荒草二圩、荒草三圩于6月28日启用分洪，滞蓄洪水约5500万立方米，支流堤防出现多处险情。

四、河口洪水灾害

长江河口地区常出现河口潮汐与风暴潮和天文潮遭遇，危及河口海塘和防洪墙的安全。一旦台风、高潮、暴雨和长江洪水相遇，则河口地区的洪涝灾害尤为严重。

新中国成立前，1915年、1922年、1931年和1933年等侵袭上海的几次强台风中，崇明、宝山、松江（原松江县沿杭州湾地区，现已划归金山区）、南汇、奉贤等地的海塘江堤保护区均遭受毁灭性的灾害。

据有关地方志记载，1915年7月27日、28日连续两天飓风，川沙县海塘全部被毁；松江县旧塘出险、新塘冲毁；奉贤县飓风狂潮，上年修复的塘工又全线冲毁；宝山县吴淞镇因风潮出险。1933年9月2日，暴雨骤作，浦江骤涨、海塘出险，薛家滩、顾隆墩溃决，老石洞等处冲毁；南汇县塘溃决成灾，居民淹没千余户；崇明堤岸被冲，全县三分之二面积均淹水中，水深两三尺至丈余不等，收获粮食被水氽去，屋舍漂没倒毁无数，无家可归者尤难计数，受淹千余户，死亡400余人，损失甚巨。

新中国成立初期，由于国民党撤离时在海塘江堤上到处挖掘战壕，本身标准就很低的海塘又遭遇如此严重破坏，致使1949年7月25日强台风正面袭击时，川沙、南汇海塘江堤决口145处，农田受淹106.5万亩，因灾死亡1613人。陈毅市长视察海塘溃决现场，率领全市人民投入抗灾斗争，修建了现在的人民塘。

1962年8月12号台风、1974年8月13日台风和1981年14号台风侵袭上海地区时，由于水利建设的投入，不断加高加固海塘，使灾情大大减轻，化危为安。如1981年14号台风，长江口区出现历史最高潮位，但只有6处主塘和32处一线海塘决口，受淹农田7万亩，使损失减少到较小的程度，多数堤段安然无恙，有惊无险。

由于长江口部分堤段防洪潮能力偏低、防浪措施不力，当台风、高潮、洪水遭遇时，常造成严重灾害。1997年11号台风期出现历史最高潮位，给上海市和江苏省带来巨大洪灾损失。

1997年11号台风期正值农历七月十五大潮，出现台风、高潮、暴雨三碰头的严峻局面。8月18日至19日全市普遍出现8～10级大风，部分地区出现了11～12级的阵风，并普降暴雨和局部大暴雨。受台风影响，市区防汛墙决口3处、漫溢倒灌20处，全市受灾人口15.3万人、死亡7人，倒塌房屋584间。“9711”号台风主要风向为东北风，海堤损坏的部位分布在风浪正面袭击的岸段，对上海沿岸工程的损毁部位大都在海塘大堤的上部和顶部，个别工程标准偏低的岸段发生堤顶漫水越浪，内侧堤坡冲刷严重。不少丁坝坝根及坝身中部被波浪冲击损坏。据上海市防汛办公室调查统计，沿长江口杭州湾，国家级主塘共损坏352处，累计受损长度32.2千米，占全市国家级主塘总长的7%。损失土方11.3万立方米、块石4.66万吨；若包括第一线海塘在内，全市共损坏海塘511处，损坏长度69千米，占第一线海塘总长的14%，共损失土方46.5万立方米、块石6.6万吨。

“9711”号台风穿越江苏省太湖西部地区，沿省界北上，8级以上大风几乎覆盖全省，苏州、南通两市最大风力达11级以上。长江干流武进以下全线超过历史最高潮位0.185～0.45米。地处沿海的南通市遥望港最高潮位超过历史最高潮位0.16米。“9711”号强台风在江苏省境内肆虐长达48小时之久，导致江苏省沿江堤防严重损失，损坏江堤220千米、护岸636处，损坏护坡133千米、决口57处，损失土方273.2万立方米、石方40万立方米。启东市兴隆洲决堤，张家港市文革圩破圩，分别有1000人和3000人被洪水围困。农作物受灾面积1245.3万亩，其中棉花倒伏330万亩。20.7万亩水产养殖水面漫塘，有1.72万人被洪水围困并紧急转移，倒房3.2万间，损坏3.2万间，死亡33人，农作物受灾面积80万公顷。直接经济损失26.93亿元，其中水利工程损失2.73亿元。而且，在该台风期，常熟及太仓的部分河口段堤顶出现漫溢、内侧堤坡冲刷严重的现象。

1997年“9711”号台风后，上海市又先后遭受了1999年梅雨、2005年“麦莎”台风、2012年“海葵”台风和2013年“菲特”台风带来的洪涝灾害，其中以2005年“麦莎”台风洪灾经济损失最大。2005年8月5日至7日，“麦莎”台风侵袭上海，全市各雨量测站累计过程降雨量为138.2～349.5毫米，其中南汇区的周浦、芦潮港，奉贤区的青村，中心城区的普陀、徐汇、长宁、虹口等区的日雨量都超过了200毫米，市区部分站点最大1小时雨量超过36毫米。市区200余条马路积水，5万余户居民家中进水，受灾人口133万人，7人死亡，149人受伤，1.55万间房屋倒塌，农作物受灾面积549平方千米，直接经济损失约13.58亿元。

第二章

长江防洪的特点及治理历程

长江是一条雨洪河流，受洪灾威胁的地区分布很广，上游地区和中下游地区受灾的频率和灾害的破坏程度差别很大。长江上游洪水具有峰高、来势迅猛、历时短和灾区分散的特点，受灾范围与影响有局限性，各防洪保护区之间的防洪一般相互独立。长江中下游干流洪水峰高量大、历时长，洪水来量大与泄流能力不足的矛盾突出；长江中下游沿江两岸是我国经济社会发展的重要区域，而两岸平原区地面高程一般低于汛期江河洪水位数米至十数米，洪水灾害频繁、严重，一旦堤防溃决，淹没时间长，损失大。因此，长江中下游平原区是长江流域洪灾最频繁最严重的地区，历来是长江防洪重点。隋唐以前，长江流域洪灾较少。南宋以后，北方人口大量南迁，经济中心向长江流域转移，对土地资源的需求剧增，长江中下游洪泛区被大量开发利用，从而洪水灾害也日益频繁。新中国成立前，长江中下游较大洪灾平均约 5 年发生一次，且有的地区（如荆江地区）还曾遭受大量人口死亡的毁灭性洪灾，防洪形势极为严峻。由于长江流域的自然地理特性和社会经济条件，决定了防洪工作在长江流域占有极为重要的地位，且其重要性随着流域内国民经济的发展而愈加突出。

长江防洪建设可以追溯到春秋时期（公元前 770—公元前 476 年），历代人民为此付出了艰苦的劳动，积累了丰富的抗洪斗争经验。新中国成立后，在党中央、国务院的高度重视和正确领导下，以规划为指导，以防洪为重点，坚持兴利与除害并举，开发与保护并重，经过 70 年的努力，长江防洪建设取得了巨大的成就，为流域经济社会可持续发展和人民福祉提供了坚强的支撑与保障。但防洪仍然是治江的一项长期而艰巨的任务。这是因为：第一，由于长江流域固有的自然条件，中下游洪水峰高量大，河槽虽然具有较大而稳定的泄洪能力，但遇大洪水时，超过河槽安全宣泄能力的洪峰和洪量都很大。在这种河槽安全泄量远不能与洪水来量相适应的情况下，必须采取堤防、蓄滞洪区和水库等综合措施，并结合防洪非工程措施方能较妥善地处理好防洪问题。三峡工程建成后，长江中下游干流防洪形势虽有了根本性的改善，但遇较大洪水，仍需运用蓄滞洪区，且在不同洪水组成的情况下，部分支流尾闾及滨湖地区仍可能受灾。随着干支流控制性水库相继建成投入运行，防洪库容进一步增加，也难以完全避免洪水灾害。堤防仍然是中下游平原区防洪的基础，必须大力加固。其他防洪工程措施和非工程措施也仍需积极建设，以适应可持续发展的要求。第二，随着经济和社会的发展，单位面积的淹没损失将越来越大，对防洪保护区的范围和标准将不断提出新的要求。“确保重点，照顾一般”的原则仍应遵循，但一般保护区的范围很广，不可能普遍提高其防洪标准，为了这些地区的可持续发展，必须研究采取各种减少洪灾风险和洪灾损失的措施。可见长江防洪是一项长期而艰巨复杂的任务，不可能“一劳永逸”。长江防洪斗争的历史经验，特别是近70年的经验，可作为今后防洪工作的借鉴。

第一节　长江防洪的特点

一、长江上游防洪特点

根据长江上游洪水和洪灾特性，长江上游防洪特点可概括为以下三个方面：

第一，洪水陡涨陡落，峰高历时短，流速大。长江上游各支流的一次洪水过程，历时一般往往仅为5～10天，金沙江屏山站约20天，宜昌则在20～30天左右。嘉陵江下游北碚站1981年实测洪峰流量达44800立方米每秒，寸滩站也高达85700立方米每秒。上游河道坡降较陡，洪水流速大，容易冲毁两岸农田房屋。

第二，一旦受灾，洪灾相对比较分散，淹没历时短。长江上游地区山地约占50%，高原占30%，丘陵占18%，平原（含坝子）占2%。一旦发生洪水，大部分地区的洪灾相对比较分散，洪灾比较集中的是四川盆地（主要是岷江、沱江、嘉陵江的中下游）的河谷阶地，由于洪水历时短，洪水过后两岸阶地很快出露。

第三，地区之间的防洪一般相互独立。长江上游由于防洪区相对分散，加之河道比降大，因而各保护区之间的防洪一般相互独立，各保护区之间防洪关系不大。

二、长江中下游防洪特点

长江的自然条件，决定了长江中下游防洪具有以下特点：

（一）长江中下游干流洪水峰高量大，历时较长，在全国各大江河中十分突出

长江流域可发生暴雨的面积达150多万平方千米，常产生笼罩面积广、强度大、持续期长的暴雨，经干支流交汇集中，形成峰高量大的洪水。

历史上的1870年洪水，7月13日至19日连续下暴雨7昼夜，宜昌以上暴雨笼罩面积达16万平方千米，枝城洪峰流量高达11万立方米每秒，30天洪量达1650亿

立方米，是自 1153 年至今 800 余年来的最大洪水。1954 年 6、7 月间雨带长期徘徊于长江流域，暴雨强度大、面积广、历时长，长江中下游洪水滞后，江湖底水较高，上游洪水又接踵而来，洪水过程叠加，形成峰高量大的全流域性大洪水，城陵矶合成洪峰流量达 100000 立方米每秒以上，汉口站洪峰流量 76100 立方米每秒，60 天洪量达 3830 亿立方米。1998 年又发生了一次与 1954 年洪水量级相近而略小的全流域性大洪水，汉口站洪峰流量 71100 立方米每秒，60 天洪量达 3536 亿立方米。长江这样大的洪水，与全国其他大江大河比较显得十分突出。

（二）长江干支流河道相对稳定，有较大的泄洪能力，但中下游河道安全泄量与长江洪水峰高量大的矛盾仍然突出

长江干支流河道在总体上是较稳定的，泄洪能力较大。长江中下游干流各河段现状行洪能力可达到：沙市约 53000 立方米每秒，城陵矶约 60000 立方米每秒，武汉约 73000 立方米每秒，湖口约 83000 立方米每秒。但与前述峰高量大的洪水相比，则仍显得不足。考虑三峡水库及上游控制性水库联合调度，若遇 1870 年洪水，荆江河段将产生 56.2 亿立方米的超额洪量；若遇 1954 年洪水，长江中下游干流仍有 350 亿立方米的超额洪量需要妥善安排。支流汉江中下游、洞庭湖四水尾间、鄱阳湖五河尾间等地区，河道安全泄量也均小于巨大的洪水来量。

（三）长江受洪水威胁的范围很广，以中下游地区最为严重，防洪减灾任务艰巨

长江流域的洪灾大都由暴雨洪水形成，除海拔 3000 米以上青藏高原的高寒、少雨区外，凡是有暴雨和暴雨洪水行经的地方，都可能发生洪灾。长江流域洪灾分布范围广泛，在山区、丘陵区、平原区、河口区都可能发生程度不同的各种洪水灾害。长江中下游受堤防保护的 11.81 万平方千米的防洪保护区，是我国经济最发达的地区之一，其地面高程一般低于汛期江河洪水位数米至十数米，洪水灾害频繁、严重，一旦堤防溃决，淹没时间长，损失大。因此，长江中下游平原区是长江流域洪灾最频繁最严重的地区。1931 年、1935 年大洪水，长江中下游死亡人数分别为 14.5 万人和 14.2 万人；1954 年洪水为长江流域百年来最大洪水，长江中下游共淹农田 4755 万亩，死亡 3 万余人，京广铁路不能正常通车达 100 天；1998 年大洪水长江中下游受灾范围遍及 334 个县（市、区）5271 个乡镇，倒塌房屋 212.85 万间，死亡人口 1562 人。

经过多年防洪建设，长江中下游平原区、特别是重点保护区的防洪能力已有很大提高，但随着国民经济的发展，长江流域特别是中下游沿岸地区在国民经济中的地位日益重要，对防洪的要求也愈来愈高，防洪减灾的任务仍很艰巨。

（四）长江中下游干支流、湖泊水系交错，江湖关系变化复杂

长江中下游河湖纵横，支流众多，干流河道比降平缓，干支流相互顶托，加上各大水年份来水组成不同，致使长江中下游水情复杂。其中，长江与洞庭湖、鄱阳湖蓄泄关系的处理，是长江中下游防洪的难点。作为长江中游重要的洪水自然调蓄场地，洞庭湖对调蓄湘、资、沅、澧四水和荆江洪水有重要作用，直接影响荆江河段及城陵矶以下长江干流河段的洪峰水位及流量；鄱阳湖一方面直接承纳长江倒灌的洪水，有效削减长江干流洪峰流量，另一方面通过调蓄赣、抚、信、饶、修五河入湖洪水而相应降低汉口至八里江总入流的洪峰。

江湖关系自形成以来一直处于持续变化过程之中，受自然演变和人类活动的影响，特别是长江上游干支流控制性水库建设投入运行以来长江干流水沙过程及关系的变化，江湖关系发生了一些新的变化：长江干流来沙明显减少，荆江河段继续冲刷，且冲刷强度加大，干流水位降低；三口分流分沙继续减少，三口河道总体转为冲刷，洞庭湖淤积明显减缓；鄱阳湖枯水期提前、枯水历时加长，五河入湖水量变化不大，入湖沙量明显减少，出湖沙量增加。江湖关系的变化使得四口水系地区分流进一步减少，河道断流时间进一步加长，且存在三口分流减少影响干流防洪的隐忧。随着未来乌东德、白鹤滩、双江口、两河口等长江上游干支流控制性水库陆续建成运用，江湖关系将会发生进一步演变。

第二节　长江防洪保护区基本情况

《中华人民共和国防洪法》对防洪区和防洪保护区的概念做出了明确的定义：“防洪区是指洪水泛滥可能淹及的地区，分为洪泛区、蓄滞洪区和防洪保护区。防洪保护区是指在防洪标准内受防洪工程设施保护的地区。”根据所在区域的不同，长江流域防洪保护区分为上游防洪保护区和中下游防洪保护区，其中上游防洪保护区包括上游干流及主要支流防洪保护区；中下游防洪保护区主要为长江中下游平原地区，包括中下游干流堤防保护区，洞庭湖区、鄱阳湖区重点堤垸，主要支流城镇及尾闾地区。

据初步统计，长江流域防洪保护区面积约为 13.15 万平方千米，约占全流域面积的 7.3%。其中上游防洪保护区 1.34 万平方千米，占全流域面积的 0.74%；中下游防洪保护区 11.81 万平方千米，占全流域面积的 6.56%。可见，长江流域防洪保护区主要位于中下游地区。

一、长江上游防洪保护区

长江上游及支流的上游，人类活动（居住或耕种）所处位置相对较高，且洪水涨落较快，局部地区建有堤防，其他地区仍然处于自然（无工程保护）状态，一遇大洪水即会发生不同程度的淹没，因此，长江上游防洪保护区的统计范围为目前有堤防保护的地区及历史上发生大洪水的实际淹没范围（随着经济和社会发展会逐步筑堤保护），总面积约1.34万平方千米。

（一）上游干流防洪保护区

长江上游干流包括通天河、金沙江、川江三河段，位于青藏高原、云贵高原和四川盆地西南边缘，跨越青海、西藏、四川、云南、贵州、重庆六省（自治区、直辖市），跨越十多个纬度，海拔高度相差近5000米。金沙江和川江河段的主要防洪保护对象为四川省的攀枝花市、宜宾市、泸州市以及重庆市。攀枝花市位于金沙江中下游河段结合部、金沙江与雅砻江交汇处；宜宾市位于岷江、金沙江交汇处，素有“万里长江第一城”之称；泸州市位于沱江、川江交汇处；重庆市位于川江、嘉陵江交汇处，是国家直辖市和西南重镇。

（二）上游主要支流防洪保护区

1. 雅砻江

雅砻江是金沙江左岸最大的一级支流，发源于巴颜喀拉山南麓，地跨四川、青海、云南三省，流经高山峡谷，于攀枝花市倮果河口汇入金沙江，是典型的高山峡谷型河流。雅砻江干流全长1535千米，流域面积12.84万平方千米。

雅砻江流域的防洪保护对象主要为城镇及大片农田。区域内县级以上城市包括：干流的甘孜、雅江、新龙、盐边等县，安宁河的喜德、冕宁、西昌、德昌、米易等市县，鲜水河的道孚、炉霍两县，理塘河的理塘县，宁蒗河的宁蒗县，九龙河的九龙县，翁曲的石渠县。

2. 岷江

岷江是长江上游左岸一级支流，发源于岷山南麓，两源在松潘县元坝乡川主寺汇合后始称岷江。岷江干流自北向南流经阿坝、成都、眉山、乐山和宜宾等市州，在都江堰鱼嘴处分为内江和外江，穿过成都平原后在彭山区汇合，流至乐山市接纳大渡河后转向东南，最后在宜宾市汇入长江，干流全长735千米，流域面积13.54万平方千米。

岷江流域的防洪保护对象主要为沿江城镇，重点防护对象有：岷江干流金马河成都市城区，中下游眉山市、乐山市、宜宾市城区，青衣江的雅安市，大渡河的康定县，以及沿江县城、工业区等；一般防护对象有建制镇、沿江一般乡镇以及耕地集中、人口稠密的平坝区等。

3. 沱江

沱江是长江上游左岸一级支流，发源于四川省西北部九顶山南麓，干流上游汉旺镇以上为山区，以下属成都平原，中下游为丘陵地带，于泸州市汇入长江，干流全长

629 千米，流域面积 2.78 万平方千米。

沱江干流防洪范围包括德阳、成都、资阳、内江、自贡、泸州沿江六地市。重要防护对象有：德阳市城区、广汉市城区及三星堆、什邡市城区、彭州市城区、金堂县（赵镇）城区、资阳市和简阳市城区、资中县和内江市城区、自贡市和富顺县城区、泸州市城区等，以及沿江集镇及成片农田。

4. 赤水河

赤水河是长江上游右岸一级支流，发源于云南省镇雄县赤水源镇银厂村，流经云南、贵州、四川三省，于泸州市合江县城汇入长江，干流全长 436 千米，流域面积 2.04 万平方千米。

赤水河流域的主要防洪保护对象为干流及主要支流沿线的大型企业、县城、重点乡镇等。

5. 嘉陵江

嘉陵江是长江上游左岸一级支流，发源于秦岭南麓，流经陕西、甘肃、四川、重庆四省（直辖市），于重庆市汇入长江，干流全长 1120 千米，流域面积 15.98 万平方千米。主要支流有西汉水、白龙江、东河、西河、渠河、涪江等。

嘉陵江流域的防洪保护对象主要为干流中下游的广元、苍溪、阆中、南部、仪陇、蓬安、南充、武胜、合川、北碚以及重庆市中心城区渝中区、江北区和沙坪坝区等沿江县（市、区），宝成铁路、广旺铁路和达成铁路以及 108 国道和 212 国道的沿江路段等；支流涪江的绵阳市、遂宁市，以及平武、江油、三台、射洪等县城；支流渠江的巴中市、广安市、达州市以及平昌、渠县、万源、宣汉等县级市。

6. 乌江

乌江是长江上游右岸一级支流，发源于贵州省威宁县乌蒙山东麓，流域涉及贵州、云南、重庆、湖北四省（直辖市）。干流流经贵州腹地和重庆市，在涪陵汇入长江，干流全长 1037 千米，流域面积 8.79 万平方千米。

乌江流域主要防洪保护对象是干支流的思南、沿河、彭水、武隆等县城，乌江入长江汇合口重庆市涪陵区以及沿江成片农田。

二、长江中下游防洪保护区

长江中下游平原区由于地面高程普遍低于江河洪水位数米至十余米，且高洪水位持续时间较长，洪水泛滥涉及的地区一般都建有不同等级的堤防保护，因此，长江中下游平原防洪保护区的范围主要为目前建有堤防保护的地区，包括中下游干流堤防保护区，洞庭湖区、鄱阳湖区重点堤垸，主要支流城镇及尾闾地区。长江中下游防洪保

护区总面积约11.81万平方千米，是长江流域乃至全国的精华地区。

（一）中下游干流堤防保护区

据统计，长江中下游干流堤防总长3959.89千米，堤防保护区总面积70852平方千米，基本情况见表2.2–1。

表2.2–1　　长江中下游干流堤防保护区基本情况表

堤防名称	面积（平方千米）	耕地（万亩）	人口（万人）	所在地	堤长（千米）
松滋江堤	2000	250	170	湖北松滋	51.2
下百里洲江堤	240.23	16.86	21.6	湖北枝江	37.37
荆江大堤	8800	1100	800	湖北荆州、监利	182.35
南线大堤	2112	264	110	湖北公安	22
荆南长江干堤	2564	173.79	136.4	湖北江陵、公安县、石首、松滋	189.32
洪湖、监利江堤	2782.8	132.8	117.6	湖北洪湖、监利	230
岳阳长江干堤	2096	134.5	158.6	湖南岳阳、临湘	142.05
咸宁长江干堤	1611	179	125.09	湖北嘉鱼、咸宁、赤壁	105.79
汉南长江干堤	4534	265.4	268.2	湖北仙桃、武汉	43.72
武汉市江堤	8236	485.56	805.74	湖北武汉	349.07
黄冈长江干堤	1520	76.3	109.4	湖北黄冈	108.6
粑铺大堤	1588	140	160	湖北鄂州	43.6
昌大堤	231.5	20	45	湖北鄂州、黄石	30.71
黄石市堤	462.1	27.8	109	湖北黄石	29.4
阳新长江干堤	2000	111.23	138.5	湖北阳新、大冶、黄石	30
黄广大堤	1382	85.27	94.81	湖北武穴、黄梅	87.34
江西省长江干堤	739.3	80.74	83.84	江西九江、九江县、瑞昌、湖口、彭泽	122.89
同马大堤	2310	142	124	安徽宿松、望江、怀宁	173.4
安庆市堤	65.6	30.2	24.39	安徽安庆	18.84
广济圩江堤	167.5	14.8	13.6	安徽安庆、桐城、枞阳	24.85
枞阳江堤	748	82.5	110	安徽枞阳	83.95
池州江堤	811.9	72.12	71.84	安徽东至、贵池	109.23
铜陵江堤	235.6	17.85	30.92	安徽铜陵、铜陵县	36.46
无为大堤	4520	427	600	安徽无为、和县	124
芜湖江堤	683.8	50.37	99.65	安徽芜湖、繁昌	69.36
和县江堤	1204	110.25	63	安徽和县	53.42
马鞍山江堤	76.4	7.3	60.7	安徽马鞍山、当涂	44.23
南京市江堤	427.7	30.35	131.4	江苏南京、江浦、江宁、六合	191.22

续表

堤防名称	面积（平方千米）	耕地（万亩）	人口（万人）	所在地	堤长（千米）
镇江市江堤	1060	93	188	江苏丹徒、镇江、扬中、丹阳	217.7
扬州市江堤	1195.6	89	126	江苏仪征、扬州、江都	74.15
常州市江堤	860	42.51	39.11	江苏常州、武进	20.25
无锡市江堤	983	336	114	江苏无锡、江阴、锡山	39.12
苏州市江堤	4259	332	319	江苏张家港、常熟、太仓	142.81
泰州市江堤	2772	357	291.1	江苏泰州、泰兴、靖江	104
南通市江堤	5573	347.6	592.5	江苏南通、如皋、通洲、海门、启东	172.1
上海市江堤		161.9	377.3	上海宝山、浦东、南汇、崇明、横沙、长兴	455.39
合计	70852.03	6287	6830.29		3959.89

（二）洞庭湖区重点堤垸

洞庭湖区现有一线防洪大堤长4397.43千米，湖南省一线防洪大堤长3531.23千米，其中重点垸堤1216.16千米，蓄洪垸堤1209.15千米，一般垸堤1106.08千米；湖北省防洪大堤长866.2千米，其中荆南四河堤防767.87千米，一般垸堤长98.33千米。湖南省11个重点垸总面积6596.76平方千米，保护耕地534.44万亩，基本情况见表2.2–2。

表 2.2–2　　湖南省洞庭湖区重点垸基本情况表

序号	垸名	堤防（千米）	面积（平方千米）	耕地（万亩）	人口（万人）	备注
1	华容护城	104.19	365	39.4	37.8	华容县
2	育乐	131.6	370	28.44	33.07	南县、华容县
3	大通湖	186.68	1126.88	91.84	61.99	南县、沅江市、大通湖区
4	安造	81.48	204.6	15.7	21.19	安乡县
5	安保	100	355.31	23.62	18.2	安乡县
6	松澧	86.41	785.26	58.1	73.23	澧县、临澧县、津市
7	沅澧	167.34	1386.33	114.43	129.2	武陵区、鼎城区、汉寿县、津市
8	沅南	65.17	564.46	43	38.2	汉寿县、经济开发区
9	长春	77.99	385.73	28.48	45.34	汉寿县、资阳区、沅江市
10	烂泥湖	130.9	849.4	72.07	76.09	赫山区、湘阴县、望城区、宁乡县
11	湘滨南湖	83.84	203.79	19.36	28.85	湘阴县
合计		1215.6	6596.76	534.44	563.16	

（三）鄱阳湖区重点堤垸

鄱阳湖区圩堤按照保护区内耕地面积大小、区内有无重要设施分为重点圩堤和一般圩堤。重点圩堤共保护面积5871.52平方千米，保护耕地488.60万亩，其中，保护耕地10万亩以上的重点圩堤14座，合计保护面积4135.35平方千米，保护耕地332.48万亩；保护耕地5万亩至10万亩、保护县城及圩区内有铁路等重要设施的重点圩堤32座，合计保护面积1736.17平方千米，保护耕地156.12万亩。鄱阳湖区10万亩以上重点圩堤基本情况见表2.2–3。

表2.2–3　　鄱阳湖区10万亩以上重点圩堤基本情况表

序号	圩堤名称	所在地		圩堤长度（千米）	圩堤保护		
		县市	河流		面积（平方千米）	耕地（万亩）	人口（万人）
1	赣抚大堤	新干—南昌	赣江	164.40	1344.15	116.72	140.74
2	富大有堤	南昌	赣江	26.79	110.30	9.00	110.30
3	信瑞联圩	余干	鄱阳湖 / 信江	76.30	354.90	33.99	28.3
4	红旗联圩	南昌	赣南 / 鄱阳湖 / 抚故	81.95	395.90	30.67	28.9
5	长乐联圩	南昌	抚故 / 鄱阳湖	97.1	274.70	26.40	20.45
6	廿四联圩	新建	赣主 / 鄱阳湖 / 赣北	90.40	181.20	19.97	6.50
7	康山大堤	余干	鄱阳湖	36.25	343.40	14.43	9.64
8	军山湖圩	进贤	鄱阳湖	5.73	393.00	14.39	17.85
9	蒋巷联圩	南昌	赣南 / 赣中	85.81	149.30	14.00	7.00
10	赣西联圩	新建	赣江主支	41.42	107.10	13.60	7.68
11	饶河联圩	鄱阳	昌江 / 乐安河	45.20	129.00	11.00	10.1
12	梓埠联圩	万年	乐安河	16.21	91.60	10.50	7.50
13	南新联圩	南昌	赣中 / 赣北	57.00	98.30	10.26	4.59
14	珠湖圩	鄱阳	鄱阳湖	18.42	162.50	7.55	15.65
合计				842.98	4135.35	332.48	405.39

（四）长江中下游主要支流防洪保护区

长江中下游支流众多，一级支流主要有清江，洞庭湖湘江、资水、沅江、澧水四水，汉江，鄱阳湖抚河、赣江、信江、饶河、修水五河，水阳江、青弋江、漳河，巢湖及滁河等。

1. 清江

清江位于湖北省境内，是长江中游右岸的一级支流，发源于鄂西利川县齐岳山龙洞沟，干流流经利川、恩施、长阳、宜都等县市，是三峡以下长江中游南岸的较大支流。干流全长 423 千米，流域面积 1.73 万平方千米。

清江流域防洪保护对象主要是沿江城镇及成片农田，其中干流的防洪保护对象为恩施市、利川市、长阳县城、宜都市等。

2. 汉江

汉江是长江中游北岸最大的支流，发源于秦岭南麓，干流流经陕西、湖北两省，于武汉市汇入长江，支流延展至甘肃、四川、重庆、河南四省（直辖市）。干流全长 1577 千米，流域面积 15.9 万平方千米。上游为山地河谷地形，中游为深丘和浅丘地带，下游为平原，其右岸和长江干流左岸围成著名的江汉平原。

汉江上游河段防洪重点是汉中市、安康市和汉中盆地以及沿江县市城区。汉江中下游建有堤防 1563.4 千米，其中干流堤防 1449.8 千米，杜家台分洪道堤防 113.6 千米，防洪保护区总面积 2.38 万平方千米，保护耕地 1487.32 万亩。汉江中下游防洪保护区基本情况见表 2.2–4。

表 2.2–4　　汉江中下游堤防保护区基本情况表

地点	行政区划	堤名	堤长（千米）	堤防级别	保护面积（平方千米）	保护耕地（万亩）	保护人口（万）
汉江下游	武汉	汉江左岸干堤	50.6	1～2	629.3	26.73	180.54
		汉江右岸干堤	61.5	1～2	4534	270.32	286.58
	天门、钟祥	汉江遥堤	55.3	1	11055	664.1	760
	天门、汉川	汉江左岸干堤	215.5	2～3		546.57	579.73
	沙洋、潜江	汉江右岸干堤	65.1	2～3	5378.2	354.78	324.23
	潜江、监利、洪湖	东荆河右岸堤	160.0	2～3			
	潜江、仙桃、汉川	汉江右岸干堤	193.7	2	4534	270.32	286.58
		东荆河左岸堤	156.9	3			
	仙桃	杜家台蓄滞洪道堤防	113.6	2～3	614	35.3	13.25
	小计		1072.2		20967.2	1289.2	1370.81
汉江中游	丹江口	汉江左岸城区堤防	2.8	3	12.3		14.75
	襄樊	汉江左岸堤防	109.8	2～3	691.7	57.87	151.4
		汉江右岸堤防	73.2	2～3	492.3	41.2	79.3
	荆门	汉江左岸堤防	159.1	2～3	617.4	45	34.14
		汉江右岸堤防	146.3	2～3	1007.9	54.05	25.3
	小计		491.2		2821.6	198.12	304.89
合计			1563.4		23788.8	1487.32	1675.7

3. 湘江

湘江是洞庭湖水系中流域面积最大的河流，发源于广西壮族自治区兴安县白石乡海阳山近峰岭，流域涉及湖南、广西、江西、广东四省（自治区）14 个地级市、79 个县（市、区），上游属山区地貌，中游呈丘陵地貌，下游及尾闾地区为低矮丘陵及冲积平原，干流全长 856 千米，流域面积 9.46 万平方千米。

湘江流域的防洪保护对象主要为沿江干支流主要城市即长沙、湘潭、株洲、衡阳、永州、娄底、郴州、萍乡 8 个地级市以及 41 座县城和中下游及尾闾大片农田等。

4. 资水

资水是洞庭湖水系的第三大支流，主源赧水发源于湖南省城步县黄马界，与南源夫夷水在双江口汇合后始称资水，至益阳市甘溪港汇入洞庭湖，流域涉及湖南、广西两省（自治区），干流全长 653 千米，流域面积 2.81 万平方千米。

资水流域防洪保护对象主要为流域内重要城市（邵阳、益阳 2 个地级市，以及新宁、武冈、邵阳、洞口、隆回、邵东、新邵、冷水江、新化、安化、桃江等县城）、沿河乡镇、低岸农田、下游尾闾堤垸以及遭受山洪灾害的村镇农田等。

5. 沅江

沅江是洞庭湖水系的第二大支流，发源于贵州省东南部，南北两源汇合后称清水江，东流至湖南省洪江市托口镇与渠水汇合后始称沅江，于常德德山注入洞庭湖。流域涉及湖南、贵州、重庆、湖北、广西五省（自治区、直辖市），干流全长 1028 千米，流域面积 8.98 万平方千米。

沅江流域防洪保护对象主要是下游尾闾地区、安江盆地及流域内重要城市（都匀、凯里、铜仁、怀化、吉首、常德 6 个地级市，以及沿河干流和主要支流两岸的县城）。

6. 澧水

澧水为洞庭湖四大水系之一，位于湖南省西北部，发源于湖南省桑植县杉木界，干流流经桑植、张家界、慈利、石门、澧县和津市 6 县（市），汇入洞庭湖，干流总长 388 千米，流域面积 1.85 万平方千米。

澧水流域防洪保护对象主要是澧水流域沿河城市（桑植县、张家界市、慈利县、石门县、澧县、临澧县、津市等城市），澧水尾闾淞澧地区以及干流凉水口以下、溇水江垭以下和渫水沿岸地区。

7. 赣江

赣江是鄱阳湖水系的第一大河，发源于江西省赣州市石城县洋地乡石寮岽（赣源岽），干流上游自东向西，流经瑞金、会昌、于都、赣县，于赣州市汇合章水后，又自南向北流经万安、泰和、吉安、吉水、峡江、新干、樟树、丰城、南昌市等县（市、区），在南昌市八一桥以下分 4 支注入鄱阳湖。流域涉及江西、福建、湖南、广东四省，流域面积 8.28 万平方千米，主河道长 823 千米。

赣江干流防洪保护对象主要有赣州市、吉安市、南昌市、赣抚平原（赣东大堤保护区）以及万安县、泰和县、吉安县、吉水县、新干县、樟树市等沿岸重要县城、城镇和农田，支流上主要防洪保护对象为宜春市、新余市以及沿河城镇和农田。

8. 抚河

抚河是鄱阳湖水系五大河流之一，位于江西省东南部，发源于江西、福建两省边界武夷山西麓广昌县梨木庄，河流自南向北，流经广昌县、南丰县至南城县，右纳黎滩河后进入下游平原，至抚州左纳最大支流临水，西北向流至南昌县，在荏港改道由青岚湖入鄱阳湖。流域涉及江西、福建两省，干流全长 344 千米，流域面积 1.58 万平方千米。

抚河流域的防洪保护对象主要有：抚州市和南城、南丰、广昌、宜黄、崇仁、黎川、金溪以及东乡县 8 个县级城市、大量的工矿企业；特等圩堤抚西大堤，保护农田面积 10 万亩以上的抚东圩、唱凯圩，保护农田面积 1 万～ 5 万亩的青泥、蒿湖、浒湾等 11 座圩堤，135 座千亩以上万亩以下圩堤；以及干支流沿岸的乡镇、农田等。

9. 信江

信江是鄱阳湖水系五大河流之一，发源于浙江、江西两省边境怀玉山的玉京峰，称玉山水，至上饶市与丰溪水汇合后，以下始称信江。上饶市以下干流流经上饶、铅山、弋阳、贵溪、鹰潭、余江、余干等县市，在余干县境内大溪渡附近分东、西两大河，东大河经珠湖山与乐安河汇合再注入鄱阳湖，西大河在余干县的瑞洪注入鄱阳湖。流域涉及江西、浙江、福建三省，干流全长 328 千米，流域面积 1.55 万平方千米。

信江流域的防洪保护对象主要包括：上饶市、鹰潭市和玉山、广丰、上饶、铅山、横峰、弋阳、贵溪、余江、资溪 9 个县级城市，重要的铁路、公路干线，大量的工矿企业；20 座万亩以上耕地、161 座千亩以上耕地的圩堤，以及干支流沿岸的乡镇、农田等。

10. 饶河

饶河是鄱阳湖水系五大河流之一，位于江西省东北部，由乐安河与昌江两支组成，在波阳县饶公渡汇合后始称饶河，流经波阳县城至龙口注入鄱阳湖，流域面积 1.14 万平方千米，昌江、乐安河全长分别为 250 千米和 279 千米。

饶河流域防洪保护对象主要包括饶河中下游沿河两岸城镇和耕地集中或有铁路的圩堤保护区。景德镇市是昌江中游重要的防洪对象，是中国历史上四大名镇之一，闻名世界的瓷都。

11. 修水

修水是鄱阳湖水系五大河流之一，位于江西省西北部，发源于湖南、江西两省边界大伪山北麓，流经港口、东津、修水、清江、武宁、柘林、虬津，至永修县城附近与最大支流潦河汇合，过滂湖、大湖池至吴城，汇合赣江主支入鄱阳湖，干流全长386千米，流域面积1.31万平方千米。

修水流域的防洪保护对象主要有城镇、铁路和连片农田。根据修水防洪保护对象的特点以及防洪现状，修水防洪重点为修潦尾闾地区。

12. 水阳江、青弋江、漳河

水阳江、青弋江、漳河流域是长江下游右岸的重要支流，地跨安徽和江苏两省的21个市（县、区），由水阳江、青弋江、漳河三水系组成，分别由当涂、芜湖、澛港等三口汇入长江，流域总面积1.89万平方千米。

水阳江、青弋江、漳河流域的防洪保护对象主要是中下游城镇［包括芜湖市、宣城市和郎溪、高淳、泾县、宁国、旌德、广德、芜湖（湾沚）、南陵、繁昌、当涂等县城］及沿江大片农田。

13. 巢湖流域

巢湖流域位于长江左岸安徽省境内，流域内有合肥、芜湖、马鞍山、六安、安庆5市，流域上游为山丘区，中下游沿巢湖和沿长江为平垸圩区，流域面积1.35万平方千米。

巢湖流域主要防洪保护对象有合肥市、巢湖市和湖区的一般城镇及保护耕地3万亩以上的大圩。

14. 滁河

滁河位于江淮之间，是长江下游左岸一级支流，发源于安徽省肥东县梁园丘陵山区，干流基本平行于长江东流，沿途流经安徽省合肥、滁州、马鞍山和江苏省南京等市，于南京市六合区大河口汇入长江，干流全长269千米，流域面积约8000平方千米。流域内地势较为复杂，有低山丘陵、缓坡丘陵、黄土岗地、平原圩区及岛状高地。

滁河流域防洪保护对象主要为滁河干流两岸重要圩区以及滁州市、全椒县、来安县、六合区、南京化学工业园等重要城镇。

第三节　长江防洪治理历程

一、新中国成立前

长江防洪工程建设始于城堤的修筑。经考古工作者考证，湖北省武汉市黄陂区境内的商代盘龙城，建于3500年前，该城城址一面临盘龙湖，一面临河，当时的城堤具有防水防敌的双重作用。“堤防之设，始自楚相孙叔敖”，表明长江流域春秋时期就筑堤防洪。史载西汉末年，钱塘开始修建海塘抵御海潮侵袭。唐宋以后，全国经济重心南移，围地垦殖的进程加速，圩堤、江堤、海塘有较快发展。荆江大堤至宋朝基本形成雏形，明代连成一线，有“始于晋，拓于宋，成于明”之说。其他长江干堤经历宋、元、明、清、民国初年等年代逐步形成。洞庭湖区和鄱阳湖区明清期间大量筑堤围垸。海塘经元、明、清历代修筑扩展，基本形成了工程体系。

随着江河堤防的修筑，护坡护岸等河道整治工程逐渐出现。西汉时，襄阳附近大堤已修筑有挑水建筑物——五女石激。长江干流最早的护岸不迟于唐代。长江干流荆江河段明代在黄潭堤用块石砌护外坡，清代修建了许多挑流石矶。太湖地区吴淞江于北宋宝元元年（公元1038年）和嘉祐六年（公元1061年）分别裁直了盘龙汇和白鹤汇两个弯道，这是长江流域裁弯工程的较早记载。历史上疏浚措施采用得最多的也是太湖地区。元代吴淞江渐趋萎缩，曾进行两次大疏浚。

长江流域内有记述的水库防洪工程，始于东汉熹平二年（公元173年）在太湖水系东苕溪上兴建的南湖工程。该水库水面面积约10平方千米，库容数千万立方米，主要作用为削减苕溪洪峰，减轻余杭及杭州地区洪水的威胁。西晋惠帝末年（公元304—306年），在丹阳西北修筑练湖，这是比南湖更大的平原水库，主要用于滞洪、灌溉和济运利漕。元至元十三年（公元1276年）在昆明城北修筑盘龙江松花坝，主要灌溉东岸万顷农田，也有减缓滇池汛期水势的调洪作用。

民国时期，防洪建设主要是继续加培堤防，加固长江护岸工程。20世纪30年代开始建设金水和华阳河蓄洪垦殖试验工程。1931年大水，长江中下游平原圩垸淹溃殆尽，随后进行了一次大规模的加堤复堤工程，一个冬春完成土方7700万立方米，整修加固了荆江河段、武汉河段和汉江下游河段的堤防和护岸工程。武汉市修建了武昌武泰闸至大堤口、江汉关上下数千米的钢筋混凝土防洪墙。1935年汉江大水，钟祥附近的汉江干堤溃决后无法堵复，放弃了200平方千米的垦区，退建了一条遥堤。

虽然经过历代的建设，至新中国成立前夕，流域堤防工程设施形成一定的规模，但由于堤防没有系统全面的规划，沿江堤防布置杂乱，堤身矮小，堤防标准低，加之长江干支流没有控制性的防洪水库，中下游地区也没有蓄滞洪水的分洪区，流域的防洪标准低，据专家考证，长江干流当时的防洪能力为荆江河段沙市站水位44.49米、监利站35.70米、莲花塘站32.30米，四邑公堤河段为嘉鱼站30.00米，武汉河段为汉口站27.12米，黄广大堤河段为黄州站25.23米，江西河段湖口站19.18米，安徽湖口至大通河段安庆站15.00米，大通至马鞍山河段芜湖站11.00米；两湖地区当时的防洪能力为东洞庭湖城陵矶站32.50～33.50米，南洞庭湖沅江站33.00～34.00米，西洞庭湖安乡站33.50～36.50米，鄱阳湖湖口站19.50米；长江中下游地区一般仅能防御3～5年一遇洪水。长江上游地区虽在涪江、嘉陵江、岷江、沱江等河流中下游修建了部分堤防，但屡遭洪水冲毁，防洪标准更低。1949年长江发生较大洪水，湖北省长江干堤7月10日至13日连续溃口7处，17县受灾；湖南省湖区溃垸411个，受灾11.5公顷，中下游平原地区共有受灾农田181.4万公顷，灾民810万人；上游地区四川省59县受灾。“田禾尽被淹没”“人畜田禾损失奇重”的记载，反映了当时长江防洪能力低的状况。

二、新中国成立70年

新中国成立以来，在党中央、国务院的高度重视和正确领导下，以规划为指导，以防洪为重点，坚持兴利与除害并举，开发与保护并重，经过几代人的不懈奋斗，长江防洪建设取得了巨大的成就，为流域经济和社会可持续发展及人民福祉提供了坚强的支撑与保障。

（一）起步与发展阶段（1949—1977）

新中国成立伊始，党中央、国务院高度重视影响国计民生的长江防洪问题。面对严峻的防洪形势，长江委在1951至1953年研究提出了《关于治理长江计划基本方案的报告》，制定了以防洪为主的“治江三阶段”计划，即：第一阶段，以加高加固堤防为主，以抗御1949年和1931年实际出现的最高洪水位；第二阶段，以建设蓄洪垦殖工程为主，继续加高加固堤防，蓄纳1949年和1931年洪水的超额水量；第三阶段，结合兴利修建山谷水库，逐步代替蓄洪垦殖区的蓄洪任务。1954年洪水过后，党中央、国务院部署进行长江流域规划工作；按照中央政治局批准的《中共中央关于三峡水利枢纽和长江流域规划的意见》，长江委编制完成1959年《要点报告》，确定以长江中下游防洪为首要任务，提出以三峡水利枢纽工程为主体的五大开发计划，指导了一个时期的长江水利建设。在1972年和1980年水利电力部主持召开的两次长江中下游防洪座谈会上，进一步明确了“蓄泄兼筹、以泄为主”的防洪治理方针和部署。

新中国成立初期主要开展了长江堤防堵口复堤，荆江分洪工程等蓄洪垦殖工程建设，成功战胜1954年全流域性大洪水，开展大规模干支流堤防修复，结合兴利建成了丹江口（初期规模）、柘林、柘溪、漳河、鸭河口等具有较大防洪作用的水库，实施了下荆江裁弯工程。

（二）改革与提升阶段（1978—2011）

改革开放以来，我国经济和社会得到长足发展，长江治理开发也进入了快速发展的新阶段。1980 年长江中下游防洪座谈会后，加强了荆江大堤、南线大堤、武汉市堤、无为大堤、黄广大堤、同马大堤，以及洞庭湖、鄱阳湖重点堤垸等重要堤防建设。1990 年 9 月《简要报告》获国务院批准，该规划肯定了 1959 年《要点报告》和两次长江中下游防洪座谈会制定的长江防洪总体布局，并对长江干流及主要支流防洪和城市防洪进行了安排。在该规划的指导下，松滋江堤加固工程、南线大堤加固工程、黄广大堤加固工程、重点城市防洪工程及非工程措施相继开工建设，一批防洪水库相继开工，长江防洪体系的骨干工程三峡工程也于 1994 年 12 月开工建设。

1998 年，长江流域发生了继 1954 年以来的又一次全流域性大洪水，在党中央、国务院正确领导下，依靠初步建立的长江防洪工程体系，数百万军民发扬“万众一心，众志成城，不怕困难，顽强拼搏，坚韧不拔，敢于胜利”的伟大抗洪精神，奋力抢险，严防死守，实现了确保长江干堤安全、确保武汉市等重要城市安全、确保人民生命安全的目标，取得了长江防汛斗争的伟大胜利。1998 年大洪水后，遵照党中央、国务院“封山植树，退耕还林；平垸行洪，退田还湖；以工代赈，移民建镇；加固干堤，疏浚河湖”的战略部署，完成了长江中下游干流堤防及汉江遥堤、赣抚大堤的全线达标建设，开展了重要防洪水库建设、长江中下游干流河道整治、城陵矶附近分洪 100 亿立方米蓄滞洪区建设、洞庭湖和鄱阳湖治理、重要支流堤防建设、平垸行洪退田还湖，并实施了病险水库除险加固、中小河流治理、山洪灾害防治等，防洪能力显著提高。

（三）高质量发展与保护阶段（2012 年至今）

党的十八大以来，我国经济社会从高速增长转向高质量发展，党中央提出要统筹推进“五位一体”总体布局和“四个全面”战略布局，牢固树立和贯彻落实“创新、协调、绿色、开放、共享”的发展理念，坚持以人民为中心的发展思想，深入贯彻“节水优先、空间均衡，系统治理、两手发力”的新时期水利工作方针，坚持生态优先、绿色发展，坚持“在保护中发展、在发展中保护”。

2012 年，国务院批复了《长江流域综合规划（2012—2030 年）》，进一步完善流域防洪减灾措施。2017 年 5 月，水利部、国家发展和改革委员会和财政部联合印发了《加快灾后水利薄弱环节建设实施方案》，进一步细化灾后水利薄弱环节（包括中小河流治理、小型病险水库除险加固、重点区域排涝能力建设和农村基层防汛预报预警体系建设等四部分）的建设目标和任务。《长江流域水利改革发展“十三五”规划》和《长江经济带发展水利专项规划》等规划先后出台，开展了重要支流（湖泊）综合规划。溪洛渡、向家坝、锦屏一级、亭子口等骨干水利水电工程投入运行；洪湖东分块蓄滞洪区围堤加固和分洪闸工程，钱粮湖、共双茶、大通湖东垸分洪闸工程和安全建设，以及康山蓄滞洪区安全建设正在开展；组织开展了长江中下游干流河道治

理、洞庭湖和鄱阳湖综合治理，以及中小河流治理、山洪灾害防治、重点易涝区治理、小型病险水库除险加固等防洪薄弱环节建设，加快了防汛抗旱指挥系统建设，完善了水文监测站网体系。控制性水利水电工程综合调度及相关研究不断加强，长江上中游水库群联合调度已增至 40 座。

经过近 70 年的防洪建设，基本建成了以堤防为基础，三峡工程为骨干，其他干支流水库、蓄滞洪区、河道整治相配合，平垸行洪、退田还湖、水土保持等工程措施和防洪非工程措施相结合的长江防洪减灾体系。长江流域堤防总长约 6.4 万千米，目前长江中下游干流 3900 余千米堤防全线达标，汉江遥堤、赣抚大堤等重要支流堤防达到规划标准，洞庭湖区、鄱阳湖区重要堤防和汉江、洞庭湖湘资沅澧四水、鄱阳湖赣抚信饶修五河等其他主要支流堤防防洪能力明显提高；长江干支流已建成包括三峡、丹江口水库在内的重要防洪水库 54 座，防洪库容约 624 亿立方米，在拦洪削峰、减轻中下游防洪压力方面作用显著；长江中下游规划的 42 处蓄滞洪区建设逐步推进，已完成 33 处围堤加固、5 处分洪闸建设、4 处安全建设，正在开展钱粮湖、共双茶、大通湖东、洪湖东分块等蓄滞洪区建设；开展了长江中下游干流河道治理，对直接危及重要堤防安全的崩岸段和部分河势变化剧烈的河段进行了治理；对长江中下游干堤之间严重阻碍行洪的洲滩民垸、洞庭湖区及鄱阳湖区部分洲滩民垸实施了平垸行洪、退田还湖，共平退圩垸 1442 处，恢复调蓄容积 178.34 亿立方米；中小河流治理、山洪灾害防治、重点易涝区治理等防洪薄弱环节建设得到加强，完成了流域内 99 座大型水库、930 座中型水库以及大量小型病险水库的除险加固工作；已建成报汛站达 13000 多个，初步建立了水情信息采集系统，其他通信预警系统及各种管理法律法规等非工程措施也正逐步完善。

随着长江防洪体系的逐步完善，尤其是长江中下游干流堤防的加固、三峡及上游控制性水库的投入运行，长江流域防洪能力有了较大的提高，特别是荆江河段防洪形势有了根本性的改善。长江干支流主要河段现有防洪能力大致达到：通过三峡及上游控制性水库的调节，荆江河段遇 100 年一遇及以下洪水可使沙市水位不超过 44.5 米，不需启用荆江地区蓄滞洪区；遇 1000 年一遇或 1870 年同大洪水，可控制枝城泄量不超过 80000 立方米每秒，配合荆江地区蓄滞洪区的运用，可控制沙市水位不超过 45.0 米，保证荆江河段行洪安全。城陵矶河段依靠堤防可防御 10~20 年一遇洪水；通过三峡水库的调节，一般年份基本上可不分洪（各支流尾闾除外），遇 1931 年、1935 年、1954 年大洪水，可减少分蓄洪量和土地淹没；考虑本地区蓄滞洪区的运用，可防御 1954 年洪水。武汉河段依靠堤防可防御 20~30 年一遇洪水，考虑河段上游及本地区蓄滞洪区的运用，可防御 1954 年洪水（其最大 30 天洪量约 200 年一遇）。湖口河段依靠堤防可防御 20 年一遇洪水，考虑河段上游及本地区蓄滞洪区比较理想地运用，可满足防御 1954 年洪水的需要。汉江中下游依靠堤防、丹江口水库及杜家台分洪工程可防御 20 年一遇洪水，配合新城以上民垸分洪，可防御 1935 年同大洪水，约相当于 100 年一遇。赣江可防御 20 ～ 50 年一遇洪水，其他支流大部分可防御 10 ～ 20 年一遇洪水，长江上游四川腹地各主要支流依靠堤防和水库一般可防御 10 年一遇左右洪水。

新中国成立 70 年来，长江流域相继发生了 1954 年、1981 年、1983 年、1991 年、1996 年、1998 年、1999 年、2010 年、2012 年、2016 年和 2017 年等多次大洪水。在党中央、国务院的坚强领导下，长江委与流域人民并肩战斗，依托逐步完善的综合防洪减灾体系，依靠全社会的广泛参与，依赖精确预报和科学调度，战胜了历次大洪水，有效应对了频繁发生的台风和山洪灾害袭击，夺取了抗洪救灾斗争的重大胜利，最大限度地减轻了灾害损失，确保了人民群众的生命安全，确保了长江干堤、大中城市和重要基础设施的安全，为流域经济社会发展和人民安居乐业提供了有力保障。

2019 年以来，水利发展改革进一步深化，“水利工程补短板、水利行业强监管”是当前和今后一个时期水利改革发展的总基调。经过近 70 年的防洪治理，万里长江从一条洪患之河，变成了造福华夏的安澜之河，但还不能完全适应国民经济持续发展的新要求，长江防洪建设任务任重而道远。

第三章

长江防洪规划研究

近 70 年来，长江流域防洪规划研究一直在持续深入进行，通过不同时期编制的流域综合（或防洪）规划和重要支流综合（或防洪）规划，逐步形成了符合长江流域实际的规划体系，在指导长江防洪治理建设方面发挥了重要作用，为长江流域经济社会发展和人民生活幸福安康提供了重要支撑和保障。

新中国成立后，党中央、国务院对长江的防洪治理十分重视，1950 年初即组建成立了长江委，负责长江的治理与开发。1954 年大洪水后，开始进行长江防洪规划全面研究。1959 年提出了《要点报告》，对长江中下游防洪规划进行了全面深入的阐述。《要点报告》提出主要任务为防治洪水灾害，保障人民和工农业生产的安全；并研究了三峡水利枢纽在长江流域规划中的战略地位，它在解决长江中下游防洪这个首要任务中有着特殊的意义，包括三峡工程在内的 70 座主要水利枢纽分期分批逐步实施后，不但可以基本解决长江干支流的防洪问题，而且还有较大的综合利用效益；首次提出防洪治理三阶段及相应防洪标准和防洪控制水位，有利于指导长江防洪治理建设。

1990 年提出的《简要报告》对长江防洪又进行了研究规划，肯定了 1959 年《要点报告》和 1972 年、1980 年两次长江中下游防洪座谈会制定的长江防洪总体布局，并对主要支流防洪和城市防洪作了安排。明确指出三峡水利枢纽综合利用效益巨大，经济指标优越，是提高长江中下游防洪标准、确保行洪安全有效的工程措施，建议尽早兴建。

1998 年，长江流域发生了继 1954 年以来的又一次流域性大洪水。基于 1998 年大洪水中长江防洪暴露的诸多问题以及党中央、国务院对长江的防洪问题十分重视，长江委在《简要报告》和有关专题研究工作的基础上编制了《长江流域防洪规划》。该规划依据防洪出现的新情况和三峡工程的防洪作用及影响等调整了规划思路，提出了防洪规划新成果。2008 年 7 月，国务院批复《长江流域防洪规划》。

进入 21 世纪后，考虑支撑经济和社会可持续发展的需要，国务院部署了新一轮长江流域综合规划修订。长江委依据新的治水方针和理念，以“在保护中促进开发，在开发中落实保护”为基本原则，编制了《长江流域综合规划（2012—2030年）》，并于2012年12月获国务院批复。该规划提出的防洪减灾规划以保障防洪安全为目标，根据长江洪水在未来气候变化和三峡等控制性水利水电工程建成运行背景下出现的新形势与新问题，加强两湖地区重点堤防、连江支堤、支流重要堤防和防洪矛盾突出的省际支流堤防的达标建设，加强重点蓄滞洪区建设，结合兴利修建干支流水库，充分发挥三峡工程及干支流控制性水库的防洪作用，加快病险水库除险加固，加强城市防洪工程建设，加大山洪灾害防治力度，加强防洪非工程措施建设，进一步完善综合防洪减灾体系。

此外，长江流域水系发达、支流众多，流域面积1000平方千米以上的支流有483条，超过1万平方千米的有49条，超过8万平方千米的有雅砻江、岷江、嘉陵江、乌江、湘江、沅江、汉江、赣江8条。根据支流的自然与经济和社会特点，长江支流大体可分为以下三种类型：第一类是峡谷地带河流，如雅砻江、大渡河、乌江、清江、沅江等。这类河流自然资源与水能资源丰富，流域内人口密度较小，耕地分布较少，具有地形地质条件有利和淹没损失少的特点，具备修建高坝大库的优越条件。这些河流应在作好水资源与水生态环境保护的前提下，提高径流调节能力，合理开发水能资源，改善航运条件，并在满足本流域防洪任务的基础上，适当兼顾长江中下游地区的防洪要求。第二类是丘陵平原地区的河流，河流源出高山，大部分流经丘陵平原地带，如岷江、沱江、嘉陵江、汉江、湘江、资水、赣江等。这类河流内人口密度较大，耕地较多，有灌溉、供水、发电、航运等要求。应在加强水资源与水生态环境保护的基础上，在中上游峡谷河段修建控制性枢纽，调节径流，以满足本流域的灌溉与防洪要求，同时开发水电，改善航运，并发挥控制性枢纽对长江中下游地区的防洪作用。第三类是中下游地区直接汇入江湖的中小河流，其基本特点与第二类相似，治理开发与保护的主要任务是防洪、治涝、供水、灌溉、航运、水资源与水生态环境保护。

根据各支流防洪特点，《简要报告》《长江流域防洪规划》和《长江流域综合规划（2012—2030年）》对主要支流提出了具体的规划意见。此外，长江委还开展了金沙江、雅砻江、岷江、嘉陵江、赤水河、汉江、湘江、资水、沅江、赣江、抚河、信江、水阳江、青弋江、漳河、滁河等主要支流综合（或防洪）规划工作，指导重要支流的防洪治理建设。

第一节　长江流域防洪规划研究

一、1959年和1990年长江流域综合规划中的防洪规划

长江委自成立之初，就承担起以防洪为主的任务，为开展流域规划积极进行各项准备。根据国家安排，长江委会同国家有关部委，在新中国成立之初和改革开放后，开展了两轮长江流域综合规划的编制及修订工作，编制完成了《要点报告》和《简要报告》，为流域水利建设和管理提供了可靠的基础和基本依据。

（一）《长江流域综合利用规划要点报告》中的防洪规划

《要点报告》在大量调查研究和深入分析长江特点的基础上，服务于多快好省建设社会主义目标，首次提出了系统的长江治理规划，谋划治江方略，勾绘了以三峡水利枢纽为主体的长江流域规划宏伟蓝图。本次规划明确了防洪是长江治理的首要任务，提出了以三峡水利枢纽工程为主体的五大开发计划，本次规划确定的基本原则和需要正确解决的七种关系，为后续的长江流域规划确定了基本方向。

1. 长江流域综合规划的首要任务是防洪

长江流域规划的任务是：根除洪水灾害，保障人民和工农业生产安全；消除旱涝灾害，保证农业生产的迅速发展；防止水土流失，发展广大山区经济；充分开发水电，提供大量廉价电力，促进工业迅速发展，促进整个国民经济的技术改造；改善水运条件，提高运输能力，降低运输成本，便利物资交流；并注意水产的发展和水利卫生的改善。

2. 三峡工程的首要任务是防洪

三峡水利枢纽是长江流域规划中的主体工程，主要由于它在防洪、发电、灌溉与航运等方面有着决定性意义。

因为长江洪水主要来源的上游区有三峡水库作总的控制，把上游地区比较分散的防洪库容与三峡组成一个整体，使防洪效能可以最有效的发挥，这样，就可以不要求在丘陵平原河段上，兴建淹没损失严重的大水库来承担干流的防洪任务。有了三峡水库为主体的上游水库群提供巨大的防洪库容，中下游支流除了洪水主要来源的支流如沅水等，仍需继续研究承担防洪任务外，一般可根据支流本身的任务要求进行开发，不必专为长江防洪而留出库容。

3. 长江防洪规划的原则

长江防洪规划的原则是：迅速消除普通的洪水灾害，尽早尽最大可能防止巨大的

毁灭性灾害，以及保证工业基地和沿江重要城市的安全，然后逐步提高防洪保证率，降低防洪保证水位，以求逐步达到根治长江洪水灾害。

4. 长江防洪规划主要内容

根据长江中下游平原区的具体情况和各地区经济和政治上的重要性，将防洪保护区划为重点区、重要区和一般区三等。重点区：凡可能因堤防溃决而招致严重人员伤亡或重要河流改道的堤段或在广大面积中必须保有的安全区及重要工业城市与基地，重要交通枢纽等列为重点区，包括荆江大堤（保护 800 万亩），汉江遥堤（保护 300 余万亩），洞庭湖民主阳城垸，南大市区，大众沙田区和其他地势较高而在 1954 年未遭灾害的一些重点民垸（约 800 余万亩），无为大堤（保护 300 约万亩），南昌市及附近的赣抚平原（约 150 万亩）与沿江重要工业城市武汉市、黄石市、马鞍山市、南京市等。重要区：凡堤防保护区内有大片农田及较大的城市、重要铁路等，经济价值高，而现有堤防抗御能力较强者，划为重要区，加上重点区耕地，合计占保护区总耕地的 79.9%。一般区：凡保护的农田比较零散的圩区，人少堤长，防洪能力较弱只能防御 1949 年或 1931 年实际洪水位者划为一般区，约占保护区总耕地 16.3%。

由于长江中下游平原区防洪问题的根本解决需要较长的时间，故各地区的防洪标准需要根据可能条件，分阶段逐步提高。根据已有研究成果，解决防洪问题的步骤大体上可分为三个阶段：

第一阶段，要求基本消灭普通洪水灾害，并能在遭遇非常洪水时，通过紧急措施的运用，防止毁灭性灾害的发生。这一阶段的防洪措施主要是依靠堤防的适当加高加固，充分利用蓄（分）洪工程，减轻洪灾损失，提高重点区和重要区的防洪标准。并在洪灾威胁特别严重且通过堤防与平原区分洪工程，提高防洪能力特别受到限制的地区，结合地方发电、灌溉等要求兴建一些大型支流水库，尽早防止毁灭性灾害的发生。本阶段大致要延到第二个五年计划的后期。

第二阶段，在第一阶段的基础上继续兴建干支流水库，并充分利用平原区已有防洪措施，逐步达到基本消除长江洪水灾害（遭遇 1954 年型洪水重要区不受灾）。

第三阶段，兴建更多的山谷水库，逐步提高防洪能力，以达到彻底消除洪水灾害，而平原区蓄（分）洪工程逐步为山谷水库所代替。三峡水利枢纽的建成将标志着第二阶段向第三阶段的过渡。

防洪保证率是以若干年一遇洪水表示，根据各地区不同的重要性和可能条件分别予以规定。其中重点区第三阶段的防洪保证率，除赣抚平原外，其余均可达到防御千年一遇洪水的标准。

在拟定保证水位时，考虑了各地区的具体条件，在第一阶段是过渡性的，保证水位不可能定得太低，以免达不到拟定的防洪保证率，但也不宜定得太高，以免为了第一阶段短时期的要求，过多地增加堤防负担。第二阶段由于部分山谷水库特别是三峡水利枢纽的建成，防洪保证率已有所提高，保证水位一般稍低于第一阶段。第三阶段虽遇特大洪水，保证水位可降低到或接近1931年实际水位，长江中下游平原绝大部分地区均可安然渡过。根据计算，干支流水库梯级方案及水利化实施后再遭遇1954年型千年一遇（1954年放大1.1倍）洪水时，平原地区只需分洪144.7亿立方米。但因演算成果可能有一定范围的误差，不过实际上发生这种洪水的机会是非常少的，如将来能够进行长期气象预报，保证水位是可以再降低一些。至于中小型水库和其他群众性水利措施对防洪的影响，在下一阶段仍将继续研究。在实际运用过程中各地保证水位也可能作一定范围的变动。沿江各控制站防洪保证率和防洪保证水位见表3.1-1。

表3.1-1　　沿江各控制站防洪保证率和防洪保证水位表

（水位以米计，保证率以若干年一遇洪水表示）

地区等级	代表控制站	第一阶段		第二阶段		第三阶段	
		水位	保证率	水位	保证率	水位	保证率
重点区	沙市	44.49	100～200	44.00	300～1000	43.50	1000
	城陵矶	33.95	100～200	33.50	300～1000	33.50	1000
	汉口	29.73	100～200	29.00	300～1000	28.50	1000
	湖口	21.68	100～200	21.50	300～1000	21.00	1000
	大通	16.48	100～200	16.30	300～1000	16.07	1000
	芜湖	12.87	100～200	12.70	300～1000	12.06	1000
	南京	10.22	100～200	10.10	300～1000	9.61	1000
重要区	沙市	44.49	20～40	44.00	100～300	43.50	100～500
	城陵矶	33.50	20～40	33.50	100～300	33.00	100～500
	汉口	29.00	20～40	28.50	100～300	28.28	100～500
	湖口	21.68	20～40	21.50	100～300	20.65	100～500
	大通	15.54	20～40	15.40	100～300	14.82	100～500
	芜湖	12.06	20～40	11.95	100～300	11.87	100～500
	南京	9.61		9.52	100～300	9.29	100～500

续表

地区等级	代表控制站	第一阶段		第二阶段		第三阶段	
		水位	保证率	水位	保证率	水位	保证率
一般区	沙市	44.49	5 ~ 10	44.00	20 ~ 40	43.50	50 ~ 100
	城陵矶	33.0	5 ~ 10	33.00	20 ~ 40	33.00	50 ~ 100
	汉口	28.28	5 ~ 10	28.28	20 ~ 40	28.28	50 ~ 100
	湖口	20.65	5 ~ 10	20.65	20 ~ 40	20.65	50 ~ 100
	大通	14.82	5 ~ 10	14.82	20 ~ 40	14.82	50 ~ 100
	芜湖	11.87	5 ~ 10	11.87	20 ~ 40	11.87	50 ~ 100
	南京	9.29	5 ~ 10	9.29	20 ~ 40	9.29	50 ~ 100

附注：重点区第三阶段的防洪保证率，除赣抚平原为300年一遇外，其余均可达到防御千年一遇洪水的标准。

除了专为支流尾闾地区服务的蓄洪垦殖区外，考虑到蓄洪垦殖区的重要性多在一般地区之上，且多未兴建进洪控制工程和蓄洪区内应具备的安全措施，运用一次损失很大，故蓄洪垦殖区各阶段的运用水位均以各地重要区保证水位为准。各蓄洪垦殖区相当于第一阶段重要区保证水位的有效蓄洪容量见表3.1–2，全区有效蓄洪容量共约513亿立方米。

表3.1–2　　长江中下游平原区分蓄洪区容量表

地区	代表控制站水位（米）	各地区的总容量（亿立方米）	以1954年降雨情况推算的渍水量和有效蓄洪容量	
			渍水量（亿立方米）	有效蓄洪容量（亿立方米）
荆江区	44.49	75.8	8.0	67.8
城陵矶附近地区	33.50	328.0	107.1	220.9
武汉附近区	29.00	183.5	87.5	96.0
湖口附近区	21.68	205.3	76.7	128.6
合计		792.6	279.3	513.3

（二）《长江流域综合利用规划简要报告（1990年修订）》中的防洪规划

《简要报告》在继承1959年版规划原则基础上，增加了需要与可能、整体与局部等需要解决的关系；在规划内容上更加充实完善，体现了“与时俱进”的精神；依据当时经济和社会发展的要求，将长江中下游防洪除涝、水能开发、干流航运作为三项主要任务，进行了重点规划研究；继续明确了三峡水利枢纽在长江流域治理开发中具有的重要地位和作用；提出了干流和主要支流的合理安排意见。

1. 长江防洪治理标准与方针

根据长江中下游地区在国民经济中的地位和洪灾可能造成的影响等因素，参照国内外大江大河的防洪标准，以及现阶段防洪的实际情况，长江干流荆江河段防洪标准至少应达到百年一遇，并应创造条件使荆江河段在遭遇类似1870年的历史特大洪水时保证行洪安全，南北两岸干堤不自然溃漫，防止发生毁灭性灾害；城陵矶以下河段，以1954年实际洪水作为防御目标，武汉市、南京市、上海市地位十分重要，有条件时还应进一步提高标准；其他地区，应根据其地位及洪灾可能造成的影响，分别拟定不同的标准。

为了达到上述防洪标准，应当正确处理超过河道安全泄量的巨大超额洪峰与洪量。1959年提出的《要点报告》，将长江中下游平原区防洪建设大体划分为三个阶段：第一阶段主要靠堤防的适当加高加固及充分利用分蓄洪工程，以基本消灭普通洪灾，提高重点地区的防洪标准，少数支流兴建大型水库防止毁灭性洪灾；第二阶段继续兴建干支流水库，并充分利用平原区已有防洪措施，进一步提高防洪标准，逐步达到重点地区防御1954年型洪水的标准；第三阶段兴建更多的综合利用水库，逐步减少分蓄洪工程运用数量和机会。

通过多年实践及进一步研究认为，堤防仍然是长江中下游防洪依赖的基本手段，应当尽最大努力，加快实现1980年长江中下游防洪座谈会确定的防御水位标准，但再大量加高无现实可能性；分蓄洪区相当长时间内也是必要的，但运用损失很大，这是在没有足够水库拦洪情况下为缩小洪灾损失的一种不得已的措施，故应当随着上游干支流水库的兴建逐步减少其使用的范围与概率；结合兴利在上游干支流兴建水库是一项根本性防洪措施，三峡水库是长江中下游防洪体系中的重要组成部分，如仅有上游支流水库，因各水库位置分散，离中下游防洪保护区较远，且其未能控制的近30万平方千米的区间恰好是暴雨区，1870年洪水就主要产生在这些地区，故支流水库对中下游平原区的防洪作用有很大的局限性。还研究过一些其他措施，如开辟大分洪道，将洪水直接分泄到江阴以下，不但工程量浩大，打乱大片地区的水系、交通，还要大量移民，是不现实的；拓宽汉口至九江的“卡口”河段，工程量很大，还将引起新的不平衡；实行“退田还湖”来防洪，与农业生产矛盾太大，这些地区已是农业生产的精华地带，不但移民问题难解决，且在大洪水时这些湖泊的调洪作用还远不如作为分洪区时的作用。因此，这些措施都是不合理、不经济的。长江中下游防洪治理的方针仍应是“蓄泄兼筹，以泄为主”，还应当考虑“江湖两利”和左右岸兼顾、上中下游相协调的原则，采取合理地加高加固堤防，整治河道、安排与建设平原分蓄洪区、结合兴利逐步兴建干支流水库，逐步达到以三峡水库为骨干、堤防为基础、配合以其他干支流水库、分蓄洪工程、河道整治工程及非工程防洪措施，使长江中下游防洪问题得到较好的解决。

长江上游支流洪水陡涨陡落大，洪水流速大，容易冲毁两岸农田房屋。目前受洪水威胁较大的主要是部分支流的中下游及沿河城镇，但在这些支流上一般又缺少建设大水库调蓄洪水的条件。因此，防洪治理的方针应坚持疏导与调蓄结合，以疏导为主，即除尽量结合兴利修建水库拦蓄洪水外，主要靠加高加固重点地区堤防、整治河道、清除行洪障碍、加强非工程措施等。

长江下游区的大通以下，河槽宽阔，行洪能力大，洪水变幅相对较中游为小，在大通以上对超额洪水妥善处理的基础上，可以用加高加固堤防，整治河道，解决防洪问题。

中下游各支流的防洪，应根据本身条件采取合适的措施，其中对有拦洪作用的水库，应考虑在干支流洪水遭遇时与干流防洪统一调度的可能性。但由于这些支流洪水与干流洪水的组合与遭遇并不稳定，且干支流水库受到淹没损失的限制，库容一般不大，本身防洪任务又很重，故干流防洪一般不能依靠这些水库。

2. 长江防洪规划方案

（1）长江中下游平原区

根据上述防洪治理方针，近期规划如下：

1）干流堤防按1980年长江中下游防洪座谈会的要求进行加高加固，规定设计水位为：沙市45.00米，城陵矶（莲花塘）34.40米，汉口29.73米，湖口22.50米，大通17.10米，南京10.60米（有台风影响为11.10米），镇江8.85米（有台风影响为9.50米），江阴7.25米（有台风影响为8.04米）。并将中下游的堤防划分为重点、重要、一般三类，分别规定了超高与堤顶面宽。荆江南岸松滋老城附近堤防应能按安全通过80000立方米每秒流量加高加固。沮漳河下游改道和荆江河道继续进行整治。

2）合理安排分蓄洪区安全建设，按主要堤防达到上述标准计算，遇1954年型洪水，在理想运用情况下，共需分蓄洪约500亿立方米，其中荆江区54亿立方米，城陵矶附近320亿立方米（其中洞庭湖、洪湖各160亿立方米），武汉附近68亿立方米，湖口附近50亿立方米（其中鄱阳湖、华阳河各25亿立方米）。具体分洪区位置已由各省作了安排并经国家批准。分蓄洪区应当有计划地对安全区台、安全楼房、转移道路及器具、进洪设施等方面逐步安排建设。

3）尽早兴建三峡水利枢纽，其规模暂以坝顶高程185米、正常蓄水位175米、防洪限制水位145米为代表，有防洪库容221.5亿立方米，按照分级补偿控制沙市水位或进一步控制城陵矶洪水位补偿调度，可以使荆江地区遇百年一遇洪水不分洪，遇更大洪水在已有分蓄洪区配合下保障荆江河段安全行洪，并大幅度减少城陵矶以上分蓄洪区的使用范围与概率。

4）根据国民经济发展需要，在长江上游各支流兴建一批综合利用水利枢纽，对长江中下游也可起一定防洪作用，初步规划在2020年前可能建成发挥作用得有：金沙江的溪落渡，岷江的紫坪铺，大渡河的瀑布沟和龚咀（加高），嘉陵江的亭子口、合川、宝珠寺（正建）、碧口（已建），乌江的构皮滩、彭水、东风（正建）、乌江渡（已建）等13座水库，总库容460亿立方米，有效库容243亿立方米，防洪库容122亿立方米。

此外，还要加强上游水土保持，中下游河道清障，禁止围垦湖泊洲滩，确需围垦的，必须经过科学论证，并经省级以上人民政府批准，以及严格控制分蓄洪区人口增长、实施洪水保险机制、加强通信设施建设、加强气象和洪水预报等非工程防洪措施。

（2）长江上游四川盆地

根据其地理特点，规划结合水资源综合利用在主要江河上游和盆地边缘选择合适条件兴建一批有一定调洪能力的水库，除了上述以外，还有岷江的沙坝、青衣江的飞仙关、涪江的武都、渠江的剪刀垭、安宁河的大桥、沱江的清平等。河道整治和堤防建设的重点为对成都平原及成都市有影响的行洪河道，主要江河沿江易受淹城镇及平坝河段。整治标准一般平坝河段为20年一遇洪水，县以上城镇河段一般为50年一遇洪水。还要根据上游支流洪水陡涨陡落的特点，加强非工程防洪措施，并使沿江城镇规划与建设适应洪水特性。

（3）沿江城市

随着国民经济的发展，防洪问题已成为沿江城市经济进一步发展的制约因素。目前存在的主要问题是：缺乏统一规划，防洪标准偏低，城市防洪堤基础处理差，市政工程与防洪工程不够协调，河道行洪障碍严重，城市防洪工程管理上也存在不少问题。

城市防洪规划的原则应当是，在流域整体防洪规划的基础上，按照城市的特点及地位，合理安排，并且要与城市发展规划相协调，有矛盾时应服从防洪要求，并要工程措施与非工程措施相结合。在防洪工程建设中，应统一规划设计，严格组织施工，建成后统一管理。根据以上原则，宜昌以上及中下游支流的中上游的沿江城镇，应根据本流域防洪治理的整体安排、本身的重要性及可能条件，合理选定防洪标准，在整治河道的基础上，适当兴建堤防；加强河道管理，防止侵占行洪断面；并要加强洪水预报和制定遇超标准洪水的应急计划。长江中下游冲积平原区内的沿江城市，应当在长江中下游整体防洪规划对超额洪水妥善处理的基础上，按照统一制定的堤防防御设计水位（见前述，下游受潮汐影响较大的城市要考虑受台风影响的设计水位）和统一标准加高加固堤防，并根据干支流综合规划和实际需要及经济发展条件，规划建设城市本身的防洪体系。同时要加强护岸，稳定岸线；加强河道管理及城市附近的分蓄洪区管理；严禁设置行洪障碍，已有的要抓紧清除。目前流域内的沙市、武汉、九江、安庆、芜湖、南京、上海、成都、长沙、南昌等防洪重点城市已作了轮廓规划。

3. 2000 年前长江防洪建设安排要点

1）1995 年前基本完成 1980 年长江中下游防洪座谈会所确定的加高加固堤防任务，并加速各支流堤防加高加固建设。

2）加快分蓄洪工程安全建设（包括非工程措施）。

3）继续进行河道整治，积极研究上荆江河势调整工程。

4）尽早开始三峡工程建设，力争 2000 年稍后开始发挥防洪效益。

5）结合兴利兴建一批防洪作用较大的支流水库，包括紫坪铺、武都、飞仙关、亭子口、江垭、皂市、峡江和港口湾等工程。

6）积极推行非工程防洪措施。

7）加强工程管理，充分发挥已建工程的效益，使之符合规划要求。

二、1998 年大水后的长江流域防洪规划

1998 年长江大洪水后，长江防洪问题引起全国各界的极大关注。党中央、国务院对长江防洪问题十分重视，国务院总理办公会议适时提出了“封山植树，退耕还林；平垸行洪，退田还湖；以工代赈，移民建镇；加固干堤，疏浚河湖”的灾后重建政策措施。当年 10 月，中央又下发了《关于灾后重建、整治江湖、兴修水利的若干意见》，对水利建设作了全面部署。为了在长江防洪中贯彻中央的精神，水利部在调查研究、分析论证的基础上，提出了《关于加强长江近期防洪建设若干意见》，国务院以国发〔1999〕12 号文予以转发，从而进一步明确了近期长江中下游防洪建设中最紧迫的一些重大问题。

根据《中华人民共和国防洪法》和中央领导指示精神，总结多年来的防洪经验，特别是根据 1998 年长江的防汛实践，结合新的水情、工情，新出现的问题，对防洪新的认识以及经济社会可持续发展的新要求，考虑到三峡工程的作用及影响，长江委在《简要报告》和有关专题研究工作的基础上，贯彻落实国家新时期水利工作方针和水利部党组提出的治水新思路，编制完成了《长江流域防洪规划》。2008 年 7 月，国务院以国函〔2008〕62 号文正式批复《长江流域防洪规划》（批复文件见附件 1）。

（一）规划指导思想、原则和目标

1. 规划指导思想

《长江流域防洪规划》以科学发展观为指导，以《中华人民共和国水法》和《中华人民共和国防洪法》为依据，按照“蓄泄兼筹、以泄为主”的防洪治理方针，坚持全面规划、统筹兼顾、标本兼治、综合治理的原则，加强长江流域防洪建设，进一步完善流域防洪工程体系的总体布局，以反映三峡工程及上游大型水库建成后防洪形势出现的新变化，满足经济和社会可持续发展对防洪的要求。按照人与自然和谐相处的理念，正确处理人与自然的关系，合理、有序、综合开发利用长江，给洪水以出路，适度承担洪水风险。统筹协调防洪减灾与水资源综合利用的关系、防洪建设与洪水管理的关系，加强依法治水，科学治水，提高长江流域防洪减灾能力，为维护健康长江提供防洪安全保障。

2. 规划原则

1）根据长江洪水与洪灾特点，对上中下游、干支流洪水治理做出全面规划，并以长江中下游地区为规划重点。根据国家防洪标准及防洪保护区经济和社会发展状况，制定相应的防洪标准，做到确保重点，兼顾一般。分析研究上中下游、干支流的洪水规律及相互之间的联系，统筹安排洪水治理措施，做到“综合治理”“江湖两利”和“左右岸兼顾、上中下游协调”。

2）工程措施与非工程措施相结合，采用多种措施进行综合治理，突出防洪体系的整体作用。加固堤防、清淤除障、疏浚河道，提高河道的行洪能力，对湖区进行综合治理，提高湖区重点圩垸的防洪除涝标准。建设好干支流水利枢纽控制工程，基本完成病险水库除险加固。考虑三峡等水库调蓄洪水的能力，并结合规划堤防建设后形成的河道行洪能力等因素，对目前长江中下游地区的蓄滞洪区规划进行调整，搞好重要蓄滞洪区建设和管理。有计划、有步骤地平垸行洪、退田还湖。加强洪水预报、调度方案研究，建立和完善防洪调度决策支持系统和有关法律、法规，提高受洪水威胁地区的风险管理水平。

3）坚持防洪与改善生态环境相结合，积极推行封山育林，对过度开垦的土地有步骤地退耕还林，加快林草植被恢复建设，采取综合措施防治水土流失，恢复与改善已遭破坏的生态环境，减少江河、湖泊、水库的泥沙淤积。

4）规划拟定的防洪目标、防洪标准和防洪工程布局，要与土地利用总体规划以及其他相关规划相衔接协调。

3. 规划水平年和防洪减灾目标

（1）规划水平年

本次防洪规划以 2015 年为近期规划水平年，以 2025 年为远期规划水平年。

（2）防洪减灾目标

规划到 2015 年，巩固、完善现有防洪体系，考虑三峡工程建成后对长江防洪的作用和影响，加快长江综合防洪体系建设，使荆江地区防洪标准达到 100 年一遇，在遭遇类似 1870 年特大洪水时有对策和措施，两岸主要防洪大堤不溃决，避免发生毁灭性灾害；城陵矶以下河段能防御 1954 年型洪水；重要蓄滞洪区能适时按量使用；主要城市、洞庭湖区和鄱阳湖区重点圩垸、主要支流堤防基本达到规定的防洪标准。初步建成山洪灾害重点防治区以监测、通信、预报、预警等非工程措施为主与工程措施相结合的防灾减灾体系。

规划到 2025 年，进一步健全和提高与流域经济和社会发展相适应的防洪减灾体系，妥善处理超额洪水，增强防洪减灾能力，遇常遇洪水和较大洪水时，可保障经济和发展与社会安全，在遭遇大洪水或特大洪水时，经济活动和社会生活不致发生大的动荡，生态环境不会遭到严重破坏，可持续发展进程不会受到重大干扰。对山洪灾害、风暴潮灾害等，有对策和措施，减少人员伤亡和财产损失。

（二）防洪标准

1. 长江中下游

长江中下游防洪区面积 14.04 万平方千米，区内约有耕地 8328 万亩，人口 1.02 亿人，有多处重要的商品粮基地，沿江有宜昌、荆州、岳阳、武汉、黄石、九江、安庆、芜湖、南京、上海等大中城市和武钢、宝钢、江汉油田及一批大型化工厂、大型电厂等重要的工业企业，京广、京沪、京九、焦枝等铁路从区内通过，是我国经济社会发展精华地区之一。

根据长江中下游平原区的政治经济地位以及 19、20 世纪曾经出现过的洪水和洪灾情况，依据《防洪标准》、中共中央中发〔1998〕15 号文件及国务院国发〔1999〕12 号文件，拟定长江中下游总体防洪标准为防御新中国成立以来发生的最大洪水，即 1954 年洪水。在发生 1954 年型洪水时，保证重点保护地区的防洪安全。

根据荆江河段的重要性及洪灾严重程度，按照《防洪标准》及中央 15 号文件精神，确定荆江河段的防洪标准为 100 年一遇，即以防御枝城 100 年一遇洪峰流量为目标。荆江河段在满足 100 年一遇防洪标准的基础上，对遭遇类似 1870 年洪水应有可靠的措施保证荆江南北两岸大堤不发生自然溃决，防止发生毁灭性灾害。

河口段（徐六泾以下）洪灾受径流影响较小，主要受台风暴潮影响，故应根据保护对象的重要性，依据《防洪标准》分别确定。江苏省长江口堤防防洪潮标准为100年一遇高潮位遇11级风；上海市宝山区、浦东新区防洪潮标准为200年一遇高潮位遇12级风，其余堤段均为100年一遇高潮位遇11级风。

2. 长江上游干流及主要支流

根据《防洪标准》，上游干流及主要支流总体防洪标准应达20年一遇，同时对流域内已发生的造成严重灾害的大洪水要有可靠的防御对策，确保重点地区防洪安全。

上游岷江、沱江、嘉陵江、乌江、安宁河及中游清江等支流，防护对象主要为沿江城镇，拟定地级城市防洪标准为50年一遇，县级城镇防洪标准为20年一遇。

洞庭湖水系的湘江、资水、沅江、澧水，鄱阳湖水系的赣江、抚河、信江、饶河、修水，总体防洪标准为20年一遇，其中地级城市及重要的县级城镇（如石门）防洪标准为50年一遇，对历史上发生的造成严重灾害的洪水（例如澧水1935年洪水）有可靠对策。

汉江是长江中游的重要支流，流域面积大，洪水峰高量大。上游主要防洪对象为陕南平川河段、安康城区，按《防洪标准》拟定汉中市、安康市等城市防洪标准为50～100年一遇，其他河段为20年一遇。汉江中下游平原区间入流较大，洪水组成相对也较复杂，防护对象主要为江汉平原部分地区及汉北平原，并减轻汉江洪水对武汉市的威胁；鉴于1935年洪水对本地区造成的巨大灾害，拟定汉江中下游总体防御对象为1935年实际洪水（约100年一遇）。根据防洪保护对象的重要性，拟定县级城镇的防洪标准为20～50年一遇。

下游支流青弋江、水阳江水系的洪水组成较复杂，中下游河网串通也极为复杂，同时又受长江洪水影响，因此采用实际洪水作为防御对象。根据水文分析计算，拟定1996年典型洪水为青弋江、水阳江流域总体防御对象，宣城市防洪标准为50年一遇。巢湖流域的主要防洪对象除合肥市外，还有巢湖市、一般城镇及保护耕地3万亩以上的大圩，拟定巢湖市防洪标准为50年一遇，一般城镇及保护耕地3万亩以上的大圩防洪标准为20年一遇。滁河按总体防御20年一遇洪水的标准，选择最大7天面雨量达20年一遇的1991年6月实际洪水作为防洪标准；滁州市、南京市六合区、南京化学工业园近期防洪标准为50年一遇，远期可根据经济社会发展情况适当提高防洪标准。

3. 主要城市

位于上游干流的城市重庆及昆明、贵阳等省会城市，根据淹没区非农业人口和损失的大小，结合城市所处地位的重要性，确定主城区防洪标准为100年一遇以上。宜宾市、泸州市防洪标准为50年一遇。成都市是全国重点防洪城市，位于成都平原，拟定防洪标准为200年一遇。

位于中下游干流的城市：荆州、岳阳、武汉、黄石、九江、安庆、芜湖、南京等重点防洪城市及马鞍山、镇江等地级城市，其防洪问题都不能完全独立地自行解决，必须依赖流域整体防洪体系，达到相应的防洪标准。因此其防洪标准与中下游干流整体防御对象一致。上海市城区黄浦江干流及主要支流防洪标准为1000年一遇。

位于中下游支流的省会城市（长沙、南昌、合肥），根据城市经济和社会情况，结合其发展状况，确定防洪标准为100～200年一遇。

（三）防洪体系及总体布局

1. 防洪体系

（1）长江中下游防洪体系

根据长江中下游的防洪特点，长江中下游防洪突出矛盾是河道的泄洪能力与上游来水不相适应。对于长江中下游洪水，首先是以堤防为基础，利用河道把大部分洪水直接送入东海，对超过堤防防洪能力的洪水，则必须采取其他措施妥善安排。

堤防、蓄滞洪区、干支流水库是长江中下游应当采取的主要防洪工程措施，但是对于峰高量大，超过河道安全泄量巨大的长江洪水，需妥善安排，充分运用各种措施、综合治理，才是最合理也是最经济的。因此，长江中下游防洪治理的方针应是“蓄泄兼筹，以泄为主”。工程的配合运用首先是通过加高加固堤防及河道整治，尽可能充分发挥河道泄洪能力，将洪水安全泄入东海；对超过河道安全泄量的洪水通过水库拦蓄调节，必要时再启用蓄滞洪区。搞好水土保持，防止水土流失，可保护和改善当地生态与环境，同时可以减少进入长江中下游的泥沙，也是长江中下游防洪体系的组成部分。

根据长江实际情况及多年研究认为，解决长江防洪问题，必须统筹考虑蓄泄关系，工程措施与非工程措施并举，采取堤防、河道整治、水库、蓄滞洪区、水土保持等综合防洪工程体系。同时要保证工程措施正常发挥防洪作用，还必须建立洪水预报、预警系统，加强对洪水的控制管理，制定一系列的管理政策，另外防洪工程体系防御洪水的标准始终是有限的，要减少超标准洪水可能造成的损失，还需要加强非工程措施建设，防洪工程与非工程措施相结合，构成长江综合防洪体系。

综上可见，拟定长江中下游防洪体系必须采取综合措施，即以堤防为基础，三峡工程为骨干，干支流水库、蓄滞洪区、河道整治相配套，结合封山植树、退耕还林，平垸行洪、退田还湖，水土保持措施及防洪非工程措施组成综合防洪体系。

（2）长江上游防洪体系

根据长江上游的洪水及防洪特点，上游防洪一般也不可能采取单一的措施就能解决，必须采取综合工程措施，蓄泄兼筹，考虑在支流上游兴建调洪水库，中下游整治河道及修建堤防相配合，同时要加强水土保持工作，减轻山洪危害。另外，上游地区要加强洪水的预测预报，加强河道管理等防洪非工程措施。

随着经济社会的持续发展，上游的洪灾损失有加重趋势，结合上游的防洪特点、洪灾特性及近些年的防汛实践，拟定长江上游综合防洪体系为：兴建调洪水库，河道整治、堤防相配合，封山植树、退耕还林，水土保持等工程措施与非工程措施相结合。

2. 防洪总体布局

（1）长江中下游防洪总体布局

根据长江中下游防洪特点及适应可持续发展要求，拟定长江中下游总体防洪布局为：合理地加高加固堤防、整治河道，逐步安排建设平原蓄滞洪区，加快兴建干支流水库，加强上游水土保持，完善防洪非工程措施建设。

1）堤防。

规划长江中下游干流堤防按照《简要报告》拟定的控制站设计水位进行加高加固，对堤防设计水面线依据新的河道、水文资料进行复核修正。由于受河湖、山丘阻隔，中下游各段堤防保护对象重要性差别较大，应根据各段堤防的重要性，参照《堤防工程设计规范》进行分级。堤顶超高按《简要报告》拟定的标准，鉴于城陵矶附近水情的复杂性及近几年高洪水位的实际情况，规划城陵矶附近河段的设计堤顶超高，比《简要报告》的规定再增加 0.50 米，以增强其抗洪能力和洪水调度的灵活性。长江干堤之间的洲滩民垸，应按照“平垸行洪、退田还湖、移民建镇”的专项规划区别对待。严重阻碍行洪的，应予刨毁行洪，其他民垸堤顶高程应比所在河段的干堤低 0.5 ～ 1.0 米。洞庭湖区重点垸、蓄洪垸堤防按《洞庭湖区综合治理近期规划报告》拟定的设计水位标准区分等级进行建设，鄱阳湖区重点垸、蓄洪垸堤防按相应湖口水位 22.50 米分别进行加高加固，其他的一般垸宜区别不同的情况，在不高于蓄洪垸堤防标准的前提下，根据所处位置和重要性，分别具体论证。支流堤防按支流规划拟定的标准加固，要与干流设计水位相协调。随着三峡工程建成，中下游河道将会长距离冲刷，引起河势新的变化，会对堤防带来一些影响，故远景还须根据河道变化的新情况进行加固。

要在不断增强的经济实力和先进科学技术的条件下，花大力气进行堤防的隐患探测研究，利用新技术、新材料除险加固，保证在设计水位条件下主要堤防安全运用，逐步达到汛期只需专业队伍巡查排险，无须经常动用广大群众和部队进行防守。

2）蓄滞洪区。

堤防按上述标准加高加固后，遇防御对象 1954 年型洪水，中下游分蓄洪量 492 亿立方米，三峡工程建成并按正常蓄水位 175 米运行后，相应的分洪量可大为减少，荆江河段 100 年一遇以下洪水荆江地区蓄滞洪区可不需使用，三峡水库如按城陵矶附近区补偿调度，城陵矶附近区分洪量将随之减少。远景随着上游梯级水库的兴建，长江中下游地区的分洪量会进一步减少，蓄滞洪区的使用概率会降低，因此长江中下游总体防洪布局中，对于蓄滞洪区的安排应充分体现远近结合、分期实施的原则。蓄滞洪区应从可持续发展的要求出发，按移民建镇的思路搞好安全建设，同时要加强蓄滞洪区的管理，真正做到遇大洪水时能及时及量使用。

根据研究，近期首先要建设好城陵矶附近地区能及时蓄纳 100 亿立方米超额洪水的蓄滞洪区。根据湖南、湖北两省对等的原则，选定洞庭湖的钱粮湖、共双茶、大通湖东垸，洪湖蓄滞洪区进行分隔，划出一块，这些蓄滞洪区优先安排建设。按照确保重点、远近结合、分期实施的原则，还应建设好三峡工程建成后仍需使用的其他蓄滞洪区，这些蓄滞洪区有城陵矶附近 218 亿立方米中除上述已安排的 100 亿立方米以外的其他 118 亿立方米的蓄滞洪区，武汉附近蓄滞洪区及湖口附近蓄滞洪区，荆江地区的荆江分洪区对重点防洪地区荆江地区的防洪至关重要，也须继续安排建设。对于其他蓄滞洪区，由于在三峡工程建成后运用概率较少，规划作为遇超标准洪水的蓄滞洪保留区，对这些保留区的经济发展应合理规划，同时要考虑近期防御可能出现的 1954 年型洪水的需要，适当安排道路、预警系统等建设。

3）水库。

以三峡工程为骨干的长江干支流水库群，是长江防洪的根本措施之一。目前三峡工程建设进展顺利，建成后将发挥较大的防洪作用。在此基础上，还要加快其他防洪水库的建设。

对历史上发生过特大洪水并造成严重灾害的长江中下游支流，除了已经建有控制性工程的以外，还要规划兴建一批水库拦洪。这些水库包括澧水皂市、赣江峡江和抚河廖坊；对提高重点防洪城市防洪标准的支流水库应优先安排；清江洪水是三峡至荆江区间洪水的主要来源，对其进行有效控制，可进一步提高荆江防洪能力，并有利于三峡工程的防洪实时调度运用，在已建隔河岩水库的基础上，继续兴建水布垭水库；汉江要达到在解除中游民垸分洪任务后仍能防御 1935 年型洪水的目标，还需要通过加高丹江口大坝来实现。

长江上游金沙江、雅砻江、岷江、嘉陵江、乌江等要进一步兴建有较大防洪库容的水库并与三峡工程联合运用，使长江中下游的防洪能力进一步提高。特别是金沙江梯级水库开发最具设置较大防洪库容的条件，它们与三峡工程联合运用可发挥较大作用。为了兼顾防洪和发电要求，规划长江上游干支流梯级水库采用长期逐步蓄水和实时防洪调度相结合的方式。长期逐步蓄水方式主要是根据洪水特性、防洪要求及考虑上游干支流梯级在设计枯水年份的兴利蓄水要求确定的，能做到防洪库容和兴利库容相结合，一库两用。同时还体现了分期预留防洪库容的原则，即长江中下游洪水主要发生在 7—8 月，洪水遭遇机遇多，量级大，故预留防洪库容大，9—10 月遭遇大洪水的机遇大幅度减少，预留防洪库容也相应减少。需加强三峡工程及以上干支流控制性水库群联合调度研究工作，为长江中下游防洪保护区提供更高程度的保障。

已建水库在近几年防汛实践中发挥了较大作用，但有些水库由于各种原因，防洪作用未充分发挥，因此应采取积极措施，除丹江口水库大坝结合南水北调要求续建加高外，对其他如五强溪、柘溪、万安、柘林等已建重点大型水库，研究利用大坝加高、建筑物改造、降低汛限水位、加强洪水预报调度等措施扩大防洪库容的可能性。

病险水库一旦失事，将会给其下游带来巨大的人员死亡和财产损失的毁灭性灾害，对环境也将带来不可估量的影响，因此对病险水库应区分重要性，分期分批进行除险加固，尽快消除隐患，充分发挥防洪效益，保障人民生命财产安全。

4）河道整治。

长江中下游干流经过历年治理，河势已得到初步控制，总体基本稳定，但局部河段的河势变化仍然比较剧烈，目前还有 300 余千米河段崩岸严重，威胁堤防安全。长江河道整治要按照统一规划、综合治理的原则，既考虑防洪，又要兼顾航运、取水以及两岸经济建设发展的需要。近期要对《简要报告》和《长江中下游干流河道治理规划报告》确定的重要河段的崩岸尽快进行守护和加固，对河势加强控制。荆江河段由于受三峡工程蓄水产生的影响最快，应结合目前三峡工程蓄水引起的河势和河床冲淤变化情况进行河道整治。洞庭湖区及长江四口、四水尾闾洪道近期应按《洞庭湖区综合治理近期规划报告》拟定的方案进行堵支并流、扩卡、清淤疏浚及清除洪障。鄱阳湖区及各河尾闾洪道也应按照《鄱阳湖区综合治理规划（水规划部分）》拟定的目标和方案分期实施，保持行洪畅通。

远景还要考虑三峡工程引起的长江中下游干流河道的冲淤、河势变化，结合考虑其他可能安排建设的工程的影响进行整治。

5）平垸行洪、退田还湖。

1998 年大洪水后，党中央、国务院决定对江湖洲滩民垸实行“平垸行洪、退田还湖、移民建镇”，这是减轻洪灾，保持和逐步恢复江湖调蓄洪水能力，处理好人与洪水关系的重要举措。由历史形成的对洪泛区土地过度围垦开发，并要求在任何洪水情况下都不被淹没，不给洪水以必要的出路，出现人争水地、水致人灾的局面，同时也影响防汛大局，不利于保护重点地区。因此，将“平垸行洪、退田还湖”纳入长江综合防洪体系，这既符合长江流域防洪的实际情况，也可促进经济和社会的可持续发展，是防洪规划中正确协调人与洪水关系的具体举措。

长江中下游平垸行洪、退田还湖的对象是长江干堤之间严重阻碍行洪的洲滩民垸，洞庭湖及鄱阳湖区除重点垸、蓄洪垸以外的部分在常遇洪水时即遭受洪灾的湖滩及民垸。考虑到沿江及湖区人多地少和长江洪水的特点，对影响行洪的洲滩民垸采取既退人又退耕的“双退”方式，坚决平毁，对其他的民垸可采取退人不退耕的“单退”方式，即平时处于空垸待蓄状态，一般洪水年份仍可进行农业生产，遇较大洪水年份则滞蓄洪水。这样既可发挥相对较好的调蓄作用，又有利于解决垸内群众的生产生活出路，减轻政府负担。

1998 年大洪水后，通过开展长江中下游“平垸行洪、退田还湖、移民建镇”工作，基本解决了 1998 年、1999 年等近几个大水年溃决的民垸及严重碍洪的洲滩民垸。根据国务院国发〔1999〕12 号文件精神，今后平垸行洪、退田还湖、移民建镇工作，重点要结合蓄滞洪区建设进行。

6）水土保持。

长江中上游地区的水土流失治理，要全面规划，突出重点，以金沙江中下游、嘉陵江上游、三峡区间、汉江上游、洞庭湖和鄱阳湖水系中上游等水土流失严重地区为重点，坚持以小流域为单元，山水田林草统一规划，采取工程、生物和农业耕作措施相结合，综合治理。

7）防洪非工程措施。

水文、气象、工情、灾情信息是抗洪抢险救灾的重要依据，现代化的通信、计算机及网络技术是搞好防洪调度指挥的主要手段。规划用 3 ～ 5 年左右的时间完成长江防汛指挥系统建设，各地区也要做好本地区的防汛指挥系统的规划，逐步实施。加强水文测站基础设施建设，提高水文测验和预报精度。抓紧长江防御超标准洪水预案研究和修订，对各种类型的洪水，进行计算机仿真模拟，提出统一调度的操作软件。

加强法律法规建设。为了保证蓄滞洪区在大洪水时分得进、损失小、有补偿，需制定相关的蓄滞洪区管理条例，研究建立洪水保险机制的实施意见。为了巩固平垸行洪、退田还湖、移民建镇工作的成果，避免移民返迁，应依据《中华人民共和国水法》和《中华人民共和国防洪法》等法律、法规，抓紧制定相应的管理办法。

依法加强河道、湖泊和蓄滞洪区的管理，严禁对河道湖泊洲滩进行新的围垦和其他方式的侵占。蓄滞洪区要严格控制人口，有条件的逐步实施外迁。凡在长江干流河道和堤防、蓄滞洪区的管理范围内进行项目建设和在长江干流河道内采砂，应严格执行《中华人民共和国防洪法》《河道管理条例》和《长江河道采砂管理条例》等有关法律、法规的规定，并履行报批手续。对长江整体防洪作用大的水库应在流域防汛机构的统一调度下，有效发挥防洪作用。

为实现以上各项要求，应加强流域机构的职能，充分发挥其管理、监督、协调、指导等方面的作用。

（2）长江上游防洪总体布局

根据研究，长江上游的防洪治理一方面要考虑解决本身的防洪问题，另一方面还要考虑尽可能对长江中下游防洪起一定的作用。故拟定上游防洪总体布局为：结合兴利在大江大河上逐步兴建调洪水库，整治排洪河道，需保护的城镇和面积相对较大的地区，适当修建堤防，筑堤护岸，加强水土保持，加强水情测报及其他防洪非工程措施建设。主要工程措施包括：

1）水库。

除了兴建对长江中下游防洪起一定作用的水库外，还要结合兴利建设对提高支流防洪标准有明显作用的骨干水库。对病险水库分期分批除险加固。

2）河道。

上游河道整治的主要内容是加强河道管理，严禁在行洪区内乱占、乱倒、乱采砂石，以保证排洪畅通，对城镇河段采取必要的清淤疏浚、扩卡等措施，加强崩岸严重段特别是城镇段崩岸的治理。

3）堤防。

成都平原、岷江、沱江、涪江、嘉陵江、渠江中下游及青衣江下游、安宁河等保护面积集中的地区及上游较重要的城镇，可结合水库规划适当兴建堤防，堤防修建应以保证洪水畅泄为原则，严格控制挤占河道及围滩、围江心洲坝。

（3）山洪灾害防治总体布局

对于受山洪灾害威胁的地区，根据山洪灾害的严重性，划分山洪灾害重点防治区与一般防治区，规划采取建立监测预警系统和群测群防的组织体系、风险区管理、编制防御预案、宣传教育等非工程措施，结合堤防、护岸、谷坊、拦沙坝、排导沟、水库等工程措施，逐步形成完善的山洪灾害防治体系。长江流域山洪灾害防治方案、布局和措施以《全国山洪灾害防治规划报告》为依据。

（四）防洪规划方案

1. 长江中下游防洪规划

长江中下游是长江防洪治理的重点，长江中下游的防洪必须贯彻“蓄泄兼筹、以泄为主”的指导方针，采取综合措施，通过合理地加高加固堤防，整治河道，安排建设平原蓄滞洪区，结合兴利兴建干支流水库等工程措施及非工程措施相互结合，达到

1954年洪水重现时，确保重点地区防洪安全的目标。故长江中下游需以总体防洪目标、布局为依据，根据远近结合、突出重点、标本兼治、综合治理的原则安排各项工程。

（1）堤防

根据确保重点、兼顾一般的原则，对长江中下游干流堤防分等级进行建设。级别的划分除依照《防洪标准》和《堤防工程设计规范》外，还要考虑流域防洪规划的总体安排。

荆江大堤、无为大堤、南线大堤、汉江遥堤以及沿江重点防洪城市堤防等拟定为1级堤防。松滋江堤、荆南长江干堤、洪湖监利江堤、岳阳长江干堤、四邑公堤、粑铺大堤、黄广大堤、同马大堤、广济圩江堤、枞阳江堤、和县江堤、江苏长江干堤等拟定为2级堤防。洞庭湖、鄱阳湖区重点垸堤防拟定为2级，蓄洪垸堤防为3级堤防。汉江下游干流堤防根据保护范围及保护对象的重要性堤防级别拟定为2级堤防。江苏省和上海市的海塘工程还要考虑与海洋功能区划相衔接。

长江中下游干流堤防采用同一设计水面线，汉江及洞庭湖、鄱阳湖区的堤防也是如此，堤防标准的差别主要体现在堤顶超高不同、堤防设计断面不同、堤防设计采用的安全值不同。

长江中下游干流1级堤防堤顶超高为2米，2级和3级堤防堤顶超高为1.5米，其他堤防超高1.0米。城陵矶附近河段的设计堤顶高程，比上述超高再增加0.5米，规划超高增加0.5米的范围为长江干流北岸监利、洪湖江堤（龙口以上）、南岸岳阳长江干堤。洞庭湖及鄱阳湖考虑临湖堤风浪大、吹程远等特点，规划2级堤防即重点垸堤防临湖堤超高2.0米，临河堤超高1.5米，3级堤防即蓄洪垸堤防临湖堤超高1.5米，临河堤超高1.0米。

（2）河（洪）道整治

长江中下游河道近期治理目标为：根据三峡工程建成前的河道变化情况，使长江中下游干流14个重点河段的河势得以控制，达到岸线基本稳定，增强河道的防洪能力。对于一些崩岸问题严重的河段也应及时治理，使河势得到初步控制。远期水平年则根据三峡工程投入运行后的河道演变情况，针对河势的新变化，做进一步治理，特别要对受三峡工程影响早且影响较大的荆江河段进行整治，通过整治形成河势和岸线稳定、泄洪畅通的优良河道，为沿江地区的经济和社会可持续发展服务。

按照河型和控制节点，将长江中下游干流河道划分为33个河段，根据河段的重要性和治理的迫切性将33个河段分为三类，分期分批进行治理。第一类为现有重要堤防、城市、港口和重点工程，在国民经济建设中有重要作用，需要抓紧解决在防洪与航运方面存在问题的河段，计有上荆江、下荆江、岳阳、武汉、九江、安庆、铜陵、芜裕、马鞍山、南京、镇扬、扬中、澄通、长江口 14 个河段；第二类为在防洪、航运或其他方面存在问题较突出，需要进行整治的河段，计有陆溪口、簰洲湾、团风、戴家洲、龙坪、马垱、东流、太子矶、贵池、黑沙洲 10 个河段；第三类为河势基本稳定，存在问题不突出，或虽有某些问题但可暂缓进行整治的河段，计有宜昌、宜都、嘉鱼、叶家洲、黄州、黄石、韦源口、田家镇和大通 9 个河段。根据目前的河势演变和沿岸经济发展现状与趋势，将第一类河段确定为重点治理河段，第二类和第三类河段确定为一般治理河段。

洞庭湖区四口洪道整治规划以不影响现状分流能力为原则，减轻部分河道冲刷，减缓洪水位抬高趋势，努力缩短临河堤线。整治工程以疏浚、削矶、堵支并流调整水系为主。鄱阳湖区洪道整治规划通过清障和高洲疏挖等工程措施，理顺水系，缩短洪道。以增大泄量，降低洪水位，确保安全为原则，近期为主，远近结合，综合治理。

（3）蓄滞洪区

长江洪水峰高量大，而河道宣泄能力不足，利用蓄滞洪区分蓄超额洪水，是保障重点地区防洪安全的有效措施，三峡工程及其他干支流水库建成后，中下游仍需分洪，只是分蓄洪频率和数量减少，因此蓄滞洪区建设是长期的任务，同时应考虑到三峡工程建成后的变化情况，做到全面规划，远近结合，分期实施。

根据长江中下游防洪方案的研究，遇 1954 年型洪水，长江中下游干流、洞庭湖区、鄱阳湖区需妥善安排约 492 亿立方米超额洪量，其中荆江地区需分洪 54 亿立方米，城陵矶附近区 320 亿立方米（洪湖、洞庭湖区各分蓄 160 亿立方米），武汉附近区 68 亿立方米，湖口附近区 50 亿立方米（鄱阳湖区、华阳湖各 25 亿立方米）。规划安排 40 处蓄滞洪区，具体为：荆江地区 4 处；城陵矶附近区 25 处，其中洞庭湖区 24 处，洪湖 1 处；武汉附近区 6 处；湖口附近区 5 处，其中鄱阳湖区 4 处，华阳河 1 处。

按照蓄滞洪区总体布局、启用概率和重要性，将长江中下游蓄滞洪区分为重要蓄滞洪区、一般蓄滞洪区和蓄滞洪保留区三类。

重要蓄滞洪区为现状条件下使用概率较大（一般在 20 年一遇以下）的蓄滞洪区。属于这类的蓄滞洪区有 13 处，分别为：城陵矶附近规划分蓄 100 亿立方米超额洪量的蓄滞洪区（即洞庭湖区的钱粮湖、共双茶、大通湖东 3 个蓄洪垸和洪湖东分块）和洞庭湖区的围堤湖、民主、城西、澧南、西官、建设 6 个蓄滞洪区，荆江地区的荆江分洪区，武汉附近区的杜家台蓄滞洪区，湖口附近区的康山蓄滞洪区。荆江分洪区尽管在三峡工程建成后启用概率为 100 年一遇以上，但由于其地位十分重要，三峡工程建成后仍列为重要蓄滞洪区。

一般蓄滞洪区为三峡工程建成后为防御 1954 年型洪水，除重要蓄滞洪区外，还需启用的蓄滞洪区。属于这类的蓄滞洪区有 14 处，分别为：城陵矶附近区的洪湖中分块和洞庭湖区的屈原、九垸、江南陆城、建新，武汉附近区的西凉湖、武湖、涨渡湖、白潭湖、东西湖，湖口附近区的珠湖、黄湖、方洲斜塘和华阳河蓄滞洪区。

蓄滞洪保留区是指三峡工程建成后为防御超标准洪水或特大洪水需要使用的蓄滞洪区。属于这类的蓄滞洪区有 15 处，分别为：荆江地区的涴市扩大分洪区、人民大垸分洪区、虎西备蓄区，洞庭湖区的君山、集成安合、南汉、和康、安化、安澧、安昌、北湖、义合、南顶、六角山 11 个蓄洪垸，洪湖西分块蓄滞洪区。

重要蓄滞洪区和一般蓄滞洪区的规划和建设，既要保证分蓄洪的需要，也要使区内居民有生存和适当发展的环境。重要蓄滞洪区因启用较频繁，应限制经济发展规模，避免人口入迁和新增重要资产进入该区。一般蓄滞洪区因使用概率比重要蓄滞洪区小，可适当放宽对经济发展的限制。

鉴于荆江防洪的重要性，考虑三峡工程及金沙江上游建库后荆江分洪区使用概率逐步减小的实际情况和对防御特大洪水的作用，应放宽对荆江分洪区经济发展的限制，其安全建设以转移道路、通信预警设施建设为主，有条件时适当扩大主要安全区的范围。

蓄滞洪保留区在三峡工程建成后运用概率较小，是规划作为遇超标准洪水的蓄滞洪区。因此，除不能发展一旦分蓄洪给环境造成严重污染的企业外，可基本不限制其发展，蓄滞洪区安全建设结合地区经济和社会发展需要，以建设安全转移道路、通信预警系统为主。

（4）平垸行洪、退田还湖

平垸行洪、退田还湖是长江中下游防洪体系的组成部分。平退规划的重点应结合 1998 年、1999 年灾后重建，对溃决并引起大量房屋倒塌，严重阻碍行洪的圩垸，实施平垸行洪、退田还湖、移民建镇。

考虑到沿江及湖区人多地少和长江洪水的特点，对严重影响行洪的洲滩民垸，采取退人又退耕的“双退”方式，坚决平毁；其他圩垸采取退人不退耕的“单退”方式，即平时处于空垸待蓄状态，一般年份或非汛期仍可进行农业生产，在汛期或遇洪水年份则破圩滞蓄洪水。

根据初步规划，3 ～ 5 年有 1505 个一般圩垸拟实施“平垸行洪，退田还湖”，总面积 5317 平方千米，总人口 378.9 万人。其中，长江中下游干流有洲滩民垸 581 个，面积 2882 平方千米，总人口 213.4 万人；洞庭湖区有一般圩垸 301 个，面积 512.2 平方千米，人口 36.28 万人；鄱阳湖区有一般垸 294 个，面积 885.6 平方千米，人口 73.68 万人；其他 329 个为支流或内湖圩垸。

（5）水库工程

长江上游干支流建库除满足所在河流（河段）的防洪要求外，同时配合三峡水库对长江中下游发挥防洪作用。规划长江上游干支流预留防洪库容共约400亿立方米，利用长江中下游成灾洪水出现时间上的特性，考虑防洪与兴利的有机结合，实行分期洪水调度的优化方案。

规划金沙江干流石鼓至宜宾河段分9级开发，梯级水库采取分期预留、逐步蓄水的方式预留防洪库容，初定预留的最大防洪库容为220亿～249亿立方米；雅砻江分21级开发，经考虑金沙江干流和雅砻江梯级防洪和兴利蓄水关系，规划在兴利库容中预留防洪库容50亿～60亿立方米；大渡河规划按16级开发，双江口和瀑布沟两梯级水库分别预留防洪库容5.1亿立方米和6.6亿立方米，岷江初步拟定在7—8月预留防洪库容30亿～40亿立方米，9月份可开始兴利蓄水，协调防洪和发电关系；嘉陵江拟定亭子口水库安排防洪库容14.6亿立方米，下游草街水库安排6.48亿立方米，支流白龙江安排3亿立方米；乌江干流（含六冲河）分11级开发，预留防洪库容11.66亿立方米，规划乌江渡、构皮滩、思林、沙沱、彭水5座梯级水库总防洪库容为10.89亿立方米。

长江中下游防洪水库主要是对各自支流防洪保护区发挥拦洪、削峰、错峰的作用，与其他防洪工程联合运用，提高各支流尾闾地区的防洪能力，同时直接或间接地对长江中下游总体防洪发挥作用。其中，清江规划姚家坪、大龙潭、水布垭、隔河岩4座水库共预留防洪库容11.1亿立方米；洞庭湖水系规划已建沅水五强溪、资水柘溪和澧水江垭水库分别预留防洪库容13.6亿立方米、7亿立方米和7.4亿立方米，规划研究扩大五强溪、柘溪、涔天河等水库防洪库容，规划兴建资水金塘冲和澧水皂市、宜冲桥，提高各河流中下游及尾闾湖区的防洪能力；汉江已建丹江口、安康以及鸭河口水库分别预留防洪库容76.7亿立方米、3.6亿立方米和5.21亿立方米，结合南水北调中线工程实施，丹江口水库正常蓄水位抬高至170米，防洪库容将扩大至110亿立方米；鄱阳湖水系规划已建赣江万安水库初期运用预留防洪库容5.33亿立方米，计划将万安水库按设计规模运用，防洪库容扩大至10.19亿立方米，新建赣江峡江、抚河廖坊和饶河浯溪口水库分别预留防洪库容6亿立方米、3.1亿立方米和2.94亿立方米，修水柘林水库扩大防洪库容至15.72亿立方米，充分发挥防洪效益。

1998年大洪水后，国家进一步加强了病险水库除险加固力度，长江流域目前基本完成了大型和重要中型病险水库的除险加固。规划近期水平年水库除险加固的任务主要是重点病险水库达到除险保安、安全运行，避免水库失事造成重大恶性事故。即在近期水平年前完成列入全国第一和第二批规划中的大、中型及重点小型水库的除险加固；规划远期水平年水库除险加固的任务是全面完成大、中型及重要小型水库的除险加固。

（6）防洪非工程措施

建设覆盖长江流域高效、可靠、先进、实用的防汛指挥调度系统，全面提高水文基础设施防洪能力和水文测报能力，完善水文站网，提高洪水测预报的精度。修订现行的洪水预报方案。建立完善的长江流域防洪政策法规体系，制定蓄滞洪区运用补偿法规，加强蓄滞洪区内人口土地的管理，并在长江中下游蓄滞洪区实行强制性洪水保险方式。建立全流域统一的防洪骨干水库调度系统，加强排涝管理。加强防洪法规与防洪知识宣传教育。制定超标准洪水的防御对策等。

2. 长江上游干流和主要支流防洪规划

长江上游干流主要支流可依各自的开发治理条件，采用必要的工程和非工程措施解决各自河流的防洪问题。其中，川江、金马河及成都平原、嘉陵江干流中下游、乌江下游、清江中下游采用堤防和水库结合；沱江、涪江和渠河中下游主要以护岸结合堤防加固为主；汉江中下游在续建丹江口水库，扩大其防洪作用的基础上，加固现有堤防，必要时配合分蓄洪工程；洞庭湖、鄱阳湖水系按规划标准加固现有堤防，新建具有防洪能力的水库，扩大已建大型水库的防洪作用，完善已建蓄滞洪区，加强河道整治；下游各支流以堤防为主，上游山谷水库和下游蓄滞洪区配合。

具备修建高坝大库容水库的河流及河段，其自身防洪任务又不重，如金沙江石鼓至宜宾河段、雅砻江、大渡河、嘉陵江上游、乌江、清江等，应结合兴利兴建具有防洪作用的水库，配合三峡水库对长江中下游防洪起一定作用。各水库应尽可能多地预留防洪库容，同时兼顾兴利要求。

各河流防洪工程的运用一般有相对的独立性，但对于承担长江中下游防洪任务的水库，包括上游干支流具有拦洪削峰作用的大型水库，中游支流大型水库，在长江中下游遭遇严重灾情洪水时，均要统一调度，需要时推迟蓄水时间，兴利服从防洪。

3. 主要城市防洪规划

长江流域的城市的经济和社会指标均占全国城市的三分之一左右，占全流域 50% 以上，其地位不仅在长江流域而且在全国都十分重要。但流域内城市多分布在长江干支流沿岸，大多受到不同程度的洪水威胁，尤其是位于长江中下游干流沿岸的城市，其地面高程普遍比当地最高洪水位低数米至十数米，洪水威胁更为严重。因此保障城市防洪安全是关系到社会安定、经济发展的大局，城市防洪是流域防洪的重要组成部分，也是全流域防洪的重点。

本次规划范围的城市总计 24 个，除列为全国防洪重点城市的成都、荆州（沙市）、长沙、岳阳、武汉、黄石、九江、南昌、安庆、芜湖、合肥、南京和上海13个城市外，还包括1个直辖市重庆、2个省会城市昆明和贵阳以及宜宾、泸州、宜昌、池州、铜陵、马鞍山、镇江、南通位于长江干流沿岸的8个地级城市。城市防洪规划应以所在江河流域规划为依据，与城市规划相协调。

4. 水土保持规划

规划近期水平年内治理水土流失面积16万平方千米，远期水平年内治理水土流失面积13万平方千米，通过近、远期的建设，使上中游54.63%适宜治理的水土流失地区得到治理，治理保存率达80%，重点水土流失区实现初步治理，25°以上的陡坡耕地全部退耕还林还草，消灭宜林荒山荒坡，生态环境得到根本改善。建立和完善流域内的各级重点预防保护和预防监督区，做到预防保护区内无人为砍伐植被造成的水土流失现象，预防监督区内依法实施水土保持方案编报、审批管理规定，落实水土保持设施与建设项目“三同时”制度。建立和健全水土保持预防监督体系和水土流失监测网络，做到定期发布水土流失的动态信息，监测人为活动造成新的水土流失，并及时指导各地依法开展防治。

三、《长江流域综合规划（2012—2030年）》中的防洪规划

进入21世纪以后，党中央提出全面建成小康社会、贯彻落实科学发展观、建设资源节约型和环境友好型社会等一系列战略部署，《简要报告》拟定的近期目标基本实现，三峡等流域骨干工程基本建成。考虑支撑经济和社会可持续发展的需要，国务院部署了新一轮长江流域综合规划修订，由长江委会同流域内19个省（自治区、直辖市）有关部门全面开展修订工作。2012年12月，国务院以国函〔2012〕220号文批复了《长江流域综合规划（2012—2030年）》（批复文件见附件2）。

《长江流域综合规划（2012—2030年）》以科学发展观为统领，以“维护健康长江，促进人水和谐”为基本宗旨，按照“在保护中促进开发，在开发中落实保护”的原则，提出了切实加强防洪减灾、水资源综合利用、水资源与水生态环境保护和流域综合管理四大体系规划。其中的防洪规划在1998年大水后防洪规划的基础上，根据防洪建设的进展，进一步梳理防洪治理标准、目标及规划方案，调整了部分蓄滞洪区分类，复核调整了上游干流梯级布局，增加了中小河流治理和山洪灾害防治等民生水利内容，对流域防洪工程体系全面规划，进一步提高流域整体防洪能力。

（一）防洪标准和目标

1. 防洪标准

长江中下游是我国重要的商品粮基地，沿江有武汉、南京、上海等大中城市和一

批重要的工业企业，京广、京沪、京九等铁路以及京珠、沪蓉高速公路等从区内通过，是我国经济和社会发展的精华地区之一。根据长江中下游平原区的政治和经济地位以及 20 世纪和以前曾经出现过的洪水与洪灾情况，长江中下游总体防洪标准为防御新中国成立以来发生的最大洪水，即 1954 年洪水，在发生类似 1954 年洪水时，保证重点保护地区的防洪安全。根据荆江河段的重要性及洪灾严重程度，确定荆江河段的防洪标准为 100 年一遇，即以防御枝城 100 年一遇洪峰流量为目标，同时对遭遇类似 1870 年洪水应有可靠的措施保证荆江两岸干堤不发生自然漫溃，防止发生毁灭性灾害。感潮河段堤防可考虑潮水和台风影响，按相关规范确定防洪潮标准；上海市长江口南岸（含宝山区和浦东新区）、长兴岛堤防及崇明岛城市化地区堤防按 200 年一遇高潮位遇 12 级风标准建设；横沙岛堤防、崇明岛其他堤防、江苏长江口干堤按 100 年一遇高潮位遇 11 级风标准建设。

上游干流及主要支流总体防洪标准应达 20 年一遇，同时对流域内已发生的造成严重灾害的大洪水要有可靠的防御对策，保障重点地区防洪安全。流域内地级城市的防洪标准一般为 50 年一遇，县级城镇的防洪标准一般为 20 年一遇，重要地级、县级城市和工业重镇的防洪标准可适当提高。

中下游干流沿江的岳阳、武汉、黄冈、鄂州、黄石、九江、安庆、池州、铜陵、芜湖、马鞍山、南京、镇江 13 个地级以上城市应达到整体防御 1954 年型洪水的标准；宜昌市、荆州市防洪标准为 100 年一遇；南通市按 100 年一遇高潮位遇 11 级风进行堤防建设；上海市城区黄浦江干流防洪标准为 1000 年一遇。重庆市主城区（北碚区除外）按照 50 年一遇的防洪标准进行防洪护岸工程建设，通过非工程措施达到 100 年一遇防洪标准；宜宾市、泸州市主城区防洪标准为 50 年一遇，通过防洪护岸工程建设，并结合上游水库的兴建，逐步提高其防洪能力。成都、昆明、贵阳、长沙、南昌、合肥 6 个位于支流的省会城市的主城区应达到 100 ～ 200 年一遇的防洪标准，除主城区外的中心城区重要河段防洪标准应达到 50 ～ 100 年一遇，一般河段应达到 20 ～ 50 年一遇的防洪标准。

2. 防洪规划目标

考虑三峡工程及其他控制性水利水电工程建成后对长江防洪的作用和影响，完善长江综合防洪体系。到 2020 年，荆江地区防洪能力达到 100 年一遇防洪标准，遭遇类似 1870 年特大洪水时，不发生毁灭性灾害。城陵矶及以下干流河段能防御 1954 年型洪水，重要蓄滞洪区能适时按量使用。主要城市、洞庭湖区和鄱阳湖区重点圩垸、上游干流、主要支流基本达到规定的防洪标准。初步建成重点防治区监测、通信、预警等为主的非工程措施与工程措施相结合的山洪灾害防灾减灾体系。

至2030年，进一步完善综合防洪体系，减少蓄滞洪区的运用概率和使用范围，防洪能力进一步提高。遇常遇洪水和较大洪水时，可保障经济发展和社会安全，在遭遇流域性大洪水或特大洪水时，经济和社会生活不发生大的动荡，生态环境不遭受严重破坏，灾害损失明显减少，不会对可持续发展进程产生重大影响。基本建成山洪灾害防灾减灾体系。

（二）防洪体系和布局

1. 长江中下游干流

长江中下游采取合理地加高加固堤防，整治河道，安排与建设平原蓄滞洪区，结合兴利修建干支流水库，逐步建成以堤防为基础、三峡水库为骨干，其他干支流水库、蓄滞洪区、河道整治相配合，平垸行洪、退田还湖、水土保持等工程措施与防洪非工程措施相结合的综合防洪体系。

长江中下游4个主要控制站的防洪控制水位分别为沙市45.00米、城陵矶34.40米、武汉29.73米和湖口22.50米。关于城陵矶防洪控制水位，本次规划从江湖关系变化对城陵矶附近区防洪形势的影响、三峡工程及上游干支流水库建设对城陵矶附近区的防洪作用等方面进行了专题研究，认为上游干支流控制性水库建成后，对中下游河道冲淤和水位的影响还有待实际洪水检验，总的趋势应是在同等洪水条件下城陵矶附近水位会有所降低。因此，城陵矶防洪控制水位近期仍宜维持34.40米，今后可根据中下游河湖冲淤调整、江湖关系变化及上游水库建设的实际情况，对城陵矶防洪控制水位再做进一步研究，并论证是否需要调整。

在三峡工程建成前，遇1954年型洪水，长江中下游需妥善安排约492亿立方米超额洪量，其中荆江地区54亿立方米，城陵矶附近区320亿立方米（洪湖、洞庭湖区各分蓄160亿立方米），武汉附近区68亿立方米，湖口附近区50亿立方米（鄱阳湖区、华阳河各25亿立方米）。三峡工程建成后，按照三峡工程初步设计的防洪调度方式，遇1954年型洪水，长江中下游总分蓄洪量为336亿～398亿立方米。

近年来，江湖关系有所变化，根据现状各方面条件，在三峡工程初步设计的基础上，对三峡水库试验蓄水期防洪调度方案又进行了研究，考虑了对城陵矶补偿的防洪调度方式，遇1954年型洪水，相应长江中下游总分洪量约为400亿立方米，其中城陵矶附近分洪量约300亿立方米。若进一步考虑长江上游干支流溪洛渡、向家坝、乌东德、白鹤滩、亭子口等水库相继建成，长江中下游总分洪量将明显减少，但由于河道冲刷程度不一，导致上下游河段泄流能力增加幅度不一，超额洪量可能出现区域调整，今后需在加强原型观测和科学研究的基础上，采取应对措施。

2. 长江上游干流及主要支流

长江上游干流及主要支流结合兴利，兴建控制性防洪水库，在承担本地区防洪任务的同时，尽可能承担长江中下游干流的防洪任务。对病险水库分期分批除险加固。整治干支流河道。对需保护的较重要城镇和重要地区，筑堤护岸。加强中小河流治理和山洪灾害防治。加强水土保持。强化水情测报及其他防洪非工程措施建设。

（三）防洪规划方案

1. 长江中下游

（1）堤防

根据确保重点、兼顾一般的原则，对长江中下游堤防分等级进行建设。荆江大堤、无为大堤、南线大堤、汉江遥堤以及沿江重点防洪城市堤防等为 1 级堤防。目前长江中下游干堤已基本完成达标建设，需重点加固与长江中下游干堤形成封闭圈的连江支堤，洞庭湖、鄱阳湖区重点圩垸堤防及支流重要堤防；还需对仍存在安全隐患的干堤、三峡工程及上游其他控制性水库建成后因河道冲刷及河势变化受影响的干堤及岸坡进行除险加固。

长江中下游堤防堤顶超高一般为：1 级堤防 2.0 米，2 级和 3 级堤防 1.5 米，其他堤防 1.0 米。考虑到城陵矶附近的防洪形势在上游干支流水库建成前还不能完全改善，城陵矶附近长江干堤和东、南洞庭湖区堤防的超高在上述标准的基础上再增加 0.5 米；江苏南京以下长江干堤地处感潮河段，加之江面宽阔风浪大，镇江、扬州、常州境内堤防堤顶超高为 2.0 米，无锡、苏州、泰州、南通境内堤防堤顶超高为 2.0 ～ 2.5 米；洞庭湖和鄱阳湖风浪大、吹程远，重点垸堤防临湖堤超高 2.0 米，临河堤超高 1.5 米；蓄滞洪区堤防临湖堤超高 1.5 米，临河堤超高 1.0 米。

（2）蓄滞洪区

全面加快蓄滞洪区建设，合理安排居民迁建。按照防御 1954 年洪水标准，长江中下游干流规划安排了 40 处蓄滞洪区。其中洪湖蓄滞洪区总面积 2797.4 平方千米，面积较大，一次分洪损失较大，运用不便。1998 年长江大洪水后，国务院以国发〔1999〕12 号文要求在城陵矶附近尽快集中力量建设蓄滞洪水约 100 亿立方米的蓄滞洪区，按照湖北、湖南对等的原则，洪湖蓄滞洪区划出一块约 50 亿立方米的蓄滞洪区先行建设。为此，对洪湖蓄滞洪区进行了分块蓄洪规划，将洪湖蓄滞洪区划分成东、中、西三块，优先建设东分块蓄滞洪区。

多年来，长江中下游蓄滞洪区建设进展较慢，建设任务繁重，为指导今后的蓄滞洪区建设，根据目前长江中下游防洪状况，考虑三峡工程及至规划水平年上游控制性水库建成后长江中下游防洪形势的变化，按照蓄滞洪区启用概率和保护对象的重要性，制定蓄滞洪区总体布局。

三峡工程建成后，荆江分洪区运用概率达到100年一遇，但由于其在长江流域防洪中的地位十分重要，是防御荆江地区遇类似1870年特大洪水的重要措施，由国家防汛抗旱总指挥部调度，且分洪区内的建设与管理相对完善，运用条件相对较好，确定其为重点蓄滞洪区。将除荆江分洪区以外的长江中下游蓄滞洪区分为重要蓄滞洪区、一般蓄滞洪区和蓄滞洪保留区三类。

重要蓄滞洪区为使用概率较大的蓄滞洪区，2020年前属于这类的蓄滞洪区有12处，分别为：城陵矶附近规划分蓄100亿立方米超额洪量的蓄滞洪区（即洞庭湖区的钱粮湖、共双茶、大通湖东3个蓄滞洪区和洪湖东分块）和洞庭湖区的围堤湖、民主、城西、澧南、西官、建设6个蓄滞洪区，武汉附近区的杜家台蓄滞洪区，湖口附近区的康山蓄滞洪区。一般蓄滞洪区为防御1954年型洪水除重要蓄滞洪区外，还需启用的蓄滞洪区，2020年前属于这类的蓄滞洪区有13处，分别为：城陵矶附近区的洪湖中分块和洞庭湖区的屈原、九垸、江南陆城、建新蓄滞洪区，武汉附近区的西凉湖、武湖、涨渡湖、白潭湖蓄滞洪区，湖口附近区的珠湖、黄湖、方洲斜塘和华阳河蓄滞洪区，其中华阳河蓄滞洪区按建闸控制方案重新确定了蓄滞洪区范围，蓄滞洪区面积调整为1307平方千米，有效蓄洪容积由62亿立方米调整为25亿立方米。蓄滞洪保留区为用于防御超标准洪水或特大洪水的蓄滞洪区，2020年前属于这类的蓄滞洪区有16处，分别为：荆江地区的涴市扩大分洪区、人民大垸分洪区、虎西备蓄区，城陵矶附近的君山、集成安合、南汉、安澧、安昌、北湖、义合、安化、和康、南顶、六角山11个蓄滞洪区及洪湖西分块，武汉附近区的东西湖蓄滞洪区。

2020年以后，根据长江上游干支流控制性水库建设进程、上游控制性水库与三峡水库联合调度情况以及中下游河道冲刷和江湖关系演变的情况，经分析研究，拟将洞庭湖区的建设垸由重要蓄滞洪区调整为一般蓄滞洪区，九垸由一般蓄滞洪区调整为蓄滞洪保留区，取消洞庭湖区的安化、和康、南顶和六角山4个蓄滞洪区；对武汉附近区的东西湖蓄滞洪区深入研究论证调减蓄滞洪区范围或取消的可行性。由于长江上游干支流控制性水库建设进程还存在诸多不确定因素，加之中下游河道冲刷及江湖关系的变化仍需根据观测资料的积累作进一步的分析论证，因此还要继续对流域综合防洪减灾体系和防洪形势进行深入研究，适时对蓄滞洪区的布局进行调整。

对重要蓄滞洪区和一般蓄滞洪区，在进行蓄滞洪区围堤加高加固的同时，在区内进行安全区、安全台等安全建设，调整产业布局和结构，限制人口入迁和新增重要产业。对蓄滞洪保留区可基本不限制其发展，进行围堤加高加固及安全转移道路、通信预警系统等的建设。

对于荆江分洪区要加强已建安全设施的管理，其安全建设以转移道路、通信预警设施建设为主，同时考虑三峡工程及上游干支流控制性水库建成后荆江分洪区使用概率逐步减小的实际情况，可放宽对荆江分洪区经济发展的限制，有条件时通过论证，适当扩大主要安全区的范围。武汉附近安排的蓄滞洪区有效蓄洪容积超过规划需要安排的超额洪量，结合经济社会发展的需要，有条件时通过论证后，可适当扩大安全区的范围。

（3）水库

根据总体规划要求，上游干支流建库除承担所在河流（河段）的防洪任务外，还应配合三峡水库对长江中下游发挥防洪作用。规划对长江上游干支流水库采取分期分类预留防洪库容，并结合洪水遭遇情况采取逐步蓄水方式运用。除三峡水库外，7 月份长江上游干支流水库共预留最大防洪库容 340 亿～ 360 亿立方米，其中金沙江干流预留防洪库容 220 亿～ 249 亿立方米；雅砻江预留防洪库容 50 亿～ 60 亿立方米，为落实雅砻江防洪库容 50 亿立方米的低限要求，拟将锦屏一级水库防洪库容进一步扩大；岷江预留防洪库容 30 亿～ 40 亿立方米，根据国务院批准的《长江流域防洪规划》中提出的大渡河“具备设置较大防洪库容条件，宜进一步扩大防洪库容”的规划意见，为落实岷江防洪库容 30 亿立方米的低限要求，拟将瀑布沟水库防洪库容进一步扩大；嘉陵江预留防洪库容 21.89 亿立方米；乌江预留防洪库容 10.25 亿立方米。这些水库 7 月 1 日前应消落到预留的最大防洪库容对应的水位；汛期应遵从《中华人民共和国水法》和《中华人民共和国防洪法》的要求，按照有关主管部门批准的汛期调度方案，实施上下游梯级水库联合调度，在 7—8 月份，在满足防洪安全的前提下，有计划地逐步分期蓄水；以避免在汛期同时弃水、汛末同步蓄水导致无水可蓄的被动局面，既使长江中下游成灾洪水多发期长江上游有较大防洪库容用于拦洪，又可实现防洪与水资源综合利用较好的结合。对于金沙江中游梨园、阿海、金安桥、龙开口、鲁地拉、观音岩（部分库容），雅砻江上游梯级、两河口、锦屏一级、二滩，岷江十里铺、下尔呷、双江口、瀑布沟（部分库容）、上寨等配合三峡水库为长江中下游防洪的水库，7 月份可根据防洪要求拦洪蓄水，8 月初至汛末可不再设置专门防洪库容，水库蓄水由防汛主管部门进行调度；对承担所在河流（河段）防洪任务的水库，应在主汛期设置汛期限制水位。汛期水库调度方案由运行管理单位编制，报有关主管部门审批。对于锦屏一级、瀑布沟等规划需扩大防洪库容的已（在）建水库，应对扩大防洪库容进行专题论证，由相关运行管理单位按有关程序报批。

中下游支流规划兴建清江姚家坪，资水金塘冲，澧水宜冲桥、凉水口、新街，赣江峡江，信江流口，饶河浯溪口等具有防洪作用的水库。对扩大已建的五强溪、涔天

河、丹江口（正实施大坝加高工程）、万安、柘林等水库的防洪库容进行专题论证，由相关运行管理单位按有关程序报批。

继续对病险水库（闸）进行除险加固。巩固大中型病险水库除险加固成果，加快小型病险水库除险加固步伐，尽快消除水库安全隐患，恢复防洪库容，增强洪水调控能力。推进大中型病险水闸除险加固。

（4）河道整治

长江中下游干流河道治理既是中下游防洪体系的重要组成部分，又是发展航运和合理利用岸线资源的重要措施，是中下游沿江地区经济和社会发展的一项综合性基础设施建设内容。应在河势控制规划的指导下，按照突出重点、兼顾一般的原则，抓紧进行河道治理，加强管理，保障和支撑两岸经济和社会的可持续发展。

1）中下游干流河段划分。

根据1998年水利部批复的《长江中下游干流河道治理规划报告》以及近年来沿江经济社会发展的新形势及治理的新要求，本次规划将原来的一、二、三类河段划分为重点河段和一般河段。同时将宜昌河段和宜都河段合并统称为宜枝河段，将黄州、戴家洲、黄石三个河段合并统称为鄂黄河段，并列为重点河段。

重点河段是指有重要堤防、城市、港口或重点工程，在国民经济建设中有重要作用和影响的河段；或有重大综合利用价值的河段；或在防洪、航运、水资源利用等方面存在的问题与矛盾较突出，需要抓紧治理的河段。长江中下游计有宜枝、上荆江、下荆江、岳阳、武汉、鄂黄、九江、安庆、铜陵、芜裕、马鞍山、南京、镇扬、扬中、澄通、长江口16个重点河段。

一般河段是除重点河段以外的其他河段。长江中下游计有陆溪口、嘉鱼、簰洲湾、叶家洲、团风、韦源口、田家镇、龙坪、马垱、东流、太子矶、贵池、大通、黑沙洲14个一般河段。

2）河势控制规划。

河势控制规划主要是根据不同河型的演变特点及存在的主要问题，以河道主流线为依据确定河道控导线——控制河道平面形态的两岸岸线和江心洲的位置，以利于控制河势，稳定岸线，协调上下游、左右岸的关系。

重点河段的河势控制规划主要如下：

宜枝河段保持现状河势，控制枯水位下降。上荆江河段在保持现有有利河势的基础上，结合航道治理要求，适当调整局部河段的河势。下荆江河段近期应进一步实施河势控制工程，稳定裁弯后的河势，远期结合三峡工程运用后江湖关系的调整变化，继续深入研究熊家洲至城陵矶河段的裁弯问题。岳阳河段在巩固防洪和航道综合治理工程效果的基础上，稳定现状河势，进一步改善航道条件。武汉河段在稳定现有河势的基础上，结合城市发展及航道治理要求，将白沙洲汊道段整治成单一河道，并适当提高天兴洲的分洪运用水位，远期进一步研究天兴洲汊道的治理方案。鄂黄河段以稳定现有河势为控制目标。九江河段通过整治工程，控制现有河势稳定，适当减少分汊，改善航道条件。安庆河段上段通过封堵官洲中汊，将其整治成稳定的双分汊河段，下段以稳定现有河势为控制目标。铜陵河段在稳定现状河势的基础上，促使太阳洲、太白洲并岸，实施南夹江裁弯工程，缩短南夹江的防洪战线，减轻无为大堤的防洪压力，并适当提高汀家洲的防洪标准。芜裕、马鞍山河段以稳定现有河势为河势控制目标。南京河段在稳定现有河势的基础上，封堵新生洲与新济洲之间的串沟，抑制新济洲和八卦洲左汊的淤积萎缩。镇扬河段应通过进一步的系统治理，抑制世业洲、和畅洲右汊的淤积萎缩，稳定六圩弯道。扬中河段维持主流走左汊的现有河势，稳定嘶马弯道和上下两个弯道间过渡段的主流线。澄通河段结合航道治理工程，抑制福姜沙右汊萎缩，将如皋沙群汊道和通州沙汊道分别整治成主流稳定在浏海沙水道和通州沙东水道的双分汊河段。长江口维持三级分汊、四口入海的总体河势格局，加强徐六泾节点的控制作用，维持白茆沙河段南水道为主汊，稳定南北港分流口及分流通道，维持南港为主汊，通过北支近期缩窄工程及远期进一步的整治，减缓或消除北支水、沙、盐倒灌南支，减缓北支淤积萎缩速率，维持北支引排水功能。

一般河段的河势控制规划主要如下：

陆溪口河段稳定主流在中洲右侧，远期结合河势变化，研究调整河势的可行性。嘉鱼河段近期维持现有主流走左汊的河势，远期研究封堵护县洲和复兴洲右汊，使其逐渐转化为双分汊河道的可行性。簰洲湾河段近期以稳定现有弯曲型河道为河势控制目标，远期是否实施裁弯工程，应结合三峡工程建成后中下游防洪形势的变化进一步研究确定。叶家洲河段以稳定现有河势为控制目标。团风河段近期维持主流走右汊的河势，实施左汊封堵工程。韦源口、田家镇等河段以稳定现有河势为控制目标。龙坪、马垱等河段通过整治工程，控制现有河势稳定，适当减少分汊，改善航道条件。东流河段应结合航道治理，稳定洲滩，减少分汊。太子矶河段稳定主流走右汊的现状河势，改善航道条件。贵池河段通过封堵左汊，将现有三分汊河道整治成主流稳定在中汊的双分汊河段，并适时采取措施适当增加右汊分流比。大通河段在稳定现有河势的基础上，适时采取措施，促使小铁板洲与和悦洲合并。黑沙洲河段近期在稳定现状河势的基础上，封堵中汊串沟，稳定右汊的主汊地位，改善航道条件。

3）河道治理工程规划。

根据河势控制规划，中下游干流河道规划治理工程主要包括河势控制工程与河势

调整工程。

河势控制工程规划主要为：为应对上游来沙大幅度减小可能带来的不利影响，近期拟对中下游干流河道已有护岸工程进行全面加固，继续发挥其对河势的控制作用，避免清水下泄可能导致的河势变化。同时，对已经出现的和可能出现的新崩岸险情进行治理，避免崩岸险情加剧而引起河势调整，维护河势和岸坡稳定，保证堤防安全，并为进一步的系统治理打下基础。近期全面加固的岸段总长约794千米，新护岸段总长约362千米。远期河势控制工程的具体布局，需根据三峡等工程建成后的河道演变情况，进一步深入研究确定。

河势调整工程规划主要为更好地满足中下游防洪、航运及经济社会发展的要求，需在全面稳定现有河势的基础上，结合新的水沙条件下中下游河道的变化趋势，在河势控制规划的指导下，对局部河段的河势进行适当调整。

（5）防洪非工程措施

进一步加强水文、气象预报研究（特别是三峡水库运行后长江中下游洪水预报方案编制）、干流水库建成后产汇流规律变化研究、水库群预报调度技术方案研究，提高水文、气象监测预报水平。继续推进防汛指挥调度系统建设，研究以三峡水库为骨干的干支流水库群联合调度方案，建立水库联合调度系统。建立完善的长江流域防洪政策法规体系。制定干支流洪水调度方案和超标准洪水的防御对策等。

2. 长江上游干流及主要支流

上游干流和主要支流的防洪区主要为成都平原、干流沿岸的重要城镇和大片农田、各主要支流中下游河段一级阶地的重要城镇和大片农田等。

上游干流及主要支流可依据各自的治理开发条件，采用工程和非工程措施形成综合防洪体系解决各自的防洪问题。上游干流、岷江中下游、沱江、嘉陵江中下游、乌江中下游建成堤防和水库相结合的防洪体系；安宁河、涪江及渠江上游建设调蓄水库，中下游主要以护岸结合堤防加固为主；汉江中下游在续建丹江口水库扩大其防洪库容的基础上，加固现有堤防，建设蓄滞洪工程；洞庭湖、鄱阳湖水系按规划标准加固现有堤防，新建具有防洪能力的水库，扩大已建部分大型水库的防洪作用，加强蓄滞洪区建设，强化河道整治；青弋江、水阳江及滁河等支流以堤防建设为主，配合建设上游水库和下游蓄滞洪区及分洪道；加强山洪灾害的监测预警及群测群防工作。

3. 主要城市

位于中下游干流沿岸的荆州、岳阳、武汉、黄冈、鄂州、黄石、九江、安庆、池州、铜陵、芜湖、马鞍山、南京、镇江14个地级以上城市依靠以堤防、蓄滞洪区、水库、河道整治等组成的长江中下游综合防洪体系保障防洪安全。位于长江口的上海、南通等城市防洪以加固堤防为主。重庆、宜宾、泸州、宜昌等城市的防洪安全依靠堤防和上游水库组成的防洪体系。成都、昆明、贵阳、长沙、南昌、合肥等位于支流的省会城市防洪体系以堤防为主，按相应标准加高加固堤防形成防洪保护圈，清除河道障碍，保障防洪安全。

4. 支流（含中小河流）治理

长江流域的支流，尤其是中小河流，源短流急，洪水暴涨暴落。许多中小河流沿岸的县城、重要集镇和粮食生产基地的防洪设施少、标准低，甚至很多处于不设防状态，遇到常遇洪水就可能造成较大洪涝灾害。一些中小河流水土流失严重，加之不合理的采砂以及拦河设障、向河道倾倒垃圾、违章建筑侵占河道等，致使河道萎缩严重，行洪能力逐步降低，对所在地区城乡的防洪安全构成严重威胁。

支流治理的重点是保障河流沿岸易发洪涝灾害的县城、重要集镇及万亩以上基本农田等防洪保护对象的防洪安全。山丘区河流以县城、重要集镇河段为重点，浅丘区河流以沿河人口和农田较集中的河段为重点，平原盆地区河流以洪涝排泄出口河段和河道淤积卡口河段为重点。

支流（含中小河流）治理工程措施以河道整治、河势控导、河道疏浚和清淤、堤防护岸、除涝等为主，根据不同河流的特点，因地制宜、经济合理地采取非工程措施，在合理确定河道的控导线、禁止侵占河道滩地的前提下合理提高治理标准。

5. 山洪灾害防治

长江流域山洪灾害主要集中在5—9月的汛期，尤其是6—8月主汛期更是山洪灾害的多发期。山洪灾害分布面广，防治区面积达135.6万平方千米，占流域总面积的75%。山洪灾害防治区普遍发生溪河洪水灾害，西南地区、秦巴山地区等多伴生泥石流、滑坡灾害，华中华东地区多伴生浅层滑坡灾害。

山洪灾害突发性强，预测预报难度大，具有季节性强、成灾快、易造成人员伤亡等特点。目前流域内的山洪灾害防治还处于起步阶段，山洪灾害已经成为山丘区经济和社会可持续发展的重要制约因素之一。

山洪灾害防治应以防为主、防治结合，以非工程措施为主、非工程措施与工程措施相结合。对于受山洪灾害威胁的地区，规划采取建立监测预警系统和群测群防的组织体系、强化风险区管理、编制和落实防御预案、加强宣传教育等非工程措施，结合堤防、护岸、谷坊、拦沙坝、排导沟、水库等工程措施，逐步形成完善的山洪灾害防治体系。对处于山洪灾害危险区、生存条件恶劣、地势低洼而治理困难地方的居民结合移民建镇实施永久搬迁。

第二节 重要支流防洪规划研究

一、长江上游重要支流

（一）雅砻江

雅砻江是金沙江左岸最大的一级支流，发源于巴颜喀拉山南麓，地跨四川、青海、云南三省，流经高山峡谷，于攀枝花市倮果河口汇入金沙江，是典型的高山峡谷型河流。雅砻江干流全长1535千米，流域面积12.84万平方千米。

雅砻江流域防洪总体布局为：一级支流安宁河，已建的大桥和拟建的米市及岔河水库拦蓄上游洪水，新建加固堤防及护岸工程，加强山洪防治及防洪非工程措施建设，使其保护区达到规划的防洪标准；干流及其他支流，新建、加固堤防及护岸工程，加强山洪防治及防洪非工程措施建设，使其保护区达到规划的防洪标准。

（二）岷江

岷江是长江上游左岸一级支流，发源于岷山南麓，东、西两源在四川省松潘县元坝乡川主寺汇合后始称岷江。岷江干流自北向南流经阿坝、成都、眉山、乐山和宜宾等市（州），在都江堰鱼嘴处分为内江和外江，穿过成都平原后在彭山区汇合，流至乐山市接纳大渡河后转向东南，最后在宜宾市汇入长江，干流全长735千米，流域面积13.54万平方千米。

岷江流域防洪总体布局为：①岷江干流上游以护岸和稳固滑坡体为主，中游通过已建紫坪铺及规划十里铺等骨干防洪水库调控洪水，加强金马河段及成都水网堤防工程建设，提高防洪能力，下游加强河道整治和堤防、护岸工程建设；大渡河干流通过瀑布沟、双江口、下尔呷等水库调控洪水，结合堤防护岸工程的建设，减轻乐山市等城市防洪压力，并根据长江流域综合利用规划要求分担川渝河段及长江中下游的防洪任务；青衣江干流以堤防和护岸建设为主，重点加强沿江重要城镇河段堤防与护岸建设；全面加强流域上游山区山洪灾害防治、中小河流治理及防洪非工程措施建设。

（三）沱江

沱江是长江上游左岸一级支流，发源于四川省西北部九顶山南麓，干流上游汉旺镇以上为山区，以下属成都平原，中下游为丘陵地带，于泸州市汇入长江，干流全长629千米，流域面积2.78万平方千米。

沱江流域防洪总体布局为：沱江上游山区以护岸为主，平原区以堤防为主，中下游丘陵区以堤防和护岸为主，做好已建梯级运行调度，对重要防洪对象主要工程措施是按近期防洪标准新建和加固堤防，对一般保护区以护岸为主，分期分河段实施。并加强河道的清淤、清障、护岸、护洲等河道整治，减少水土流失，扩大行洪量。

（四）赤水河

赤水河是长江上游右岸一级支流，发源于云南省镇雄县赤水源镇银厂村，流经云南、贵州、四川三省，于泸州市合江县城汇入长江，干流全长436千米，流域面积2.04万平方千米。

赤水河流域防洪总体布局为：通过在沿河城镇和重要企业适当修建堤防及护岸工程，整治河道，加强山洪灾害防治，加强水情测报、预警预报系统等非工程防洪措施建设，使得防洪问题得到较好的解决。

（五）嘉陵江

嘉陵江是长江上游左岸一级支流，发源于秦岭南麓，流经陕西、甘肃、四川、重庆四省（直辖市），于重庆市汇入长江，干流全长1120千米，流域面积15.98万平方千米。主要支流有西汉水、白龙江、东河、西河、渠河、涪江等。

嘉陵江流域防洪总体布局为：采用工程措施和非工程措施相结合的综合防治方案，逐步形成以沿江城区堤防和护岸为基础，干流亭子口、草街等水库蓄洪为骨干，支流中小型水库相配合和河道整治等工程措施与非工程防洪措施构成的总体防洪体系，提高各防护对象的抗洪能力。

（六）乌江

乌江是长江上游右岸一级支流，发源于贵州省威宁县乌蒙山东麓，流域涉及贵州、云南、重庆、湖北四省（直辖市）。干流流经贵州腹地和重庆市，在涪陵汇入长江，干流全长1037千米，流域面积8.79万平方千米。

乌江流域防洪总体布局为：完善以县级以上城市（镇）为重点的防洪工程，使六盘水、彭水、武隆、涪陵、黔江等重点城镇达到国家规定的防洪标准；建设山洪灾害预警预报系统；根据长江流域防洪规划总体方案，乌江干流构皮滩、思林、沙沱、彭水等梯级水库在6—8月分别预留防洪库容4亿立方米、1.84亿立方米、2亿立方米和2.32亿立方米，配合三峡水库分担长江中下游的防洪任务；乌江渡、洪家渡等水库分别预留防洪库容0.75亿～1.9亿立方米和1.55亿立方米，满足乌江渡下游防洪需要，减轻洪家渡库尾的防洪压力。

二、长江中下游重要支流

（一）清江

清江位于湖北省境内，是长江中游右岸的一级支流，发源于鄂西利川县齐岳山龙洞沟，干流流经利川、恩施、长阳、宜都等主要县市，是三峡以下长江中游南岸的较大支流。干流全长423千米，流域面积1.73万平方千米。河流内多系河谷山地及小块盆地相间，本身防洪任务不重，入长江尾闾紧临枝城市和荆江分洪工程上游，入江洪水直接影响荆江河段的行洪流量，控制清江洪水是长江中下游总体防洪体系重要工程措施之一。

清江流域防洪总体布局为：兴建干流上游姚家坪水利枢纽，设置防洪库容0.80亿立方米，续建完成恩施、长阳、利川、宜都等城市堤防工程，使恩施市城区达到50年一遇防洪标准，其他城市城区达到20年一遇防洪标准；姚家坪水库与已建的隔河岩、水布垭、大龙潭等水库（分别设置防洪库容5亿立方米、5亿立方米和0.27亿立方米）联合调度，提高下游地区的防洪安全；配合三峡水库调度，缓解长江荆江河段防洪压力。

（二）汉江

汉江是长江中游北岸最大的支流，发源于秦岭南麓，干流流经陕西、湖北两省，于武汉市汇入长江，支流延展至甘肃、四川、重庆、河南四省（直辖市）。干流全长1577千米，流域面积15.9万平方千米。上游为山地河谷地形，中游为深丘和浅丘地带，下游为平原，其右岸和长江干流左岸围成著名的江汉平原。

汉江流域防洪总体布局为：汉江上游地区建设以堤防为基础，水库、河道整治相配合，结合非工程措施，以汉中市、安康市和沿江县城为重点的防洪减灾体系；汉江中下游地区建设以堤防为基础，丹江口水库为骨干，杜家台分洪工程、中游蓄滞洪区、东荆河分流和支流水库相配合，结合非工程措施的多措并举的综合防洪体系。

（三）湘江

湘江是洞庭湖水系中流域面积最大的河流，发源于广西壮族自治区兴安县白石乡海阳山近峰岭，流域涉及湖南、广西、江西、广东四省（自治区）14个地级市、79个县（市、区），上游属山区地貌，中游呈丘陵地貌，下游及尾闾地区为低矮丘陵及冲积平原，干流全长856千米，流域面积9.46万平方千米。

湘江流域防洪总体布局为：湘江干流中、下游主要城市及尾闾地区的大片农田、民垸，主要依靠堤防保护，结合河道整治、蓄滞洪区等措施，使其达到防洪标准；充分利用已建的涔天河、东江、双牌、欧阳海、水府庙等大中型水库的防洪作用，对支流洪水实施有效拦蓄、错峰，尽量减轻干流的防洪压力；规划堤防、护岸工程不得束窄河道或占用行洪断面，维持河道行蓄洪空间和行洪能力。

（四）资水

资水是洞庭湖水系的第三大支流，主源赧水发源于湖南省城步县黄马界，与南源夫夷水在双江口汇合后始称资水，至益阳市甘溪港汇入洞庭湖，流域涉及湖南、广西两省（自治区），干流全长653千米，流域面积2.81万平方千米。

资水流域防洪总体布局为：柘溪水库以上地区，通过兴建山门、木榴及半山（扩建）等具有防洪作用的水库，新建堤防及护岸、加强河道整治及非工程措施建设等，使城市、重要城镇及大片农田区达到规划防洪标准，进一步提高整体防洪能力；柘溪水库以下地区，新建金塘冲水库并加强与柘溪水库联合防洪调度，加高加固及新建堤防，加强河道整治，加强蓄滞洪区安全建设及非工程措施建设等。

（五）沅江

沅江是洞庭湖水系的第二大支流，发源于贵州省东南部，南、北两源汇合后称清水江，东流至湖南省洪江市托口镇与渠水汇合后始称沅江，于常德市德山注入洞庭湖。流域涉及湖南、贵州、重庆、湖北、广西五省（自治区、直辖市），干流全长1028千米，流域面积8.98万平方千米。

针对沅江流域洪水特点，分洪江以上、洪江至凌津滩、凌津滩以下三个区域进行防洪总体布局。洪江以上区域，规划新建干流宣威、支流渠水张簧等防洪水库，并通过加固、新建堤防及护岸，开展河道整治、中小河流及山洪治理等措施，提高凯里城区、重点乡镇及托口以下区域防洪能力；洪江至凌津滩区域，规划新建支流武水大兴寨等防洪水库，并通过加固、新建堤防及护岸，开展河道整治、中小河流及山洪治理等措施，提高吉首市、重点乡镇等区域防洪能力；凌津滩以下尾闾区域，落实《长江流域综合规划（2012—2030年）》关于扩大五强溪水库防洪库容意见，结合加固新建堤防与护岸，开展河道整治以及加强车湖、木塘和陬溪垸蓄滞洪区安全建设，建立完善水情测报和预警预报及水库联合调度系统，提高桃源、常德及尾闾地区的防洪能力。

（六）澧水

澧水为洞庭湖四大水系之一，位于湖南省西北部，发源于湖南省桑植县杉木界，干流流经桑植、张家界、慈利、石门、澧县和津市6县市，汇入洞庭湖，干流总长388千米，流域面积1.85万平方千米。

澧水流域防洪总体布局为：除已建江垭、皂市水库外，新建宜冲桥、凉水口、新街等具有防洪作用的水库（其中宜冲桥水库预留防洪库容2.5亿立方米），进一步形成堤库结合的防洪体系；加强病险水库除险加固；通过加高加固城镇河段堤防，提高其防洪标准；开展尾闾蓄滞洪区安全建设，整治中上游及尾闾河道；进行山洪灾害防治和中小河流治理。

（七）赣江

赣江是鄱阳湖水系的第一大河，发源于江西省赣州市石城县洋地乡石寮岽（赣源

岽），干流上游自东向西，流经瑞金、会昌、于都、赣县，于赣州市汇合章水后，又自南向北流经万安、泰和、吉安、吉水、峡江、新干、樟树、丰城、南昌市等县（市、区），在南昌市八一桥以下分四支注入鄱阳湖。流域涉及江西、福建、湖南、广东四省，流域面积8.28万平方千米，主河道长823千米。

赣江流域防洪工程体系主要采取堤库结合、分蓄洪区建设及河道整治等综合防洪工程措施。其中，赣江上游地区以堤防工程建设为主，并辅以河道整治、山洪灾害防治及病险水库和水闸除险加固等工程措施。赣江中下游地区采取堤库结合、分蓄洪区建设及河道整治等综合措施，即通过已建万安水库和峡江水库的调度及区内重点堤防工程的建设，并配合泉港分蓄洪区的合理运用，使赣东大堤的防洪标准达到100年一遇，南昌市的防洪标准达到200年一遇；在外部条件成熟的情况下，通过万安水库恢复最终规模98.11米运行，并结合万安水库和峡江水利枢纽的联合调度，在泉港分蓄洪区配合运用的情况下，使南昌市的防洪标准得到进一步提高，赣东大堤及赣江中下游沿岸城镇及其他堤防的防洪标准也得到进一步提高。同时，通过区域内城市防洪工程、病险水库和水闸除险加固、中小河流治理、重点段河道整治、山洪灾害防治及防洪非工程措施等建设，全面提高区域内的防洪保安能力。

（八）抚河

抚河是鄱阳湖水系五大河流之一，位于江西省东南部，发源于赣、闽边界武夷山西麓江西省广昌县梨木庄，河流自南向北，流经广昌县、南丰县至南城县，右纳黎滩河后进入下游平原，至抚州左纳最大支流临水，西北向流至南昌县，在荏港改道由青岚湖入鄱阳湖。流域涉及江西、福建两省，干流全长344千米，流域面积1.58万平方千米。

抚河流域防洪总体布局为：完成已建廖坊水库库区防护工程建设，使其防洪作用得到真正发挥；通过廖坊水库和洪门水库联合调度运用，加高加固中下游圩堤，初步形成堤库结合的防洪工程体系，进一步提高抚河流域中下游的防洪保安能力。

（九）信江

信江是鄱阳湖水系五大河流之一，发源于浙、赣边境怀玉山的玉京峰，称玉山水，至江西省上饶市与丰溪水汇合后，以下始称信江。上饶市以下干流流经上饶、铅山、弋阳、贵溪、鹰潭、余江、余干等县市，在余干县境内大溪渡附近分东、西两大河，东大河经珠湖山与乐安河汇合再注入鄱阳湖，西大河在余干县的瑞洪注入鄱阳湖。流域涉及江西、浙江、福建三省，干流全长328千米，流域面积1.55万平方千米。

根据流域防洪特点，信江流域防洪规划布局及方案划分为上饶市以上河段、上饶市至贵溪河段、贵溪至界牌枢纽河段和界牌枢纽以下河段4个区域分别加以考虑：

上饶市以上河段，主要通过新建或加高加固沿河两岸堤防，使玉山县、广丰县的防洪标准达到 20 年一遇，上饶市的防洪标准达到 50 年一遇；上饶市至贵溪河段，以堤防建设为主，通过新建堤防或堤防加高加固工程的实施，使铅山县、横峰县、弋阳县的防洪标准达到 20 年一遇，通过支流伦潭水库的调节，铅山县和弋阳县的防洪标准可适当提高；贵溪至界牌枢纽河段，通过干流堤防工程建设，加快干流贵溪市和鹰潭市城区及两岸堤防工程建设，使界牌库区两岸农田的防护问题基本得到解决，使贵溪市除城北主城区以外的其他区域防洪标准达到 20 年一遇，鹰潭市防洪标准达到 50 年一遇，干流流口水库建成后，贵溪市防洪标准可适当提高，鹰潭市防洪标准提高到 100 年一遇；界牌枢纽以下河段，通过加高加固干支流沿岸河堤，使中潢圩、团湖圩、麻黄圩等圩堤达到相应的防洪标准，新建、加固县城防洪堤，形成封闭保护圈，解决余江县和资溪县防洪问题。

（十）饶河

饶河是鄱阳湖水系五大河流之一，位于江西省东北部，由乐安河与昌江两支组成，在波阳县饶公渡汇合后始称饶河，流经波阳县城至龙口注入鄱阳湖。流域涉及江西和安徽两省，流域面积 1.14 万平方千米，昌江、乐安河全长分别为 250 千米和 279 千米。

饶河流域防洪总体布局为：加高加固干支流堤防，使景德镇等县级以上城市（镇）城区依靠堤防能够防御 20 年一遇洪水，其他主要圩区堤防能够防御 10 ～ 20 年一遇洪水；近期修建浯溪口水库，设置防洪库容 2.96 亿立方米，使景德镇市达到 50 年一遇防洪标准；远期建设铜埠水库，设置防洪库容 2.22 亿立方米，进一步提高下游圩区的防洪标准。

（十一）修水

修水是鄱阳湖水系五大河流之一，位于江西省西北部，发源于湖南、江西两省边界大伪山北麓，流经港口、东津、修水、清江、武宁、柘林、虬津，至永修县城附近与最大支流潦河汇合，过滂湖、大湖池至吴城，汇合赣江主支入鄱阳湖。流域涉及江西和湖南两省，干流全长 386 千米，流域面积 1.31 万平方千米。

修水流域防洪总体布局为：发挥柘林水库的防洪作用，加高加固尾闾地区圩堤，将修水下游及尾闾地区的防洪能力提高到 20 ～ 50 年一遇的防洪标准；修建潦河甘坊、山口水龙潭峡、黄沙水彭桥、渣津水淹家滩、溪口水布甲 5 座大中型水库调蓄洪水，减轻修水中上游重点地区洪水灾害；支流潦河中下游的防洪以堤防为主，通过堤防加高加固使 5 万亩以上的圩堤达到 20 年一遇防洪标准。

（十二）水阳江、青弋江、漳河

水阳江、青弋江、漳河流域是长江下游右岸的重要支流，地跨安徽和江苏两省的21个市（县、区），由水阳江、青弋江、漳河三水系组成，分别由当涂、芜湖、澛港等三口汇入长江，流域总面积1.89万平方千米。

水阳江、青弋江、漳河流域防洪总体布局为：上游除已建陈村和港口湾水库外，结合兴利修建牛岭、凤凰山和汤村水库，以及漳河上游兴建中小型水库，控制上游洪水；中游地区沿岸圩区继续加高加固堤防，进行干流局部河段整治，实施南漪湖控制运用，充分发挥其调蓄干支流洪水的作用；下游结合漳河裁弯取直，修建青弋江分洪道工程，水阳江水阳镇河段开卡、水阳江出口姑溪河、袭公河东门渡、杨泗渡扩卡拓宽，扩大行洪流量，丹阳湖拟定为蓄洪垦殖区，固城、石臼二湖建闸控制运用，为减轻长江洪水对圩区威胁，在芜湖、当涂二口建闸控制。

（十三）巢湖流域

巢湖流域位于长江左岸安徽省境内，流域内有合肥、芜湖、马鞍山、六安、安庆5市，流域上游为山丘区，中下游沿巢湖和沿长江为平垸圩区，流域面积1.35万平方千米。

巢湖流域防洪总体布局为：上游加快完成病险水库的除险加固，中游进行河道拓宽整治，下游加固堤防、治理崩岸；新建兆河东大圩进洪闸等闸站枢纽，使流域内重点城市（镇）和万亩以上圩口达到相应的防洪标准。

（十四）滁河

滁河位于江淮之间，是长江下游左岸一级支流，发源于安徽省肥东县梁园丘陵山区，干流基本平行于长江东流，沿途流经安徽省合肥、马鞍山、滁州和江苏省南京等市，于南京市六合区大河口汇入长江，干流全长269千米，流域面积约8000平方千米。流域内地势较为复杂，有低山丘陵、缓坡丘陵、黄土岗地、平原圩区及岛状高地。

滁河流域防洪总体布局为：堤防工程是滁河防洪的基础，加紧干支流堤防工程达标建设，通过适当的连圩并垸，缩短防洪堤线，整合流域土地资源开发利用条件；蓄滞洪区是滁河防洪的重要措施，规划保留原有的蓄滞洪区，即荒草二圩、荒草三圩、蒿子圩和汪波东荡，不再增辟新的计划蓄滞洪区，对现有蓄滞洪区建闸控制，增强分洪效果和调度灵活性；利用滁河干流平行长江的特点，充分利用分洪道的泄流能力，驷马山分洪道保证金银浆水位12.8米、相应南京潮位8.86米时的过流能力1000立方米每秒；疏浚干支流河道及撇洪沟渠，提高行洪能力；加强中小河流治理，减轻支流洪水灾害，对干支流病险水库、水闸进行除险加固；加强防洪非工程措施建设，特别是需建立较为完善的水情自动测报系统和防汛指挥决策支持系统，同时加强防洪工程的管理。

第四章

长江防洪工程建设

新中国成立以来，党和政府十分重视长江的防洪治理，1950 年成立了长江委，专门负责长江的治理开发。长江委根据对长江特点的分析，提出了以防洪为主的治江三阶段战略计划，即：第一阶段，以加高加固堤防为主，以抗御 1949 年和 1931 年实际出现的最高洪水位；第二阶段，以建设蓄洪垦殖工程为主，继续加高加固堤防，蓄纳 1949 年和 1931 年洪水的超额洪水量；第三阶段，结合兴利修建山谷水库，逐步代替蓄洪垦殖区的蓄洪任务。这一战略计划为长江防洪治理提出了总的方向。随后按防御当地出现过的最高洪水位为标准，进行堤防的整修加固，兴建了大通湖蓄洪垦殖工程。鉴于荆江河段防洪的严峻形势，1952 年经政务院批准，开工兴建荆江分洪工程，主体工程太平口进洪闸（北闸）和黄山头节制闸（南闸）历经 75 天建成。经过 5 年的复堤和整修加固，长江主要堤防堤顶高程超过了 1931 年或 1949 年当地最高洪水位 0.5 ～ 1.0 米，为战胜 1954 年洪水奠定了物质基础。

1954 年，长江流域发生特大洪水，经沿江人民大力防守，临时抢筑子堤，运用荆江分洪工程，同时进行一系列有计划的扒口分洪，确保了重要地区和重要城市的防洪安全。通过这场与洪水斗争的实践，进一步认识到长江中下游防洪必须采取综合治理措施。1954 年冬进行了大量的堵口复堤工程后，即按防御 1954 年实际最高洪水位为标准，大力加高加固堤防和进行河道整治；积极开展长江中下游防洪排涝规划，将中下游防洪保护区划分为一般、重要和重点三个区，采取综合防治措施，分阶段、分区提高防洪能力，对洞庭湖区、鄱阳湖区、华阳河流域、青弋江水阳江流域、太湖流域等进行综合治理。1956 年建成汉江杜家台分洪工程。1958 年建成武汉附近区东西湖分蓄洪区。1959 年，长江委编制的《要点报告》确定长江中下游防洪为首要任务，提出以三峡水利枢纽工程为主体的五大开发计划。1964 年建成了荆江涴市扩大分洪区。1967 年和 1969 年先后实施下荆江中洲子和上车湾两处人工裁弯，1972 年沙滩子自然裁弯。20 世纪 70 年代初，洪湖主隔堤工程基本建成，长江中下游干堤堤顶高程基本达到超过 1954 年最高洪水位 1 米左右的要求。与此同时，结合兴利，建成了丹江口（初期规模）、柘林、柘溪、陈村、漳河、鸭河口等具有较大防洪作用的水库，建设了中下游干流1000余千米的护岸工程，中下游通江湖泊除洞庭湖、鄱阳湖、固城湖、石臼湖外均已控制，蓄洪垦殖工程为长江中下游提供了约600亿立方米有效蓄洪容积，并获得耕地50多万公顷。

1972年和1980年水利电力部主持召开了两次长江中下游防洪座谈会，进一步明确了“蓄泄兼筹、以泄为主”的治江方针，并对长江中下游防洪方案作了局部调整。会议提出近期防洪建设以继续加高加固堤防和建设分蓄洪区为主，将中下游堤防防御水位按1954年实际最高水位提高0.5米左右。1980年长江中下游防洪座谈会还确定由中央投资或补助上荆江河势调整工程、荆江大堤加固、下荆江河势控制、洪湖防洪工程、沮漳河改道、武汉市堤防加固、荆江分洪区北闸加固及安全建设、洞庭湖重点圩垸堤防加固、洞庭湖洪道整治、洞庭湖蓄洪垸安全建设、长江临湘河段护岸、无为大堤加固、同马大堤加固、安庆围堤加固、芜湖围堤加固、江西沿江圩堤整治、鄱阳湖圩堤加固及圩区安全建设、赣抚大堤加固等湖南、湖北、江西、安徽4个省18个重点防洪工程项目的建设，除个别工程尚未实施外，其余项目均已先后开工建设。

1990年，国务院批准了《简要报告》，该规划肯定了1959年《要点报告》和两次长江中下游防洪座谈会制定的长江防洪总体布局，并对长江干流及主要支流防洪和城市防洪进行了安排。在该规划的指导下，松滋江堤加固工程、南线大堤加固工程、黄广大堤加固工程、重点城市防洪工程及非工程措施相继开工建设，一批防洪水库相继开工，三峡工程也于1994年12月14日正式开工建设。

1998年，长江流域发生了继1954年以来的又一次全流域性大洪水，在党中央、国务院正确领导下，依靠初步建立的长江防洪工程体系，数百万军民发扬“万众一心，众志成城，不怕困难，顽强拼搏，坚韧不拔，敢于胜利”的伟大抗洪精神，奋力抢险，严防死守，实现了确保长江干堤安全、确保武汉市等重要城市安全、确保人民生命安全的目标，取得了长江防汛斗争的伟大胜利。但1998年长江大洪水暴露出的长江防洪问题引起全国各界的广泛关注和党中央、国务院的高度重视。当年10月，中央下发了《关于灾后重建、整治江湖、兴修水利的若干意见》（见附件3），对水利建设作了全面部署；为了在长江防洪中贯彻中央的精神，水利部在调查研究、分析论证的基础上，提出了《关于加强长江近期防洪建设若干意见》，国务院以国发〔1999〕12号文予以转发（见附件4），从而进一步明确了近期长江中下游防洪建设中最紧迫的一些重大问题，掀开了长江防洪工程建设的序幕。

经过多年大力建设，特别是1998年大洪水后大规模的防洪工程建设，长江中下游干堤全线达到规划标准，三峡工程全面建成，长江中下游基本形成了以堤防为基础，三峡工程为骨干，干支流水库、蓄滞洪区、河道整治相配套，结合封山育林、退耕还林、平垸行洪、退田还湖、水土保持等措施以及非工程措施构成的综合防洪体系，流域防洪能力显著提高。

第一节　堤防工程

堤防是长江流域最古老、最基本的防洪设施，延续2000多年，逐渐形成完善的堤防系统。长江流域堤防包括长江干堤、主要支流堤防，以及洞庭湖区、鄱阳湖区和城市堤防等，总长约64000千米，是长江防洪的基础。从地域考虑，长江堤防大致可分为三个部分：一是长江上游堤防，分布在四川盆地主要河流的中下游；二是长江中下游堤防，包括长江干堤、主要支流堤防以及洞庭湖区、鄱阳湖区堤防，是长江堤防工程的主体部分；三是长江海塘，分布在长江河口与沿海地带。

长江中下游在春秋时期就开始沿湖筑堤围垦。由于堤防经历代逐渐加培、连接而成，堤防标准不一，筑堤就地取材，控制质量不严，堤基未进行有效处理，防洪能力低。新中国成立后，进行了联圩并垸，缩短堤线，并加培、加固、新建了若干堤防。1949年至1954年，以防御1931年或1949年实际洪水位为标准，以复堤加固为主，全面整修干流堤防。1954年长江大洪水以后至1971年，长江中下游干流以1954年实测最高洪水位为设计防御标准全面加培堤防，并全面整顿堤垸系统。1972年、1980年水利电力部两次召开长江中下游防洪座谈会，确定适当提高堤防设计水位，除汉口仍按照1954年最高水位29.73米不变以外，干流其他河段分别比1954年实际水位提高0.33～0.82米作为设计水位，即按沙市水位45.00米、城陵矶水位34.40米、汉口水位29.73米、湖口水位22.50米的标准进行堤防的加高加固。1980年后，按照长江中下游防洪座谈会的要求，先后启动了18个重点防洪工程项目中堤防加固工程项目的建设。1998年大水以后，长江中下游又掀起了包括长江重要堤防隐蔽工程建设在内的长江堤防加固工程建设新高潮。到目前为止，长江中下游堤防建设累计完成土石方50多亿立方米，长江中下游3900余千米干流堤防已基本达标。

一、1998年大水前的长江堤防建设

（一）长江上游堤防建设

长江上游堤防最早的记载是唐天宝二年（公元743年）在成都修筑的长约一百华里的南宫源渠堤。直到新中国成立前，长江上游地区所建堤防数量很少，且以防护城镇为主。长江上游堤防建设主要在近代，尤其是新中国成立后，加快了堤防建设。至

20 世纪 90 年代，在主要江河上建有卵石堤 870 千米，一般可防御 5 ～ 10 年一遇洪水。主要堤防堤身高 3 ～ 5 米，堤面宽 2 ～ 4 米，边坡 1 ∶ 1.5 ～ 1 ∶ 2，有的堤段临水面加做混凝土防渗板，河滩逼近堤岸的河段，临水面堤高达十数米，在设计上考虑了水的冲刷，采取护岸、护坡措施。由于上游洪水洪峰尖瘦、流速大、高水位历时短，堤防主要是防冲，多数堤防不封闭，涨水时洪水从缺口进入圩区，退水时仍从原来口门泄出，上游堤防独具特色。

（二）长江中下游平原区堤防建设

长江中下游平原堤防建设历史悠久，经过新中国成立后近 40 年的建设，堤防系统大致可划分为江汉平原区、洞庭湖区（湖南省部分）、鄱阳湖区和下游区 4 个区。

1. 江汉平原区

江汉平原区面积 38800 平方千米，有耕地约 3000 万亩，区内有武汉、黄石、荆州等重要城市，主要堤防总长约 7100 千米，其中干堤长 1550 余千米。全区分为荆南片、荆北片、汉江中下游片、汉北片、汉南片和鄂东黄广片。区内堤防的特点是堤身高大，主要堤防高 8 ～ 10 米，荆江大堤最高达 16 米；堤身结构主要为均质土，部分堤防由于当地土源所限，做成“金包银”形式，武汉市堤为适应城市建设的需要建有 30 多千米钢筋混凝土防水墙，有少量块石防水墙，部分土堤采用堤顶加块石防浪墙型式。堤圩保护耕地面积在 30 万亩以上的有 10 余处，其中荆北片 800 万亩，汉北片 450 万亩，汉南片 350 万亩。荆江大堤、武汉市堤、汉江遥堤为长江重点堤防，四邑公堤、粑铺大堤、黄广大堤、黄石市堤为省级重点堤防。新中国成立 40 年来，全区堤防完成加培土方约 22 亿立方米。荆江河段与汉江下游堤防可防御 10 年一遇洪水，武汉市堤可防御 20 ～ 30 年一遇洪水，其余堤防可防御接近 20 年一遇洪水。

2. 洞庭湖区（湖南省部分）

洞庭湖区（湖南省部分）面积 15200 平方千米，其中通江湖泊面积 2691 平方千米，耕地 870 万亩，区内有长沙、常德、岳阳、益阳等重要城市。全区一线防洪大堤长 3500 千米，二线防洪大堤长 1510 千米。堤身高一般为 7 ～ 10 米，堤防结构形式除津市市堤为砖石防水墙外，其他普遍为均质土堤。经过整理堤线，联圩并垸，全区共有大小堤垸 228 座，其中 50 万亩以上的 9 座，10 万～ 50 万亩的 17 座。根据规划，划定沅澧、大通湖、华容护城、烂泥湖、松澧、沅南、育乐、安保、安造、湘滨南湖和长春 11 个防洪大圈为重点堤垸，总面积为 6257 平方千米，耕地 512.8 万亩，堤线长 1186.2 千米，基本以新中国成立以来当地最高洪水位为标准培修加固堤防，河堤超高 1.5 米，湖堤超高 2 米。新中国成立 40 年来，共完成加堤土方 11 亿立方米。四水尾闾堤防可防 5 ～ 10 年一遇洪水，其余堤防可防 15 ～ 20 年一遇洪水。

3. 鄱阳湖区

鄱阳湖区总面积 9123 平方千米，其中天然湖泊面积 3900 平方千米，陆地河网区面积 5200 平方千米，有圩垸 581 座，堤线总长 2790 千米，保护 559 万亩耕地和南昌、九江等重要城市，以及南浔、浙赣、鹰厦和京九铁路。其中，富大有堤、赣抚大堤为特等圩堤，保护耕地 125 万亩，堤线长 178 千米；5 万亩以上的堤圩有 21 座，保护耕地 274.7 万亩，堤线长 900 千米。鄱阳湖区堤防堤身高大多在 5 米左右，一般能防御 10 ～ 20 年一遇洪水，五河尾闾堤防约可防御 7 ～ 10 年一遇洪水。赣东大堤为省级重点堤防，长 141.5 千米，堤身高 6 ～ 10 米，已完成加堤土方 4487 万立方米，可防御 30 年一遇标准。万安水库按最终规模建成后，防御标准可提高到 50 年一遇。

4. 下游区

自湖口以下，包括安徽省、江苏省和上海市所属平原区为下游区，总面积约 6.4 万平方千米，堤线总长 8158 千米，其中江堤长 2077 千米，保护耕地约 3000 万亩，是长江流域的经济发达地区。全区有上海、南京、南通、镇江、扬州、芜湖、马鞍山、安庆等大中城市，境内有京沪、津浦、沪宁、沪杭等重要铁路。江堤堤身高一般为 5 米左右，其中安徽省无为大堤和同马大堤堤身高 7 ～ 9 米。新中国成立 40 年来完成加堤土方 5 亿～ 6 亿立方米，同马、无为大堤堤顶超高为 1.5 ～ 2.0 米，其余超高 1 米左右。江堤可防御 20 年一遇洪水，其余支流下游尾闾堤防略低于这一标准。上海市市区堤防和海塘可防御千年一遇洪水及风暴潮。堤防结构除了安庆、芜湖、南京、上海市有一部分钢筋混凝土和砖石防水墙外，其余为均质土堤。

太湖流域已形成独立的防洪（防涝）系统，保护苏州、无锡、常州、嘉兴、湖州等重要大中城市及农田 2000 余万亩。太湖区堤防一般堤高约 2 米，其中规模比较大的有环湖大堤，长 263 千米，堤身高 3 ～ 3.5 米，可防御 1991 年 4.79 米的最高洪水位；太浦河堤、望虞河堤、苏州河堤，堤身高 2 ～ 3 米。1991 年大水后大力培修加固堤防，开挖排水河道，目前主要堤防可防御 1954 年最高洪水位。

总之，新中国成立后，党和政府对长江中下游堤防建设十分重视，经过 40 年建设，加培、新建堤防，联圩并垸，缩短堤线，将 1949 年的 2500 余座圩垸合并成 1000 余座。堤防建设大致分为以下几个阶段：

1）1949 至 1954 年，以复堤加固为主，全面整修堤防，以防御 1931 年和 1949 年洪水位为标准。经过 4 个冬春，完成土方 3 亿余立方米，主要堤防达到 1931 年或 1949 年最高洪水位超高 0.5 ～ 1.0 米的标准。

2）1954 年大水以后至 1958 年，全面加培堤防，联圩并垸，全面整顿堤垸系统，主要堤防以 1954 年最高洪水位加超高为修防标准。至 1957 年，累计完成土方 11 亿

立方米。大部分重要堤防高程达到或接近1954年洪水位，但堤顶超高普遍不足。这一时期也对若干重点堤防进行了加固改造，都取得一定成效。

3）1958至1971年，继续按标准加高加固堤防，处理堤防险工隐患，全江年平均完成土方约8000万立方米。

4）1972年至20世纪90年代初，干堤设计防御水位，除武汉附近区29.73米不变外，其他河段分别提高0.5～0.82米进行堤防加高加固，超高分别为1.0～2.0米，并加强堤基防渗处理，主要堤防建设列入国家基本建设计划。

由于长江中下游堤防系统是经历数千年历史，由群众长期修筑形成，没有全面规划，筑堤就地取材，标准不一。新中国成立以后，在此基础上进行加高加固。堤身断面除采用变坡外，有的采用复式断面或者戗堤。压浸台和复式变坡断面多用于高度在8米以上的堤防，少部分堤段由于当地缺少黏性土料，采用“金包银”结构形式，临水面半边堤为黏性土，背水面为砂性重的土，有利于降低浸润线，防止渗透变形。有部分堤防的超高，限于土料缺乏而采用浆砌块石防浪墙。部分城市堤防，如上海市、武汉市、芜湖市、安庆市和九江市堤防，做了钢筋混凝土防水墙，或浆砌石防水墙。钢筋混凝土防水墙的形式，主要为倒T形，有的加扶壁，有的背面加土撑；为防止水平滑动，有的临水面加阻滑（防渗）板；为了渗透稳定，在背水趾加做导渗体。

（三）长江海塘建设

长江海塘北岸从如东运河口起，沿黄海、长江口左岸，溯江而上至扬州地区，长400千米。南岸自江苏常熟县境至长江口，沿东海岸至金山卫，与浙江海塘连接，江南海塘包括苏州和上海海塘及三个环岛塘，全长533千米。南北岸海塘总长933千米，是长江东部地区经济发展的重要防洪屏障。据史籍记载，这一带的海塘工程始建于东汉。早期修建的海塘为土塘，以后逐步发展为块石塘和堆石、砌石塘，1923年以后陆续兴建钢筋混凝土海塘。

上海市海塘全长465余千米，其中崇明、长兴、横沙三岛海塘长293.6千米。市区海塘按千年一遇的防御标准建设，其余重要海塘按防御1981年出现的潮位建设，约相当于百年一遇标准，至90年代已基本建成。

二、1998年大水后中下游干流堤防工程建设

1998年汛后，国家发展计划委员会、水利部根据党中央、国务院的指示精神，按照长江防洪建设的原则，先后将湖北、湖南、江西、安徽和江苏五省范围内的长江堤防建设列入国债项目，按照国务院批准的长江流域综合利用规划标准进行了重点加固。1999年8月，国务院召开第46次总理办公会议决定，将长江干堤加固工程中的

隐蔽工程由长江委组织实施。按照设计要求，先后投入资金 282 亿元，长江干堤普遍加高 1.5 ～ 2 米，堤身加宽 4 ～ 8 米，加高加固堤防 3576 千米，建设堤身护坡 2190 千米，改建新建穿堤建筑物 1991 座，修筑堤顶防汛道路 3440 千米，其投资规模相当于 1998 年之前近 50 年长江堤防投入总和的 10 倍。如此大规模的堤防工程建设在我国水利建设史上是空前的。

经过四年多的大规模建设，长江中下流干堤的面貌发生了翻天覆地的变化。基础设施的改善，防洪能力的提高，不仅为两岸人民的生产生活提供了可靠的防洪安全保障，而且对沿江地区经济和社会的全面发展，都将产生巨大的推动作用和极其深远的影响。长江堤防建设大大提高了长江中下游的防洪能力。长江干堤建成后，加上三峡工程即将发挥防洪效益，标志着以堤防为基础、以三峡等控制性枢纽为骨干的长江防洪框架基本形成，通过防洪体系的综合调度运用，长江中下游再遇 1998 年型洪水可以保证度汛安全，遇 1954 年型洪水可保障重点地区的防洪安全。长江堤防的建设解放了多年来洪水威胁对沿江各省人民生命财产安全和生产力发展的禁锢，极大地减少了对防洪抢险的人力、物力和财力的投入，促进了地方经济的发展。长江堤防建设极大地改善了当地群众的生产生活条件，使沿江几百万人摆脱了洪水威胁；对大堤进行加固后，极大地改善了沿江地区的交通条件、环境状况，促进了产业结构的调整，综合效益十分显著。

目前，长江中下游 3900 余千米干流堤防全线达到规划标准，与长江中下游干堤形成封闭圈的连江支堤亦基本达标，并经受了 2016 年、2017 年较高洪水位的考验。长江中下游干流堤防基本情况见表 4.1–1，长江中下游堤防工程分布图见附图 4。

表 4.1–1　　长江中下游干流堤防基本情况表

<table>
<tr><th>堤防名称</th><th colspan="2">所在地</th><th>堤长（千米）</th><th>堤防等级</th><th>超高（米）</th><th>备注</th></tr>
<tr><td>松滋江堤</td><td colspan="2">湖北松滋</td><td>51.2</td><td>2 级</td><td>1.5</td><td></td></tr>
<tr><td>下百里洲江堤</td><td colspan="2">湖北枝江</td><td>37.37</td><td>3 级</td><td>1.0</td><td></td></tr>
<tr><td>荆江大堤</td><td colspan="2">湖北荆州、监利</td><td>182.35</td><td>1 级</td><td>2.0</td><td></td></tr>
<tr><td>南线大堤</td><td colspan="2">湖北公安</td><td>22.0</td><td>1 级</td><td>3.4</td><td>荆江分洪区南围堤</td></tr>
<tr><td>荆南长江干堤</td><td colspan="2">湖北江陵、公安、石首、松滋</td><td>189.32</td><td>2 级</td><td>1.5 ～ 2.0</td><td>蓄滞洪区堤段超高 2.0 米</td></tr>
<tr><td>洪湖、监利江堤</td><td colspan="2">湖北洪湖、监利</td><td>230</td><td>2 级</td><td>2.0</td><td rowspan="5">城陵矶附近干堤，超高在《长江流域综合利用规划》基础上再加 0.5 米</td></tr>
<tr><td rowspan="4">岳阳长江干堤</td><td colspan="2">湖南岳阳、临湘</td><td>142.05</td><td>1 级、2 级</td><td>2.0</td></tr>
<tr><td rowspan="3">其中</td><td>华容县五马口至穆湖铺</td><td>81.03</td><td>2 级</td><td>2.0</td></tr>
<tr><td>城陵矶至陆城道人矶</td><td>9.59</td><td>1 级</td><td>2.0</td></tr>
<tr><td>陆城道人矶至黄盖湖农场铁山咀</td><td>51.43</td><td>2 级</td><td>2.0</td></tr>
</table>

续表

堤防名称	所在地		堤长（千米）	堤防等级	超高（米）	备注
咸宁长江干堤	湖北嘉鱼、咸宁、赤壁		105.79	2～3级	1.5	
	其中	赤壁江堤	32.79	3级	1.5	
		嘉鱼江堤	32.78	3级	1.5	
		四邑公堤	40.22	2级	1.5	
汉南长江干堤	湖北仙桃、武汉		43.72	2级	1.5	
武汉市江堤	湖北武汉		349.07	1～3级	1.5～2.0	
	其中	市区确保堤防（武金堤、沿江堤、武青堤、武惠堤、拦江堤、江永堤）	195.77	1级	2.0	
		四邑公堤、五里堤、武湖堤、涨渡湖堤、堵龙堤、军山堤	153.30	2～3级	1.5	
黄冈长江干堤	湖北黄冈		108.6	2～3级	1.5	
	其中	北永堤、永保堤	12.0	3级	1.5	
		其他堤段	96.6	2级	1.5	
粑铺大堤	湖北鄂州		43.6	2级	1.5	
昌大堤	湖北鄂州、黄石		30.71	2级	1.5	
黄石市堤	湖北黄石		29.4	1级	2.0	
阳新长江干堤	湖北阳新、大冶、黄石		30	2、3级	1.5	
	其中	富池江堤	5.67	3级	1.5	
		海口江堤	24.33	2级	1.5	
黄广大堤	湖北武穴、黄梅		87.34	2级	1.5	
江西省长江干堤	江西九江市、九江县、瑞昌、湖口、彭泽		122.89	1、2、4、5级	1～2.0	
	其中	瑞昌码头镇至九江赛湖闸（梁公堤、赤心堤、永安堤）	32.7	2级	1.5	
		九江城防堤段	20.28	1级	2.0	
		其他堤段	69.91	4～5级	1.0	
同马大堤	安徽宿松、望江、怀宁		173.4	2级	1.5	
安庆市堤	安徽安庆		18.84	1级	2.0	
广济圩江堤	安徽安庆、桐城、枞阳		24.85	2级	1.5	
枞阳江堤	安徽枞阳		83.95	2级	1.5	
池州江堤	安徽东至、贵池		109.23	2～4级	1.0～1.5	
	其中	秋江圩、香口圩、有庆圩、丰秋圩、七里湖圩、护城圩、阜康圩、广惠圩、广丰圩、万兴圩、大同圩、同义圩	106.36	3～4级	1.0～1.5	
		东南圩	2.87	2级	1.5	

续表

堤防名称		所在地	堤长（千米）	堤防等级	超高（米）	备注
铜陵江堤		安徽铜陵、铜陵	36.46	2~3 级	1.5	
	其中	铜陵市城区江堤	12.3	2 级	1.5	
		东联圩、西联圩	24.16	3 级	1.5	
无为大堤		安徽无为、和县	124.0	1 级	2.0	
芜湖江堤		安徽芜湖、繁昌	69.36	1~3 级	1.5 ～ 2.0	
	其中	芜湖市堤（芜当江堤中芜湖市堤段）	21.74	1 级	2.0	
		麻风圩堤	14.05	2 级	1.5	
		繁昌江堤	33.57	3 级	1.5	
和县江堤		安徽和县	53.42	2 级	1.5	
马鞍山江堤		安徽马鞍山、当涂	44.23	2~3 级	1.5	
	其中	芜当江堤中当涂境内段、马鞍山市堤、孔家圩	33.16	2 级	1.5	
		陈焦圩	11.07	3 级	1.5	
南京市江堤		江苏南京、江浦、江宁、六合	191.22	1~2 级	1.5 ～ 2.0	
		南京市城区长江干堤	60	1 级	2.0	
镇江市江堤		江苏丹徒、镇江、扬中、丹阳	217.7	2 级	2.0	堤防超高考虑受风暴潮的影响
扬州市江堤		江苏仪征、扬州、江都	74.15	2 级	2.0	
常州市江堤		江苏常州、武进	20.25	2 级	2.0	
无锡市江堤		江苏无锡、江阴、锡山	39.12	2 级	2.0 ～ 2.5	
苏州市江堤		江苏张家港、常熟、太仓	142.81	2 级	2.0 ～ 2.5	
泰州市江堤		江苏泰州、泰兴、靖江	104	2 级	2.0 ～ 2.5	
南通市江堤		江苏南通、如皋、通洲、海门、启东	172.1	2 级	2.0 ～ 2.5	
上海市江堤		上海宝山、浦东、南汇、崇明、横沙、长兴	455.39	1 ～ 2 级	3.0	
	其中	宝山、浦东	82.79	1 级	3.0	
		南汇	51.19	2 级	3.0	
		崇明岛、横沙岛、长兴岛	321.41	2 级	3.0	

（一）湖北省长江干流堤防

1. 荆江大堤

荆江大堤位于长江中游荆江河段北岸，上起枣林岗，下至监利城南，全长 182.35 千米，是江汉平原的重要防洪屏障。直接受其保护的范围包括荆江以北、汉江以南的江陵、沙市、监利、潜江、仙桃、洪湖、汉阳以及武汉、荆门两市和汉川县所属部分平原湖区，保障江汉平原 1100 万亩耕地、1000 余万人口。堤外有上下人民大垸、青安二圣洲、柳林洲、谢古垸、众志垸五处外护圩垸，民垸掩护大堤长 107.65 千米，荆江大堤直接挡水堤段实有长度 74.7 千米。

荆江大堤为 1 级堤防，堤顶超设计水位 2.0 米，堤顶面宽 8 ～ 12 米，相应穿堤建筑物亦为 1 级。荆江大堤加固工程自 1984 年开始实施，1998 年大水后国家进一步追加投资，2007 年工程竣工，共完成投资 8.6 亿元。目前荆江大堤基本已达设计标准。

2. 武汉市江堤

武汉市位于长江、汉江汇合处，河湖密布，地势低洼，一般低于江河洪水位 5 ～ 7 米，依靠堤防保障城市防洪安全。武汉市因被长江与汉江分隔，加之自然高地和隔堤，形成汉口、武昌和汉阳三个独立的封闭防洪体系。武汉市江堤全长 349.07 千米，其中城区堤防长 195.77 千米，土堤占 80%；郊区堤防长 153.30 千米。江堤保护面积 7755 平方千米，耕地 459.7 万亩、人口 794.5 万人。

武汉市城区堤防（长 195.77 千米）为 1 级堤防，堤顶超高 2.0 米，土堤堤顶面宽 8 ～ 12 米；武湖干堤、柴泊湖堤和堵龙干堤（长 53.06 千米）为 3 级堤防，堤顶超高 1.5 米，堤顶面宽 6 ～ 8 米；其余堤段为 2 级堤防，堤顶超高 1.5 米，堤顶面宽 8 ～ 10 米。穿堤建筑物与所在堤段级别一致。1998 年大水后，武汉市长江干堤列为长江主要堤防进行了加高加固，目前堤身断面已达标，对堤身隐患也进行了处理。

3. 南线大堤

南线大堤位于长江南岸公安县荆江分洪区的南端，西起虎渡河虎东堤，东至藕池镇何家湾与长江干堤相接，全长 22.0 千米，是荆江分洪工程的重要组成部分。

南线大堤为 1 级堤防，考虑到荆江分洪区运用后，吹程远、风浪高，堤顶超高拟定为 3.4 米，堤顶面宽 8 ～ 12 米。相应穿堤建筑物亦为 1 级。南线大堤始建于 1952 年，经 1954 年、1968 年和 1992 年加固后，南线大堤基本已达设计标准。设计堤顶高程 45.4 米，堤顶宽度 8 米，堤身内外坡 1 ∶ 3。

4. 松滋江堤

松滋江堤位于长江南岸松滋市境内，西起松滋老城，东至垸市隔堤，全长 51.2 千米，其中老城至胡家岗原为沿松滋河的支堤，长 16.8 千米；东大口至灵钟寺原为沿采穴河的民堤，长 10.4 千米；灵钟寺至垸市隔堤为长江干堤，长 24.4 千米。松滋江堤保护湘、鄂两省 11 个县、250 万亩耕地、170 万人口的防洪安全。

松滋江堤为 2 级堤防，堤顶超高 1.5 米，堤顶面宽 8 米，相应穿堤建筑物亦为 2 级。按照上述标准，1995 年开始对松滋江堤进行了全面的加高加固，目前堤防基本已达设计标准。

5. 洪湖、监利江堤

洪湖、监利江堤西起监利县严家门，东至东荆河口的洪湖胡家湾，全长 230.0 千米，既是长江堤防工程的一部分，又是洪湖蓄滞洪区堤防的重要组成部分。保护区域为洪湖蓄滞洪区，区内有30个乡镇，3个国营农场，713个村，耕地133万亩，人口118万人。

洪湖、监利长江干堤为2级堤防，堤顶超高1.5米，堤顶面宽8米，相应穿堤建筑物亦为2级。1998年大水后，洪湖、监利长江干堤列为长江主要堤防进行了加高加固，目前堤身断面已达标，堤身隐患也进行了处理。

6. 荆南长江干堤

荆南长江干堤位于荆江河段南岸，上起松滋县查家月堤，与松滋江堤相接，下止石首市五马口，与湖南省华容县堤相连，全长189.32千米。跨越虎渡河、藕池河、调弦河三条河流，保护松滋市小部分、荆州市江陵区（涴市扩大分洪区）、公安县（荆江分洪区）、石首市（江南部分）、湖南省华容县东洞庭湖大部分地区，涉及2省5县市，保护面积2564平方千米、耕地173.8万亩、人口136万人。

荆南长江干堤为2级堤防，堤顶超高1.5米，堤顶面宽8米，相应穿堤建筑物亦为2级。1998年大水后，荆南长江干堤列为长江主要堤防进行了加高加固，目前堤身断面已达标，对堤身隐患也进行了处理。

7. 咸宁长江干堤

咸宁长江干堤位于长江中游南岸，江汉平原边缘，由四邑公堤咸宁段、赤壁干堤和嘉鱼长江干堤组成，全长105.79千米。保护区总面积1611平方千米，人口125.1万人，耕地159万亩。

咸宁长江干堤中四邑公堤为2级堤防，堤顶超高1.5米，堤顶面宽8米；赤壁干堤和嘉鱼长江干堤为3级堤防，堤顶超高1.5米，堤顶面宽6～8米。穿堤建筑物与所在堤段级别一致。1998年大水后，咸宁长江干堤列为长江主要堤防进行了加高加固，目前堤身断面已达标，对堤身隐患也进行了处理。

8. 黄冈长江干堤

黄冈长江干堤位于长江中游下段北岸，上起团风县金锣港，下至武穴市马口，全长108.6千米。贯穿黄冈市团风县、黄州区、浠水县、蕲春县、武穴市5个县（市、区）。因支流举水、巴水、浠水、蕲水的汇入，而将干堤分为4段，工程保护区也随之分为黄州、北永、茅山、赤东4个片。

黄冈长江干堤黄州段96.6千米堤段为2级堤防，其他堤段为3级堤防，堤顶超高1.5米，堤顶面宽6～8米。穿堤建筑物与所在堤段级别一致。1998年大水后，黄冈长江干堤列为长江主要堤防进行了加高加固，目前堤身断面已达标，对堤身隐患也进行了处理。

9. 粑铺大堤

粑铺大堤地处长江中游南岸，上起鄂州市白浒镇沐鹅闸，下至城区洋澜闸，堤线

全长 43.6 千米（未计自然堤），是湖北省第二大湖梁子湖水系防御长江洪水的唯一屏障。保护着鄂州市、黄石市、武汉市等地区 140 万亩耕地、160 万人口以及武黄公路、武九铁路和数百家大中型工矿企业的安全。

粑铺大堤为 2 级堤防，堤顶超高 1.5 米，堤顶面宽 8 米，相应穿堤建筑物亦为 2 级。1998 年大水后，粑铺大堤列为长江主要堤防进行了加高加固，目前堤身断面已达标，对堤身隐患也进行了处理。

10. 昌大堤

昌大堤位于鄂州市境内，上与粑铺大堤相接，下与黄石市堤相连，堤线全长 30.713 千米，其中土堤长 23.057 千米，自然高地 7.656 千米。起点为花马湖泵站，终点为洋澜湖闸。保护鄂州市花马湖经济技术开发区、5 个乡镇和黄石市黄石港经济技术开发区等 231.5 平方千米面积、耕地 13 万亩、50 万人口和武黄一级高速公路、106 国道、鄂黄公路以及几百家中小企业的安全。

昌大堤为 2 级堤防，堤顶超高 1.5 米，堤顶面宽 8 米，相应穿堤建筑物亦为 2 级。1998 年大水后，昌大堤列为长江主要堤防进行了加高加固，目前堤身断面已达标，对堤身隐患也进行了处理。

11. 黄石市堤

黄石市位于长江中游南岸，市区面临长江，背依湖泊，地势低洼，外洪内涝，每年汛期都遭受洪水的严重威胁。黄石市的防洪体系由长江干堤、五道横堤、花马湖堤组成。黄石市长江干堤上起艾家湾，下止韦源河口，全长 29.4 千米，保护面积 458.3 平方千米，耕地 51.3 万亩，人口 85.9 万人。

黄石市长江干堤由土堤与挡水墙两种类型构成，为 1 级堤防，堤顶超高 2.0 米，土堤堤顶面宽 8 ～ 12 米。相应穿堤建筑物亦为 1 级。1998 年大水后，黄石市长江干堤列为长江主要堤防进行了加高加固，目前堤身断面已达标，对堤身隐患也进行了处理。

12. 阳新长江干堤

阳新长江干堤位于长江中游下段南岸黄石市阳新县境内，由海口江堤和富池江堤组成，上起四顾闸，下止富池口，堤线全长 30 千米。干堤保护范围为湖北省阳新县、大冶市、黄石石灰窑区和江西省瑞昌市，保护区面积约 2000 平方千米，耕地及养殖面积 111.23 万亩，人口 138.5 万人。

阳新长江干堤中，海口江堤（长 24.331 千米）为 2 级堤防，堤顶超高 1.5 米，堤顶面宽 8 ～ 10 米；富池江堤（长 5.669 千米）为 3 级堤防，堤顶超高 1.5 米，堤顶面宽 6 ～ 8 米。穿堤建筑物与所在堤段级别一致。1998 年大水后，阳新长江干堤列为长江主要堤防进行了加高加固，目前堤身断面已达标，对堤身隐患也进行了处理。

13. 黄广大堤

黄广大堤上迄武穴市盘塘，下迄黄梅县段窑，全长 87.34 千米，是湖北省重要干堤之一，与安徽省境内的同马大堤共同保护华阳河流域平原圩区的防洪安全，直接保护面积 1382 平方千米，保护区内耕地面积 85.27 万亩，人口 94.81 万人。

黄广大堤为 2 级堤防，堤顶超高 1.5 米，堤顶面宽 8 米，相应穿堤建筑物亦为 2 级。目前大堤基本已达设计标准。

（二）湖南省长江干流堤防

湖南省临长江现有一线防洪堤共 14 个自然段，均位于岳阳市境内，现有堤长 137.044 千米（设计堤长 142.05 千米）。洞庭湖出口将其分成上下两大段：上段华容县五马口—塔市驿—洪山头—广兴洲—荆江门—君山农场穆湖铺，长 76.020 千米；下段莲花塘—陆城—江南—黄盖湖农场铁山咀，长 61.024 千米。工程直接保护岳阳市辖总面积 2096 平方千米，耕地 134.5 万亩，人口 158.6 万人。

岳阳市城区长 9.59 千米的堤防为 1 级堤防，堤顶面宽 8 ～ 12 米；其余堤段为 2 级堤防，堤顶面宽 8.0 米，堤顶超高 2.0 米。穿堤建筑物与所在堤段级别一致。1998 年大水后，湖南省长江干堤列为长江主要堤防进行了加高加固，目前堤身断面已达标，对堤身隐患也进行了处理。

（三）江西省长江干流堤防

江西省长江干堤位于长江中游下段右岸，全长 122.89 千米，保护区内辖九江市、九江县、瑞昌市、湖口县、彭泽县，保护面积 739.31 平方千米，保护耕地 80.74 万亩，保护人口 83.84 万人。

九江市城区堤段（长 20.28 千米）为 1 级堤防，堤顶超高 2.0 米，土堤堤顶面宽 8 ～ 12 米；码头镇至赛湖闸堤段（长 32.7 千米）为 2 级堤防，堤顶超高 1.5 米，堤顶面宽 8 米；其余堤段为 3 级堤防，堤顶超高 1.5 米，堤顶面宽 6.0 米。穿堤建筑物与所在堤段级别一致。1998 年大水，九江市城防堤全线险象环生，4 号至 5 号闸口间堤段溃口，危及城区防洪安全，造成了极大的损失。1998 年大水后，江西省长江干堤列入长江主要堤防进行了加高加固，加固整治工程于 1998 年 11 月开工，总投资 19 亿元，按照“突出重点、兼顾一般，先除险、后加固”的原则，分三期对九江境内 123 千米的长江干堤和 74 千米的江新洲堤及棉船洲堤进行加固整治。目前堤身断面已达标，对堤身隐患也进行了处理。

（四）安徽省长江干流堤防

1. 无为大堤

无为大堤位于长江左岸巢湖市境内，上起无为县果合心，下至和县方庄，全长

124.0千米，大堤保护面积4520平方千米，保护范围包括无为、和县、庐江、含山、肥东、肥西、舒城及合肥市、巢湖市等。保护区内有人口600多万人、耕地427万亩和华东电网、淮南铁路以及合巢、合芜和合铜高速公路等国家重要基础设施。

无为大堤为1级堤防，堤顶超高2.0米，设计洪水位按相应大通17.10米，芜湖13.40米确定，堤顶面宽8～12米。相应穿堤建筑物亦为1级。

2. 同马大堤

同马大堤位于长江下游左岸安庆市境内，上接湖北省黄广大堤末段之段窑，下抵怀宁县官坝头，全长173.4千米，其中沿长江段堤长138千米，沿皖河段堤长35.4千米。同马大堤与黄广大堤共同保护华阳河流域平原圩区的防洪安全。堤防保护面积2310平方千米，保护区内耕地面积142万亩、人口124万人。

同马大堤为2级堤防，设计水位按相应湖口22.50米、大通17.10米确定，堤顶超高1.5米，堤顶面宽8米。相应穿堤建筑物亦为2级。

3. 安庆、广济圩江堤

安庆、广济圩江堤位于长江下游北岸，西起安庆市西郊狮子山脚，东止枞阳县城幕旗山脚，全长43.689千米，其中安庆江堤长18.837千米，广济圩江堤长24.852千米。保护安庆市区、市郊枞阳县城区及桐城市部分地区，保护面积233.1平方千米，耕地13.9万亩，人口37.99万人。

安庆市堤防为1级堤防，堤顶超高2.0米，土堤堤顶面宽8～12米。广济圩江堤为2级堤防，堤顶超高1.5米，堤顶面宽8米。穿堤建筑物与所在堤段级别一致。

4. 芜湖江堤

芜湖江堤全长69.36千米，其中市区堤防长21.74千米，麻风圩堤长14.05千米，繁昌江堤长33.57千米。设计洪水位按大通17.10米、芜湖（弋江站）13.40米确定。

芜湖市市区堤防为1级堤防，堤顶超高2.0米，土堤堤顶面宽8～12米；麻风圩堤为2级堤防，堤顶超高1.5米，堤顶面宽8米；繁昌江堤为3级堤防，堤顶超高1.5米，堤顶面宽6～8米。穿堤建筑物与所在堤段级别一致。

5. 枞阳江堤

枞阳江堤位于长江下游干流左岸安徽省境内，上起枞阳县幕旗山脚，下至无为县红土庙，与无为大堤相连，全长83.95千米，保护枞阳县和普济圩农场以及无为县、庐江县、铜陵市郊的一部分，保护面积748平方千米、耕地82.5万亩、人口110万人。

枞阳江堤为2级堤防，堤顶超高1.5米，堤顶面宽8米，相应穿堤建筑物亦为2级。

6. 和县江堤

和县江堤上起西梁山，下至乌江霸王庙，全长53.42千米，保护范围内共有26

个乡镇，耕地面积110.25万亩，人口63万人。

和县江堤为2级堤防，堤顶超高1.5米，堤顶面宽8米，相应穿堤建筑物亦为2级。

7. 池州江堤

池州江堤地处长江下游右岸，上起与江西省接壤的牛矶山，下迄与铜陵市交界的青通河口，江堤长109.23千米。保护贵池、东至两个县级城市，保护面积811.9平方千米，保护耕地72.12万亩，人口71.84万人，以及206、318国道和贵铜沿江公路的防洪安全。

池州江堤中，东南圩堤段（长2.87千米）为2级堤防，堤顶超高1.5米，堤顶面宽8米；其余堤段为3～4级堤防，堤顶超高1.0～1.5米，堤顶面宽6～8米。穿堤建筑物与所在堤段级别一致。

8. 铜陵江堤

铜陵江堤位于铜陵市境内的长江南岸，上起铜陵长江大桥南桥头羊山矶，下止荻港镇，与繁昌县相邻。江堤全长36.46千米，保护区总面积235.6平方千米，耕地17.86万亩，人口30.92万人。保护范围涉及铜陵市辖区、铜陵县城关镇、顺安镇、西湖镇、钟鸣镇和新桥镇5个城镇以及沪铜铁路、芜铜公路的防洪安全。

铜陵市城区堤防（长12.3千米）为2级堤防，堤顶超高1.5米，土堤堤顶面宽8米；西联圩江堤（13.75千米）和东联圩江堤（10.41千米）为3级堤防，堤顶超高1.5米，堤顶面宽6～8米。穿堤建筑物与所在堤段级别一致。

9. 马鞍山江堤

马鞍山江堤包括芜当江堤当涂段14.44千米、陈焦圩堤11.07千米、马鞍山市区江堤18.72千米，全长44.23千米。保护面积76.4平方千米，保护耕地7.3万亩、人口60万人，保护马鞍山钢铁基地、电厂、沪铜铁路等设施。

马鞍山市区堤防、芜当江堤当涂段堤为2级堤防，堤顶超高1.5米，土堤堤顶面宽8米；陈焦圩堤为3级堤防，堤顶超高1.5米，堤顶面宽6～8米。穿堤建筑物与所在堤段级别一致。

（五）江苏省长江干流堤防

1. 南京市江堤

南京市长江干堤总长191.22千米，其中北岸93.42千米，南岸97.8千米。保护区内有南京市区及浦口、大厂、雨花、栖霞4个区和江浦、江宁、六合3个县，保护人口601.1万人，面积866.35平方千米，耕地27.77万亩。

南京市城区堤防（长60千米）为1级堤防，堤顶超高2.0米，土堤堤顶面宽8米；其他堤段为2级堤防，属感潮河段，堤顶超高2.0米，土堤堤顶面宽6米。相应穿堤建筑物与所在堤段级别相同。

2. 镇江市江堤

镇江市地处长江下游南岸，镇江市长江干堤总长217.7千米，保护区内现有人口92.56万人，面积606.8平方千米，耕地39.84万亩。

镇江市长江干堤为2级堤防，属感潮河段，堤顶超高2.0米，土堤堤顶面宽6米。相应穿堤建筑物亦为2级。

3. 扬州市江堤

扬州市长江干堤西起仪征市小河口，东至江都市立新涵，干流长江80千米，主江堤长74.15千米。长江堤防保护区内有人口126.41万人，面积1284.83平方千米，耕地63.85万亩。

扬州市长江干堤为2级堤防，属感潮河段，堤顶超高2.0米，土堤堤顶面宽6米。相应穿堤建筑物亦为2级。

4. 常州市江堤

常州市长江干堤西与镇江市的丹阳市接壤，东与无锡的江阴市相连，主江堤长20.253千米，是保护常州市沿江与圩区的主要防洪屏障，保护面积约860平方千米，耕地42.51万亩，人口39.11万人。

常州市长江干堤为2级堤防，属感潮河段，堤顶超高2.0米，土堤堤顶面宽6～8米。相应穿堤建筑物亦为2级。

5. 苏州市江堤

苏州市长江干堤长142.81千米，保护区内有张家港、常熟、太仓市的全部地区以及昆山、吴县市的部分区域，保护面积2486平方千米，总人口242.97万人，耕地188.78万亩。

苏州市长江干堤为2级堤防，属感潮河段，堤顶超高2.0～2.5米，土堤堤顶面宽6米。相应穿堤建筑物亦为2级。

6. 无锡市江堤

无锡市长江干堤均位于江阴市境内，是无锡市北面重要的防洪屏障。主江堤长39.12千米，保护着包括无锡市区、江阴市、锡山市大部分地区的防洪安全，保护面积930.82平方千米，总人口120万人，耕地53.34万亩。

无锡市长江干堤为2级堤防，属感潮河段，堤顶超高2.0～2.5米，土堤堤顶面宽6～8米。相应穿堤建筑物亦为2级。

7. 泰州市江堤

泰州市位于长江下游扬中河段和澄通河段左岸，现有长江堤防182千米，其中主江堤104千米。境内通江河网密布，沿江建有各类穿堤建筑物307座。保护区面积1060平方千米，耕地50万亩，人口130万人。

泰州市长江干堤为2级堤防，属感潮河段，堤顶超高2.0～2.5米，土堤堤顶面宽6米。相应穿堤建筑物亦为2级。

8. 南通市江堤

南通市地处长江口左岸，主江堤长172.1千米，保护区面积5573平方千米，总人口592.5万人，耕地347.6万亩。

南通市长江干堤为2级堤防，属感潮河段，堤顶超高2.0～2.5米，土堤堤顶面宽6米。相应穿堤建筑物亦为2级。

（六）上海市堤防

上海堤防体系主要由长江口沿海的海塘和黄浦江的堤防组成。目前上海市主海塘总长约495.4千米，按上海现海塘设防标准（大陆及长兴海塘按200年一遇潮位加12级风、崇明和横沙按100年一遇潮位加11级风标准），404.3千米已达设防标高，占81.6%；91.6千米（其中公用段7.3千米，专用段83.8千米）未达标，占18.4%。黄浦江防汛墙由黄浦江及其支流堤防组成，堤防总长约479.7千米，黄浦江防汛墙按1000年一遇（1984年批准的水位）标准设防。

三、重要堤防隐蔽工程建设

1998年和1999年长江流域连续两年发生大洪水，党中央、国务院高度重视长江中下游防洪体系建设，大幅度增加了对长江防洪工程建设的资金投入。1999年8月25日国务院46次总理办公会议决定，长江一、二级堤防和重点堤防工程的穿堤建筑物、基础加固和防渗处理、抛石固基等施工难度大、技术要求高的工程（简称长江重要堤防隐蔽工程）由长江委负责组织建设。国务院随后又以国发〔2000〕20号文进一步明确。

长江重要堤防隐蔽工程（以下简称隐蔽工程）共计包含28个项目，工程区位于湖北、湖南、安徽、江西四省所辖范围内的长江干流堤防及汉江遥堤、赣江赣抚大堤等2000多千米堤防，其中长江干流堤防18项（含荆江分洪工程南闸除险加固），支流堤防2项（湖北汉江遥堤、江西赣抚大堤），河势控制或崩岸整治工程8项。隐蔽工程28个项目基本情况见表4.1-2。

根据水利部对初步设计的批复意见，隐蔽工程28个项目总概算投资为647464万元（含应急工程），水利部1999年至2001年共下达的隐蔽工程建设投资计划为574841万元。

据统计，1999—2000年、2000—2001年、2001—2002年三个年度累计完成防渗

加固373千米，抛石固基409.63千米，加固涵闸6座，共完成土方3108.702万立方米，石方2137.21万立方米，混凝土59.76万立方米，防渗墙419.341万立方米，混凝土铰链沉排101万平方千米，模袋混凝土（砂）8.9万平方千米，钢丝笼1万个。

表4.1–2　　长江重要堤防隐蔽工程28个项目基本情况表

序号	项目名称	堤防等级	堤段或河段长度（千米）	工程所在地	
1	荆江分洪南闸加固工程	1级		湖北省	荆州市
2	荆南长江干堤加固工程	2级	192.32		荆州市
3	石首河段整治工程	2级	31.00		荆州市
4	下荆江河势控制工程（湖北段）	2级	150.00		荆州市
5	洪湖监利长江干堤加固工程	2级	230.00		荆州市
6	咸宁长江干堤加固工程	2～3级	105.80		咸宁市
7	簰洲湾河段整治工程	2级	72.50		咸宁市、武汉市
8	长江干堤汉南至白庙段加固工程	2级	43.72		武汉市
9	武汉市长江干堤加固工程	1～3级	346.37		武汉市
10	粑铺大堤加固工程	2级	43.60		鄂州市
11	黄冈长江干堤加固工程	2～3级	104.88		黄冈市
12	阳新长江干堤加固工程	2级	30.00		黄石市
13	汉江遥堤加固工程	1级	55.26		天门市、钟祥市
14	崩岸整治及下荆江河势控制工程（湖南段）	2级	163.00	湖南省	岳阳市
15	岳阳长江干堤加固工程	1～2级	137.04		岳阳市
16	同马大堤加固工程	2级	173.40	安徽省	安庆市
17	安庆江堤加固工程	1级	18.84		安庆市
18	广济圩江堤加固工程	2级	24.85		安庆市
19	安庆河段崩岸整治工程	2级	57.00		安庆市
20	枞阳江堤加固工程	2级	83.95		安庆市
21	铜陵江堤加固工程	2～4级	36.46		铜陵市
22	铜陵河段崩岸治理工程	1级	59.90		铜陵市、巢湖市
23	无为大堤加固工程	1级	124.00		巢湖市
24	芜裕河段崩岸治理工程	1～2级	83.60		芜湖市、巢湖市
25	和县江堤加固工程	2级	53.42		巢湖市
26	马鞍山江堤加固工程	2～3级	44.23		马鞍山市
27	马鞍山河段一期整治工程	2级	30.60		马鞍山市
28	赣抚大堤加固工程	2级	174.50	江西省	宜春市

注：河势控制（崩岸整治）工程建筑物按其内侧堤防相应等级标准确定。

第二节　蓄滞洪区

长江流域蓄滞洪区是为适应长江洪水特性，利用平原区平坦低洼的特点，加以人工控制，有计划分蓄长江洪水而逐步发展起来的。新中国成立后，1950年中央政府批准并建成了长江第一座蓄洪垦殖工程——湖南省大通湖蓄洪垦殖工程；1952年春中央政府批准建设荆江分洪主体工程，随后又封堵了一些通江湖泊进行蓄洪垦殖，相继建成了白潭湖、涨渡湖等蓄洪垦殖工程。1956年汉江杜家台分洪工程建成，1964年兴建了荆江分洪扩大区涴市分洪区，1972年开工进行了洪湖主隔堤建设，1972年、1980年两次长江中下游防洪座谈会确定，遇1954年同样严重洪水安排蓄纳约500亿立方米容量的蓄滞洪区，其中荆江地区54亿立方米，城陵矶附近区320亿立方米（洪湖、洞庭湖区各分蓄160亿立方米），武汉附近区68亿立方米，湖口附近区50亿立方米，并对荆江分洪区、洪湖蓄洪区、洞庭湖蓄洪垸等部分蓄滞洪区进行了安全建设。1998年大水后，结合退田还湖、移民建镇工程建设，在洞庭湖区澧南垸、围堤湖、西官垸三处蓄滞洪区修建了分洪闸，并按照移民建镇的要求，对垸内人口实施了单退安置。同时结合长江干堤加固工程建设，对围堤为长江干堤的堤防进行了加固，为蓄滞洪区的正常运用创造了条件。

按照防御1954年洪水标准，长江中下游干流规划安排了40处蓄滞洪区，包括荆江地区4处、城陵矶附近区25处、武汉附近区6处、湖口附近区5处。其中洪湖蓄滞洪区总面积2797.4平方千米，面积较大，一次分洪损失大，运用不便。1998年长江大洪水后，国务院以国发〔1999〕12号文要求在城陵矶附近尽快集中力量建设蓄滞洪水约100亿立方米的蓄滞洪区，根据湖北、湖南对等的原则，洪湖蓄滞洪区划出一块约50亿立方米的蓄滞洪区先行建设。为此，对洪湖蓄滞洪区进行了分块蓄洪规划，将洪湖蓄滞洪区划分成东、中、西三块，优先建设东分块蓄滞洪区。洪湖蓄滞洪区分块后，长江中下游蓄滞洪区共计42处。

多年来，长江中下游蓄滞洪区建设进展较慢，建设任务繁重，为指导蓄滞洪区建设，《长江流域综合规划（2012—2030年）》按照蓄滞洪区启用概率和保护对象的重要性，将长江中下游蓄滞洪区进行分类规划。三峡工程建成后，荆江分洪区运用概率达到100年一遇，但由于其在长江流域防洪中的地位十分重要，是防御荆江地区遇类似1870年特大洪水的重要措施，由国家防汛抗旱总指挥部调度，且分洪区内的建设与管理相对完善、运用条件相对较好，确定其为重点蓄滞洪区。将除荆江分洪区以外的长江中下游蓄滞洪区分为重要蓄滞洪区、一般蓄滞洪区和蓄滞洪保留区三类：重

要蓄滞洪区为使用概率较大的蓄滞洪区，属于此类的蓄滞洪区有 12 处，包括钱粮湖、共双茶、大通湖东、围堤湖、民主、城西、澧南、西官、建设、洪湖东分块、杜家台、康山蓄滞洪区；一般蓄滞洪区为防御 1954 年洪水除重要蓄滞洪区外，还需启用的蓄滞洪区，属于此类的蓄滞洪区有 13 处，包括洪湖中分块、屈原、九垸、江南陆城、建新、西凉湖、武湖、涨渡湖、白潭湖、珠湖、黄湖、方洲斜塘、华阳河蓄滞洪区；蓄滞洪保留区为用于防御超标准洪水或特大洪水的蓄滞洪区，属于此类的蓄滞洪区有 16 处，包括涴市扩大区、人民大垸、虎西备蓄区、君山、集成安合、南汉、安澧、安昌、北湖、义合、安化、和康、南顶、六角山、洪湖西分块、东西湖蓄滞洪区。

根据水利部 2014 年安排的《长江流域蓄滞洪区（洞庭湖、鄱阳湖）基础信息测量及复核项目》和《长江流域蓄滞洪区（洪湖等）基础信息测量及复核项目》对蓄滞洪区面积、容积复核结果，长江中下游 42 处蓄滞洪区总面积为 1.24 万平方千米，扣除安全区占用容积后总有效蓄洪容积为 592.71 亿立方米，与原规划的 589.65 亿立方米相比略有增加。长江中下游蓄滞洪区基本情况见表 4.2–1，蓄滞洪区分布图见附图 5。

表 4.2–1　　长江中下游蓄滞洪区基本情况表

序号	地区	名称	类型	蓄洪水位（米）	面积（平方千米）	有效蓄洪容积（亿立方米）
1	荆江地区	荆江分洪区	重点	42.00	920.60	54.09
2		涴市扩大区	保留	43.00	94.37	2.57
3		虎西备蓄区	保留	42.00	74.45	3.81
4		人民大垸	保留	38.50	348.85	11.80
		小计			1438.27	72.27
5	城陵矶附近区	钱粮湖垸	重要	34.82	465.18	23.78
6		共双茶垸	重要	35.37	269.55	15.04
7		大通湖东垸	重要	35.39	215.18	11.67
8		澧南垸	重要	44.61	33.58	2.21
9		围堤湖垸	重要	38.00	33.90	2.22
10		民主垸	重要	35.25	210.28	11.96
11		城西垸	重要	35.41	109.86	7.92
12		西官垸	重要	40.50	74.00	4.76
13		建设垸	重要	34.61	100.65	3.54
14		九垸	一般	41.38	47.67	3.82
15		屈原垸	一般	34.83	207.85	12.45
16		建新垸	一般	34.61	45.72	1.56
17		江南陆城垸	一般	33.50	188.05	10.48
18		六角山垸	保留	36.00	18.36	0.61
19		安澧垸	保留	39.90	136.48	9.42

续表

序号	地区	名称	类型	蓄洪水位（米）	面积（平方千米）	有效蓄洪容积（亿立方米）
20	城陵矶附近区	安昌垸	保留	38.85	117.91	7.23
21	城陵矶附近区	安化垸	保留	38.12	87.32	4.72
22	城陵矶附近区	南顶垸	保留	37.30	45.94	2.20
23	城陵矶附近区	和康垸	保留	37.40	96.10	6.16
24	城陵矶附近区	南汉垸	保留	37.40	97.56	6.15
25	城陵矶附近区	义合垸	保留	35.41	14.99	0.79
26	城陵矶附近区	北湖垸	保留	35.41	35.99	1.91
27	城陵矶附近区	集成安合垸	保留	36.69	130.77	6.26
28	城陵矶附近区	君山垸	保留	35.00	90.32	4.69
29	城陵矶附近区	洪湖东分块	重要	32.50	873.70	61.4
30	城陵矶附近区	洪湖中分块	一般	32.50	1053.09	67.23
31	城陵矶附近区	洪湖西分块	保留	32.50	858.19	49.75
		小计			5658.19	339.93
32	武汉附近区	杜家台	重要	30.00	603.02	22.90
33	武汉附近区	西凉湖	一般	31.00	1085.61	45.01
34	武汉附近区	武湖	一般	29.10	305.15	14.99
35	武汉附近区	涨渡湖	一般	28.30	438.32	18.17
36	武汉附近区	白潭湖	一般	27.50	261.83	6.88
37	武汉附近区	东西湖	保留	29.50	431.60	21.99
	武汉附近区	小计			3125.53	129.94
38	湖口附近区	康山	重要	22.55	298.24	15.01
39	湖口附近区	珠湖	一般	22.72	153.08	4.63
40	湖口附近区	黄湖	一般	23.26	49.26	2.87
41	湖口附近区	方洲斜塘	一般	22.67	34.11	2.01
42	湖口附近区	华阳河	一般	19.17	1594.26	25.03
	湖口附近区	小计			2128.95	49.55
合计					12350.94	591.69

注：表中有效蓄洪容积为扣除安全区后成果。

截至目前，长江流域蓄洪工程建设取得了较大进展。42 处蓄滞洪区中，已完成围堤加固工程的蓄滞洪区 33 处，围堤加固工程正在实施的蓄滞洪区 1 处；已建分洪闸的蓄滞洪区 5 处，在建分洪闸的蓄滞洪区 4 处。其中，33 处围堤加固工程已经完成的蓄滞洪区为：荆江分洪区，洞庭湖的全部 24 处蓄滞洪区，武汉的西凉湖、武湖、涨渡湖、东西湖蓄滞洪区，鄱阳湖的全部 4 处蓄滞洪区；洪湖东分块蓄滞洪区围堤加固工程正在实施；5 处已建分洪闸的蓄滞洪区为：荆江分洪区、围堤湖垸、澧南垸、

西官垸、杜家台蓄滞洪区；4处在建分洪闸的蓄滞洪区为：钱粮湖、共双茶、大通湖东垸和洪湖东分块蓄滞洪区。蓄滞洪区安全建设总体而言相对滞后，目前基本完成荆江分洪区、围堤湖垸、澧南垸、西官垸4处蓄滞洪区的安全建设，正在开展钱粮湖、共双茶、大通湖东、康山等蓄滞洪区安全建设。

一、荆江地区蓄滞洪区

荆江地区蓄滞洪区包括荆江分洪区、涴市扩大分洪区、人民大垸及虎西备蓄区4处。蓄洪总面积1438.27平方千米，有效蓄洪容积72.27亿立方米。

（一）荆江分洪区

1. 基本情况

荆江分洪区地处长江中游的荆江和虎渡河之间，位于湖北省公安县境内，东西平均宽13.6千米，南北长68千米，面积920.6平方千米，地面高程在33米至44米之间，设计蓄洪水位42.0米，有效蓄洪容积54.09亿立方米。区内有人口60.55万人，耕地面积49.3万亩。

荆江分洪区是荆江防洪系统的重要组成部分，其主要作用是蓄纳上游来量超过上荆江安全泄量的超额洪水，即枝城来水经松滋、太平两口分泄后，沙市洪水位将超过45.0米，并预报上游来水有继续增大的趋势情况下运用，以确保荆江大堤的防洪安全，并减轻洞庭湖区和武汉市的洪水威胁。

2. 建设情况

荆江分洪区于1952年经中央政务院批准建设，分两期实施，1953年汛前全面竣工。一期工程兴建的主体工程有208千米围堤、太平口进洪闸（北闸）和虎渡河控制闸（南闸），两闸设计流量分别为8000立方米每秒和3800立方米每秒，通过一期工程建设确保荆江大堤安全，减少荆江分流入洞庭湖的水量，保证邻近地区不受分洪影响。二期工程在一期工程基础上兴建了位于蓄滞洪区最南端的黄天湖排水闸，以解决蓄洪区渍水外排问题，并兴建了20处安全区，将蓄洪区内的23万人进行了搬迁，其中迁入安全区17万人，迁出人口6万人，使蓄滞洪区具备了运用条件。

2017年，国家发展和改革委员会以《国家发展改革委关于湖北省荆江分洪区近期建设工程可行性研究报告的批复》（发改农经〔2017〕129号文）批准了荆江分洪区近期建设工程。根据批复，荆江分洪区近期重点项目建设主要内容包括防洪工程建设和安全建设工程，防洪工程建设包括分、退洪口门裹头控制工程和安全区堤顶道路工程。安全建设工程包括分洪转移道路、桥梁和分洪区通信预警建设等。目前工程正在建设中。

3. 运用情况

1954 年，长江流域发生全流域性的大洪水，荆江河段连续出现较高洪峰，7 月 22 日沙市水位达 44.38 米，并预报水位继续上升，同时，荆江大堤由于本身存在的大量隐患出现约 2000 多处大小险情。为缓解荆江大堤防汛压力，7 月 22 日至 8 月 22 日先后三次开闸分洪运用，累计分洪量 122.56 亿立方米（其中通过虎东堤扒口入洞庭湖 47.649 亿立方米），北闸最大流量 7769 立方米每秒（8 月 7 日 9 时 50 分），使沙市水位分别降低了 0.47 米、0.64 米和 0.96 米，保证了荆江大堤的安全，并通过三次分洪减少四口入湖水量 7.267 亿立方米、3.794 亿立方米和 43.158 亿立方米，降低了洞庭湖区的灾情。第三次分洪时，区内水位超过 42 米的设计蓄洪水位，威胁到了南线大堤的安全，因此在虎东干堤扒口泄洪，采取“上吞下吐”方式，对超额洪水进行了空间转移，既确保了荆江大堤的安全，又确保了南线大堤的安全。1998 年 8 月 6 日，长江中游形成第四次洪峰，沙市水位超过 1954 年最高水位，并预报 8 月 7 日沙市水位将超过 45 米，8 月 6 日 13 时，湖北省防汛抗旱指挥部正式下达《关于做好荆江分洪区运用准备的命令》，荆江分洪区进行了 33 万人紧急大转移，做好了分洪的准备工作。此后，长江中游相继出现了第五次和第六次洪峰，8 月 17 日沙市最高水位 45.22 米，经分析论证，中央最终采取了“严防死守”的策略，没有运用荆江分洪区。

（二）涴市扩大区

1. 基本情况

涴市扩大分洪区东与荆江分洪区隔河（虎渡河）相望，西抵涴里隔堤，北滨长江，南至里甲口。区内面积 94.37 平方千米，设计蓄洪水位 43.00 米，有效蓄洪容积 2.57 亿立方米。区内有人口 5.89 万人，耕地面积 8.52 万亩。

涴市扩大分洪区是当长江干流枝城来量大于 75000 ～ 80000 立方米每秒时予以运用的，其主要作用是补充荆江分洪区进洪流量的不足，与荆江分洪区联合运用以扩大分洪效果。

2. 建设情况

涴市扩大区于 1963 年由水利电力部报国务院批准实施，于 1964 年建成。主体工程有涴市至甲里口隔堤、涴市至太平口长江干堤和太平口至里甲口虎西堤，堤防总长 52.6 千米。分洪区进洪口门拟在隔堤北端下游约 500 米处的江堤上，设计分洪流量 5000 立方米每秒。安全建设工程仅修建了少量的转移道路、躲水楼等。

3. 运用情况

涴市扩大分洪区自建成以来尚未启用过。

（三）虎西备蓄区

1. 基本情况

虎西备蓄区位于虎渡河以西，上起大至岗，下迄黄山头，西以山岗为界。区内面积74.45平方千米，设计蓄洪水位42.0米，有效蓄洪容积3.81亿立方米。区内有人口5.14万人，耕地5.38万亩。

虎西备蓄区是荆江分洪区的补充部分，在荆江分洪区水位达设计水位或接近设计水位，而预报分洪量可能超过2亿～3亿立方米时，在控制南闸下泄流量不超过3800立方米每秒条件下，扒开虎东堤和虎西堤，使洪水进入虎西备蓄区，以补充荆江分洪区容量不足。

2. 建设情况

虎西备蓄区建于1954年，主体工程有大至岗至黄山头虎西堤、大至岗至黄山头的山岗堤，进洪口拟在虎西堤的肖家咀。安全建设工程尚未大规模启动，仅修建了少量的转移道路、躲水楼等。

3. 运用情况

虎西备蓄区在1954年运用一次。

（四）人民大垸

1. 基本情况

人民大垸蓄滞洪区位于荆江中段左岸，北依荆江大堤，南濒长江，上起江陵柳口，下抵监利县杨家湾。区内蓄洪面积348.85平方千米，设计蓄洪水位38.50米，有效蓄洪容积11.80亿立方米。区内有人口19.59万人，耕地27.4万亩。人民大垸也是荆江分洪工程的组成部分，当涴市扩大分洪区运用，并且在无量庵扒堤吐洪后，原则上人民大垸必须运用，等量分（蓄）无量庵泄入荆江的洪水。

2. 建设情况

人民大垸于1958年建成，蓄滞洪区内分上、下人民大垸，分洪口门在新厂下约4千米的上人民大垸支堤茅林口，桩号33+800~36+500，设计口门宽度2700米，设计分洪流量20000立方米每秒。安全建设工程仅修建了少量的转移道路、躲水楼等。

3. 运用情况

人民大垸自建成以来尚未启用过。

二、城陵矶附近区蓄滞洪区

城陵矶附近蓄滞洪区由洪湖蓄滞洪区1处（分东分块、中分块、西分块三块）及洞庭湖区24处蓄滞洪区组成，蓄洪面积5658.19平方千米，有效蓄洪容积

340.95 亿立方米。

（一）城陵矶附近 100 亿立方米蓄滞洪区

城陵矶附近 100 亿立方米蓄滞洪区包括洞庭湖区的钱粮湖、共双茶、大通湖东垸以及洪湖东分块。

1. 洞庭湖区的钱粮湖、共双茶、大通湖东垸

（1）基本情况

钱粮湖垸行政隶属于湖南省华容县和君山区，东临东洞庭湖，北靠山地，南与大通湖东垸隔藕池河东支相望，西与华容护城大垸相邻。区内蓄洪面积 465.18 平方千米，设计蓄洪水位 34.82 米，有效蓄洪容积 23.78 亿立方米。区内有人口 19.43 万人，耕地面积 35.90 万亩。

共双茶垸行政上隶属湖南省沅江市，北面为草尾河，南面为黄土包河，东面为南洞庭湖，西面隔水与赤山相望。区内蓄洪面积 269.55 平方千米，设计蓄洪水位为 35.37 米，有效蓄洪容积 15.04 亿立方米。区内有人口 16.27 万人，耕地面积 17.6 万亩。

大通湖东垸行政上隶属湖南省华容县和南县，东临洞庭湖，西南以胡子口哑河与大通湖垸相隔，北为藕池河东支与钱粮湖垸相邻。区内蓄洪面积 215.18 平方千米，设计蓄洪水位为 35.39 米，有效蓄洪容积 11.67 亿立方米。区内有人口 12.61 万人，耕地面积 7.2 万亩。

（2）建设情况

1）洞庭湖区三垸层山安全区围堤工程。

2008 年，水利部以水总〔2008〕20 号对洞庭湖区钱粮湖、共双茶、大通湖东垸三垸蓄洪工程试点项目层山安全区围堤工程初步设计报告进行了批复。层山安全区是洞庭湖区三垸蓄洪工程中先期实施的试点项目，也是城陵矶 100 亿立方米蓄滞洪区项目中的第一个项目，工程位于钱粮湖蓄洪垸内，规划面积 14.24 平方千米，规划安置人口 7 万余人。试点项目分为围堤工程和移民迁建两部分，其中新建堤防 12.394 千米，加固堤防 16.7 千米，新建、重建、加固穿堤建筑物 8 座，总投资 3.05 亿元。工程于 2008 年 9 月 2 日开工建设，2011 年 12 月进行了合同工程完工验收，安全区围堤的封闭圈已形成。2007 年，国家发展和改革委员会以《关于湖南省钱粮湖层山安全区移民迁建实施方案的批复》（发改农经〔2007〕1190 号）批复了层山安全区移民迁建工程，移民迁建 15154 户。至 2011 年底，搬迁工作基本完成，完成总投资 34866 万元，其中国家投资 30914 万元。

2）洞庭湖区三垸围堤加固工程建设情况。

2010 年，水利部以水总〔2010〕345 号批复了钱粮湖、共双茶、大通湖东垸三垸

围堤加固工程可行性研究报告，批复投资13.4618亿元，围堤加固范围长度193.478千米，实施堤身加培142.737千米，堤身防渗处理95.491千米，堤基防渗处理90.157千米，堤身硬护坡61.083千米，加固、重建或改建穿堤建筑物109座。工程于2009年至2012年陆续开工建设，目前三垸围堤加固工程已基本完成。

3）洞庭湖区三垸安全建设一期工程。

2015年，水利部以水总〔2015〕96号批复了钱粮湖、共双茶、大通湖东垸三垸蓄洪工程安全建设一期工程初步设计报告，批复投资30.1594亿元，一期工程11个安全区面积35.74平方千米，规划安置人口28.81万人，两个安全台面积52.85万平方米，安置人口0.85万人。建设安全区围堤总长115.987千米，其中新建围堤长61.713千米，加培蓄洪垸现有围堤29.714千米，利用蓄洪垸现有围堤24.356千米；加固一线围堤56.445千米；修建转移道路17条长69.982千米，新建桥梁34座；新建涵闸38座，加固涵闸15座，重建涵闸12座，挖除封堵1座，新建泵站3座；建设临时分洪口门3座。三垸安全建设一期工程于2015年陆续开工建设，目前工程正在实施中。

4）洞庭湖区三垸分洪闸工程。

2016年，湖南省发展和改革委员会以湘发改农〔2016〕365号批复了《洞庭湖区钱粮湖、共双茶、大通湖东垸蓄洪工程分洪闸工程初步设计报告》，批复投资5.89亿元，三垸分洪闸总进洪规模10000立方米每秒，其中钱粮湖垸分洪闸4180立方米每秒、共双茶垸分洪闸3630立方米每秒、大通湖东垸分洪闸2190立方米每秒。工程于2017年陆续开工建设，目前工程正在实施中。

（3）运用情况

钱粮湖、共双茶、大通湖东垸自划定为蓄滞洪区以来尚未按照计划进行分洪运用过，仅在1996年溃口被动行洪。1996年7月19日，钱粮湖垸团洲垸水产堤段（桩号14+500）因管涌溃口、团洲垸被动蓄洪，7月27日钱团间堤溃口，钱粮湖南垸被动蓄洪。1996年7月21日，共双茶垸共华新华轮窑段（桩号48+900）因漫堤溃决、共华垸被动蓄洪，22日共双间堤溃决、双华垸被动蓄洪，23日茶双间堤溃决，共双茶垸全部被动蓄洪。1996年7月21日，大通湖东垸团山新洲垸北堤机埠上游100米处（桩号194+395）因管涌溃决，22日南堤五七浃堤段溃决（桩号177+630），隆西垸、同兴垸被动蓄洪。

2. 洪湖东分块

（1）基本情况

洪湖东分块蓄滞洪区位于湖北省洪湖市境内，是洪湖分蓄洪区的重要组成部分，是处理城陵矶地区超额洪水，保障荆江大堤、武汉市防洪安全的一项重要工程设施。

区内蓄洪面积873.70平方千米，设计蓄洪水位32.50米，有效蓄洪容积62.42亿立方米。区内有人口29.41万人，耕地面积40.3万亩。

（2）建设情况

1）洪湖东分块蓄滞洪区蓄洪工程建设情况。

洪湖东分块蓄滞洪区围堤由长江干堤、洪湖主隔堤、腰口隔堤和东荆河堤组成，其中，长江干堤已经达标，腰口隔堤和套口进洪闸工程正在建设，其他围堤加高加固工程正在实施。

2016年，湖北省发展和改革委员会以鄂发改审批服务〔2016〕288号批复了洪湖东分块蓄滞洪区蓄洪工程初步设计报告，批复投资44.4332亿元，工程由新建腰口隔堤、加固东荆河堤和洪湖主隔堤，新建套口进洪闸、补元退洪闸、内荆河节制闸、南套沟节制闸等穿堤涵闸，新建腰口泵站、高潭口二站及配套工程，新建新滩口泵站保护工程，新挖或疏挖沟渠、新建或改造小型闸（站）等水系恢复工程组成。新建堤防长度26.774千米，加固堤防长度54.745千米；新建进洪闸1座，退洪闸1座，节制闸3座（腰口隔堤2座、新滩口泵站保护1座），重建涵闸2座（东灌闸、黄丝南闸）；新建泵站2座（腰口泵站和高潭口二站），新挖、疏挖河渠69.968千米等。工程于2016年10月起陆续开工建设，目前工程正在实施中。

2）洪湖东分块蓄滞洪区安全建设工程。

目前安全建设工程正在开展前期工作，可行性研究报告已编制完成，尚未审批实施。

（3）运用情况

洪湖蓄滞洪区自划定为蓄滞洪区以来尚未启用过。

（二）城陵矶附近区其他蓄滞洪区

1. 围堤湖垸

（1）基本情况

围堤湖垸位于湖南省汉寿县中部，沅水尾闾，洞庭湖西滨，东临灰铺障，南抵汉寿县城，西接沧港镇，北临沅水。区内蓄洪面积33.90平方千米，设计蓄洪水位38.00米，有效蓄洪容积2.22亿立方米。区内有人口0.02万人，耕地面积2.8万亩。

（2）建设情况

2002年至2004年结合平垸行洪、移民建镇工程，完成了围堤湖的移民迁建和分洪闸工程建设，分洪闸设计流量3190立方米每秒，工程于2005年进行了完工验收。修建了安全台7处30.12万平方米、安全楼83栋1.32万平方米。

2011年，水利部以水规计〔2011〕558号批复了《围堤湖等10个蓄洪垸堤防加

高加固工程初步设计报告》，围堤湖垸批复投资0.7277亿元，工程范围为一线大堤15.13千米。实施堤身加培13.355千米，堤基防渗处理2.66千米，加固穿堤建筑物4座等。工程于2011年至2013年陆续开工建设，目前已基本完成。

（3）运用情况

围堤湖垸自确定为蓄洪垸以来运用了两次。1995年7月3日为确保常德市及沅澧大垸的安全，减轻沅江上游的洪水压力，按照湖南省和常德市防汛抗旱指挥部的命令破围堤湖垸上口分蓄洪，破接港水闸下1000米处吐洪，形成上吞下吐的行洪通道，减轻了沅、澧大圈堤防压力。1996年7月19日，围堤湖马家铺堤段水位达到39.10米，超历史最高洪水位（高出1995年水位0.98米），洪水漫过堤顶，19日0时50分在围堤湖垸分蓄洪口实施爆破蓄洪，1时25分破下口吐洪，达到了“上吞下吐”的目的。

2. 民主垸

（1）基本情况

民主垸隶属于湖南省益阳市资阳区和沅江市，位于益阳市东北部，资水以北，南洞庭湖以南。区内蓄洪面积210.28平方千米，设计蓄洪水位35.25米，有效蓄洪容积11.96亿立方米。区内有人口12.52万人，耕地面积17.5万亩。

（2）建设情况

2011年，水利部以水规计〔2011〕558号批复了《围堤湖等10个蓄洪垸堤防加高加固工程初步设计报告》，民主垸批复投资5.3203亿元，工程范围为一线大堤81.230千米。实施堤身加培37.47千米，堤身隐患处理及防渗堤防60.764千米，堤基防渗处理23.820千米，加固、重建或改建穿堤建筑物32座等。工程于2011年至2013年陆续开工建设，目前已基本完成。安全建设方面，民主垸修建有顺堤台51处、面积74.46万平方米，安全楼279栋、面积5.14万平方米。

（3）运用情况

民主垸自被确定为蓄洪垸以后，1999年7月23日被动蓄洪一次。

3. 城西垸

（1）基本情况

城西蓄洪垸位于南洞庭湖南岸的湘阴县，被湘江东、西支与南洞庭湖包围，四面环水，东南面与湘水东支的金鸡义合垸，湘阴城关镇和白泥湖垸隔江相望，西南部为湘水西支，与烂泥湖大圈对岸相望，北部为南洞庭湖的横岭湖。区内蓄洪面积109.86平方千米，设计蓄洪水位35.41米，有效蓄洪容积7.92亿立方米。区内有人口6.7万人，耕地面积8.83万亩。

（2）建设情况

2011 年，水利部以水规计〔2011〕558 号批复了《围堤湖等 10 个蓄洪垸堤防加高加固工程初步设计报告》，城西垸批复投资 4.044 亿元，工程范围为一线大堤 51.757 千米。实施堤身加培 26.097 千米，堤身隐患处理及防渗堤防 38.867 千米，堤基防渗处理 11.16 千米，加固、重建或改建穿堤建筑物 22 座。工程于 2011 年至 2013 年陆续开工建设，目前已基本完成。安全建设方面，城西垸修建有顺堤台 3 处、面积 17.37 万平方米，安全楼 523 栋、面积 4.62 万平方米。

（3）运用情况

城西垸自被确定为蓄洪垸以来尚未启用过。

4. 安昌垸

（1）基本情况

安昌垸隶属于常德市安乡县，位于湖南省安乡县城以东，地处藕池河西支（官垱河）和虎渡河（陆家渡河）之间，北与荆江分洪区相接，东为安化垸，南与南县南汉垸相接，西为安造大垸。区内蓄洪面积 117.91 平方千米，设计蓄洪水位 38.85 米，有效蓄洪容积 7.23 亿立方米。区内有人口 4.43 万人，耕地面积 9.94 万亩。

（2）建设情况

2011 年，水利部以水规计〔2011〕558 号批复了《围堤湖等 10 个蓄洪垸堤防加高加固工程初步设计报告》，安昌垸批复投资 4.6674 亿元，工程范围为一线大堤 84.247 千米。实施堤身加培 62.155 千米，堤身隐患处理及防渗堤防 48.533 千米，堤基防渗处理 42.61 千米，加固、重建或改建穿堤建筑物 37 座。工程于 2011 年至 2013 年陆续开工建设，目前已基本完成。安全建设方面，安昌垸修建移民建镇安置点 54 处、面积 49.71 万平方米。

（3）运用情况

安昌垸自被确定为蓄洪垸以来尚未启用过。

5. 安澧垸

（1）基本情况

安澧垸位于洞庭湖区常德市安乡县西北部，北与湖北省公安县、西与澧县官垸、东与安造垸、南与安保垸隔河相望，四面临水。安澧大垸上顶长江四口之一的淞滋口，受淞滋口东、中两支环抱，下有澧水尾闾与淞虎洪道相抵，是长江洪水泄入洞庭湖的北大门。区内蓄洪面积 136.48 平方千米，设计蓄洪水位 39.90 米，有效蓄洪容积 9.42 亿立方米。区内有人口 7.49 万人，耕地面积 9.8 万亩。

（2）建设情况

2011年，水利部以水规计〔2011〕558号批复了《围堤湖等10个蓄洪垸堤防加高加固工程初步设计报告》，安澧垸批复投资5.485亿元，工程范围为一线大堤69.655千米。实施堤身加培29.785千米，堤身隐患处理及防渗堤防20.495千米，堤基防渗处理33.445千米，加固、重建或改建穿堤建筑物28座。工程于2011年至2013年陆续开工建设，目前已基本完成。安全建设方面，安澧垸修建有顺堤台19处、面积13.45万平方米，安全楼253栋、面积4.2万平方米。

（3）运用情况

安澧垸自被确定为蓄洪垸以来尚未启用过。

6. 屈原垸

（1）基本情况

屈原垸位于湖南省岳阳市境内，属南洞庭湖水系，西临南洞庭湖，北接东洞庭湖，东以汨罗江为界。区内蓄洪面积207.85平方千米，设计蓄洪水位34.83米，有效蓄洪容积12.45亿立方米。区内有人口19.43万人，耕地面积25.07万亩。

（2）建设情况

2011年，水利部以水规计〔2011〕558号批复了《围堤湖等10个蓄洪垸堤防加高加固工程初步设计报告》，屈原垸批复投资3.576亿元，工程范围为一线大堤43.28千米。实施堤身加培15.88千米，堤身隐患处理及防渗堤防35.27千米，堤基防渗处理25.23千米，加固、重建或改建穿堤建筑物12座。工程于2011年至2013年陆续开工建设，目前已基本完成。安全建设方面，屈原垸修建了安全台8处、面积14.35万平方米，安全楼340栋、面积7.08万平方米。

（3）运用情况

屈原垸自被确定为蓄洪垸以来尚未启用过。

7. 九垸

（1）基本情况

九垸隶属于湖南省澧县，位于洞庭湖的西北部，位于澧淞两水尾间，属澧水和松滋西支交汇处的冲积平原。九垸北与重点垸松澧大垸接壤，东濒松滋西支，与西官垸隔河相望，南抵七里湖柴山，西临澧水。区内蓄洪面积47.67平方千米，设计蓄洪水位41.38米，有效蓄洪容积3.82亿立方米。区内有人口2.25万人，耕地面积3.7万亩。

（2）建设情况

2011年，水利部以水规计〔2011〕558号批复了《围堤湖等10个蓄洪垸堤防加高加固工程初步设计报告》，九垸批复投资1.9742亿元，工程范围为一线大堤

24.5 千米。实施堤身加培 24.3 千米，堤身隐患处理及防渗堤防 1.98 千米，堤基防渗处理 12.65 千米，改建穿堤建筑物 1 座。工程于 2011 年至 2013 年陆续开工建设，目前已基本完成。安全建设方面，九垸垸修建了顺堤安全台 14 处、面积 2.44 万平方米。

（3）运用情况

九垸自被确定为蓄洪垸以来尚未启用过。

8. 西官垸

（1）基本情况

西官垸位于洞庭湖区西北部，澧水下游，淞滋河中西之间，东临安乡县的安澧垸，南临安乡县的安保垸，西临七里湖。区内蓄洪面积 74.00 平方千米，设计蓄洪水位 40.50 米，有效蓄洪容积 4.76 亿立方米。区内有人口 1.68 万人，耕地面积 5.73 万亩。

（2）建设情况

2011 年，水利部以水规计〔2011〕558 号批复了《围堤湖等 10 个蓄洪垸堤防加高加固工程初步设计报告》，西官垸批复投资 2.4011 亿元，工程范围为一线大堤 59 千米。实施堤身加培 22.6 千米，堤身隐患处理及防渗堤防 8.18 千米，堤基防渗处理 22.41 千米，改建、整修穿堤建筑物 3 座。工程于 2011 年至 2013 年陆续开工建设，目前已基本完成。

2002 年至 2004 年结合平垸行洪、移民建镇工程，完成了西官垸的移民迁建和分洪闸工程建设。西官垸分洪闸设计流量 1500 立方米每秒，工程于 2005 年进行了完工验收。目前垸内人员已搬迁至安全地区或其他重点垸定居。

（3）运用情况

西官垸自 1980 年形成一个独立的堤垸以来，曾发生过两次溃垸，分别为 1996 年和 1998 年。

9. 澧南垸

（1）基本情况

澧南垸位于洞庭湖区常德市澧县南部，澧水下游右岸，澧水和道水交汇处，东邻津市市灵泉乡、窑坡乡的大旗山，南邻彭平坪垸，西靠丘陵，北与澧阳大垸、县城澧阳镇隔水相望。区内蓄洪面积 33.58 平方千米，设计蓄洪水位 44.61 米，有效蓄洪容积 2.21 亿立方米。区内有人口 3.31 万人，耕地面积 3.5 万亩。

（2）建设情况

2011 年，水利部以水规计〔2011〕558 号批复了《围堤湖等 10 个蓄洪垸堤防加高加固工程初步设计报告》，澧南垸批复投资 2.2688 亿元，工程范围为一线大堤 24.198 千米。实施堤身加培 13.912 千米，堤身隐患处理 1.96 千米，堤基防渗处理

13.3千米，改建穿堤建筑物4座。工程于2011年至2013年陆续开工建设，目前已基本完成。

2002年至2004年结合平垸行洪、移民建镇工程，完成了澧南垸的移民迁建和分洪闸工程建设。澧南垸分洪闸设计流量2380立方米每秒，修建了乔家河、张家滩、窑湾三处安全区，安置面积255万平方米，目前垸内人员已全部安置。

（3）运用情况

澧南垸自1984年被确定为蓄洪垸以来，1998年7月23日被动蓄洪一次，2003年7月11日主动蓄洪一次。

10. 建新垸

（1）基本情况

建新垸位于湖南省岳阳市君山区境内，东界君山垸，南抵东洞庭湖，西与钱粮湖垸接壤，北临长江。区内蓄洪面积45.72平方千米，设计蓄洪水位34.61米，有效蓄洪容积1.56亿立方米。区内有人口1.1万人，耕地面积3.5万亩。

（2）建设情况

2011年，水利部以水规计〔2011〕558号批复了《围堤湖等10个蓄洪垸堤防加高加固工程初步设计报告》，建新垸批复投资1.3526亿元，工程范围为一线大堤37.461千米。实施堤身加培6.18千米，堤身隐患及防渗处理15.871千米，堤基防渗处理11.12千米，重建穿堤建筑物1座。工程于2011年至2013年陆续开工建设，目前已基本完成。安全建设方面，建新垸修建安全楼28栋、面积1.65万平方米。

（3）运用情况

建新垸自被确定为蓄洪垸以来尚未启用过。

11. 安化垸

（1）基本情况

安化垸位于湖南省安乡县，北接湖北省石首市，南抵南县和康垸，东邻南县南鼎垸，西与安昌垸隔河相望。区内蓄洪面积87.32平方千米，设计蓄洪水位38.12米，有效蓄洪容积4.72亿立方米。区内有人口5.03万人，耕地面积7.11万亩。

（2）建设情况

2014年，湖南省发展和改革委员会以湘发改农〔2014〕542号批复了《湖南省洞庭湖区安化等9个蓄洪垸堤防加固工程初步设计报告》，安化垸批复投资3.9529亿元，工程范围为防洪大堤60.887千米。实施堤身加培34.047千米，堤身隐患及防渗处理46.087千米，堤基防渗处理51.562千米，分洪裹头1处，重建、改建、新建、加固穿堤建筑物33座。工程于2014年至2016年陆续开工建设，目前已基本完成。安全建设方面，安化垸修建顺堤安全台 66 处、面积 40.0 万平方米。

（3）运用情况

安化垸自被确定为蓄洪垸以来尚未启用过。

12. 六角山垸

（1）基本情况

六角山垸位于湖南省汉寿县，北靠目平湖，西临安乐湖，内有龙池湖。区内蓄洪面积 18.36 平方千米，设计蓄洪水位 36.00 米，有效蓄洪容积 0.61 亿立方米。区内有人口 1.84 万人，耕地面积 1.08 万亩。

（2）建设情况

2014 年，湖南省发展和改革委员会以湘发改农〔2014〕542 号批复了《湖南省洞庭湖区安化等 9 个蓄洪垸堤防加固工程初步设计报告》，六角山垸批复投资 0.4276 亿元，工程范围为防洪大堤 4.38 千米。实施堤身加培 0.76 千米，堤身隐患及防渗处理 2.903 千米，分洪裹头 1 处，重建、改建穿堤建筑物 6 座。工程于 2014 年至 2016 年陆续开工建设，目前已基本完成。安全建设方面，六角山垸修建了蓄洪指挥中心 1 处、面积 0.1 万平方米，安全楼 208 栋、面积 1.62 万平方米，顺堤安全台 16 处、面积 2.8 万平方米。

（3）运用情况。

六角山垸自被确定为蓄洪垸以来尚未启用过。

13. 和康垸

（1）基本情况

和康垸位于湖南省南县，地处藕池河中、西支之间，三面环水，北南与安乡县安化蓄洪区接壤。区内蓄洪面积 96.10 平方千米，设计蓄洪水位 37.40 米，有效蓄洪容积 6.16 亿立方米。区内有人口 5.46 万人，耕地面积 7.79 万亩。

（2）建设情况

2014 年，湖南省发展和改革委员会以湘发改农〔2014〕542 号批复了《湖南省洞庭湖区安化等 9 个蓄洪垸堤防加固工程初步设计报告》，和康垸批复投资 3.8732 亿元，工程范围为防洪大堤 53.319 千米。实施堤身加培 28.856 千米，堤身隐患及防渗处理 18.96 千米，堤基防渗处理 27.34 千米，分洪裹头 1 处，重建、改建、新建、加固穿堤建筑物 26 座。工程于 2014 年至 2016 年陆续开工建设，目前已基本完成。安全建设方面，和康垸修建了安全楼 211 栋、面积 3.48 万平方米，顺堤安全台 30 处、面积 10.98 万平方米。

（3）运用情况

和康垸自被确定为蓄洪垸以来尚未启用过。

14. 南顶垸

（1）基本情况

南顶垸位于湖南省南县，东与南县育乐大垸毗邻，西与常德安化垸隔河相望。区内蓄洪面积45.94平方千米，设计蓄洪水位37.30米，有效蓄洪容积2.20亿立方米。区内有人口2.59万人，耕地面积3.45万亩。

（2）建设情况

2014年，湖南省发展和改革委员会以湘发改农〔2014〕542号批复了《湖南省洞庭湖区安化等9个蓄洪垸堤防加固工程初步设计报告》，南顶垸批复投资2.5965亿元，工程范围为防洪大堤40.238千米。实施堤身加培9.3千米，堤身隐患及防渗处理34.952千米，堤基防渗处理28.2千米，分洪裹头1处，重建、改建、新建、加固穿堤建筑物19座。工程于2014年至2016年陆续开工建设，目前已基本完成。安全建设方面，南顶垸修建了安全楼50栋、面积0.95万平方米，顺堤安全台8处、面积0.92万平方米。

（3）运用情况

南顶垸自被确定为蓄洪垸以来尚未启用过。

15. 南汉垸

（1）基本情况

南汉垸位于湖南省南县，处于松澧洪道尾端和藕池河中、西支下游，北与安乡县安昌垸相连，东临藕池河中、西支，与和康垸、育乐垸相望，西濒松虎合流，西南临澧水洪道、南隔目平湖与沅江市赤山南咀相望。区内蓄洪面积97.56平方千米，设计蓄洪水位37.40米，有效蓄洪容积6.15亿立方米。区内有人口6.62万人，耕地面积9.07万亩。

（2）建设情况

2014年，湖南省发展和改革委员会以湘发改农〔2014〕542号批复了《湖南省洞庭湖区安化等9个蓄洪垸堤防加固工程初步设计报告》，南汉垸批复投资5.1412亿元，工程范围为防洪大堤73.31千米。实施堤身加培22.726千米，堤身隐患及防渗处理16.01千米，堤基防渗处理28.51千米，分洪裹头2处，重建、改建、新建、加固穿堤建筑物25座，增设沉螺池5座。工程于2014年至2016年陆续开工建设，目前已基本完成。

安全建设方面，南汉垸修建了安全楼182栋、面积2.85万平方米，顺堤安全台27处、面积 15.44 万平方米。

（3）运用情况

南汉垸自被确定为蓄洪垸以来，尚未启用过。

16. 君山垸

（1）基本情况

君山垸位于湖南省岳阳市君山区境内，北靠长江，东与岳阳市主城区隔水相望，南滨东洞庭湖，西与建新农场相接。区内蓄洪面积 90.32 平方千米，设计蓄洪水位 35.00 米，有效蓄洪容积 4.69 亿立方米。区内有人口 7.28 万人，耕地面积 6.89 万亩。

（2）建设情况

2014 年，湖南省发展和改革委员会以湘发改农〔2014〕542 号批复了《湖南省洞庭湖区安化等 9 个蓄洪垸堤防加固工程初步设计报告》，君山垸批复投资 1.2073 亿元，工程范围为防洪大堤 37.978 千米。实施堤身加培 2.536 千米，堤身隐患及防渗处理 15.153 千米，堤基防渗处理 1.571 千米，分洪裹头 1 处，挖废穿堤建筑物 3 座。工程于 2014 年至 2016 年陆续开工建设，目前已基本完成。君山垸目前尚未启动安全建设工程。

（3）运用情况

君山垸自被确定为蓄洪垸以来尚未启用过。

17. 集成安合垸

（1）基本情况

集成安合垸位于湖南省华容县，位于藕池河东支岔道之中（梅田湖河和鲇鱼须河之间），南面与南县育才垸隔河相望，西面与永固垸一衣带水，北邻湖北久合垸，东眺护城大垸。区内蓄洪面积 130.77 平方千米，设计蓄洪水位 36.69 米，有效蓄洪容积 6.26 亿立方米。区内有人口 6.44 万人，耕地面积 8.69 万亩。

（2）建设情况

2014 年，湖南省发展和改革委员会以湘发改农〔2014〕542 号批复了《湖南省洞庭湖区安化等 9 个蓄洪垸堤防加固工程初步设计报告》，集成安合垸批复投资 3.2291 亿元，工程范围为防洪大堤 65.565 千米。实施堤身加培 1.3 千米，堤身隐患及防渗处理 33.725 千米，堤基防渗处理 24.46 千米，分洪裹头 1 处，重建、改建、加固穿堤建筑物 21 座，增设沉螺池 9 座。工程于 2014 年至 2016 年陆续开工建设，目前已基本完成。安全建设方面，集成安合垸修建了安全楼 257 栋、面积 5.5 万平方米，顺堤安全台 9 处、面积 1.355 万平方米。

（3）运用情况

集成安合垸自被确定为蓄洪垸以来尚未启用过。

18. 义合垸

（1）基本情况

义合垸位于湖南省湘阴县，东北角与洋沙湖垸相邻，北面与城西垸隔江相望，西与烂泥湖大圈岭北垸隔江相望，东南为丘陵区。义合金鸡垸始建于1975年，区内蓄洪面积14.99平方千米，设计蓄洪水位35.41米，有效蓄洪容积0.79亿立方米。区内有人口1.65万人，耕地面积1.48万亩。

（2）建设情况

2014年，湖南省发展和改革委员会以湘发改农〔2014〕542号批复了《湖南省洞庭湖区安化等9个蓄洪垸堤防加固工程初步设计报告》，义合金鸡垸批复投资0.9014亿元，工程范围为防洪大堤9.93千米。实施堤身加培8.36千米，堤身隐患及防渗处理7.775千米，堤基防渗处理6.63千米，分洪裹头2处，改建、重建、加固穿堤建筑物4座，增设沉螺池1座。工程于2014年至2016年陆续开工建设，目前已基本完成。

安全建设方面，义合金鸡垸修建了安全楼28栋、面积0.4336万平方米。

（3）运用情况

义合金鸡垸自被确定为蓄洪垸以来尚未启用过。1998年7月28日，根据调度指令，拟选在娘娘堆堤段扒口蓄洪，并进行了人员转移，后根据水情变化取消了启用。

19. 北湖垸

（1）基本情况

北湖垸位于湖南省湘阴县，位于湘资两水尾闾，三面环水。北湖垸始建于1966年，区内蓄洪面积35.99平方千米，设计蓄洪水位35.41米，有效蓄洪容积1.91亿立方米。区内有人口2.8万人，耕地面积3.73万亩。

（2）建设情况

2014年，湖南省发展和改革委员会以湘发改农〔2014〕542号批复了《湖南省洞庭湖区安化等9个蓄洪垸堤防加固工程初步设计报告》，义合金鸡垸批复投资0.9488亿元，工程范围为防洪大堤10.8千米。实施堤身加培6.29千米，堤身隐患及防渗处理6.47千米，堤基防渗处理3.14千米，分洪裹头1处，重建穿堤建筑物1座。工程于2014年至2016年陆续开工建设，目前已基本完成。安全建设方面，北湖垸修建了安全楼26栋、面积0.4547万平方米，顺堤安全台4处、1.89万平方米。

（3）运用情况

北湖垸自被确定为蓄洪垸以来尚未启用过。

20. 江南陆城垸

（1）基本情况

江南陆城垸行政分属岳阳市的临湘市和云溪区，建成于 1963 年，区内蓄洪面积 188.05 平方千米，设计蓄洪水位 33.50 米，有效蓄洪容积 10.48 亿立方米。区内有人口 18.97 万人，耕地面积 18.4 万亩。

（2）建设情况

江南陆城蓄洪垸一线防洪大堤长 43.54 千米，全部为长江干堤，经过 1998 年大水后建设，目前堤身断面已达规划设计标准。安全建设方面，修建了安全楼 91 栋、面积 1.95 万平方米，顺堤安全台 8 处、4.212 万平方米。

（3）运用情况

江南陆城垸自被确定为蓄洪垸以来尚未启用过。

21. 建设垸

（1）基本情况

建设垸位于湖南省岳阳市君山区西北部，东临长江，与湖北省监利县隔江相望，南与岳阳监狱唇齿相依，西北部为丘陵地带，建成于 1955 年。区内蓄洪面积 100.65 平方千米，设计蓄洪水位 34.61 米，有效蓄洪容积 3.54 亿立方米。区内有人口 6.91 万人，耕地面积 11.98 万亩。

（2）建设情况

建设垸围堤总长 27.7 千米，由长江干堤和建新垸之间隔堤组成，其中长江干堤长 16.2 千米已达规划的设计标准。目前尚未启动安全建设工程。

（3）运用情况

建设垸自被确定为蓄洪垸以来尚未启用过。

22. 洪湖中分块

（1）基本情况

洪湖中分块蓄滞洪区位于湖北省洪湖市，地处洪湖蓄滞洪区中部。区内蓄洪面积 1053.09 平方千米，设计蓄洪水位 32.5 米，有效蓄洪容积 67.23 亿立方米。区内有人口 39.41 万人，耕地面积 28.93 万亩。

（2）建设情况

洪湖中分块蓄滞洪区围堤由长江干堤、腰口隔堤、洪湖主隔堤和螺山隔堤组成，其中，长江干堤已达设计标准，其他围堤加高加固工程尚未启动。规划的新堤大闸工程、安全建设工程尚未启动。

（3）运用情况

洪湖中分块蓄滞洪区作为洪湖分蓄洪区的一部分尚未启用过。

23. 洪湖西分块

（1）基本情况

洪湖西分块蓄滞洪区湖北省监利县，地处洪湖蓄滞洪区西部。区内蓄洪面积858.19平方千米，设计蓄洪水位32.5米，有效蓄洪容积49.75亿立方米。区内有人口47.54万人，耕地面积56.45万亩。

（2）建设情况

洪湖西分块蓄滞洪区围堤由长江干堤、洪湖主隔堤、螺山隔堤组成，其中，长江干堤已达设计标准，其他围堤加高加固工程尚未启动。规划的螺山隔堤及过洪口门工程尚未启动。

（3）运用情况

洪湖西分块蓄滞洪区作为洪湖分蓄洪区的一部分尚未启用过。

三、武汉附近区蓄滞洪区

武汉附近蓄滞洪区位于长江中游，由杜家台、西凉湖、武湖、涨渡湖、白潭湖和东西湖六处蓄滞洪区组成，总蓄洪面积3125.53平方千米，有效蓄洪容积129.94亿立方米。

（一）杜家台蓄滞洪区

1. 基本情况

杜家台蓄滞洪区位于长江左岸、汉江下游右岸的武汉市蔡甸区和汉南区及仙桃市境内。区内蓄洪面积603.02平方千米，设计蓄洪水位30.0米，有效蓄洪容积22.9亿立方米。区内有人口18万人，耕地面积45.68万亩。

2. 建设情况

1956年，国家投资建成了汉江杜家台分洪闸，1965年东荆河下游改道与汉南泛区隔离，1970年通顺河下游通长江的黄陵矶闸建成后，形成了完整的杜家台分蓄洪区。2000年至2008年，湖北省发展和改革委员会和水利厅三次共下达资金12492万元对蓄洪工程进行了应急加固。2015年，水利部水利水电规划设计总院以水总规〔2015〕507号审查通过《湖北省杜家台分蓄洪区蓄滞洪工程和安全建设工程可行性研究报告》，审定投资20.5885亿元，目前该项目尚未批复实施。

杜家台蓄滞洪区围堤由长江干堤、东荆河堤、分洪道堤、北围堤、西围堤以及新河垸堤组成，围堤总长183.84千米。其中，长江干堤和东荆河堤在1998年大水后通过整险加固已经达标，其他围堤尚未达标。

杜家台蓄滞洪区已建进退洪控制工程各1座。杜家台分洪闸用于分泄汉江超额洪水，设计进洪流量4000立方米每秒，校核流量5300立方米每秒；黄陵矶闸既是分蓄（分流）汉江洪水时的泄水闸，又是分蓄长江洪水时的进洪闸，其设计流量为2700立方米每秒。

安全建设方面，现已建成安全台29.32万平方米，避水楼34栋、建筑面积2.03万平方米，转移公路52条、总长299.67千米，公路桥梁3座。

3. 运用情况

杜家台分蓄洪工程自1956年建成以来，共分洪、分流运用20次，历时2260小时，累计分洪水量194.36亿立方米，为保障汉江下游和武汉市的防洪安全发挥了巨大作用。

（二）西凉湖蓄滞洪区

1. 基本情况

西凉湖蓄滞洪区位于长江南岸的咸宁、蒲圻、嘉鱼和武汉市江夏区境内，包括西凉湖、斧头湖、鲁湖等湖泊。区内蓄洪面积1085.61平方千米，设计蓄洪水位31.00米，有效蓄洪容积45.01亿立方米。区内有人口50.18万人，耕地面积42.15万亩。

2. 建设情况

西凉湖蓄滞洪区围堤由武汉、咸宁市长江干堤组成，总长30.66千米，都已达标。该蓄滞洪区尚未建设分洪控制工程，现状条件下如需分洪运用，只能采取临时扒口。规划分洪口门在嘉鱼县潘家湾镇肖家洲，设计口门宽1000米，设计分洪流量10000立方米每秒，最大分洪流量14350立方米每秒。区内尚未建设安全区（台），现有主要安全建设设施为转移道路8条、长47.9千米，分洪运用时区内人口需临时转移。

3. 运用情况

西凉湖蓄滞洪区自划定为蓄滞洪区以来尚未启用过。

（三）武湖蓄滞洪区

1. 基本情况

武湖蓄滞洪区位于长江北岸的武汉市黄陂区和新洲区境内。区内蓄洪面积305.15平方千米，设计蓄洪水位29.1米，有效蓄洪容积14.99亿立方米。区内有人口14.71万人，耕地面积18.57万亩。

2. 建设情况

武湖蓄滞洪区于1969年围垦建成，围堤由武湖长江干堤和滠水东堤组成，总长37.25千米，现均已达标。该蓄滞洪区尚未建设分洪控制工程，现状条件下如需分洪运用，只能采取临时扒口。规划分洪口门在长江干堤武湖堤窑头，口门宽500米，设计分、吐洪流量5000立方米每秒。区内尚未建设安全区（台），现有主要安全建设设施为转移道路9条、长27.45千米，如将分洪运用区内有人口需临时转移。

3. 运用情况

武湖蓄滞洪区自划定为蓄滞洪区以来尚未启用过。

（四）涨渡湖蓄滞洪区

1. 基本情况

涨渡湖蓄滞洪区位于长江北岸的武汉市新洲区境内，与武湖蓄滞洪区毗邻。区内蓄洪面积438.32平方千米，设计蓄洪水位28.3米，有效蓄洪容积18.17亿立方米。区内有人口35.6万人，耕地面积39.5万亩。

2. 建设情况

涨渡湖蓄滞洪区于1954年围垦建成，围堤由堵龙干堤、倒水东堤、举水西堤组成，总长95.55千米，现均已达标。该蓄滞洪区尚未建设分洪控制工程，现状条件下如需分洪运用，只能采取临时扒口。规划分洪口门在长江堵龙干堤童家大湾，口门宽580米，设计分、吐洪流量5000立方米每秒。区内尚未建设安全区（台），现有主要安全建设设施为转移道路16条，如将分洪运用区内人口需临时转移。

3. 运用情况

涨渡湖蓄滞洪区自划定为蓄滞洪区以来尚未启用过。

（五）白潭湖蓄滞洪区

1. 基本情况

白潭湖蓄滞洪区位于长江北岸的黄冈市境内，与涨渡湖蓄滞洪区毗邻。区内蓄洪面积261.83平方千米，设计蓄洪水位27.5米，有效蓄洪容积6.88亿立方米。区内有人口62.27万人，耕地面积25.69万亩。

2. 建设情况

白潭湖蓄滞洪区于1953年围垦建成，围堤由堵龙干堤、长城堤、长孙堤、举水东堤、巴河老城堤组成，总长71.13千米。其中，堵龙干堤、长城堤、长孙堤、巴河老城堤在1998年大水后通过整险加固已经达标，举水东堤尚未达标。该蓄滞洪区尚未建设分洪控制工程，现状条件下如需分洪运用，只能采取临时扒口。规划分洪口门在长江长城堤黄州区禹王新生村，口门宽550米，设计分、吐洪流量5000立方米每秒。区内尚未建设安全区（台），现有主要安全建设设施为转移道路10条，如将分洪运用区内有人口需临时转移。

3. 运用情况

白潭湖蓄滞洪区自划定为蓄滞洪区以来尚未启用过。

（六）东西湖蓄滞洪区

1. 基本情况

东西湖蓄滞洪区位于武汉市西北面，西靠汉江，东临府环河，隔张公堤与城区汉口保护圈相连。区内蓄洪面积 431.60 平方千米，设计蓄洪水位 29.50 米，有效蓄洪容积 21.99 亿立方米。区内有人口 26.95 万人，耕地面积 22.3 万亩。

2. 建设情况

东西湖蓄滞洪区于 1958 年围垦建成，围堤由汉江干堤、东西湖围堤和张公堤组成，总长 114.25 千米，目前均已达标。东西湖蓄滞洪区尚未建设分洪控制工程，现状条件下如需分洪运用，只能采取临时扒口。规划分洪口门位于汉江干堤新沟街附近，口门宽 560 米，设计进洪流量 5000 立方米每秒；吐洪口门位于府澴河东西湖围堤李家墩街附近，口门宽 180 米，设计吐洪流量 2500 立方米每秒。区内有人口采取临时转移安置。

3. 运用情况

东西湖蓄滞洪区自划定为蓄滞洪区以来尚未启用过。

四、湖口附近区蓄滞洪区

湖口附近蓄滞洪区由江西省鄱阳湖区康山、方洲斜塘、黄湖、珠湖 4 处蓄滞洪区和横跨安徽、湖北两省的华阳河蓄滞洪区组成，蓄洪面积 1856.23 平方千米，有效蓄洪容积 49.55 亿立方米。

（一）康山蓄滞洪区

1. 基本情况

康山蓄滞洪区位于鄱阳湖东南岸，赣江南支、抚河、信江三河汇流口下游尾闾，属江西省上饶市余干县管辖。区内蓄洪面积 298.24 平方千米，设计蓄洪水位 22.55 米，有效蓄洪容积 15.01 亿立方米。区内有人口 9.83 万人，耕地面积 17.58 万亩。

2. 建设情况

蓄滞洪区围堤由北面临湖的康山大堤、南面的不连续隔堤组成，全长 39.13 千米，其中康山大堤长 36.20 千米，隔堤长 2.93 千米，目前均已达标。分洪口门设在康山大堤桩号 17+500 ～ 18+200 之间，口门宽约 700 米。区内共规划东西安全区、古竹安全区 2 处安全区，其中西安全区已基本建成，古竹安全区正在实施，区内有躲水楼 7 栋、4440 平方米。

3. 运用情况

康山滞洪区至今未主动分洪运用过，1983 年 7 月 14 日曾发生溃口被动分洪一次。

（二）珠湖蓄滞洪区

1. 基本情况

珠湖蓄滞洪区位于鄱阳湖东岸，饶河出口附近，属江西省上饶市波阳县管辖。区内蓄洪面积 153.08 平方千米，设计蓄洪水位 22.72 米，有效蓄洪容积 4.63 亿立方米。区内有人口 9.40 万人，耕地面积 8.43 万亩。

2. 建设情况

蓄滞洪区围堤主要为西面的珠湖大堤，建于 1985 年，全长 19.56 千米，目前已完成达标建设。分洪口门位置设在珠湖联圩桩号 14+100 ～ 14+600（白沙洲附近），口门宽 500 米。区内有躲水楼 2 栋、面积 1130 平方米，安全建设尚未开展。

3. 运用情况

珠湖蓄滞洪区自被确定为蓄滞洪区以来尚未启用过。

（三）黄湖蓄滞洪区

1. 基本情况

黄湖蓄滞洪区位于江西省南昌县蒋巷联圩东北部，属南昌县管辖。区内蓄洪面积 49.26 平方千米，设计蓄洪水位 23.26 米，有效蓄洪容积 2.87 亿立方米。区内有人口 0.57 万人，耕地面积 4.46 万亩。

2. 建设情况

黄湖蓄滞洪区围堤总长 35.68 千米，其中，临湖围堤长 27.13 千米，与蒋巷联圩之间隔堤长 8.55 千米，现均已达标。分洪口门设在蒋巷联圩桩号 59+600 ～ 59+800，口门宽 200 米，目前口门裹头尚未实施。区内有躲水楼 2 栋、面积 752 平方米，安全建设尚未开展。

3. 运用情况

黄湖蓄滞洪区自被确定为蓄滞洪区以来尚未启用过。

（四）方洲斜塘蓄滞洪区

1. 基本情况

方洲斜塘蓄滞洪区位于江西省新建县赣西联圩西北部，属新建县铁河乡管辖。区内蓄洪面积 34.11 平方千米，设计蓄洪水位 22.67 米，有效蓄洪容积 2.01 亿立方米。区内有人口 0.88 万人，耕地面积 4.07 万亩。

2. 建设情况

方洲斜塘蓄滞洪区围堤总长 20.79 千米，其中，临湖堤防长 14.21 千米，与赣西重点联圩之间隔堤长 6.58 千米，目前均已达标。分洪口门设在赣西联圩铁河闸与方洲电排站之间，口门宽 170 米。区内有躲水楼 2 栋、面积 420 平方米，安全建设尚未开展。

3. 运用情况

方洲斜塘蓄滞洪区自被确定为蓄滞洪区以来尚未启用过。

（五）华阳河蓄滞洪区

1. 基本情况

华阳河蓄滞洪区位于长江中下游交界处的鄱阳湖入江口北岸，地跨安徽、湖北两省，是由华阳河流域内大部分的湖泊和沿湖垦区所组成的。蓄滞洪区范围西起湖北黄梅县西隔堤，东至安徽华阳河东隔堤，北依丘陵岗地，南靠黄广、同马大堤。根据水利部水利水电规划设计总院复审后的《华阳河蓄滞洪区建设工程可行性研究报告》，设计蓄洪水位 19.17 米。据复核量算，区内蓄洪面积 1594.26 平方千米，有效蓄洪容积为 25.03 亿亿立方米。区内有人口 59.11 万人，耕地面积 55.84 万亩。

2. 建设情况

华阳河蓄滞洪区围堤由黄广大堤 2.55 千米、同马大堤 83.77 千米、东隔堤 8.14 千米、西隔堤 38.94 千米共同组成，全长 133.40 千米。目前除西隔堤未达设计标准外，其余堤防均达到设计标准。1995 年 12 月至 1996 年 1 月，在西隔堤（20+930 ～ 22+525）1.595 千米长的堤段内进行了加固试验，软基堤段加固措施采取加筑反压平台、加土工织物和塑料排水带加快固结等方法进行了试验比较，完成投资约 1000 万元。1996 年至 1998 年，又在西隔堤王山腰段（15+880 ～ 16+480）0.6 千米长的堤段内进行了加固试验，完成国家投资 220 万元。2004 年起，实施了 2004 年、2006 年、2008 年三个年度的西隔堤应急整险加固工程，西隔堤应急整险加固工程共加固堤长 10.229 千米，共完成投资约 4000 万元。2014 年起西隔堤实施了喇叭湖和芦竹埂堤段整险加固工程，加固堤防长度 8.19 千米，完成投资约 6000 万元。2012 年起，黄梅县利用中小河流治理资金，实施了黄梅县新县河整治工程，对西隔堤 33+000 ～ 34+646 段进行了加固，完成投资 2800 万元。西隔堤经多年建设，目前已初具规模，堤顶高程大多达到 16.50 ～ 19.50 米，基本上可防御龙感湖渍水位，抵御了 1954 年以后的最高湖水位 15.32 米（1999 年），但临湖段堤身、护坡损坏严重，远不能防御蓄洪水位。

华阳河蓄滞洪区现状为扒口分洪，分洪口门位于同马大堤占家峦，口门宽 400 米，设计分洪流量 7000 立方米每秒。进退洪工程和安全建设工程目前仍在开展前期工作，尚未实施。

3. 运用情况

华阳河蓄滞洪区自被确定为蓄滞洪区以来尚未启用过。

第三节 防洪水库

水库工程是长江防洪综合治理的重要措施之一，是长江防洪体系的重要组成部分。长江流域的水库主要于20世纪50年代初期开始兴建，如1952年至1953年兴建金盆、大坳、石子岩、石龙等中小型水库，1956年后兴建狮子滩、石门、鸭河口等大型水库，1957年至1958年流域内各省（自治区、直辖市）开工兴建的水库约占流域水库总数的40%以上。1958年起，陆续兴建了白莲河、柘溪、漳河、富水、陈村、柘林、丹江口、花凉亭、黄龙滩、凤滩、乌江渡、东江、葛洲坝、安康、万安、隔河岩、五强溪、宝珠寺、升钟等大型水库。

据统计，长江流域已建成大中小型水库5.12万座，总库容约3588亿立方米。已建成以防洪为首要任务或具有较大防洪作用的大型水库主要有三峡、丹江口、五强溪、柘林、柘溪、万安、隔河岩、漳河等，其中长江防洪骨干水库三峡水库防洪库容221.5亿立方米，分为对城陵矶地区进行防洪补偿调度库容、对荆江河段进行防洪补偿调度库容和防御特大洪水的库容三部分；上游干流梨园、阿海、金安桥、龙开口、鲁地拉、观音岩、溪洛渡、向家坝，雅砻江锦屏一级、二滩，岷江紫坪铺、瀑布沟，嘉陵江碧口、宝珠寺、亭子口、草街，乌江构皮滩、思林、沙沱、彭水等重要水库除承担所在河流的防洪任务外，还配合三峡水库承担长江中下游防洪任务；中下游主要支流上的丹江口、水布垭、隔河岩、漳河、五强溪、柘溪、江垭、皂市、万安、峡江、柘林、廖坊等重要水库除承担所在河流的防洪任务外，还配合减轻长江干流的防洪压力。长江流域承担防洪任务的重要水库分布示意图见附图6。

针对防洪标准低、坝体坝基等存在隐患的病险水库，国家从1986年开始分批进行除险加固。1986年，长岗、漳河、温峡口等8座大型水库列入第一批全国重点病险水库开始除险加固。1992年，紫云山、云台山、明山等12座大型水库列入第二批全国重点病险水库进行加固。1998年长江大洪水后，根据《全国病险水库、水闸除险加固专项规划报告》，又补充了53座大型、215座重点中型病险水库为第二批加固项目。2008年，国务院批准了《全国病险水库除险加固专项规划》，长江流域5000余座大中型和重点小型病险水库列入专项规划进行除险加固。目前，第一、二批水库除险加固工程已经完成，专项规划的水库除险加固正在进行。1998年大水后共完成了流域内99座大型水库、930座中型水库和大量小型病险水库的加固工作。水库除险加固后，大坝坝体防渗性能和坝坡抗滑稳定性普遍得到提高，输水管、溢洪道安全状况得到明显改善，防汛道路、通信、水雨情测报等基础设施较为齐备，消除了防洪安全隐患，保障了水库功能有效的发挥。规划内大批病险水库经过除险加固开始发挥巨大经济和社会效益，成效十分显著。

一、长江上游干支流重要防洪水库

（一）梨园水库

梨园水库为金沙江中游干流上的大（2）型水库，位于云南省丽江市玉龙县与迪庆州香格里拉县交界河段，坝址在三江口上游15千米处，上游与两家人水库相衔接，下游为阿海梯级。2011年1月开工建设。

梨园水库为周调节水库。校核洪水位1623.21米，设计洪水位1618米，防洪高水位1618米，正常蓄水位1618米，汛期防洪限制水位1605米，死水位1605米。水库总库容8.05亿立方米，正常蓄水位以下库容7.27亿立方米，防洪库容1.73亿立方米。

梨园水库功能以发电为主，兼有防洪、旅游等综合效益。防洪任务为：确保枢纽自身防洪安全；与金沙江水库群联合调度配合三峡水库承担长江中下游防洪任务；必要时，与金沙江中游水库群联合调度配合金沙江下游水库减轻川渝河段防洪压力。

（二）阿海水库

阿海水库为金沙江中游干流上的大（2）型水库，位于云南省丽江市玉龙县鸣音乡，坝址在翠依河口下游约5千米处，上游与梨园梯级衔接。2005年12月开工建设，到2014年6月电站5台单机容量40万千瓦机组已全部投产。

阿海水库为日调节水库。校核洪水位1507.48米，设计洪水位1504米，防洪高水位1504米，正常蓄水位1504米，汛期防洪限制水位1493.3米，死水位1492米。水库总库容8.85亿立方米，正常蓄水位以下库容8.06亿立方米，防洪库容2.15亿立方米。

阿海水库功能以发电为主，兼有防洪、旅游等综合效益。防洪任务为：确保枢纽自身防洪安全；与金沙江水库群联合调度配合三峡水库承担长江中下游防洪任务；必要时，与金沙江中游水库群联合调度配合金沙江下游水库减轻川渝河段防洪压力。

（三）金安桥水库

金安桥水库为金沙江中游干流上的大（2）型水库，位于云南省丽江市，左右岸分属永胜县和丽江县，上接阿海梯级。2003年8月开工建设，2011年发电。

金安桥水库为日（季）调节水库。校核洪水位1421.07米，设计洪水位1418米，防洪高水位1418米，正常蓄水位1418米，防洪限制水位1410米，死水位1398米。水库总库容9.13亿立方米，正常蓄水位以下库容8.47亿立方米，防洪库容1.58亿立方米。

金安桥水库功能以发电为主，兼顾防洪。防洪任务为：确保枢纽自身防洪安全；与金沙江水库群联合调度配合三峡水库承担长江中下游防洪任务；必要时，与金沙江中游水库群联合调度配合金沙江下游水库减轻川渝河段防洪压力。

（四）龙开口水库

龙开口水库为金沙江中游干流上的大（2）型水库，位于云南省大理州鹤庆县龙开口镇，上游与金安桥梯级衔接，下游为鲁地拉梯级。2007年7月开工建设，2012年12月首台机组投产发电，2013年建成。

龙开口水库为日调节水库。校核洪水位1301.3米，设计洪水位1298米，防洪高水位1298米，正常蓄水位1298米，汛期防洪限制水位1289米，死水位1290米。水库总库容5.58亿立方米，正常蓄水位以下库容5.07亿立方米，防洪库容1.26亿立方米。

龙开口水库功能以发电为主，兼顾灌溉和供水。防洪任务为：确保枢纽自身防洪安全；与金沙江水库群联合调度配合三峡水库承担长江中下游防洪任务；必要时，与金沙江中游水库群联合调度配合金沙江下游水库减轻川渝河段防洪压力。

（五）鲁地拉水库

鲁地拉水库为金沙江干流上的大（1）型水库，位于云南省大理州宾川县与丽江市永胜县交界的金沙江中游河段上，坝址在金江大桥下游28千米处，距宾川县城95千米，距大理市160千米。2007年1月开工建设，后停工，2010年重新开工。

鲁地拉水库为日调节水库。校核洪水位1225.88米，设计洪水位1223米，防洪高水位1223米，正常蓄水位1223米，汛期防洪限制水位1212米，死水位1216米。水库总库容17.18亿立方米，正常蓄水位以下库容15.48亿立方米，防洪库容5.64亿立方米。

鲁地拉水库功能以发电为主，兼顾防洪。防洪任务为：确保枢纽自身防洪安全；与金沙江水库群联合调度配合三峡水库承担长江中下游防洪任务；必要时，与金沙江中游水库群联合调度配合金沙江下游水库减轻川渝河段防洪压力。

（六）观音岩水库

观音岩水库为金沙江干流上的大（1）型水库，位于云南省丽江市华坪县与四川省攀枝花市交界的金沙江中游河段，上游与鲁地拉梯级相衔接，坝址距攀枝花市72千米，距华坪县城40千米。2009年开工建设。

观音岩水库为周调节水库。校核洪水位1137.37米，设计洪水位1134米，防洪高水位1134米，正常蓄水位1134米，汛期防洪限制水位1122.3米（7月）～1128.8米（8—9月），死水位1122.3米。水库总库容22.5亿立方米，正常蓄水位以下库容20.72亿立方米，防洪库容5.42亿～2.53亿立方米。

观音岩水库功能以发电为主，兼顾供水和防洪。防洪任务为确保枢纽自身防洪安全；提高攀枝花市防洪标准至 50 年一遇；与金沙江水库群联合调度配合三峡水库承担长江中下游防洪任务；必要时，与金沙江中游水库群联合调度配合金沙江下游水库减轻川渝河段防洪压力。

（七）溪洛渡水库

溪洛渡水库为金沙江干流上的大（1）型水库，位于四川省雷波县和云南省永善县交界的金沙江下游河段溪洛渡峡谷，下距宜宾市约 184 千米。2005 年 12 月开工建设，2013 年基本建成，首批机组发电，2014 年 7 月 4 日全部机组投产发电。

溪洛渡水库为年调节水库。校核洪水位 608.9 米，设计洪水位 600.63 米，防洪高水位 600 米，正常蓄水位 600 米，汛期防洪限制水位 560 米，死水位 540 米。水库总库容 126.7 亿立方米，正常蓄水位以下库容 115.74 亿立方米，防洪库容 46.51 亿立方米。

溪洛渡水库功能以发电为主，兼有防洪、拦沙、改善下游航运条件等综合效益。防洪任务为：确保枢纽自身防洪安全；与向家坝水库联合调度，提高川渝河段宜宾、泸州主城区的防洪标准至 50 年一遇，减轻重庆主城区的防洪压力；配合三峡水库承担长江中下游防洪任务。

（八）向家坝水库

向家坝水库为大（1）型水库，是金沙江干流上最末一级梯级，位于四川省宜宾县和云南省水富县两省交界的金沙江下游河段上，下距水富县城 1 千米，距宜宾市 33 千米，上距溪洛渡梯级 157 千米。2006 年 11 月开工建设，2013 年首批机组发电，2014 年 4 月 7 日全部机组投产发电。

向家坝水库为季调节水库。校核洪水位 381.86 米，设计洪水位 380 米，防洪高水位 380 米，正常蓄水位 380 米，汛期防洪限制水位 370 米，死水位 370 米。水库总库容 51.63 亿立方米，正常蓄水位以下库容 49.77 亿立方米，防洪库容 9.03 亿立方米。

向家坝水库功能以发电为主，兼有防洪、航运、灌溉、拦沙等综合效益。防洪任务为：确保枢纽自身防洪安全；与溪洛渡水库联合调度，提高川渝河段宜宾、泸州主城区的防洪标准至 50 年一遇，减轻重庆主城区的防洪压力；配合三峡水库承担长江中下游防洪任务。

（九）三峡水库

三峡水库位于长江干流三峡河段湖北省宜昌市三斗坪，下距宜昌市主城区约 40 千米，上距重庆市主城区约 600 千米。1994 年 12 月正式开工建设，2006 年水库蓄水至初期运行水位 156 米，2008 年汛末开始 175 米试验性蓄水运行。

三峡水库为年调节（季调节）水库。水库校核洪水位 180.4 米，设计洪水位 175 米，防洪高水位175米，正常蓄水位175米，汛期防洪限制水位145米，死水位145米。水库总库容450.7亿立方米，正常蓄水位以下库容393亿立方米，防洪库容221.5亿立方米。

三峡水库防洪任务：是确保三峡和葛洲坝水利枢纽防洪安全；对长江上游洪水进行调控，使荆江河段防洪标准达到100年一遇，遇100年一遇至1000年一遇洪水，包括1870年同大洪水时，控制枝城站流量不大于80000立方米每秒，配合蓄滞洪区的运用，保证荆江河段行洪安全，避免两岸干堤漫溃发生毁灭性灾害；根据城陵矶地区防洪要求，考虑长江上游来水情况和水文气象预报，适度调控洪水，减少城陵矶地区分蓄洪量。

（十）锦屏一级水库

锦屏一级水库为金沙江支流雅砻江干流上的大（1）型水库，位于四川省凉山州盐源县和木里县境内，距成都市直线距离约340千米，上游与卡拉梯级衔接，下游与锦屏二级衔接。2005年11月开工建设，2014年竣工。

锦屏一级水库为年调节水库。校核洪水位1883.6米，设计洪水位1880.6米，防洪高水位1880米，正常蓄水位1880米，汛期防洪限制水位1859米，死水位1800米。水库总库容79.9亿立方米，正常蓄水位以下库容77.65亿立方米，防洪库容16.0亿立方米。

锦屏一级水库主要功能是发电，结合汛期蓄水兼有减轻长江中下游防洪负担的作用。防洪任务为：确保枢纽自身防洪安全；配合三峡水库承担长江中下游防洪任务；必要时，联合二滩等水库减轻雅砻江下游、金沙江下游和川渝河段的防洪压力。

（十一）二滩水库

二滩水库为金沙江支流雅砻江下游干流上的一座大（1）型水库，位于四川省攀枝花市米易县和盐边县境内，距攀枝花市城区46千米。1991年开工建设，1998年底下闸蓄水，1999年底6台机组全部并网发电，2001年完工。

二滩水库为季调节水库。校核洪水位1203.5米，设计洪水位1200米，防洪高水位1200米，正常蓄水位1200米，汛期防洪限制水位1190米，死水位1155米。水库总库容58.0亿立方米，正常蓄水位以下库容57.93亿立方米，防洪库容9亿立方米。

二滩水库功能以发电为主，兼有防洪、航运、旅游等综合效益。防洪任务为：确保枢纽自身防洪安全；配合三峡水库承担长江中下游防洪任务；必要时联合锦屏一级等水库减轻雅砻江下游、金沙江下游和川渝河段防洪压力。

（十二）紫坪铺水库

紫坪铺水库为岷江干流上游的大（1）型水库，位于四川省都江堰市境内，下游距都江堰市约9千米，东南距成都市城区60千米。2001年开工建设，2005年12月下闸蓄水，2006年5月4台机组全部投产发电。2008年汶川大地震后进行了恢复重建，2011年9月完成。

紫坪铺水库为年调节水库。校核洪水位883.1米，防洪高水位861.6米，正常蓄水位877米，汛期防洪限制水位850米，死水位817米。水库总库容11.12亿立方米，正常蓄水位以下库容9.99亿立方米，防洪库容1.67亿立方米。

紫坪铺水库功能以灌溉、供水为主，兼有发电、防洪、环境保护和旅游等综合效益。防洪任务为：确保枢纽自身防洪安全；提高水库下游金马河防洪标准至100年一遇；必要时，适度承担川渝河段防洪任务和配合三峡水库承担长江中下游防洪任务。

（十三）瀑布沟水库

瀑布沟水库为岷江水系大渡河中游上的大（1）型水库。位于大渡河中游尼日河汇口上游觉托附近，地跨四川省西部汉源县和甘洛县县境，上距汉源县城28千米，下距成昆铁路汉源车站9千米。2004年3月正式开工建设，2005年11月工程成功截流，2009年12月首台机组投产发电，2010年12月全部机组投产发电。

瀑布沟水库为年（季）调节水库。校核洪水位853.78米，设计洪水位850.24米，防洪高水位850米，正常蓄水位850米，汛期防洪限制水位836.2米（6—7月）～841米（8—9月），死水位790米。水库总库容53.32亿立方米，正常蓄水位以下库容50.11亿立方米，防洪库容10.56亿立方米。

瀑布沟水库功能以发电为主，兼有防洪、拦沙等综合利用效益。防洪任务为：确保枢纽自身防洪安全；遇水库上游来水为主的洪水时，提高水库下游成昆铁路沙坪段防洪标准至100年一遇；必要时，减轻乐山市城区和下游重要城镇防洪压力；承担川渝河段防洪任务和配合三峡水库承担长江中下游防洪任务。

（十四）碧口水库

碧口水库为嘉陵江支流白龙江上的大（2）型水库，也是白龙江梯级开发中的第一个梯级，位于甘肃省陇南市文县碧口镇，上距河源465千米，下距碧口镇3千米，距河口111千米。1969年5月开工建设，1977年6月竣工。

碧口水库为年（季）调节水库。校核洪水位708.8米，设计洪水位708米，防洪高水位708米，正常蓄水位704米，汛期防洪限制水位697米（5月初至6月中旬）～695米（6月中旬至9月底），死水位685米。水库总库容2.17亿立方米，正常蓄水位以下库容1.53亿立方米，防洪库容0.83亿～1.03亿立方米。

碧口水库功能以发电为主，兼有防洪、灌溉等综合效益。防洪任务为：确保枢纽自身防洪安全，减轻下游沿岸防洪压力。

（十五）宝珠寺水库

宝珠寺水库为嘉陵江支流白龙江干流上的大（1）型水库，位于四川省广元市利州区三堆镇。1978 年 6 月开工建设，1979 年停建，1984 年复工，1996 年 12 月第一台机组投产发电，1998 年 4 台机组全部投产，2001 年建成。

宝珠寺水库为年调节水库。校核洪水位 591.8 米，设计洪水位 588.3 米，防洪高水位 588 米，正常蓄水位 588 米，汛期防洪限制水位 583 米，死水位 558 米。水库总库容 25.5 亿立方米，正常蓄水位以下库容 21 亿立方米，防洪库容 2.8 亿立方米。

宝珠寺水库功能以发电为主，兼有防洪、灌溉、航运、养殖、旅游等效益。防洪任务为：确保枢纽自身防洪安全；遇嘉陵江流域发生较大洪水时，适时进行削峰错峰和拦蓄洪水，减轻下游防洪压力，提高下游城市防洪标准；配合三峡水库承担长江中下游防洪任务。

（十六）亭子口水库

亭子口水库为嘉陵江中上游的大（1）型水库，位于四川省广元市苍溪县境内，上距广元市 147 千米，下游距苍溪县城 15 千米。2009 年 11 月 25 开工建设，2013 年 8 月 9 日第一台机组发电，2014 年 9 月通过国家验收。

亭子口水库为年调节水库。校核洪水位 463.07 米，设计洪水位 461.3 米，防洪高水位 458 米，正常蓄水位 458 米，汛期防洪限制水位 447 米，死水位 438 米。水库总库容 40.67 亿立方米，正常蓄水位以下库容 34.68 亿立方米，防洪库容 14.4 亿立方米（其中非常运用库容 3.8 亿立方米）。

亭子口水库功能以防洪、灌溉和城乡供水、发电为主，兼顾航运，并具有拦沙减淤等效益。防洪任务为：确保枢纽自身防洪安全；在确保枢纽自身安全的前提下，承担嘉陵江中下游南充等城市的防洪任务；必要时，配合三峡水库承担长江中下游防洪任务。

（十七）草街水库

草街水库为嘉陵江干流下游上的大（1）型水库，位于重庆市合川区草街镇上游 1.6 千米处，下距北碚水文站 7.6 千米，距嘉陵江河口 68.2 千米。2005 年 11 月开工建设，2011 年 11 月建成。

草街水库为日调节水库。校核洪水位 220.73 米，设计洪水位 217.47 米，防洪高水位 203 米，正常蓄水位 203 米，汛期防洪限制水位 200 米，死水位 202 米。水库总库容 22.18 亿立方米，正常蓄水位以下库容 7.54 亿立方米，防洪库容 1.99 亿立方米。

草街水库防洪任务为：确保枢纽自身防洪安全，配合其他水库减轻重庆市主城区防洪压力。

（十八）构皮滩水库

构皮滩水库为乌江中游干流上的一座大（1）型水库，位于贵州省余庆县境内，上距乌江渡大坝 137 千米，下距乌江河口 455 千米。2003 年 11 月开工建设，2008 年下闸蓄水，2009 年 7 月首台机组发电，年底全部机组投产。

构皮滩水库为年调节水库。校核洪水位 638.36 米，设计洪水位 632.89 米，防洪高水位 630 米，正常蓄水位 630 米，汛期防洪限制水位 626.24 米（6—7 月）～ 628.12 米（8 月），死水位 590 米。水库总库容 64.54 亿立方米，正常蓄水位以下库容 55.64 亿立方米，防洪库容 4.0 亿～ 2.0 亿立方米。

构皮滩水库功能以发电为主，兼顾航运、防洪等综合效益。防洪任务为：确保枢纽自身防洪安全，承担乌江中下游防洪任务，配合三峡水库承担长江中下游防洪任务。

（十九）思林水库

思林水库为乌江中游干流上的大（1）型水库，位于贵州省铜仁市思南县城上游 23 千米处，上距构皮滩梯级 89 千米，下距沙沱梯级 115 千米，距铜仁城区 197 千米。2006 年 10 月开工建设，2009 年全部机组投产发电。

思林水库为日调节水库。校核洪水位 449.45 米，设计洪水位 445.15 米，防洪高水位 440 米，正常蓄水位 440 米，汛期防洪限制水位 435 米，死水位 431 米。水库总库容 15.93 亿立方米，正常蓄水位以下库容 12.05 亿立方米，防洪库容 1.84 亿立方米。

思林水库功能以发电为主，其次为航运，兼顾防洪、灌溉等综合效益。防洪任务为：确保枢纽自身防洪安全；将下游塘头粮产区的防洪标准由 2 年一遇提高至 5 年一遇；遭遇 20 年一遇洪水，控制思南县城水位不高于 376.39 米；与构皮滩、沙沱、彭水等水库联合调度，配合三峡水库承担长江中下游防洪任务。

（二十）沙沱水库

沙沱水库为乌江下游干流上的大（2）型水库，位于贵州省东北部沿河县境内，上距思林梯级 120.8 千米，下距沿河县城 7 千米。2006 年 6 月开工建设，2013 年 6 月电站机组正式并网发电。

沙沱水库校核洪水位 369.33 米，设计洪水位 366.75 米，防洪高水位 365 米，正常蓄水位 365 米，汛期防洪限制水位 357 米，死水位 353.5 米。水库总库容 9.21 亿立方米，正常蓄水位以下库容 7.7 亿立方米，防洪库容 2.09 亿立方米。

沙沱水库功能以发电为主，兼顾航运、防洪和灌溉等任务。防洪任务为：确保枢纽自身防洪安全；遇较大洪水时不降低思南县城的防洪标准，遭遇 20 年一遇洪水，控制沿河水文站水位不高于 312 米，以减轻沿河县城防洪压力；与构皮滩、思林、彭水等水库联合调度，配合三峡水库承担长江中下游防洪任务。

（二十一）彭水水库

彭水水库为乌江下游干流上的大（1）型水库，位于重庆市彭水县境内，下距彭水县城11千米，距乌江河口涪陵区147千米。2005年9月开工建设，2008年12月竣工。

彭水水库为年（季）调节水库。校核洪水位298.85米，设计洪水位294.91米，防洪高水位293米，正常蓄水位293米，汛期防洪限制水位287米，死水位278米。水库总库容14.65亿立方米，正常蓄水位以下库容12.12亿立方米，防洪库容2.32亿立方米。

彭水水库功能以发电为主，兼顾航运、防洪等综合利用。防洪任务为：确保枢纽自身防洪安全；遇20年一遇入库洪水时，在满足库区沿河县城防护要求的前提下，不增加下游彭水县城防护负担；配合三峡水库承担长江中下游防洪任务。

二、洞庭湖水系主要防洪水库

（一）柘溪水库

柘溪水库为资水中游上的大（1）型水库，位于湖南省安化县柘溪镇，下距安化县城12千米，距益阳市城区170千米。1958年7月开工建设，1961年2月蓄水，1962年1月第一台机组发电，1975年7月装机完毕。2005年开始扩建，2008年扩建完成。

柘溪水库为年（季）调节水库。校核洪水位172.71米，设计洪水位171.19米，防洪高水位170米，正常蓄水位169米，汛期防洪限制水位162米，死水位144米。水库总库容38.8亿立方米，正常蓄水位以下库容29.4亿立方米，防洪库容10.6亿立方米。

柘溪水库功能以发电、防洪为主，兼具航运、养殖等综合效益。防洪任务为：确保枢纽自身防洪安全；配合堤防运用，提高下游益阳、桃江等重要城市（镇）及尾闾地区的防洪能力，缓解湖区防洪压力。

（二）凤滩水库

凤滩水库为沅江支流酉水中游上的大（1）型水库，位于湖南沅陵县明溪口镇，下游距沅陵县城45千米。1970年10月开工建设，1979年3月建成，2001年8月至2004年12月完成电站扩机工程。

凤滩水库为年（季）调节水库。校核洪水位211.4米，设计洪水位211米，防洪高水位205米，正常蓄水位205米，汛期防洪限制水位198.5米，死水位170米。水库总库容17.3亿立方米，正常蓄水位以下库容13.9亿立方米，防洪库容2.77亿立方米。

凤滩水库功能以发电为主，兼有防洪、航运等综合效益。防洪任务为：确保枢纽自身防洪安全；必要时，用于酉水与沅江干流错峰，与五强溪水库联合调度，提高沅江尾闾桃源、常德等城市防洪标准。

（三）五强溪水库

五强溪水库为沅江中下游上的大（1）型水库，位于湖南省沅陵县五强溪镇，上距沅陵县城 73 千米，下游距常德市城区 130 千米。1986 年 4 月开工建设，1994 年 12 月第一台机组发电，1997 年 12 月竣工。

五强溪水库为年（季）调节水库。校核洪水位 114.53 米，设计洪水位 111.14 米，防洪高水位 108 米，正常蓄水位 108 米，汛期防洪限制水位 98 米，死水位 90 米。水库总库容 43.5 亿立方米，正常蓄水位以下库容 30.6 亿立方米，防洪库容 13.6 亿立方米。

五强溪水库功能以发电为主，兼有防洪、航运等综合效益。防洪任务为：确保枢纽自身防洪安全；减轻下游沿岸防洪压力；与上游凤滩水库配合，可将沅江尾闾防洪标准由 5 年一遇提高至 20 年一遇。

（四）江垭水库

江垭水库为澧水支流溇水中游上的大（1）型水库，位于湖南省慈利县江垭镇，下距慈利县城 57 千米。1995 年开工建设，1998 年水库蓄水，1999 年 5 月建成。

江垭水库为年调节水库。校核洪水位 242.7 米，设计洪水位 239.1 米，防洪高水位 236 米，正常蓄水位 236 米，汛期防洪限制水位 210.6 米，死水位 188 米。水库总库容 17.41 亿立方米，正常蓄水位以下库容 15.84 亿立方米，防洪库容 7.4 亿立方米。

江垭水库功能以防洪为主，兼具发电、灌溉、航运、供水和旅游等综合效益。防洪任务为：确保枢纽自身防洪安全；减轻下游沿岸防洪压力；与皂市水库联合防洪调度，提高下游及尾闾地区防洪能力，按三江口安全泄量 12000 立方米每秒进行控制。

（五）皂市水库

皂市水库为澧水支流渫水中游上大（1）型水库，位于湖南省石门县皂市镇，下距石门县城 19 千米。2004 年 2 月 8 日开工建设，2007 年 10 月下闸蓄水，2008 年全部建成。

皂市水库为年调节水库。校核洪水位 144.50 米，设计洪水位 143.56 米，防洪高水位 143.5 米，正常蓄水位 140 米，汛期防洪限制水位 125 米，死水位 112 米。水库总库容 14.4 亿立方米，正常蓄水位以下库容 12 亿立方米，防洪库容 7.83 亿立方米。

皂市水库功能以防洪为主，兼顾发电、航运等综合效益。防洪任务为：确保枢纽自身防洪安全；减轻下游沿岸防洪压力；与江垭水库联合防洪调度，提高下游及尾闾地区防洪能力，按三江口安全泄量 12000 立方米每秒进行控制。

三、鄱阳湖水系主要防洪水库

（一）万安水库

万安水库为赣江干流中游上的大（1）型水库，位于江西省万安县中南部、赣县中北部。1958年7月开工建设，几经停工又多次复工，1990年8月下闸蓄水，同年11月第一机组并网发电，1995年12月建成。

万安水库为年调节水库。校核洪水位100.7米，设计洪水位100米，防洪高水位93.6米，正常蓄水位96米，汛期防洪限制水位85米，死水位85米。水库总库容22.16亿立方米，正常蓄水位以下库容11.17亿立方米，防洪库容5.7亿立方米。

万安水库是赣江干流综合利用的水利水电梯级工程，以防洪、发电为主，兼有航运、灌溉、养殖、旅游等效益。防洪任务为：确保枢纽自身防洪安全；不加重上游赣州市的防洪影响，提高下游的防洪能力。

（二）廖坊水库

廖坊水库为抚河干流中游上的大（2）型水库，位于江西省抚州市临川区东南部、南城县西北部，西北距抚州城区45千米，东南距南城县城27千米。2002年10月开工建设，2005年12月下闸蓄水，2006年3月第一台机组发电，同年9月3台机组全部投产。

廖坊水库为年（季）调节水库。校核洪水位68.44米，设计洪水位67.94米，防洪高水位67.94米，正常蓄水位65米，汛期防洪限制水位61米，死水位61米。水库总库容4.32亿立方米，正常蓄水位以下库容2亿立方米，防洪库容3.1亿立方米。

廖坊水库功能以防洪、灌溉为主，兼顾发电、供水、航运、旅游和水产养殖。防洪任务为：确保枢纽自身防洪安全；使下游堤防工程防洪标准分别由原50年一遇、20年一遇提高到100年一遇和50年一遇。

（三）柘林水库

柘林水库为修水干流中游上的大（1）型水库，位于江西省武宁县东部、永修县西北部，东南距南昌市城区90千米，东北距九江市城区110千米。1958年8月开工建设，1997年8月建成。

柘林水库为多年调节水库。校核洪水位73.01米，设计洪水位70.13米，防洪高水位68.82米，正常蓄水位65米，汛期防洪限制水位63.5米，死水位50米。水库总库容79.2亿立方米，正常蓄水位以下库容50.17亿立方米，防洪库容17.12亿立方米。

柘林水库功能以发电为主，兼有防洪、灌溉、旅游、水产和航运等综合效益。防洪任务为：确保枢纽自身防洪安全；提高永修县城防洪标准至50年一遇，提高下游尾闾地区防洪能力。

（四）峡江水库

峡江水库为赣江干流中游上的大（1）型水库，位于江西省峡江县巴邱镇上游峡谷河段，距峡江老县城巴邱镇约6千米。2009年9月开工建设，2013年建成。

峡江水库为年调节水库。校核洪水位49米，设计洪水位49米，防洪高水位49米，正常蓄水位46米，汛期防洪限制水位43米，死水位44.0米。水库总库容11.87亿立方米，正常蓄水位以下库容7.02亿立方米，防洪库容6亿立方米。

峡江水库功能以防洪、发电、航运为主，兼有灌溉等综合效益。防洪任务为：确保枢纽自身防洪安全；与泉港分蓄洪区配合使用，将南昌市昌南城区和昌北主城区的防洪标准由100年一遇提高到200年一遇，赣东大堤和南昌市昌北单独防护的小片区防洪堤防洪标准由50年一遇提高到100年一遇。

四、长江中下游其他支流主要防洪水库

（一）水布垭水库

水布垭水库为清江干流上的大（1）型水库，位于湖北省巴东县境内，上距恩施市城区117千米，下距清江入长江口153千米，距隔河岩枢纽92千米，是清江干流梯级的龙头水库。2002年开工建设，2007年开始发电，2008年建成。

水布垭水库为多年调节水库。校核洪水位404.03米，设计洪水位402.24米，防洪高水位400米，正常蓄水位400米，汛期防洪限制水位391.8米，死水位350米。水库总库容45.8亿立方米，正常蓄水位以下库容43.12亿立方米，防洪库容5亿立方米。

水布垭水库是清江干流梯级开发中的龙头水库，水库功能以发电为主，兼有防洪、航运、旅游等综合效益。防洪任务为：确保枢纽自身防洪安全；与隔河岩水库联合拦蓄清江洪水，提高下游沿江城乡防洪标准；配合三峡水库承担荆江河段防洪任务。

（二）隔河岩水库

隔河岩水库为清江干流上的大（1）型水库，位于湖北省长阳县内。1987年1月开工建设，1993年7月第一台机组发电，1996年11月全部机组发电，1998年4月建成。

隔河岩水库为年调节水库。校核洪水位204.4米，设计洪水位203.13米，防洪高水位200米，正常蓄水位200米，汛期防洪限制水位193.6米，死水位160米。水库总库容34.31亿立方米，正常蓄水位以下库容31.2亿立方米，防洪库容5亿立方米。

隔河岩水库功能以发电为主，兼顾防洪、航运、旅游和养殖等综合效益。防洪任务为：确保枢纽自身防洪安全；承担坝址下游长阳县城防洪任务；与水布垭水库联合拦蓄清江洪水，提高下游沿江城乡防洪标准；配合三峡水库承担荆江河段防洪任务。

（三）丹江口水库

丹江口水库为汉江干流上的大（1）型水库，位于湖北省丹江口市，下距汉江河口652千米。枢纽工程分二期建设，初期工程于1958年9月开工兴建，1967年11月下闸蓄水，1968年10月第一台机组发电，1973年底初期工程全部建成。第二期为大坝加高工程，于2005年9月开工建设，2013年验收，2014年完工。

大坝加高完成后，丹江口水库为多年调节水库。校核洪水位173.6米，设计洪水位172.2米，防洪高水位171.7米，正常蓄水位170米，汛期防洪限制水位160米（夏汛）～163.5米（秋汛），死水位150米。水库总库容319.5亿立方米，正常蓄水位以下库容272.05亿立方米，防洪库容110.2亿立方米（夏汛）～80.53亿立方米（秋汛）。

丹江口水库的防洪任务为：确保枢纽自身防洪安全；与汉江中下游堤防、蓄滞洪区、分蓄洪民垸等联合运用，满足汉江中下游防洪要求；必要时，减轻长江中下游防洪压力。当汉江中下游遭遇1935年同大洪水（相当于100年一遇）时，通过水库拦蓄上游洪水，配合运用杜家台蓄滞洪区和中下游部分民垸分洪，确保汉江中下游防洪安全；当遇1935年以下洪水时，通过水库拦蓄上游洪水，减少杜家台蓄滞洪区和中下游民垸的运用概率。

（四）陆水水库

陆水水库为陆水干流上的大（2）型水库，位于湖北省赤壁市城区南端，下距赤壁市主城区和京广铁路桥约2千米。1958年10月开工建设，1967年7月基本建成，1974年12月竣工。

陆水水库为年调节水库。校核洪水位57.67米，设计洪水位56.5米，防洪高水位56米，正常蓄水位55米，汛期防洪限制水位54米（4月）～53米（5—6月），死水位45米。水库总库容7.06亿立方米，正常蓄水位以下库容5.81亿立方米，防洪库容1.13亿～1.63亿立方米。

陆水工程是三峡工程的试验坝，具有防洪、发电、灌溉、航运、水产养殖、水库旅游和水利科学试验等多项任务。防洪任务为：确保枢纽自身防洪安全；承担下游赤壁市的防洪任务；减轻下游京广铁路、京珠高速公路、107国道，蒲圻电厂等的防洪压力；必要时，减轻长江中下游干流防洪压力。

第四节　河道整治工程

长江中下游干流河道上起宜昌，下迄长江河口原50号灯标，全长约1893千米。长江中下游干流河道在一定的水流泥沙条件与河床边界的相互作用下，岸线常发生坍塌，岸线崩退改变了河道的平面形态，引起上下游河势发生调整，给防洪安全和两岸经济发展带来严重影响。

新中国成立前，中下游河道仅在上荆江、武汉、江阴以下零星分布有护岸工程，河道基本处于自然状态，主流摆动频繁，江岸崩塌十分剧烈，中下游两岸近 4000 千米长的岸线中，崩岸总长约占三分之一。新中国成立后，为了保障河势稳定及防洪安全，中央和各级政府不间断地开展了长江中下游河道治理工作。20 世纪 50 年代至 60 年代河道治理主要是围绕重点堤防和重要城市的防洪要求而开展的护岸工程建设；20 世纪 60 年代后期至 70 年代，在下荆江实施了系统裁弯工程，对部分趋于萎缩的支汊进行了封堵；20 世纪 80 年代以后主要进行了部分重点河段（如界牌河段、马鞍山河段、南京河段、镇扬河段等）的治理。1998 年大洪水后，党中央、国务院针对 1998 年洪水中暴露的问题，及时作出了灾后重建、整治江湖、兴修水利的重大决策，投巨资进行防洪工程建设，在全面加高加固长江中下游干流堤防的同时，对直接危及重要堤防安全的崩岸段和部分河势变化剧烈的河段进行了治理。2003 年后，为积极应对清水下泄对中下游防洪、河势等方面可能带来的影响，陆续开展了大量的治理与观测研究工作。经过 70 年治理，长江中下游河势得到一定程度的控制，岸线已基本稳定，防洪能力增强，航道条件得到改善，基本满足了沿岸经济和社会发展的需求。

一、下荆江河道裁弯工程

长江中游干流自湖北省枝城至湖南省城陵矶河段称为荆江，其中藕池口至城陵矶的下荆江河道蜿蜒曲折，泄洪不畅，素有“九曲回肠”之称，历史上曾多次发生过河流自然裁弯和串沟，如古长堤（1887 年）、尺八口（1909 年）和碾子湾（1949 年）自然裁弯。

新中国成立后，为扩大下荆江河段泄洪能力，确保防洪安全，改善通航条件和缩短航程，1954 年 4 月，长江委第一查勘队编写了《查勘荆江河道裁弯工程报告》，提出了荆江局部裁弯意见。1954 年以后，长江委开展下荆江裁弯工程的勘测、规划和科研工作，于 1960 年提出了下荆江系统裁弯工程规划，确定由沙滩子、中洲子和上车湾三处裁弯工程为主的南线规划方案，实施方法采用引河法。

下荆江系统裁弯工程包括裁弯工程和河势控制工程两大部分。1966 年中洲子人工裁弯工程正式开工建设，1967 年 5 月新河竣工过流，同年汛后 10 月即成为长江主航道。上车湾新河开挖工程于 1968 年 12 月开工建设，经过第一期和第二期开挖工程，1970 年 5 月新河成为长江单线航道，1971 年 5 月成为主航道。沙滩子裁弯工程则因种种原因未能及时实施，1972 年汛期沙滩子河湾发生自然裁直，但汛后及时进行了河势控制工程。通过实施下荆江中洲子、上车湾和沙滩子系统裁弯，共缩短了河长78千米，约占裁弯前荆江全长的五分之一，具有显著的防洪、航运和农业效益。

二、宜昌至徐六泾重点河段治理

（一）20世纪50至60年代初期整治

新中国成立初期，政务院及所属水利部对水利建设提出了一系列的方针任务，其主要精神是“防止水患，兴修水利，保障与增加农业生产”，“水利建设应着重于防洪、排水、灌溉、放淤等工作”，“长江要求保证遇1949年同样洪水不发生溃口”等。长江委会同地方水利部门，对长江干流重点防洪河段积极采取防护治理措施，对荆江大堤险工进行抛石加固。

20世纪50年代初中期，在长江中游荆江险段加固护岸的同时，长江下游河道也开始进行重点整治。江苏省海门县青龙港位于长江口北支进口处，崩岸剧烈，在长江委下游工程局的主持下，1954年初开始兴建沉排护岸工程，历时两年，获得成功，从而使“沉排护岸”在长江中下游河道整治中得到应用，取得了重要经验。继而南京下关浦口于1955年初至1956年底进行大型深水沉排，使江岸趋于稳定。安徽省马鞍山河段恒兴洲江岸和铜陵河段无为大堤安定街两处的崩岸险段也相继于1955年和1956年兴建沉排护岸工程，均取得良好效果。

荆江作为长江中游防洪重点，长江委将荆江河道的勘测研究与治理放在中下游河道治理的首位。在基本研究工作方面，从50年代中期开始，进行荆江特性研究，其主要内容有：荆江两岸地质地貌及河床组成分析，干流及四口的水文泥沙特性，河床形态及其与水流泥沙的关系，泥沙运动、河床演变，下荆江蜿蜒河型成因等。在荆江河道治理方面，进行了荆江大堤护岸工程研究、下荆江扩大泄洪规划研究、四口控制的研究、上荆江放淤工程试验研究以及下荆江系统裁弯工程规划研究和实施中洲子、上车湾裁弯工程。在荆江河床演变方面，观测研究了水流挟沙能力、沙波运动、河床纵横向变形、下荆江崩岸过程与弯道水流运动等。为研究上、下荆江的河型及其成因，对国内蜿蜒性河道进行了重点查勘，搜集了国内外19条蜿蜒性河流的资料进行分析，并进行了蜿蜒性河段造床模型试验，对蜿蜒性河段演变特点、弯道水流特性以及河湾发展过程中出现的撇弯、切滩和自然裁弯的条件，均取得了较多研究成果。

长办在1959年编制的《要点报告》中提出了初步的河道治理方案，在总体方案的五大组成部分中，第（4）项为“以航运为主的干流河道整治与南北运河规划”。在此基础上，长办于1960年组织流域内水利、交通部门参加协作，沿江进行更广泛的调查研究，了解河势变化与社会经济状况；同时委托华东师范大学、南京大学等院校进行历史地理、地质地貌的专题研究。1960 年，长办编制完成《长江中下游干流河道整治规划要点报告》，其内容包括崩岸治理、弯道与汊道整治、航道整治与港埠维护等整治方案和工程措施。

在中下游河道整治规划的指导下，以荆江河道治理为重点，进行下荆江蜿蜒性河道人工裁弯工程规划。1967 年至 1969 年，由湖北省和湖南省主持，先后实施了中洲子和上车湾两处人工裁弯工程；1972 年沙滩子河湾发生自然裁弯。三处裁弯经过实施控制河势的护岸工程，获得预期的工程效益，降低了上荆江洪水位，扩大了下荆江泄量，减少了分流入洞庭湖的水沙，缩短航程 78 千米，为河道整治取得了重要经验。

20 世纪 60 年代初，长办提出了荆北放淤以加固荆江大堤的方案：利用汛期长江丰富的水沙，建立堤背放淤区，引水落淤逐步淤高堤背，消灭渊塘，巩固堤基，并形成二道防线，大大降低崩岸威胁大堤安全的风险。1972 年，长办向国务院、水利电力部、湖北省报送了《荆北放淤工程初步设计报告》，后经多次研究因存在不同认识及其他原因而未实施。

中游城陵矶以下的界牌河段南北两岸分属湖南、湖北两省，坍岸严重，20 世纪 50 年代后期至 60 年代开始兴建抛石护岸工程。武汉河段汉口边滩在 50 年代已较前淤涨，长江委于 20 世纪 50 年代初期结合武汉市经济建设发展，开始研究武汉河段演变问题，武汉市水利部门对长江、汉江的江岸险段进行守护，以确保安全。下游安徽省安庆地区的沿江护岸工程开展较早，同马大堤和无为大堤的一些临江险段在 20 世纪 50 年代末至 60 年代期间开始进行护岸。马鞍山河段继 20 世纪 50 年代沉排护岸之后，20 世纪 60 年代初又在电厂上游兴建丁坝和进行马钢泵房沉排护岸。南京河段在 20 世纪 60 年代中期下关、浦口江岸先后发生重大险情，1964 年下关沉排工程因排脚河床刷深而导致排体断裂漂浮，南京市水利部门及时采取了抢护加固措施，对浦口江岸码头的崩坍进行了抢护。镇扬河段因镇江港的淤积严重与河势变化剧烈而成为研究、治理的重点，长办、南京水利科学研究院等单位对河段治理方案进行了分析研究，提出整治规划报告。澄通河段的南通市郊江岸，20 世纪 50 年代至 60 年代，除加固新中国成立前已部分坍毁的 16 座丁坝外，又新建丁坝 9 座。河口地区，江苏的海门、启东两县，20 世纪 60 年代中期开始在沿江兴建丁坝群护岸。上海市对原已损坏或比较单薄的海塘工程进行了修复和加固，堤顶高程由原来的 6 米增至 7 米。

（二）20 世纪 70 年代护岸与河势控制工程

20 世纪 50 年代至 60 年代，对长江中下游一些重点地段抛石或沉排护岸工程的实施，收到了明显效果，已护地段的崩岸大为减缓或趋于稳定，坍江形势改观，江堤停止退建，使沿江人民群众护岸保坍的信心大增。随着经济建设形势的发展，沿江各地区要求护岸以保护人民和农田的愿望更为迫切，60年代末至70年代初，主要采取地方与群众自筹资金的方式，广泛兴建护岸工程。70年代是长江中下游护岸工程大发展的时期，从护岸地段的逐步扩展和经验的积累，认识到护岸与河势控制相结合的必要性，从而更好地发挥了护岸工程的作用。同时，通过较深入的调查研究和试验比较，推广了适合于长江的护岸工程型式，提高了护岸工程建设水平。

20世纪50年代至60年代的护岸工程多为局部抢险性质，20世纪60年代后期逐步扩大护岸范围，开始在一部分河段通过河势规划，兴建护岸工程以控制河势变化。20世纪70年代，沿江普遍开展护岸工程建设，主要护岸地段分布在荆江，湖南临湘江堤，湖北簰洲湾、武汉市、黄广大堤，江西九江市，安徽同马大堤、无为大堤、芜湖河段、马鞍山河段，江苏南京河段、镇扬河段、扬中河段、澄通河段，以及河口地区的护岸与海塘工程等。

下荆江在实施中洲子和上车湾两处人工裁弯及沙滩子自然裁弯以后，为巩固裁弯工程效果，抑制裁弯新河向弯道发展，在三处新河凹岸及上下游的进出口段实施了旨在控制河势的护岸工程。安徽省安庆地区采取护岸与堵汊并举的措施，保护堤防和控制河势，在官洲河段守护官洲头并堵塞鹅头支汊西江，控制了主流的摆动，改变了鹅头型汊道以往周期性的主流摆动过程，有利于下游安庆港的稳定。在太子矶河段堵塞两处趋于发展的支汊，以利于保持河势的稳定。在芜湖河段的进口段，对剧烈崩坍的左岸进行长达10千米的护岸，使弯道不再左移，在保护了无为大堤的同时，也维护了右岸芜湖市的深水岸线。在马鞍山河段，实施了上段左岸和县、中段小黄洲头、下段右岸马鞍山市的重点护岸工程，形成了控制河势的人工节点。南京河段在下关浦口的上游段，守护两岸的冲刷地段，形成较稳定的微弯河段，减少了下关浦口束窄段主流的摆动。镇扬河段的六圩弯道，兴建丁坝护岸，抑制了持续数十年的弯道下移，缓和了河势的恶化。扬中河段左岸江都县的嘶马弯道，兴建丁坝群护岸，使弯道曲率不再因崩岸而增大，稳定了下游河势。澄通河段右岸沙洲县老海坝原有丁坝群坍毁，加强了守护，稳定弯道岸线，保持了对南通港有利的河势。

（三）20世纪80年代以后的综合整治

1978年后，国家实行改革开放政策，加快了沿江社会经济发展速度，出现了对长江进行综合开发利用的新形势。20世纪80年代初，长办根据国家的统一部署，开展对《要点报告》的修订补充，其中长江中下游河道整治也根据新情况，以防洪、航运与岸线利用为重点进行规划的修订与补充。按照“因势利导、全面规划，远近结合，分期实施”的规划原则，在进行调查研究和分析河道演变的基础上，提出了方向性、轮廓性的整治规划意见。对不同河型与不同河段，分别采取稳定与控制河势的工程措施，包括护岸、裁弯、堵汊等。并按各河段的社会经济地位与存在的问题，划分为三类河段，其中第一类为有重要堤防和有重要城市港口的重点河段计有 14 段，对这一类河段提出了分期实施整治工程的目标。《简要报告》于 1990 年由国务院批复后，长江委根据国务院的批示精神，在上述河道初步规划的基础上，进一步编制了包括河势控制、防洪、航运、岸线与洲滩利用、供水与水环境保护等各方面综合治理开发的《长江中下游干流河道治理规划报告》。在沿江各省市和交通部门参加协作下，长江委于 1996 年底完成总报告和各重点河段治理规划报告，并于 1998 年获水利部批准。

在对河道治理规划进行修订与深化的同时，对各重点河段继续进行整治，其中部分重点河段进行了全面综合治理的可行性研究，整治工程陆续实施。

上荆江仍以加固沙市、郝穴两个弯道的护岸工程为重点，确保荆江大堤安全。由于原有的布置在险工段的一系列矶头不符合对河势进行总体控制的规划思想，并使近岸水流紊乱，因而先后对 20 多个矶头中的 11 个进行改造和部分削除，改善近岸流态。在荆北放淤方案未能实施的情况下，解决荆江大堤面临的深泓逼岸、冲刷严重的险情，长办主任林一山提出上荆江主泓南移方案：采取因势利导的工程措施，调整沙市、郝穴两个弯道的河势，堤外造滩，使长江主泓远离荆江大堤。随后对这个方案进行了规划和试验研究。

下荆江进行人工裁弯以后的河势控制为：守护冲刷崩岸的河湾，保持河势稳定，并着手研究下荆江首尾两段弯道的裁弯与河势控制问题。石首弯道于 1994 年发生撇弯切滩后，从有利于上下游河势平顺衔接及维持石首港的功能，进行了河道整治可行性研究。对整治熊家洲至城陵矶的连续弯道，进行模型试验研究，对不同引河路线的裁弯方案进行了比较。

界牌河段位于岳阳与武汉之间，左岸属湖北，右岸属湖南，浅滩碍航问题十分突出，枯水季节客货轮经常受阻，两岸崩岸也很剧烈，航道疏浚与堤岸防洪又产生矛盾。从 1986 年起，国家将界牌河段治理列入计划，由长办、长江航务管理局、湖南省、湖北省共同编制防洪护堤和航运的综合治理报告，提出了护岸防冲、建坝固滩、稳定主航道的工程措施。水利与交通部门协作进行设计，1994 年开始施工，2000 年完工。

武汉河段江岸既有防冲也有防淤的问题，特别是天兴洲汊道左汊的衰退给城市建设带来不利影响，整治难度很大。在加固防洪险段护岸工程的同时，开展了武汉河段综合治理规划研究，国务院批准成立长江武汉河段河道整治工程技术委员会，各有关部门进行了大量工作，根据河道演变趋势结合武汉市经济发展需要，提出了整治方案：改善大桥以上航道，消除汉口港的淤积，治理开发天兴洲汊道。由于整治问题的复杂性，采用何种方案尚未最终确定。

南京、镇扬河段是长江下游最重要的河段，河势不稳定，不能适应沿江经济迅速发展的要求。从1981年开始，由长办与江苏省水利厅以及南京、镇江、扬州三市协作，开展河道整治工程可行性研究。两河段的整治工程由国家发展计划委员会报国务院核准实施，1993年竣工，工程效果显著，八卦洲汊道、龙潭弯道、六圩弯道、和畅洲汊道等处正在恶化的河势受到控制，从而增强了防洪安全，扩大了岸线利用。

其他重点河段的治理也取得了不同程度的进展。九江河段自九江大桥建成和京九铁路开通后，河道治理更显重要，加强了防洪护岸工程，九江市进行了长江堤岸治理工程的可行性研究。安庆河段以同马大堤防洪护岸和维护安庆港深水岸线为重点，进行了整治工程规划研究。铜陵河段加固了左岸无为大堤护岸工程，并进行汊道治理，堵塞太白洲、太阳洲支汊，改善了河势；对全河段进行了综合治理可行性研究，从有利于防洪、航运和岸线利用出发，提出了可供比较选择的治理方案。芜裕河段加强了进口段大拐护岸工程，使下游曹姑洲汊道分流形势趋于稳定，减轻了裕溪口港区的淤积。马鞍山河段在加强原护岸工程的同时，进行全河段的河势控制规划研究，提出了稳定江岸、调整河势与扩大岸线利用的整治工程方案，以适应马鞍山市经济发展的迫切需要，已完成可行性研究报告。扬中河段加固了嘶马弯道的崩岸险段和中下段的沿江崩岸段，河势得到控制。澄通河段沿江经济发展快速，两岸城市企业、港口深水泊位建设项目较多，进行了河势控制规划研究，开发中部如皋沙群并结合控制中汊的发展，稳定对南通港有利的主流线走向。河口段继续加固与扩建护岸和海塘工程，上海海塘建设改进了工程技术，提高了防洪防潮标准，加强了海塘工程管理，并进行长江口综合开发整治规划研究，对拦门沙通海深水航道与北支治理等问题作为重点研究课题，有关单位提出了各自的研究成果和不同的整治方案意见，其中开发南港北槽深水航道方案第一期工程已经国家批准开始实施。

（四）1998年大水后的大规模整治

1998年大洪水后，党中央、国务院针对1998年洪水中暴露的问题，及时作出了灾后重建、整治江湖、兴修水利的重大决策，投巨资进行防洪工程建设，在全面加高加固长江中下游干流堤防的同时，根据1998年水利部批复的《长江中下游干流河道治理规划报告》，对直接危及重要堤防安全的崩岸段和少数河势变化剧烈的河段进行了治理。

1. 长江重要堤防隐蔽工程建设

长江重要堤防隐蔽工程建设包括防渗工程、护岸工程和穿堤建筑物，共计28个项目。其中属于河道整治的护岸工程区位于湖北、湖南、安徽三省，涉及的项目共25项（湖北省境内11项、湖南省境内2项、安徽省境内12项），分别为荆南长江干堤加固工程、石首河段整治工程、下荆江河势控制工程（湖北段）、洪湖监利长江干堤加固工程、咸宁长江干堤加固工程、簰洲湾河段整治工程、长江干堤汉南至白庙段加固工程、武汉市长江干堤加固工程、粑铺大堤加固工程、黄冈长江干堤加固工程、阳新长江干堤加固工程、崩岸整治及下荆江河势控制工程（湖南段）、岳阳长江干堤加固工程、同马大堤加固工程、安庆江堤加固工程、广济圩江堤加固工程、枞阳江堤加固工程、铜陵江堤加固工程、无为大堤加固工程、和县江堤加固工程、马鞍山江堤加固工程、安庆河段崩岸整治工程、铜陵河段崩岸治理工程、芜裕河段崩岸治理工程、马鞍山河段一期整治工程。长江重要堤防隐蔽工程建设经过 4 年的建设，完成下达投资内的建设任务，完成治理河长 423.48 千米，抛石 2000 余万立方米，各类沉排 100 余万平方千米，提高了长江堤防的抗洪能力，发挥了社会效益和经济效益。

2. *江西省崩岸治理*

江西省境内长江岸线因处于弯道凹岸，受长江水流和鄱阳湖水流的双重影响，崩岸频繁。1998 年九江长江干堤决口事故，造成重大经济损失。崩岸与堤防溃口的危险给九江市城市安全、京九铁路等交通大动脉的正常运行带来极大威胁。大水过后，江西省水利规划设计院分别于 1998 年 8 月、2000 年 12 月编制完成了江西省长江干流江岸与堤防加固工程可行性研究报告与初步设计报告。报告提出：江岸整治以维持和稳定现有河势为主导方针，突出重点、兼顾一般，对需守护的岸段均采用平顺护岸型式。工程于 1998 年 10 月开工建设，2002 年 8 月主体工程完工，完成护岸总长度 91.83 千米。

3. *江苏省河道治理*

1998 年大水后，在国家安排国债的支持下，在江堤达标建设的同时，江苏省组织实施了南京河段二期河道整治工程建设、镇扬河段二期整治以及扬中、澄通、近期（一期）整治工程。

1）南京二期河道整治工程：1998 年至 2007 年主要实施了八卦洲洲头围堤、洲头鱼嘴加固、新济洲右缘、铜井、新济洲西江横梗、七坝、大胜关、燕子矶、天河口、西坝、龙潭等险工段的加固和新护，完成护岸工程总长 62.59 千米。经过整治，南京河段七坝至南京长江大桥一带的河势控制水平得到提高，并使八卦洲汊道的河势控制得到加强。

2）镇扬河段二期整治工程：1998 年至 2003 年在和畅洲左汊口门实施了潜坝限流工程，使近年来对和畅洲左汊分流比再次加快的趋势得到抑制；对河势起控制作用的岸段进行了新护与加固，完成护岸工程 26.86 千米。

3）扬中河段一期整治工程：对邗江天伏洲、江都嘶马弯道、泰州杨湾、泰州永长圩、

永安洲（过船港）、靖江西界河、靖江下三圩、下四圩、扬中丰乐桥、扬中小决港、砲子洲、常州禄安洲、大路弯道、兴隆弯道、姚桥弯道、九曲河弯道进行了新护与加固，护岸长度 27.68 千米。工程实施有利于保持大港—嘶马—江阴一线较为平顺的河势。

4）澄通河段一期整治工程：对靖江炮台圩节点、灯杆港至和尚港、靖江长江农场、如皋中汊又来沙南侧、民主沙北侧和长青沙西南侧、张家港老海坝至十一圩、十一圩至十二圩、南通农场 4 号坝上游、南通东方红农场的岸线进行了新护与加固。工程实施有利于进一步稳定福姜沙汊道河势，使原来多沙紊流的复杂多变的如皋沙群逐步向比较稳定的双分汊河段发展。

（五）2003 年三峡工程蓄水运用以来的治理

1. 荆江河段河势控制应急工程

2003 年三峡工程蓄水运用后，根据荆江河段文村夹、天字一号和新沙洲的重大崩岸险情，水利部分别安排了荆江河段河势控制应急工程 2006 年度实施项目和 2009 年度实施项目的工程建设。

长江荆江河段河势控制应急工程 2006 年度实施项目由长江工程建设局组织建设。2007 年 4 月，国家发展和改革委员会以发改投资〔2007〕380 号文，核定 2006 年度实施项目投资为 19252 万元。2006 年汛后至 2010 年汛前实施了该项目，包括水下护脚长度 13.785 千米和水上护坡长度 10.277 千米。

长江荆江河段河势控制应急工程 2009 年度实施项目由湖北、湖南两省水利主管部门负责建设管理。2010 年 4 月，湖南省水利厅批复《荆江湖南段 2009 年度初设报告》投资 8202 万元；2010 年 11 月，湖北省发展和改革委员会批复《荆江湖北段 2009 年度初设报告》投资 16406 万元。2014 年汛前，水利部下达 15000 万元建设资金用于荆江 2009 年度项目建设。2014 年汛后至 2017 年汛前，岳阳修防处组织实施了荆江湖南段新沙洲段、荆江门段和七弓岭段的护脚加固，总计长度约 7160 米。2016 年汛前，湖北省河道堤防管理局组织实施了荆江湖北段同勤垸、腊林洲、北门口、铺子湾等工程段的新建护岸工程 4748 米。

2. 长江中下游崩岸重点治理项目

2016 年 7 月，水利部、国家发展和改革委员会、国务院三峡工程建设委员会办公室联合印发《加快长江中下游崩岸重点治理实施方案》。根据《加快长江中下游崩岸重点治理实施方案》，长江中下游崩岸重点治理项目包括《三峡后续工作总体规划》中的长江中下游重点河段河势及岸坡影响处理项目、河道观测研究项目以及 172 项重大水利工程中的湖口以下重点河段河道崩岸治理项目。

纳入《三峡后续工作总体规划》的宜昌至湖口重点河段河势及岸坡影响处理建设

工程26个项目，匡算总投资61.70亿元，规划治理总长度494.48千米。其中，2016年开工16个项目，2017年开工7个项目，2018年开工3个项目。2016年计划投资15.40亿元，2017年计划投资33.36亿元，2018年计划投资12.94亿元。

湖口以下共安排了11个项目，匡算总投资103.00亿元，规划治理总长度496.11千米。其中，2015年底前已开工了4个项目，安排2016年开工3个项目，2017年开工2个项目，2018年开工2个项目。2016年计划投资10.85亿元，2017年计划投资28.17亿元，2018年计划投资38.69亿元，2018年后计划投资25.30亿元。

（六）长江口综合整治

长江口河段上起徐六泾，下至口外原50号灯标，全长约181.8千米，平面呈扇形，为三级分汊、四口入海的河势格局。第一级由崇明岛分长江为南、北两支，第二级由长兴岛、横沙岛在吴淞口以下分南支为南、北港，第三级由九段沙分南港为南、北槽，共有北支、北港、北槽和南槽四个入海通道。长江口沿岸通江河道众多，为典型的感潮平原河网地区，两岸（江岛除外）主要通江水道有22条，其中北岸7条，南岸15条。崇明、长兴、横沙三岛的河道各自独立成系。除黄浦江外，各通江口门均已建闸控制。长江口北岸为江苏南通通启海地区，南岸为常熟市、太仓市以及上海市，崇明岛绝大部分、长兴岛、横沙岛为上海市辖区。

1.20世纪50至80年代的护岸工程

长江口的治理，最早可追溯到数千年之前为防洪防潮而在右岸兴建的古江南海塘工程，随着河口段的逐步束窄与下延，江岸淤涨，其间历代海塘兴废修坍频繁，逐渐演变成江苏省和上海市海塘工程的现状。20世纪50年代，江苏省海门县在青龙港实施了沉排护岸工程。20世纪60至80年代，上海市实施了长兴岛诸沙圈围成岛工程和横沙岛筑堤护沙工程。同时，海门、启东两县兴建了大量的丁坝护岸工程。

2.1998年后的长江口深水航道治理工程

按照国务院确定的“一次规划，分期实施，分期见效”的原则，长江口深水航道治理工程分三期实施。该工程自1998年1月27日开工，至2011年5月18日三期工程通过国家竣工验收，12.5米深水航道正式宣布开通。

1998年至2002年实施长江口深水航道一期整治工程，一期工程航道设计通航水深8.5米、航道底宽300米。2002年至2005年实施了深水航道二期整治工程，二期工程航道水深增深至10米，航道底宽350～400米。2006年至2011年完成了深水航道三期整治工程，三期工程进一步增深至12.5米，航道底宽350～400米。

3.长江口综合整治

2008年3月，国务院批准《长江口综合整治开发规划》后，长江口进入了综合治理阶段。在规划的指导下，实施了徐六泾节点及白茆沙河段整治工程、南北港分流口整治工程、部分岸线调整及滩涂圈围工程。实施的主要工程包括太仓边滩岸线综合整治工程、白茆小沙夹槽南岸边滩整治工程、新通海沙整治工程、长江口北支海门中下段岸线整治工程、新村沙水域河道综合整治工程、白茆沙潜堤工程、长江口深水航道治理工程、新浏河沙护滩及南沙头通道潜堤工程、北支出口圆陀角综合整治工程、黄瓜沙群滩涂整治工程、中央沙青草沙整治工程、横沙东滩整治工程、南汇东滩促淤工程等项目。工程的实施对稳定长江口“三级分汊、四口入海”的总体河势格局起到重要作用。

第五节　中小河流治理、山洪灾害防治及平垸行洪、退田还湖

一、中小河流治理

长江流域内流域面积为 200 ～ 3000 平方千米的中小河流，源短流急，洪水暴涨暴落。由于许多中小河流，特别是河流沿岸的县城、重要集镇和粮食生产基地的防洪设施少、标准低，甚至很多处于不设防状态，遇到常遇洪水就可能造成较大洪涝灾害。一些中小河流水土流失严重，加之不合理的采砂以及拦河设障、向河道倾倒垃圾、违章建筑侵占河道等，致使河道萎缩严重，行洪能力逐步降低，对所在地区城乡的防洪安全构成严重威胁。

为了加强中小河流治理等水利薄弱环节建设，编制了一系列专项规划。2009 年，按照水利部《关于做好重点地区中小河流治理规划编制工作的通知》（办规计〔2008〕211 号）要求，水利水电规划设计总院组织各大流域机构编制完成《全国重点地区中小河流近期治理建设规划》。2011 年，国务院批准了《全国中小河流治理和病险水库除险加固、山洪地质灾害防御和综合治理总体规划》，按照“总体规划、分步实施、突出重点”的原则，分 2009—2012 年和 2013—2015 年两阶段安排流域内流域面积在 200 ～ 3000 平方千米的重点中小河流治理任务。2013 年，水利部、财政部联合下发《全国中小河流治理重点县综合整治和水系连通试点规划》，选择东部和部分中部地区治理需求迫切、经济相对发达、建设能力较强、具备一定规划和管护基础的县级行政区为中小河流治理重点县，集中连片开展综合整治试点。2017 年 5 月，水利部、国家发展和改革委员会和财政部联合印发了《加快灾后水利薄弱环节建设实施方案》，进一步细化灾后水利薄弱环节（包括中小河流治理、小型病险水库除险加固、重点区域排涝能力建设和农村基层防汛预报预警体系建设四个部分）的建设目标和任务。

在规划指导下，流域内开展了中小河流治理工作。主要建设内容为堤防护岸加固和建设、河道清淤疏浚、排涝工程等，因地制宜，多措并举。山区和丘陵区河道，宜采取挡墙或护岸等工程形式进行防护，局部加固或新建封闭堤防，并根据需要开展河道清淤疏浚。浅丘区和平原区河道，对城镇河段和农田集中区进行堤防加固，对河道局部卡口段进行拓宽和疏浚。建设重点是以保护人口超过万人的县城、乡镇、村庄，万亩以上集中连片的基本农田以及重要基础设施的河段，优先治理防洪问题突出、近年来发生过较大洪涝灾害河流的重要河段。

中小河流治理工程启动以来，中央和地方政府加大投入，加快建设步伐，取得了重要进展。据不完全统计，截至 2016 年底，已治理流域面积 200 ～ 3000 平方千米的中小河流河长约 1.8 万千米，总投资 606.2 亿元；重点县综合治理试点项目治理河长约 3400 千米，总投资 68.31 亿元。

二、山洪灾害防治

长江流域是我国山洪灾害最为严重的区域之一，山洪灾害不仅对流域内山丘区的基础设施造成毁灭性破坏，而且对人民群众的生命安全构成极大的损害和威胁。长江流域山洪灾害防治区除福建、江苏、上海之外，涉及流域内 16 个省（自治区、直辖市），防治区面积约 135.6 万平方千米，占流域总面积的 75%，防治区内共有人口 2.55 亿人，占流域总人口的 59.7%。一级重点防治区面积占防治区总面积的 12.1%、二级重点防治区面积占 16.7%、一般防治区面积占 71.2%。

山洪灾害突发性强、预测预报难度大，具有季节性强、成灾快、易造成人员伤亡等特点。长江流域山洪灾害分布面广，又以西南地区、秦巴山地区、江南丘陵地区和东南沿海地区的山丘区山洪灾害较为集中，暴发频率高，易发性强。西北地区和青藏高原地区相对分散，暴发频率较低。其中，西南地区和秦巴山地区的山洪灾害主要表现为泥石流灾害；江南地区降雨量多，溪河洪水灾害发生的概率远大于大江大河发生洪水灾害的概率；四川、重庆、云南、贵州、甘肃、陕西、湖南、湖北、福建等省（直辖市）的山洪灾害多表现为滑坡，且滑坡灾害多成群成片，呈带状分布。

党中央、国务院高度重视山洪灾害防治工作。2006 年 10 月，国务院以国函〔2006〕116 号批复了水利部会同国土资源部、中国气象局、建设部、国家环境保护总局联合编制的《全国山洪灾害防治规划》。水利部、财政部于 2009 年在 103 个县开展了山洪灾害防治非工程措施建设试点，2010 年汛前完成了全部试点建设任务并投入运行。2011 年，国务院批准了《全国中小河流治理和病险水库除险加固、山洪地质灾害防御和综合治理总体规划》。

以规划为依据，2010年至2016年，水利部会同财政部等部门在全国范围内组织开展了山洪灾害防治项目建设，通过在有山洪灾害防治任务的县开展以建设监测预警系统、强化群测群防体系、完善防御预案、宣传防御知识、提高全民防灾避灾意识等非工程措施为主和重点山洪沟防洪治理试点。截至2016年底，流域内各省（自治区、直辖市）山洪灾害防治项目投资投入共计124.49亿元，其中中央补助资金83.34亿元，地方资金41.15亿元。通过多年建设逐步形成了相对完善的山洪灾害综合防治体系，群众防灾避险意识明显提高，群死群伤事件明显减少，发挥了很好的防灾减灾效益。

1. 非工程措施

（1）监测预警设施设备

建设了大量自动雨量站、水位站、视频及图片监测站、简易监测站、报警设施，山洪灾害防治区监测站网密度基本达到规划要求，初步实现对暴雨、山洪的及时有效监测，基本解决了基层山洪灾害防御监测手段、设施缺乏的问题。部分边远山区雨水情传输时间缩短至原来的八分之一，有效提高了基层山洪灾害防御能力。

（2）山洪灾害监测预警平台

充分利用现代信息技术建设了省、市、县山洪灾害监测预警平台，防汛决策指挥系统向县级延伸，部分重点区域延伸到乡镇，实现了各级互联互通和信息共享，基层防汛指挥决策能力建设取得质的飞跃。

（3）山洪灾害调查评价

通过山洪灾害调查评价，初步查清了山洪灾害防治区范围、人员分布、小流域暴雨洪水特性、灾害情况等，合理确定了一些重点沿河村落的预警指标，明确了部分山洪灾害危险区转移路线和临时避险点。

（4）群测群防体系

山洪灾害群策群防体系初步建立，县、乡、村、组、户五级山洪包保责任制体系逐步建立健全，编制（修订）了县、乡、村和企事业单位山洪灾害防御预案；利用广播、电视、网络、报纸、移动终端等媒体，采用科普读物、警示牌、宣传栏、宣传册、挂图及明白卡，有条件的地区结合多媒体影像资料等多种方式，持续深入宣传山洪灾害防御常识，不断增强山丘区群众的主动防灾避险意识和自救互救能力，“预警及时、反应迅速、转移快捷、避险有效”的目标初步实现。

2. 工程措施

据不完全统计，截至2016年底，长江流域内各省（自治区、直辖市）共计开展了186条重点山洪沟（山区河道）防洪治理，共治理重点山洪沟（山区河道）面积

14184 平方千米，沟长 3191 千米，护岸及堤防 6400 千米，河道疏浚 542 千米，排洪渠 25 千米。

三、平垸行洪、退田还湖

长期以来，随着泥沙逐年淤积、人口增长和消灭血吸虫病害要求等，长江中下游地区河道、湖泊、洲滩被不断围垦开发，江湖行蓄洪能力下降。1998 年长江大洪水后，党中央、国务院作出了对长江中下游进行平垸行洪、退田还湖、移民建镇的决策。

1998 年冬，长江中下游湖南、湖北、江西、安徽四省开始对长江干堤之间严重阻碍行洪的洲滩民垸、洞庭湖及鄱阳湖区部分防洪标准低的民垸进行平垸行洪、退田还湖。考虑到沿江及湖区人多地少和长江洪水的特点，对影响行洪的洲滩民垸采用既退人又退耕的“双退”方式，彻底平毁垸堤，对其他民垸采用退人不退耕的“单退”方式，即平时处于空垸待蓄状态，一般洪水年份仍可进行农业生产，遇较大洪水年份则滞蓄洪水。

平垸行洪、退田还湖工作于 2003 年上半年基本完成，据统计，四省共分期平退圩垸 1442 个，动迁人口 244.12 万人，恢复调蓄容积约 178 亿立方米。

经圩垸平退和联圩并圩后，目前长江中下游干流河道内仍有洲滩民垸 406 个，洲上人口约 130 万人。洞庭湖区、鄱阳湖区还有万亩以下圩垸 133 个，人口 59.77 万人。

第六节　水土保持建设

长江流域是我国水土流失严重的区域之一。流域内水土流失类型以水力侵蚀为主，兼有风力侵蚀、冻融侵蚀、重力侵蚀以及泥石流、崩岗等混合侵蚀。根据第一次全国水利普查中水土保持情况普查结果，截至 2011 年底，长江流域水土流失面积 38.46 万平方千米（仅包括水力侵蚀和风力侵蚀），占流域面积的 21.4%，其中水力侵蚀 36.11 万平方千米，风力侵蚀 2.35 万平方千米。

20 世纪 80 年代末，国务院批准将金沙江下游及毕节地区、三峡库区、嘉陵江中下游和陇南陕南等长江上游四大片列为国家水土保持重点防治区，流域水土保持工作进入重点防治阶段。1989 年国家启动长江上中游水土保持重点防治工程，一期至七期（1989—2008 年）实施范围涉及云南、贵州、四川、甘肃、陕西、湖北、重庆、河南、湖南和江西等 10 个省（直辖市）的 223 个县（区、市），治理面积 9.62 万平方千米。2006 年启动实施了云、贵、鄂、渝水土保持世行贷款项目，实施期为 2006 年至 2011 年，涉及云南、贵州、湖北、重庆四省（直辖市）的 37 个县（区、市），2007 年，

国家启动丹江口库区及上游水土保持重点治理工程；2007—2010年实施范围涉及河南、湖北、陕西三省的25个县（区、市），治理面积1.4万平方千米。在此期间，长江流域内相继实施的生态建设工程还有长江上中游防护林工程、天然林保护、退耕还林（还草）、土地整理、农业综合开发、石灰岩地区石漠化治理、坡耕地改造等工程。流域内各省（直辖市）也投入大量资金实施了各类水土保持生态建设工程。

经过多年连续治理，长江流域水土保持建设取得了显著的社会效益和环境效益。一方面，通过修建水平梯田和配套小型水利水保工程，把水土流失严重的侵蚀劣地改造为稳产高产的基本农田，抢救和保护了宝贵的耕地资源，避免了因土壤养分流失而造成的地力退化，实现了土地资源可持续利用；重点治理区粮食产量比治理前增加了30%，有效解决了1000多万人的温饱问题；通过发展优质经济果木林，培育了资源，带动了地方产业发展，土地产出率增加，附加值不断提高，把水土流失治理与农民群众的根本利益结合起来，有力推动了治理区的社会主义新农村建设，开辟了破解山丘区“三农”问题的重要途径。另一方面，长江上游水土流失重点防治区水土流失面积减少了40%～60%，坡耕地减少近80%，小流域减蚀率达到70%以上；据遥感调查显示，三峡库区水土流失面积以年均减少1%的幅度递减，嘉陵江流域水土流失面积已由治理前的58%下降到39%，金沙江下游地区水土流失面积和强度均有不同程度的下降；重点治理区已经实现了水土流失由增到减的历史性转变，治理区林草覆盖率显著提高，荒山荒坡得到绿化，生态环境明显改善。

一、水土流失治理

根据长江流域1998年至2016年水土保持工程实施情况统计，长江上中游13个省（自治区、直辖市）累计治理水土流失面积19.55万平方千米，每年减少土壤侵蚀量约3亿吨。

以金沙江中下游、嘉陵江上游、三峡区间、汉江上游、洞庭湖和鄱阳湖水系中上游等水土流失严重地区为重点，实施的长江上中游水土保持重点防治工程、丹江口库区及上游水土保持重点工程、云贵鄂渝水土保持世行贷款/欧盟赠款项目、国家农业综合开发水土保持项目、坡耕地水土流失综合治理工程、国家水土保持重点建设工程、中央预算内投资水土保持项目等国家水土保持重点工程项目，共治理水土流失面积17.05万平方千米。

二、水土保持预防保护

根据国务院批复的《全国水土保持规划（2015—2030年）》，水利部公告的长江流域国家级水土流失重点预防区包括桐柏山大别山国家级水土流失重点预防区、三江源国家级水土流失重点预防区、金沙江岷江上游及三江并流国家级水土流失重点预防区、丹江口库区及上游国家级水土流失重点预防区、嘉陵江上游国家级水土流失重点预防区、武陵山国家级水土流失重点预防区、湘资沅上游国家级水土流失重点预防区 7 个。各省也相应地公告了省级水土流失重点预防区。

2001 年至 2005 年实施了长江源头区水土保持预防保护工程，实施范围涉及青海省玉树州、果洛州、海西州 3 州的 1 市 8 县，预防保护面积 15.9 万平方千米，完成生态修复面积 7024 平方千米。2003 年至 2005 年实施了丹江口水库水源区水土保持预防保护工程，实施范围涉及陕西、湖北、河南 3 省的 10 个县（市、区），完成预防保护面积 956.8 平方千米；同时开展水土保持生态修复示范工程，实现生态修复面积 134.33 平方千米。

三、水土保持监督管理

自 2011 年 3 月 1 日《中华人民共和国水土保持法》修订颁布以来，长江流域各省（自治区、直辖市）开展了水土保持法配套法规建设，大部分省出台了水土保持法实施办法或条例、水土保持补偿费征收使用管理办法和征收标准。

到 2015 年，长江流域各级水行政主管部门共审批生产建设项目水土保持方案 15.84 万个，开展水土保持监督检查 14.99 万次，查处水土流失违法案件 3.58 万起，2.87 万个已完工的生产建设项目开展了水土保持设施专项验收。

四、水土保持监测网络

按照《全国水土保持监测网络与信息系统建设规划》部署，通过全国水土保持监测网络和信息系统建设一、二期工程实施，长江流域水土保持监测网络已建成 1 个流域水土保持监测中心站、15 个省（自治区、直辖市）水土保持监测总站、54 个地（市、州）水土保持监测分站、227 个水土保持监测点。

开展了全国水土流失动态监测与公告项目、丹江口库区及上游水土保持重点工程和云贵鄂渝水土保持世行贷款 / 欧盟赠款项目等重点项目的水土保持监测。按照《全国水土流失动态监测与公告项目规划（2013—2017 年）》部署，开展了嘉陵江上中游、丹江口水源区、三峡库区、金沙江下游、乌江赤水河上中游、湘资沅澧中游、赣江上游 7 个国家级重点治理区和金沙江上游、岷江上游、汉江上游、桐柏山大别山、湘资沅上游 5 个国家级重点预防区的水土流失动态监测，累计完成监测面积 26.49 万平方千米。2010 年，在丹江口库区及上游水土保持重点工程一期项目区抽取了 38 条小流域开展水土保持效益监测。云贵鄂渝水土保持世行贷款/欧盟赠款项目在实施中期和末期，选择32条小流域重点开展了减蚀和农民收入调查监测。

开展了部批生产建设项目水土保持监测，2006年至2015年，共有506个水利部批复水土保持方案的大中型生产建设项目开展了水土保持监测工作，监测面积6412.74平方千米，为生产建设项目水土保持“三同时”制度的落实提供了技术支持。2015年，长江委和流域有关省开展了生产建设项目监管示范工作，8个县（区）被列为监管示范县，利用高分辨率遥感影像开展生产建设项目监督监测，全面掌握8县(区)生产建设项目分布、防治责任范围变化、水土保持措施实施情况等。

第五章

长江防洪非工程措施建设

防洪非工程措施是通过法令、政策、行政、经济、管理等手段和防洪工程以外的其他技术手段，以减少洪灾损失的措施，包括洪水监测预警预报、防洪方案和预案、水工程联合调度、防洪政策法规、防洪管理等。防洪非工程措施并不能减小洪水或增大洪水出路，而是更多地利用自然和社会条件去适应洪水特性，减少洪灾损失和受灾区的负担。其作用主要表现为：通过加大洪水预警预报系统，为防御洪水灾害提供技术支撑；通过制定和完善防洪预案，提高洪水灾害的反应与处置能力；通过建立完善的防汛物资储备制度与反应迅速的抢险队伍，保障防汛工作的进行；通过完善相关法律法规，加强法制宣传教育工作，促进依法行政；通过加强江河湖泊及防洪工程的管理，做好防洪准备工作；通过完善防汛指挥系统，全面提升防洪管理能力。

非工程措施是长江综合防洪体系的重要组成部分，工程措施与非工程措施相结合，是长江防洪工作的长期方针。新中国成立后，在大力兴修防洪工程的同时，还十分重视洪水测报预报、通讯预警、防御洪水方案、防汛应急预案、水库群联合调度、防汛指挥系统、防洪工程管理等防洪非工程措施。从 1950 年开始，先后制定、颁布了有关防洪管理的法规、条例，汛期发布中、短期洪水预报。1955 年开始，每年均制定当年防御超标准洪水紧急措施方案，流域内各省也对省内支流制定了紧急措施方案。

目前全流域布设的报汛站网达 13000 多个，基本能有效控制全流域的水雨情变化，可以满足洪水预报和防汛部门的需要。长江干流洪水预报预见期一般三天左右，近年来开展了水文流域模型和实时校正预测的研究和应用，建立了一批水文自动测报系统，可提供更长预见期的洪水预报，进行实时校正，提高了预报精度。1987 年起改用计算机进行水文情报预报自动化处理，可以自动完成水情电报的接收、译电、情报处理、水情捡索、水雨情图表的输出和实时联机预报，提高了时效。为了延长预见期，还开展了暴雨监测和预报工作，增设了天气图自动填图仪、卫星云图接收机，安装了雷达测雨远程终端，为暴雨的监测和预报提供了更先进的手段。

经过多年的实践，长江流域综合管理体系初步形成，建立了一批涉水管理法律、

法规，建立了以流域管理与行政区域管理相结合的管理体制，推行了建设项目水工程建设规划同意书、防洪影响评价、河道管理范围内建设项目审查、采砂许可等制度。

1985 年，国务院批准水利电力部制定的《黄河、长江、淮河、永定河防御特大洪水方案》（国发〔1985〕79 号）。国家防汛抗旱总指挥部（以下简称国家防总）先后批复了《滁河洪水调度方案（试行）》（国汛〔1993〕49 号）、《长江洪水调度方案》（国汛〔2011〕30 号）、《汉江洪水与洪量调度方案》（国汛〔2012〕12 号）。2015 年，国务院以国函〔2015〕124 号文批复了《长江防御洪水方案》。长江防汛抗旱总指挥部（以下简称长江防总）先后印发了《长江流域防汛抗旱应急预案》（长防总〔2016〕17 号）、《滁河洪水调度方案》（长防总〔2016〕49 号）等。国家防总自 2012 年起批复了各年度的长江上游水库群联合调度方案。这些方案预案在历年的防汛抗洪中发挥了重要作用。

第一节　洪水监测预报预警

洪水监测预报预警是防汛工作的“耳目”和“参谋”，是一项十分重要的防洪非工程措施，水文气象部门通过连续 24 小时不间断监视流域水雨情发展，掌握和预测洪水发展变化过程，为有效运用防洪工程措施和制定正确的防洪对策提供决策依据，从而以较小代价达到减少灾害损失的目的。

1949 年以来，长江流域逐渐建立和优化了暴雨、洪水观测站网，进行水情信息的传输处理和服务，开展洪水预报预警。1998 年长江大水后，随着中小河流水文监测、国家防汛抗旱指挥系统等项目建设，长江流域水文监测站网迅猛增长，新仪器新设备广泛应用，水文信息海量剧增；同时，流域水文部门围绕长江防洪实际需要，不断提高预报精度，延长预见期，水文监测、预报预警能力显著增强，已基本建成满足长江防洪需要的洪水监测预报预警体系。

一、长江洪水测报

（一）长江洪水监测

至 1949 年，长江流域保留的水文站仅 104 处、水位站 219 处、雨量站 34 处、水情报汛站 20 余处。新中国成立后，水文科学技术作为经济建设的前期基础工作，作为探索水文情势和水资源状况的耳目和尖兵，迅速发展。

1950 年，长江委成立，下设测验处负责全江水文工作，首次布置报汛站点 68 处。1951 年开始发布长江中游、汉江中下游控制站的水位预报，1954 年布设的报汛站增长至360个，1956年编制了第一个《长江流域基本水文站网规划》。1958年，全江水文测站由1955年底的1599个跃增到3047个，特别是在江源和金沙江等偏远地区新建了水文测站。

此后，又经历了1964年的站网规划分析验证，1978年充实调整，1986年至2000年站网发展规划等，长江干支流水文基本站网建设一直稳定发展。1990年，全江共有水文测站6872个，其中水文站936个、水位站568个、雨量站5368个。同时，为满足水利水电项目的规划、设计、施工和运行需求，还设立了一批工程专用站网。经过多年来对站网的不断调整、补充、完善和优化，目前长江流域内已建成报汛站达13000多个，初步建成基本满足长江洪水监测需求的水文站网体系。

通过多次大洪水的实践检验，长江流域目前所布设的水情站网，能有效控制水情、雨情的变化，可以满足防汛及水文预报对水情信息的需要。

20世纪90年代以前，洪水监测沿用传统的流量测验方法，以流速仪法为主，辅以浮标法等。21世纪以来，特别是近十年通过技术交流与合作，研发和引进了一些先进的新仪器，如声学多普勒剖面流速仪（ADCP）、电波流速仪、LISST等。研发了水文缆道测验智能控制系统、水文测船测验智能控制系统，提升了水文测验载体的智能化水平，提出了动船法测验理论，结合ADCP的应用实现了流量快速测验技术换代升级。目前，ADCP已成为长江流域水文流量测验的基本手段，单次流量测验平均时间从2.5小时缩短到40分钟左右，高洪等特殊情况时可控制在25分钟以内，较以前缩短了约80%，为防汛测报赢得了宝贵时间，显著提高流量测验时效。

测验技术的改进促进了测验方式的改革。自2007年以来，长江水文在全国水文系统率先开展测验方式方法改革，通过不断实践改进，逐步形成“巡测优先、驻巡结合、测报自动、应急补充”的测验模式，在确保满足防汛等需求的同时有效提高了测验效率。

2020年，为认真落实“水利工程补短板、水利行业强监管”的水利改革发展总基调，响应全国水文工作会议精神和水利部超标洪水防御视频会议的安排部署，在分析总结长江历史大洪水的特点和规律的基础上，研究和制（修）订现状测报条件下的特大洪水水文应急测报预案，规范和完善应急测报机制与作业流程，印发了《长江特大洪水水文应急测报预案》，对特大洪水条件下水文站点及致灾形成的堰塞湖、溃口（分洪）的水文应急监测具有重要指导作用。

（二）长江水情传输

新中国成立后，长江流域水情信息传输经历了通过邮电部门的有线电话和有线电报拍发水情、利用短波无线电台传递水情、基于水文自动化测报系统收集水情三种方式。

在20世纪70年代以前，长江水情报汛方式和手段落后，大多数报汛站采用人工电话、邮政电报等报汛方式，少部分报汛站则采用单边带短波和超短波话传报汛，实效性和可靠性很差。

从20世纪80年代开始，在局部区域试点水情自动测报系统建设，主要采用超短波信道或短波信道进行水情信息的传输。1990年，长江流域重点水情站设置22处专用短波电台、4处中心台和分中心台，1996年分别增至63处和9个。进入90年代以后，随着我国电信、移动等公共通信建设的快速发展，GSM短信息（SMS）、移动网络（GPRS、CDMA）业务已迅速覆盖我国大部分地区，程控电话业务已基本覆盖全国绝大部分城镇、乡村，长江防汛信息传递逐步进入网络化，1998年占全江80%的报汛站水情电报改为直接通过广域网向长江委传递，大大提高了水情信息传输效率。

随着遥测技术和计算机的发展和防汛讯息量日益增长的需要，水文自动化测报系统得到了迅速发展，2005年长江委水文局所属的13个水情分中心和118个中央报汛站在全国率先实现报汛自动化水文基础信息收集效率获得巨大的提升。建成了长江流域水情信息中心与相应水情信息分中心的通信网络、武汉与洪湖和武汉与襄樊微波线路以及长江防总与国家防总骨干通信网，提高了信息传输的及时性和可靠性，为实现30分钟内完成水、工、灾情信息的收集传递提供通信保障。与此同时，还建立了以长江中游的沙市、城陵矶、汉口水文站为重点，延伸水情可视会商平台，建设了长江流域水情中心与全江7个水文水资源勘测局及重要水文站之间的可视会商系统，以加强水文信息在线监测。

目前，长江流域水情信息接收处理与服务系统可通过计算机网络处理实时水情气象信息的接收、译电和入库，输出各种实时信息，提供实时和历史信息检索查询。

（三）长江洪水报汛

目前，长江流域水情报汛方式主要由长江委水文局预报中心作为流域数据中心，及时汇集水文局下属15个分中心实时水雨情信息并转发至国家防总，同时与流域内各省（自治区、直辖市）水文部门及长江上中游控制性水库管理部门联系，通过数据交换平台收集各类水情信息，为长江流域防汛工作做好基础数据支撑。

长江流域水文报汛受技术手段制约，20世纪70年代以前主要采取人工拍报方式。21世纪以来，随着国家防汛指挥系统的建设，报汛技术得到质的飞跃，水情监测设备和通信技术不断更新，2005年率先实现自动报汛，水情报汛从信息采集、处理与集成、传输、接收等各项环节均全面实现自动化，报汛频次和时效性大大提高，测站可实现最短5～10分钟报汛频次，并确保在30分钟内完成信息从测站到各级防汛指挥部门。2011 年始，新的水情信息交换系统在长江流域推广应用，再次大幅度提升水情信息传输技术水平，传输信息基本实现实时共享，30 分钟到达国家防总的信息整体合格率保持在 99.9% 以上。

为更好地发挥水库群的综合效益，在国家防总确立水库群信息共享和运行管理机制的背景下，长江流域自 2013 年开展上游水库群信息共享，目前已推广至长江上中游的主要水库，基本实现了各控制性大型水库实时信息、预报调度信息以及流域内遥测站水雨情信息的实时共享。目前，长江流域各类信息报送站点约有 4 万个，报汛信息量持续增长。

二、长江洪水预报预警

准确及时的洪水预报，是实时防汛中进行防洪调度的重要依据，特别是在 1954 年、1998 年发生全流域大洪水时，准确的水文预报取得了巨大的防洪减灾效益。根据洪水预报，可以对防洪工程的运用进行科学调度，适时拦洪、泄洪，削峰、错峰，有效控制洪水；可以有计划地适时运用分蓄洪区，减少洪灾损失；可以发出预警信息，及早组织人员进行防洪抢险，紧急加高加固堤防，组织分洪区及可能被淹地区的群众避险转移。

长江委从 1951 年开始正式发布长江、汉江干流若干控制站水位预报，是全国最早开展洪水预报业务的单位。为延长洪水预见期、提高预报精度，经过几代预报人员的探索，长江洪水预报逐步形成“短中长期相结合、水文气象相结合、科研与生产相结合”的技术路线。同时，水情预报预警服务范围和对象不断拓展，逐步实现“行业水文”向“社会水文”转变。

（一）定量降水预报

为掌握流域内暴雨天气变化规律、延长洪水预见期，20 世纪 50 年代末开始开展水利气象预报业务，制作流域降水预报，这是水利部门进行天气预报，实行水文气象预报相结合的开端。近年，长江流域定量降雨预报制作方法以天气学方法为主，并融合了数值预报和预报员的经验。随着数值预报技术的发展，为更好地制作长江流域定量降雨预报，目前流域水文气象部门逐步引入并大量应用 WRF、ECMWF、CFS、T639 等不同时间尺度的多种数值预报模式，针对长江不同区域进行优化处理，最大化地提高定量降雨预报的准确率。

目前，长江流域水文部门制作发布短中期（1 ～ 7 天）、延伸期（8 ～ 20 天）及长期（月、季或年）等多时间尺度的定量降雨预报。2016 年，针对当前防洪预报新要求，将流域面雨量预报及统计分区细化为金沙江的上游、中游、下游、雅砻江，向寸区间干支流的岷江、沱江、嘉陵江、涪江、渠江、向寸区间，乌江的上游、中游、下游，三峡区间的寸万、万宜区间，清江，江汉平原，洞庭湖水系的湘江、资水、沅江、澧水、洞庭湖区，陆水，汉江的石泉以上、石泉至白河、白河至丹江口、丹皇区间、皇庄以下，鄂东北，武汉，鄱阳湖水系的赣江、抚河、信江、饶河、修水、鄱阳湖区，长下干，滁河，青弋江水阳江共39个分区。

（二）洪水预报系统

新中国成立后，长江流域洪水预报从应用相关图、谢尔曼单位线、降雨径流指数、马斯京根演算、大湖演算等传统预报方法开始，不断探索新理论、新方法，通过与国内外科研院所合作，实现了水动力学模型、分布式模型在长江流域的应用，引入了分布式新安江、DDRM、SWAT、TOPKAPI、RS Minerve等（半）分布式水文模型及MIKE11系列模型软件，在深入研究多梯级水库阻断影响、长河道洪水演进规律及复杂江湖关系的基础上，建立了水文—水动力学耦合、智能校正和专家交互的预报调度一体化模型。

1950年，长江委及其所属中游工程局根据上下游洪峰水位相应关系对长江沙市站和汉江沙洋站洪峰水位预报进行研究，1951年正式开展了长江、汉江干流若干控制站水位预报。1953年起，考虑到区间降雨的影响，开展了降雨—径流关系的研究，当时采用五变数降雨径流相关图法编制了清江降雨—径流预报方案，并移用到三峡暴雨区。在1954年长江特大洪水的防汛实践中，将降雨—径流相关图和河道相应水位关系相结合进行预报，为1954年长江防汛作出了较大贡献。

1954年特大洪水后，根据长江防洪调度的需要，针对各个河段的具体情况，又系统地编制了从干流上游石鼓站到下游南京站的河道洪水预报方案和汉江等大支流的预报方案，发布长江、汉江干流重点站及主要支流控制站的洪水预报，预报干流河段长达3400余千米，发布预报站点60多个，应用降雨—径流计算支流及区间流域面积近90万平方千米。长江短期洪水预报预见期在支流上一般为1～3天不等，在中下游干流上为3～5天，长江下游大通站最长可达7天。由于长江流域是一个整体，干流的预报需要支流配合，下游的预报需要上游配合，各省之间、流域机构与各省之间均按协议互相提供实时水雨情和洪水预报成果，保证了全流域洪水预报工作的顺利开展。20世纪70年代以来，应用电子计算机开展了水文流域模型和实时联机预报的研究。1978年，“长江巫山以上实时联机洪水预报系统”研制成功。1986年，“宜昌至汉口河段洪水联机实时预报系统”研制成功，首次采用了实时预报模型，1987年至1990年试运行证明了该模型确有提高预报精度的实效。1994年，长江委与水利部信息中心、湖北省水文水资源局共同研制了“长江中下游洪水联机实时预报系统”，并于 1995 年汛期投入作业预报运行，在加快作业速度、提高作业预报质量和精度上成效显著，为战胜当年长江中下游大洪水作出了贡献。

在国家“八五”重大课题攻关科研中，长江委水文局在借鉴国外先进技术建立水文预报计算模型的同时，在系统设计上开创性地提出了“交互式预报”概念，将预报员的经验进行量化、规范化、计算机化，完成了第一代长江洪水预报系统“长江专家交互式预报系统”的技术开发任务。该系统总结长江数十年洪水预报的专家经验，选择其中最有效的定量分析经验，将其规范化、计算机化，设计出一批全新的计算机交互处理模式，在当时数学模型实际水平下，为作业预报需由专家把关的分析处理作业计算机化找到了一条可行的途径，克服了洪水预报现代化道路上的一个重要技术障碍。1996 年，“长江专家交互式预报系统”从原 ODT（Open Desk Top）平台上移植到 SGI 型图形工作站上，系统与广域网 Sybase 数据库连结，投入了作业预报试验运行。1996 年，完成了“陆水流域自动测报系统”的升级换代和改造，采用自动生成次级数据库的方式，将自报式遥测数据转为防汛用的段次数据，克服了在防汛上使用遥测信息的困难，长江洪水预报系统开发从引进国外技术迈入了创新技术的新时期。1997 年，在三峡工程大江截流的施工水文预报中，应用已掌握的交互式预报系统技术，开发了“三峡截流交互式预报系统”，实现了远距离网络信息传输、处理和作业预报计算机化，并投入了作业预报运行，发挥了先进技术在重大工程实践中的指导作用，取得了高精度的预报效果。1998 年大洪水中，“长江专家交互式预报系统”帮助水文专家准确作出了“沙市水位不会超过 45.30 米，超过 45 米的持续时间只有 22 小时，超额洪量只有 2 亿立方米左右”的预报，为中央决策提供了科学依据，避免了荆江分洪区的分洪运用，最大限度地降低了洪灾损失。

1998 年大水之后，国家加大支持力度，着力提升防御洪水能力。中日合作“汉江中下游洪水预警系统”、中澳合作“长江防洪与管理系统”和“国家防汛指挥系统”一期项目相继启动建设。从 2004 年开始，长江委水文局在“长江专家交互式预报系统”的基础上，开始研发基于 B/S 架构的通用型水文预报平台，新系统的建设首次提出了建立模型库、方法库、平台资源库的新思路。2006 年通用型水文预报平台问世，这是第二代洪水预报系统，也是之后“长江防洪预报调度系统”的雏形，预报作业时间从 2 ～ 3 小时缩短至几十分钟。该系统在通用化和平台资源积累式发展上取得突破性进展，达到国际领先水平，并首先应用在三峡水库防汛调度中，建立了“三峡水库入库站（寸滩、武隆）流量预报会商系统”，为实现三峡梯调中心与长江委信息交换和资源共享，建设宜昌、武汉、重庆三地四方预报会商提供了技术平台。新系统成功解决了三峡入库洪水的预报难题，借助这套系统，2010 年和 2012 年，长江委水文局提前五天，准确预报出三峡水库最大入库流量 70000 立方米每秒和 71200 立方米每秒，通过调度三峡水库拦洪错峰，确保了沙市水位不超过警戒水位，有效减轻了下游的防洪压力，避免了千军万马上堤巡查抢险。

目前，通过水文气象耦合，短、中、长期嵌套，构建了以重要水库、防洪对象及干支流控制断面为节点、满足各类对象防洪目标及需求的长江流域预报河系 31 个，预报节点 400 余个，水库调度节点 60 多个，预报方案 760 多套，基本实现了流域的全覆盖。

（三）预报调度系统

预报调度是一个非常复杂的过程，不但要实时地收集各种防汛信息，还要在暴雨、洪水预测预报的基础上制定几种可行的防洪调度方案，预测和估算洪灾损失，为泛区人员搬迁安置提供咨询意见。2005 年以来，通过“国家防汛指挥系统”（一期、二期）及长江流域多个系统建设，基本建立了满足长江流域水库群联合预报调度的综合业务系统。

1. 防汛指挥系统一期——长江洪水预报系统及防洪调度系统

“国家防汛抗旱指挥系统一期工程——长江洪水预报系统”2007 年 5 月开始建设，2008 年 12 月通过验收，主要建设内容包括：修改、完善长江沙市、螺山等 15 个重点站，枝城、仙桃等 16 个一般站、1 个分蓄洪区（荆江分洪区）共 32 个断面的洪水预报方案；补充开发长江流域特有的预报模型库，构建长江洪水预报作业系统。

“国家防汛抗旱指挥系统一期工程——长江防洪调度系统”2007 年 12 月开始建设，2009 年 6 月通过验收，主要建设内容包括：开发建设长江流域防洪调度系统公共平台，搭建长江防洪调度系统总体框架；统一数据库标准，部分建成防汛信息基础数据库；开发“长江中下游实施洪水预报调度系统”，根据实际需要完善调度模型；对中澳“长江洪水管理系统”进行数据整合；收集整理枝城至城陵矶河道地形资料，完善地理信息技术数据库，实现荆江河道三维动态仿真显示等功能；开发汉江中下游洪水调度系统框架，初步建立汉江洪水预报调度模型（不包含丹江口水库的调度）；开发大湖演算模型软件系统。

2. 防汛指挥系统二期——长江防洪调度系统

2012 年，长江上游一批库容大、调节能力好的综合利用水利枢纽工程相继建成。新建成的工程之间蓄泄矛盾逐渐凸显，为有效发挥这些控制性水库群的综合效益，长江委将三峡、二滩、紫坪铺、构皮滩、碧口等 10 座大型水库纳入联合调度范围，这成为长江流域水库群联合调度的起点。随着流域内控制性水库群的建成，预报与调度的关系愈加密切。在长江委的统一部署下，长江委水文局革新理念，破除思维定式和工作惯性，积极下好预报调度一体化的“先手棋”。2015 年至 2016 年，依托国家防汛指挥系统二期工程——长江防洪预报调度系统建设项目，集成以往优势资源，开发完成集洪水预报与防洪调度为一体的长江防洪预报调度系统，翻开了长江洪水预报的新篇章。“长江防洪预报调度系统”汇集了流域 3 万多个报汛站点信息、各类气象信息和降水模式预报，以及 31 个干支流预报调度体系 849 个预报节点、近百个调度对象，实现了信息综合展示、预报演算、交互式调度分析和会商决策支持等功能，通过河系自动预报、专家交互校正，实现了长江流域主要水库、干支流等重要防洪控制断面的快速分析预报，根据实际调度需求，动态构建预报调度体系。“长江防洪预报调度系统”在 2016 长江中下游型洪水、2017 年长江中游型洪水和 2018 年长江上游型洪水预报调度中发挥了重要作用。“16・7”大洪水中，提前 4 天准确预报出干流监利以下全线超警信息。“17・7”洪水和 2017 年汉江秋汛中，2 天预报期的莲花塘站洪峰水位预报误差仅为 0.07 米，提前 7 ～ 10 天预报出丹江口水库多场入库洪水量级，汉江中下游主要站洪峰水位预报误差在 0.3 米以内。2018 年 7 月的两次编号洪水中，降雨和大幅涨水过程均实现提前 7 天以上预警，两场入库洪峰有效预见期达 3 天，洪峰流量预报与实况基本吻合。

（四）洪水预报预警

随着信息社会发展、技术进步及需求增加，洪水预报预警服务产品及范围逐步扩大，服务对象从原来各级防汛部门、航运及施工单位、水库管理部门等逐步向企事业单位、社会公众拓展，预报预警服务方式也从原来的纸质、邮件、传真等逐步扩展为 WEB 网络、短信、电子邮件、手机 APP、微信公众号等；服务产品灵活多样，有短中期和延伸期定量降雨预报、短中期水情预报、长期水文气象预报及水情简报、水情公报、重要水雨情报告、水雨情综合分析、水库调度方案分析等，并可根据不同用户提供需求定制。

长江流域洪水预报预警采取分工负责的合作机制，制作和发布流域内洪水预报预警，当有较大洪水过程发生时，根据预见期和服务需求，发布洪水洪峰和过程预报。长江流域各有关省（自治区、直辖市）均制定了辖区内洪水预警预报发布相关管理办法，预警覆盖范围持续扩大，预报预警工作成效日益显著。其中，长江委负责长江干流和重要支流（嘉陵江、乌江、汉江等）控制站和两湖出口控制站的洪水预报发布，四川、湖南、江西、湖北省分别负责四川省内水系、洞庭湖四水、鄱阳湖五河、鄂东北及湖北省内水系洪水预报发布，安徽、江苏省负责感潮河段的洪水预报发布。

目前，国家和地方加强了蓄滞洪区洪水警报和信息反馈系统完善建设，与广播、电视传送系统和移动通信短信平台相结合，实现了及时通报汛情、发布洪水警报和转移安置指令、实时收集反馈信息等目标。进行了山洪灾害预警试点，预警信息“最后一千米”到户到人的问题得到了一定程度的解决。

2014 年，长江防汛抗旱总指挥部办公室向流域内 15 个省（自治区、直辖市）防汛抗旱指挥部、长江委水文局印发了《长江水情预警发布管理办法（试行）》，推动和规范了水情预警发布工作，为防御和减轻洪灾发挥积极作用，加深了社会公众对水情信息的了解。

2019 年，水利部印发了《全国主要江河洪水编号规定》（水防〔2019〕118 号）和《我国入汛日期确定办法》（水防〔2019〕119 号）。此次修订细化了长江编号洪水标准，明确了各级水文机构相应的管理职责；补充完善了入汛代表站及相关指标，明确了入汛日期确定、发布的职责单位。两个文件为长江洪水编号的有序管理、入汛日期的科学确定奠定了基础，为各级政府及时部署洪水灾害防御工作、社会公众提早主动避险提供了有力保障。

第二节　长江防御洪水方案和防洪预案

长江防御洪水方案和防洪预案是防洪非工程措施的一项重要内容，对减轻洪水灾害损失和人员伤亡有重大作用。1985 年，国务院批转了水利电力部制定的《黄河、长江、淮河、永定河防御特大洪水方案》（国发〔1985〕79 号），批准了长江防御超标准洪水的方案。国家防总于 2011 年批复了《长江洪水调度方案》（国汛〔2011〕22 号），自 2012 年起批复了各年度的长江上游水库群联合调度方案。2015 年，国务院以国函〔2015〕124 号文批复了《长江防御洪水方案》。长江防总出台了《长江流域防汛抗旱应急预案》（长防总〔2016〕17 号）。这些方案在历年的防汛抗洪中发挥了重要作用。

一、长江防御特大洪水方案

长江防洪虽已有悠久的历史，但直至新中国成立前，并无统一的防洪规划，各地的防洪也无明确的目标和标准。堤防是当时唯一的防洪措施，由于连年战乱已残破不堪，防洪能力很低。1949 年汛期，长江中下游沿江地区先后解放，人民政府虽立即组织军民大力进行抗洪抢险，终因洪水大，而堤防基础十分薄弱，长江干堤及圩垸多处溃口，造成较重灾害。汛后，人民政府组织堤防的修复和加固，各地都以当年的实际洪水位作为修堤的防御标准。

1950 年长江委成立，在研究以防洪为主的治江方案过程中，鉴于长江中下游洪水峰高量大，防洪任务非常艰巨，因此提出分阶段、有重点的治江设想。第一阶段加高加固重点保护区的堤防，以防御 1949 年、1931 年实际发生的洪水位为目标；第二阶段兴建分蓄洪工程以蓄纳上述洪水年的超额洪水，使江、湖水位不超过重点堤垸的防御水位，以保证重点防护区的防洪安全。在这一治江方案中已明确提出了分阶段的防御目标，并提出了发生超过堤防防御标准洪水时牺牲局部（分蓄洪区）、保护重点的原则和措施。1951 年，为尽早缓解荆江地区严峻的防洪形势，长江委提出荆江分洪工程计划，这一计划的防御目标十分明确，即防御荆江发生与 1931 年、1935 年同大的洪水，当时对解决更高标准的长江防洪问题，则寄托于治江第三阶段的修建山谷水库。

1954 年，长江中下游发生了近百年来最大的一次洪水，远远超过 1931 年、1935 年和 1949 年洪水。当年的防洪工程，除堤防外，只有荆江分洪工程和少数几处分蓄洪区（洞庭湖区的大通湖、武汉附近的涨渡湖、白潭湖）。为力争减小洪灾损失，在 1954 年抗洪斗争中，除加强堤防的防汛抢险力度外，主要采取了临时加筑子堤和扒口分洪等应急措施。荆江分洪工程三次超标准运用，最后采用上吞下吐的方式和一系列临时应急措施，控制了荆江水位的上涨幅度，约降低荆江沙市最高水位近 1 米，为确保荆江大堤安全创造了条件。同时，为临时加高加固武汉市堤防争取时间，先后几处人工扒口，以减缓洪水上涨的速度和幅度，终于使武汉市堤防抗御了 29.73 米（超 1931 年最高洪水位 1.45 米）洪水位，保住了汉口、武昌市区的安全。1954 年防汛斗争是采取临时应急措施抗御超标准洪水的一次实践，并发挥了明显的减灾作用。

1954 年长江大洪水后，长江委开展了长江流域综合利用规划工作，并继续对长江干流和主要支流的历史洪水进行调查。根据对实测和调查洪水资料的分析、统计，认为 1954 年洪水是中下游防洪较为恶劣的一种典型，汉口 30 天洪量约为 200 年一遇。因此，在此后防洪规划中，以及 1972 年和 1980 年两次长江中下游防洪座谈会，都决定以 1954 年洪水作为中下游整体防洪的防御对象。但荆江河段的防洪，主要受洪峰控制，而 1954 年宜昌最大流量仅约 15 年一遇，作为荆江河段的防洪对象显然太低。根据荆江地区的实际情况，结合需要与实际可能，确定荆江河段按防御枝城洪峰流量 80000 立方米每秒拟定防洪方案。但这一标准和荆江地区的防洪重要性还不相适应。据历史洪水资料，自 1153 年以来，宜昌最大流量超过 80000 立方米每秒的有 8 年，超过 90000 立方米每秒的有 5 年，1860 年、1870 年枝城最大流量均约达 110000 立方米每秒。因此，长江委认为在三峡工程建成以前必须研究枝城流量大于 80000 立方米每秒的紧急措施方案，以尽可能避免荆江地区发生大量人员伤亡的毁灭性洪灾。自 1962 年湘、鄂两省荆江地区防洪讨论会以后，即研究了各种可能的荆江地区紧急度汛措施方案。1964 年紧急度汛措施方案基本定型，以后，每年汛前由长江委根据当年的具体情况对方案作必要调整后编报一次《中游度汛措施方案》。1985 年，国务院以国发〔1985〕79号文批转水利电力部关于《黄河、长江、淮河、永定河防御特大洪水方案报告的通知》（见附件5），原则同意了长江委拟定的方案。以后，每年汛前即以批准的方案为基础，根据当年的工情等具体情况进行必要的修订和补充上报国家防总。2020年，按照水利部部署，长江委承担了长江流域长江以及嘉陵江、乌江、汉江、滁河、水阳江五条重要支流超标洪水防御预案编制工作，对以往洪水防御预案方案进行了细化和完善，为有效应对流域洪水灾害领域“黑天鹅”和“灰犀牛”事件提供了支撑。

二、长江洪水调度方案与长江防御洪水方案

近年来，长江防洪工程与非工程体系以及防御洪水的理念等都发生了很大变化，流域经济和社会发展对防御长江洪水提出了新的更高要求，主要表现为：

1）长江流域防洪减灾体系日趋完善，防洪形势发生了显著变化。1998年以来，长江中下游干流堤防进行了全面的达标建设，洞庭湖区、鄱阳湖区以及支流堤防逐步完善，长江干支流先后建成了三峡、溪洛渡、向家坝、二滩、锦屏一级、紫坪铺、瀑布沟、构皮滩、彭水、亭子口、江垭、皂市、丹江口（大坝加高）、峡江等一批防洪控制性水库，洞庭湖区和鄱阳湖区蓄滞洪区堤防加固工程全面开展，部分蓄滞洪区启动了安全建设工程，流域水文测报、防汛抗旱指挥系统等防洪非工程措施逐步完善。

2）流域经济和社会发展状况发生了较大变化。近期国家提出了依托黄金水道推动长江经济带发展、打造中国经济新支撑带的重大战略决策，流域内已形成长江三角洲、长江中游和成渝三大跨区域城市群为主体，以黔中和滇中两大区域性城市群为补充，以沿江大中小城市和小城镇为依托的城镇化格局，城市化水平提高、人口持续增长、财富积聚对防洪减灾提出了更高的要求。

3）流域内重要防洪工程、干流及主要支流的洪水调度方案逐渐成熟。

4）制定防御洪水方案的理念发生了根本转变，由过去单纯的控制洪水，向洪水风险管理、协调人与洪水的关系以及洪水资源化利用等方面转变。

根据《中华人民共和国防洪法》和国务院批复的《长江流域综合规划（2012—2030年）》（国函〔2012〕220号）、《长江流域防洪规划》（国函〔2008〕62号），结合长江防洪工程的实际状况，国家防总组织长江委和与长江流域防洪调度有关系的上海、江苏、安徽、江西、湖北、湖南、四川、重庆、贵州、云南、陕西11省（直辖市）防汛抗旱（总）指挥部以及国家电网公司、南方电网公司、华电集团公司、大唐集团公司、长江航务管理局、中国长江三峡集团公司、云南华电金沙江中游水电开发有限公司等9家单位，编制《长江防御洪水方案》。

2009 年 5 月，国家防总办公室下发了《关于做好大江大河防御洪水方案和洪水调度方案编制修订工作的通知》（办汛〔2009〕18 号），正式启动了《长江洪水调度方案》和《长江防御洪水方案》编制工作。长江委专门成立了方案编制工作领导小组，对 1999 年批复的《长江洪水调度方案》进行了修订，于 2010 年 3 月提出了《长江洪水调度方案》初稿。同月，国家防总办公室在北京组织召开长江洪水调度方案修订座谈会，对方案修订的条文进行了逐条讨论。4 月，长江防总办公室组织长江委资深专家在武汉召开了技术讨论会，对洪水调度方案进行了咨询。同月，国家防办以办汛〔2011〕8 号文《关于征求〈长江洪水调度方案（修订稿）意见的函〉》征求了重庆、贵州、四川、湖南、湖北、江西、安徽、江苏八省（直辖市）防汛抗旱指挥部的意见。6 月，长江防总办公室召集重庆、湖北、湖南、江西等省（直辖市）防汛抗旱指挥部办公室在武汉市召开了《长江洪水调度方案》（修订稿）的讨论会，国家防总领导到会指导，主要对各省的意见及方案的修订进行了深入讨论，会议基本达成了一致意见。7 月，长江委以长汛函〔2011〕40 号文征求四川、重庆、湖南、湖北、江西、安徽、江苏、上海八省（直辖市）人民政府的意见。在充分考虑流域省（直辖市）和相关单位的意见后，经过深入的研究和全面的修改、完善，形成了长江洪水调度方案。国家防总于 2011 年 12 月批复了《长江洪水调度方案》（国汛〔2011〕22 号），见附件 6。

在《长江洪水调度方案》的基础上，长江委于 2013 年底编制提出了《长江防御洪水方案》，长江防总办公室分别于 2014 年 3 月（长防总办〔2014〕5 号）、5 月（长防总办〔2014〕39 号）和 2015 年 3 月（长防总办〔2015〕4 号）三次征求流域有关省（直辖市）防汛抗旱指挥部和电力、航运等相关单位意见。国家防总办公室于 2015 年 1 月、3 月两次召开专题会议研究。在充分考虑流域省（直辖市）和相关单位的意见后，经过深入的研究和全面的修改、完善，形成了长江防御洪水方案。国家防总办公室于 2015 年 5 月以办汛〔2015〕21 号文征求有关省（直辖市）人民政府和电力、航运等相关单位意见，各省（直辖市）和有关单位均同意本方案。国务院于 2015 年 7 月批复了《长江防御洪水方案》（国函〔2015〕124 号），见附件 7。

三、长江流域防汛抗旱应急预案

2006 年 1 月，国务院颁布了《国家防汛抗旱应急预案》，明确了组织指挥体系和职责，完善了预防与预警、应急响应、应急保障、善后处置等工作机制。2007 年，按照国家防总的要求，长江防总出台了《长江流域防汛应急预案》，组织编制《三峡—葛洲坝水利枢纽洪水调度预案》《陆水水库防洪调度预案》《清江隔河岩水库与长江洪水错峰调度应急预案》等预案。2013 年，为更好地满足长江流域防汛抗旱工作的

需要，切实做好长江流域水旱灾害突发事件防范与处置工作，使灾害处于可控状态，保证防汛抢险、抗旱及救灾工作高效有序进行，最大限度地减少人员伤亡和财产损失，支撑流域经济和社会全面、协调、可持续发展，长江防总办公室组织力量对《长江流域防汛应急预案》（长防总办〔2009〕48号）进行了修订和完善，编制了《长江流域防汛抗旱应急预案》。为深入贯彻习近平总书记"两个坚持、三个转变"新时期防灾减灾理念，认真落实"水利工程补短板、水利行业强监管"的水利改革发展总基调，做好长江流域水旱灾害防御工作，于提高水旱灾害风险防控能力，确保流域防洪安全、供水安全和生态安全，长江委2019年制定了《长江流域水旱灾害防御预案（试行）》，见附件8。

沿江各省（自治区、直辖市）分别编制并颁布了省级防汛抗旱应急预案和蓄滞洪区运用预案、防御台风应急预案、防御山洪灾害预案等专项预案，有的省还编制了水利工程防洪调度预案、水库防汛抢险应急预案、特大洪水保坝爆破分洪预案、防御超标准洪水预案、江心洲人员撤退预案、重点防洪城市应急预案、流域洪涝灾害综合应急救援预案、防台风应急预案等。目前，长江流域已形成了比较完整的防汛应急预案体系。

第三节　长江水工程群联合调度

随着长江大保护和长江经济带发展对长江流域管理保障需求的不断提升，为满足当前以水安全保障为基础、以水生态修复和水环境保护为核心的流域管理新要求，长江委已将水库群联合调度拓展到集水库、蓄滞洪区、涵闸泵站等工程于一体的"水工程联合调度"，并逐步实现以互联网+、云计算、大数据等技术为支撑的"智慧调度"，为长江经济带绿色发展提供技术保障。

一、长江流域水库群联合调度

（一）长江流域水库群联合调度进展

随着长江治理工作的逐步推进，长江上游水库群成库规模日益庞大，且已初具规模。与之相应，长江流域的水资源开发利用重心已由工程建设逐步向科学调度管理转变。为推进长江流域水库群联合调度工作，按照水利部的要求，2008年初，长江委启动了以三峡水库为核心的长江干支流控制性水库群综合调度研究工作，2008年9月编制完成《以三峡水库为核心的长江干支流控制性水库群综合调度研究任务书》送审稿，同年9月由水利部水利水电规划设计总院组织专家进行技术审查，长江委根据审查意见修改后形成报批稿上报。2009 年 2 月，水利部原则同意水利水电规划设计总院审查意见及根据审查意见修改后的《任务书》，并以水规计函〔2009〕180 号文批复了《任务书》。2009 年 9 月，长江委编制完成《以三峡水库为核心的长江干支流控制性水库群综合调度研究工作大纲》，成立了项目领导小组、技术组、专家组，并正式开展研究工作。2011 年 12 月 13 日，长江委在武汉组织召开了《以三峡为核心长江干支流控制性水库联合调度研究》专家咨询会。

随着水利工程建设的进一步推进，水利工程运用外部条件逐渐发生变化，再加上诸多水利工程的累计、叠加影响，使得流域管理不确定因素增多，变得异常复杂。为适应新时期、新常态下长江流域经济和社会发展对流域水利支撑保障能力的需求，进一步加强长江上游水库群联合调度。2012 年开始，长江委组织开展了一系列以水库群联合调度为重点的相关研究和探索，2013 年开展了长江上游控制性水库优化调度方案编制工作，2014 年开展了长江流域水库群联合调度研究顶层设计工作。为有效指导流域水库调度运行管理，自 2012 年起，根据逐年开展的调度专题研究成果，长江委逐年组织编制了年度长江上游水库群联合调度方案，长江流域纳入联合调度的水库数量由 2012 年编制之初的 10 座增加至 2018 年的 40 座（2016 年开始扩大到中游控制性水库），在应对 2016 年和 2017 年长江中游型洪水、2018 年长江上游型较大洪水、金沙江堰塞湖应急处置、汛末联合蓄水等过程中，水库群联合调度成效显著。2018 年汛期，长江上游的岷江、大渡河、沱江、涪江、嘉陵江上游发生大洪水或特大洪水，长江上游水库群拦蓄洪量累计 111 亿立方米，有效避免了嘉陵江重点河段水位超保证水位，降低下游洪峰水位 2 ～ 4 米，大大减轻了岷江下游、长江干流荆江河段的防洪压力。2018 年堰塞湖险情多发，仅金沙江干流白格段就连续发生两次堰塞湖险情，通过联合调度金沙江中游梯级水库，采用梯级水库提前降低水位、联合拦洪削峰等调度方式，有效保障了金沙江中游梯级水库工程安全和下游群众生命安全。

（二）典型年水库群调度效果

1.1954 年洪水调度效果

在现有工况下，若再遇 1954 年洪水，通过长江上游水库群联合调度，长江中下游地区的分洪量将由 492 亿立方米减少为 350 亿立方米，蓄滞洪区运用数量由 42 个减少为 25 个，可减少蓄滞洪区淹没面积 3782.4 平方千米，减少淹没耕地 223.71 万亩；原有可能溃口的干流堤防保护区将不被淹没，即可减少淹没面积 10234 平方千米，减少淹没人口 812 万人，减少淹没耕地 777 万亩；减少一般洲滩民垸及主要支流淹没面积 4757 平方千米，减少淹没人口 86.6 万人。

2.1998 年洪水调度效果

现状条件下再遇 1998 年洪水，利用上游水库拦蓄，可明显降低长江中下游干流水位，其中沙市、螺山等站水位将比 1998 年实测下降 1 ～ 3 米多（见表 5.1–1）。

表 5.1–1　　现状条件下遇 1998 年洪水长江干流部分站水位与实测值对比

站名	1998 年实测最高水位（米）	现状条件下计算水位（米）	水位下降值（米）
沙市	45.22	42.49	–2.73
新厂	40.35	39.35	–1.00
石首	39.89	38.44	–1.45
监利	38.31	35.63	–2.68
螺山	34.95	31.54	–3.41

3.2017 年洪水调度效果

在应对 2017 年长江中游型大洪水调度过程中，上中游水库群合计拦蓄洪量 102.39 亿立方米，降低洞庭湖区及长江干流莲花塘江段洪峰水位 1.0 ～ 1.5 米、汉口江段洪峰水位 0.6 ～ 1.0 米、九江至大通江段洪峰水位 0.3 ～ 0.5 米，确保了长江干流莲花塘站水位不超分洪水位，缩短洞庭湖七里山站水位超保证时间 6 天左右，显著减轻了洞庭湖区及长江中下游干流的防洪压力。

4.2018 年洪水调度效果

2018 年汛期，长江上游岷江、大渡河、沱江、涪江、嘉陵江上游发生大洪水或特大洪水，长江上游水库群拦蓄洪量累计 111 亿立方米，有效避免了嘉陵江重点河段水位超保证水位，降低下游洪峰水位 2 ～ 4 米，大大减轻了岷江下游、长江干流荆江河段的防洪压力。2018 年堰塞湖险情多发，仅金沙江干流白格段就连续发生两次堰塞湖险情，通过联合调度金沙江中游梯级水库，采用梯级水库提前降低水位、联合拦洪削峰等调度方式，有效保障了金沙江中游梯级水库工程安全和下游群众生命安全。

二、长江水工程群联合调度

改革开放以来，长江流域在防洪减灾、水生态与环境保护、水资源管理及综合利用等领域的治理开发与保护取得了显著成就，以三峡水利枢纽、南水北调中线工程、荆江蓄滞洪区等为代表的一大批重大水利工程相继建成投运，流域内控制性水库工程联合调度等关键技术研究领域实现了创新突破，取得了丰硕成果。随着三峡工程和长江中上游干支流控制性水库群，以及流域内包括蓄滞洪区、大型函闸、泵站等大批具有防洪、排涝、供水、航运、跨流域调水、生态环境保护等不同功能的水利工程的建成运行，治江事业也开启了新的篇章。如何在已有水库群联合调度研究与实践基础上，进一步开展和完善水工程联合调度，为长江大保护和长江经济带绿色发展提供流域管理保障，是一道亟待解决的难题。

长江流域水工程联合调度工作是一项兼具长期性、艰巨性、复杂性的系统工程。随着长江经济带等国家战略对长江流域防洪减灾、生态补水、供水抗旱、发电航运等保障能力需求的日趋增加，当前水工程联合调度能力与日益增长的社会需求不相适应这一主要矛盾逐步凸显。近年来，在水利部的统一部署下，围绕流域水库群联合调度技术及管理需求，长江委持续组织开展了系列研究与实践探索，在流域防洪抗旱、枯期补水、生态修复等水库群联合调度方面取得了显著的经济、社会和环境效益。目前，长江流域水工程数量逐年增加、可调度工程类别不断增多、调度对象及规模不断扩大、工程拓扑关系日趋复杂、调度难度日益显现，如何在已有水库群联合调度研究与实践基础上，围绕长江大保护和长江经济带绿色发展新需求，逐步推进蓄滞洪区、泵站涵闸、引调水工程等长江流域水工程联合统一调度，以充分发挥其在防汛抗旱、水生态环境保护、水资源利用等综合效益，将成为未来一段时期亟须统筹谋划、科研攻关的技术难题。

为全面贯彻落实党的十九大和十九届二中、三中全会精神以及习近平同志关于深入推动长江经济带发展座谈会上的重要讲话精神，以《长江经济带发展规划纲要》为遵循，以共抓大保护、不搞大开发为导向，以推动长江经济带可持续发展为目标，按照水利部推进长江经济带水利工作会议关于重点推进长江水库群联合调度工作和“水利工程补短板、水利行业强监管”的任务要求，有必要科学谋划、全面布局，有序推进包括水库、涵闸、泵站、蓄滞洪区等在内的长江流域控制性水工程联合调度工作。为此，在2015年《水库群联合调度顶层设计报告》的基础上，长江委组织专班，于2018年10月，根据新要求、新形势对长江流域控制性水工程联合调度研究顶层设计进行修编。立足解决新时期治江事业面临的新问题、新要求、新任务和新挑战，该顶层设计报告分析了新时期水工程调度管理相关短板问题和新需求，提出了新形势下长江流域水工程联合调度需要解决的重大问题，并有针对地提出调度基础信息分析、调度需求分析、联合调度关键技术深化研究、多目标决策与风险控制、水工程联合调度方案编制、流域水工程联合调度综合管理研究、流域控制性水利工程联合调度管理集成系统七个研究方向，细化了研究项目和课题组成，形成了长江流域水工程联合调度（2019—2025）研究项目库，夯实课题申报基础，为今后争取项目申报、开展持续滚动研究提供了技术指南，为长江保护和长江经济带发展提供可靠的技术支撑与保障。

2019 年，为统筹协调防洪、供水、生态、发电、航运等方面的关系，保障重点地区防洪安全、供水安全、生态安全，充分发挥水工程在流域水旱灾害防御、水生态修复与环境保护中的作用，促进长江大保护，推动长江经济带发展，长江委组织制定了《2019 年长江流域水工程联合调度运用计划》，并经水利部以水防〔2019〕162 号文批复。该方案旨在统筹堤防、水库、蓄滞洪区、排涝泵站、引调水工程等各类水工程与所在河流及长江中下游的防洪、水量、生态调度关系，充分发挥水工程对长江流域的整体防洪作用。综合考虑工程规模、控制作用、运行情况等因素，纳入 2019 年度长江流域联合调度范围的水工程共计 100 座（处），其中，控制性水库 40 座、总调节库容 854 亿立方米，总防洪库容 574 亿立方米；蓄滞洪区 46 处，总蓄洪容积 591 亿立方米；排涝泵站 10 座，总排涝能力 1562 立方米每秒；引调水工程 4 项，年设计总引调水规模 241 亿立方米。

第四节　防洪政策法规

完善的法律、法规是做好防汛抗旱工作的根本保证。长江流域防洪法规体系的构成大致分为国家、流域、区域三个层面。新中国成立后，水利部先后颁发了《河道堤防工程管理通则》（1980 年）、《水库工程管理通则》（1980 年），国务院先后颁发了《关于清除行洪蓄洪障碍保证防洪安全的紧急通知》（1987 年）、《批转水利部关于蓄滞洪区安全与建设指导纲要的通知》（1988 年），对涉及的防洪事项提出了管理要求。1988 年，全国人民代表大会常务委员会颁布了《中华人民共和国水法》（2002 年、2009 年和 2016 年三次修正），该法对“防汛与抗洪”作了规定，为指导全国的防洪、防汛工作的最高立法。同年，颁布了《中华人民共和国河道管理条例》（2011 年、2017 年 3 月、2017 年 10 月、2018 年 3 月四次修正）、《蓄滞洪区安全与建设指导纲要》，以后陆续颁布了《水电基本建设工程防汛管理暂行条例》（1989 年颁布）、《关于加强城市防洪工作的意见》（1989 年）、《中华人民共和国防汛条例》（1991 年颁布，2005 年、2011 年两次修订）、《水库大坝安全管理条例》（1991 年）、《河道管理范围内建设项目管理的有关规定》（1992 年）、《中华人民共和国防洪法》（1997 年颁布，2009 年、2016 年两次修正）、《水库大坝安全管理条例》（1991 年颁布，2011 年、2018 年两次修正）、《蓄滞洪区运用补偿暂行办法》（2000 年）等法律、法规，这些都是规范长江防洪管理工作的纲领性文件。此外，长江委先后颁布了《长江河道采砂管理条例》（2002 年施行）、《长江河道采砂管理条例实施办法》（2003 年颁布，2010 年修正）、《三峡水库调度和库区水资源与河道管理办法》（2008

年颁布）等法规；流域内绝大多数省（自治区、直辖市）根据法律、法规的要求制定了相应的配套法规，如《荆江分洪区工程管理办法》《湖南省洞庭湖蓄滞洪区安全与建设管理办法》和《安徽省蓄滞洪区运用补偿暂行办法实施细则》。这些法规和条例的建立，为管理和规范人类水事活动行为奠定了基础，使防洪抗旱工作走上了法制化轨道。1998 年，长江流域发生了特大洪水，湖南、江西、湖北等省依据《中华人民共和国防洪法》宣布进入紧急防汛期，为保障抗洪抢险的顺利进行和夺取全面胜利提供了强有力的保障。

一、防洪法规建设

1988 年《中华人民共和国水法》颁布实施以后，特别是 2002 年《中华人民共和国水法》修订以后，无论是国家层面还是长江流域层面以及长江流域内各行政区域层面上的防洪法规建设，都取得了令人瞩目的成就。长江流域防洪法规体系建设成就作为长江流域水利事业辉煌成就的重要组成部分，成为推动流域水利又好又快发展的重要保障之一。

（一）制定水法规建设规划

为使《中华人民共和国水法》等国家重要法律法规落到实处，从长江流域水法规建设面临的新的形势和任务出发，制定了 2004 年至 2010 年长江委水法规建设规划。规划的目标是，以制定“长江法”为重点，通过开展针对长江流域不同层次的水法规建设工作，初步提出长江流域水法规体系的宏观架构，为建立与完善长江流域水法规体系奠定良好的基础，为长江流域水资源统一管理和经济社会可持续发展提供法律保障。规划的任务，一是在法律、法规、规章层面，针对长江流域水资源的开发、利用、治理和保护的特殊问题及重点区域的水资源管理问题，开展以“长江法”为重点的流域性水法律、法规和规章的立法前期研究与法律条文起草工作，大力推动国家对流域管理的立法进程。二是根据长江流域管理的实际制定流域管理规范性文件。在规划中共对 28 个水法规建设项目作出了总体安排。

（二）起草并颁布施行行政法规及规章

1993 年，水利部将“长江法”列入五年立法计划上报全国人大常委会。20 世纪 90 年代初，长江委着手开始“长江法”立法前期研究工作，开展了一些基础资料的收集和初步调研。2003 年 7 月，长江委成立了“长江法”起草工作领导小组和工作小组，正式全面启动“长江法”立法研究工作。此后每个年度，水利部均将“长江法”纳入部年度立法计划。2003 年 7 月以来，长江委调动委内外的研究力量，发挥各自的优势，通力合作，取得了一系列阶段性研究成果，包括“长江法”立法的必要性和紧迫性、立法依据及内容框架、流域管理与区域管理相结合的综合性管理体制、流域与区域水行政管理事权划分、流域水法规体系建设、国家行政体制改革与流域立法关系等。2004 年以来，长江委陆续与国内著名大学、研究机构和地方水行政主管部门合作，围绕“长江法”开展了大量的基础性专题研究。2006 年，长江委向水利部正式提交了《〈长江法〉立法建议》。2010 年 5 月，由长江委水政与安全监督局主办了《长江法（讨论稿）》研讨会，对“长江法”的前期研究成果进行了总结。2014 年 10 月，全国人大环境与资源保护委员会专程就“长江法”制定相关工作赴武汉听取各方意见。2016 年，全国人大代表、长江委主任刘雅鸣建议加快推进“长江法”立法进程，将“长江法”列入全国人大立法计划中的优先项目，解决长江流域生态环境保护面临问题。2019 年，长江保护法列纳入全国人大常委会立法工作计划。

长江委在以“长江法”为中心开展综合性立法前期研究的同时，也根据长江流域实际积极开展单项重要法规、规章的立法前期研究。

自 20 世纪 80 年代后期开始，长江中下游河道非法采砂、乱采滥挖现象严重，给长江防洪和航运安全带来危害，成为流域管理中亟待解决的焦点问题之一。对此，国务院领导先后作出一系列重要批示，要求采取根本性措施解决问题。为此，长江委在开展大量现场调查研究工作的基础上，于 1996 年 5 月提出了“制定专门法规、编制科学规划、加强现场监督管理”的长江采砂管理思路。1998 年，长江委正式向水利部报送了《关于制定长江采砂管理专门法规的立法建议》。水利部批复了该立法建议，并将其列入部 2000—2001 年立法计划，同时委托长江委代为起草《长江河道采砂管理条例》。2001 年 10 月 25 日，国务院以第 320 号令颁布《长江河道采砂管理条例》，并于 2002 年 1 月 1 日起施行。2003 年 6 月，长江委代部起草的《长江河道采砂管理条例实施办法》颁布施行。《长江河道采砂管理条例》在河道采砂管理方面取得了许多重大突破，理顺了长江采砂管理体制，明确了长江委在长江采砂管理中的法律地位和责权，首次设立了采砂许可制度和采砂统一规划制度，切实加大了对非法采砂的处罚力度。《长江河道采砂管理条例》的出台，对保障长江干流河道的防洪和通航安全，规范长江采砂活动，实现依法、科学、有序地开采江砂资源具有十分重要的意义。《长江河道采砂管理条例》的出台，不仅填补了长江流域管理中的某些立法空白，而且对地方开展相应的水法规建设具有积极的引导和示范作用。2014 年，为了做好长江干流省际边界重点河段采砂管理的现场执法，查处非法采砂行为，根据《长江河道采砂管理条例》和《长江河道采砂管理条例实施办法》及有关规定，长江委对相关行政处罚条款的行政裁量权进行了梳理、细化和量化，形成了《长江河道采砂行政处罚自由裁量权细化标准（试行）》（长政监〔2014〕288 号）。

为了切实开展与加强三峡水库正常运行期的管理，2004 年，长江委向水利部报送的《三峡水库管理办法》立法建议列入了水利部的立法计划。2004 年，长江委与重庆市水利局合作开展了《三峡水库管理办法》立法前期研究和条文稿的起草工作。经过几年努力，2008 年初，长江委正式向水利部报送了《三峡水库管理办法》（送审稿）立法条文稿。经水利部研究修改，将长江委上报的立法条文稿更名为《三峡水库调度和库区水资源与河道管理办法》，于 2008 年 11 月 3 日以水利部第 35 号令颁布施行。《三峡水库调度和库区水资源与河道管理办法》的出台，对于加强三峡水库科学管理，进一步健全流域水资源管理体制，保证长江中下游防洪安全，保障长江流域水资源合理配置和可持续利用，具有重要意义。

此外，长江委还开展了《丹江口水库管理办法》《长江河口管理办法》的立法前期研究，并分别于 2007 年、2008 年将两个办法的立法条文稿报水利部。

（三）防洪工程管理法规

1. 堤防管理法规及实施

新中国成立后，中南军政委员会于 1950 年发布过地方性堤防管理法规，流域有关省市则以命令、通告形式发布较多。1973 年，水利电力部颁发了管理通则，后又颁布水闸管理通则等。1980 年长江中下游防洪座谈会和 1981 年长江上游大水后，长江流域各省市相继制定了有关水利工程（主要是堤防、涵闸）的管理条例，进一步为堤防管理单位提供了护堤管理的法规依据，取得了一定的实施成效。1988 年《中华人民共和国水法》、1998 年《中华人民共和国防洪法》和由国务院发布施行的《中华人民共和国河道管理条例》，对河道和堤防的建设、管理作出了原则规定。流域内各省市以此为指导，分别修订和重新颁布了各省市的河道、堤防管理实施办法，使堤防管理进入法制化管理阶段。

由于长江是沿江各省市经济发展的纽带，各个经济部门的有些要求与防洪有矛盾，因而不同程度地出现了一些有碍堤防法制化管理的行为。为此，各地进一步有针对性地加强了河道及堤防的法规建设，正在进行的工作有：通过确权划界，进一步明确堤防禁脚，划定堤防工程的管理范围；通过行政、经济、法律、技术等手段，健全沿江堤防基层管理组织，把专职管理和群众管理结合起来，进行经常性的维修养护和检查观测，清除堤身、堤基、穿堤建筑物的隐患；加大监管力度，禁止在堤身和禁脚内取土、铲草皮、铺埋管道、堆物建房；营造防浪林带、护堤林带和草皮护坡，使长江的堤防管理更为健全和法制化。

2. 分蓄洪工程管理的法规制度

20 世纪 50 年代开始建设分蓄洪区时，曾制定过一些政策和规定，但多未形成正式法规，因此在分蓄洪区的管理上还存在不少问题。1988年，国务院批转了水利部《关于蓄滞洪区安全与建设指导纲要》，为蓄滞洪区建设、管理、运用作出了原则规定。依据国家颁发的有关法规，长江流域各省的水行政主管部门正结合辖区的实际情况制定分蓄洪区的管理法规和办法。已经出台的有湖北省的《武汉附近区分蓄洪区建设管理条例》（待批）和《荆江分洪区工程管理办法》，湖南省1991年颁发了《湖南省洞庭湖蓄洪区安全与建设管理办法》。其他有关省也在研究拟订分蓄洪区管理办法。但还远远落后于分蓄洪工程走上法制管理轨道的需要，法制建设的任务还很艰巨，特别是有关人口管理、蓄洪区土地利用和洪水保险制度等方面的法制建设，亟须抓紧进行，分洪补偿法规更亟待出台（1999年已有草案）。

3. 河道管理法规

长江河道的管理范围在相当长的时间里没有明确的界定，流域内各省一般只规定了堤防的管理范围。1988年颁布的《中华人民共和国水法》在第五章第41至43条对河道防洪管理作了明确的法律规定。同年，国务院颁布的《中华人民共和国河道管理条例》更进一步规定了河道管理的具体细则与内容，包括职责分工等各个方面，使长江的河道管理初步走上法规化。与此同时，长江委在流域规划修订报告中提出了长江河道治理规划，其后，中下游有关省市还提出了省市级的管理条例或细则。长江委对沿江跨省市间的河道管理，参与协调研究，从全江全局着眼作技术指导。对沿江岸线开发利用，如建桥、建码头、挖砂、河流清障及其他与河道防洪有关的事件，由长江委江务局和有关省市依法进行审查、核准及处理。

二、行政执法

（一）执法监督与水事违法案件查处

1988年《中华人民共和国水法》颁布实施，水行政执法应运而生。按照《中华人民共和国水法》规定和水利部的统一部署，长江流域各级水行政主管部门认真履行法律赋予的职能，承担起水行政主管部门的职责，不断加强水行政执法工作，有力维护了流域正常的水事秩序，促进了流域水利事业的健康发展。1997年颁布实施的《中华人民共和国防洪法》，首次明确流域管理机构的执法主体资格。2002年修订后的新《中华人民共和国水法》，进一步明确了流域管理机构的法律地位和法定职责，确立了流域管理机构的水行政执法地位。长江委加快了水政监察建设步伐，水行政执法工作翻开了新的篇章。长江委水政监察队伍依据《中华人民共和国水法》等水法规的有关规定和水利部授权，认真履行职责，在长江流域及澜沧江以西（含澜沧江）区域约260万平方千米的水行政执法范围内，积极开展各类执法检查。《长江河道采砂管理条例》实施以来，为维护长江省际边界重点河段采砂管理秩序，长江委坚持日常监管与集中打击相结合，先后开展了一系列专项整治和打击行动，始终保持对长江河道非法采砂的高压严打态势，有效地维护了长江河道采砂管理秩序和长江防汛及航运安全，使一度猖獗的非法采砂活动得到了有效遏制。

（二）防洪法规宣传与法制教育

1988 年《中华人民共和国水法》颁布实施后，长江委根据水利部的统一部署，结合国家开展的五年普法计划，有组织、有计划、有重点、深入持久地开展防洪法规宣传和法制教育。中央电视台“焦点访谈”栏目于 2003 年和 2004 年曾先后播报“防汛关头，禁采当头”和“长江采砂今如何”，报道长江中下游采砂管理实况，播出后在社会上引起了良好的反响。2009 年，长江委组织开展了三峡库区专项宣传、调研执法活动，对三峡库区贯彻实施《三峡水库调度和库区水资源与河道管理办法》进行宣传、调研和现场执法活动，对强化依法行政，加强水行政管理，贯彻落实流域管理与行政区域管理相结合的水资源管理体制起到了积极的促进作用。在长江委领导的高度重视下，防洪法规宣传教育工作积极有效开展，宣传渠道逐步拓宽，宣传教育的感染力、渗透力日渐增强，防洪法规宣传教育工作成效显著。

第五节　防洪管理

防洪管理是防洪非工程措施的一项重要内容。1988 年 7 月颁布的《中华人民共和国水法》和 1998 年 1 月 1 日开始实施的《中华人民共和国防洪法》，明确提出了对河道、洪泛区、蓄滞洪区和防洪保护区的不同的管理要求，成为国内防洪管理的依据。防洪管理的另一层次是对各类防洪工程的管理，以及其他相关措施，这是确保工程发挥防洪作用的重要手段。由于长江防洪工程始建年代久远，工程类别多、分布地域广，因而积累了不少管理方面的经验。

新中国成立后，组建了长江委，逐渐实现了对流域防洪防汛系统宏观管理，防洪管理也随着防洪工程建设的进展而发展起来。从初期只对堤防进行防洪管理，到对蓄滞洪区建设运用、河道整治、水库兴建和管理调度进行管理，再扩大到对所有防洪工程的管理。为取得更大的抗灾能力，防洪管理又延伸到防洪基金、洪水保险及防洪法规等非工程措施领域。

一、堤防管理

新中国成立后，长江流域堤防工程管理主要是在长江防洪规划的原则指导下，采取按水系、行政区划、工程等级和类别，实行地方水行政主管部门分级管理的管理体制。长江干堤、重要支流堤防、重点垸堤由所在省水行政主管部门负责，下设修防处、总段、分段或堤管会、分会进行分级管理，一般支民堤则采取由乡村组织、群众自管自防的管理模式。堤防管理内容主要包括堤身管理、堤基管理、堤上建筑物管理、堤防防汛管理。

（一）堤身管理

长江流域堤防按类型分为土堤、浆砌石堤、防洪墙、海塘（土塘、浆砌砖石塘、钢筋混凝土塘）。对各类型堤防都要管理好堤身，特别是土堤堤身管理主要分为堤身加培维护和堤身隐患处理两个方面。

新中国成立后长江流域堤身加培大体经历了四个阶段：

1）1954 年汛前，先后以 1931 年和 1949 年最高洪水位为标准加培，干堤及主要支堤堤顶超高 0.5 ～ 1.0 米。

2）1954 年大水后，大部分或重要堤防以 1954 年最高洪水位为标准加培，堤顶超高 1.0 米。

3）1959 年《要点报告》中提出堤防分重点、重要、一般三个级别，分别拟定不同断面、禁脚（护坡地）和不同超高，防御水位仍以 1954 年最高洪水位作为标准。

4）1971 年和 1980 年两次长江中下游防洪座谈会确定提高干堤以及重要堤防防御水位，除武汉 29.73 米不变外，其余重要江堤分别提高了 0.5 ～ 0.8 米左右，不同堤段超高分别为 1.5 ～ 2.0 米，并相应进行了堤身断面的加培。

堤身隐患处理主要是对堤身中白蚁、裂缝及施工质量影响等隐患予以翻挖回填，有的也采取灌浆措施进行处理。尤其是对白蚁的处理，长江流域管理单位与科研部门共同探讨总结出了寻找、捕捉、翻填、烟熏、灌浆、毒杀等一系列处理经验，已基本控制、减轻了白蚁对长江干堤特别是荆江大堤的危害。

（二）堤基管理

长江中下游平原区为河湖相沉积的冲积平原，堤防基础较为软弱，且多呈明显的二元结构，一般上部是颗粒较细的砂壤土或黏土覆盖层，厚度不一，透水性较小，为相对隔水层；其下则为透水性较强的砂层、砾石、卵石层，且多与江河洪水相通，洪水期一般具有明显的承压渗水。高洪水位时，承压水如导致堤防背水侧薄弱覆盖层渗透破坏，即发生管涌或流土等险情。检查和处理这类险情是堤基管理的一个重要方面。发现这类险情时常采取前截后导或导压兼施的工程措施予以处理。

划定堤防禁脚是堤基管理的重要内容。各不同等级堤防在临水面和背水面分别划定 10 ～ 50 米不等的禁脚，禁止在该处动土和栽种活动。

（三）穿堤建筑物管理

长江中下游干堤穿堤涵闸较多，这些涵闸泵站均设有专管机构负责常年维修保养及运行管理。具体工作有：对闸门金属构件的定期检修、润滑、除锈，机电系统的养护检查，启闭系统的调试，对水工建筑物的变形、变位观测等。

由于沿江涵闸建设年代较早，运行时间较长，老化现象十分严重，每年汛期往往需投入大量人力、物力、财力守护及抢险才能安全度汛。如 1995 年武汉市四邑公堤金水闸、安徽同马大堤杨湾闸泵等，都是经抢险才安全度汛的。为此，穿堤建筑物管理除维护保养好已有设施、严格执行其运行操作规程外，应经常检查并进行除险加固。

（四）汛期管理

长江流域的堤防，汛期特别加强了管理，也积累了比较丰富的经验，基本形成了制度。主要有：落实堤防防汛责任人；堤防巡查和监测；制定堤防防汛计划；组织参加堤防防汛抢险队伍；禁止放牧、行车及其他一切有损堤防的行为。

二、分蓄洪工程管理

（一）分蓄洪工程管理历程

长江流域的分蓄洪工程均为蓄洪垦殖工程，即遇大水需要分洪时用以蓄洪，平时可以垦殖。这种措施既可发挥比天然湖泊洼地更大的调洪作用，又可适当利用区内的土地资源，是符合长江中下游平原区特点的一种有效而合理的防洪措施。但处理好蓄洪与垦殖的矛盾是一个较为复杂的问题，20 世纪 20 至 30 年代虽有水利专家提出这一设想，但在土地私有制的条件下，上述矛盾难以解决，因此一直未能付诸实施。直到新中国成立后，以公有制为主的经济体制为实施蓄洪垦殖工程提供了前提。1950 年春，中央就总结了湖北、湖南两省长期不能解决的大通湖水利纠纷（指两省关于围垦天祐垸的纠纷），并立即批准湖南省人民政府在洞庭湖内兴建了长江流域的第一个蓄洪垦殖区——大通湖蓄洪垦殖区。

1951 年 2 月 14 日，中南军政委员会为建设蓄洪垦殖区，颁布了《蓄洪垦殖土地处理办法》。规定：凡经省人民政府及主管水利机关拟定，并经政务院核定的蓄洪垦殖区土地，无论已耕、未耕，一律收归国有；蓄洪垦殖区坚决贯彻“蓄洪第一”的方针，需要蓄洪时不得以任何理由阻碍。

1952 年兴建荆江分洪工程时，将分洪区内原有居民（荆江分洪区是利用原已垦殖的圩垸区建设的）迁出一部分，保留 17 万人定居在沿堤安全区（台）内，规定分洪区内不住人，为便于在分洪区不分洪时耕种，允许在区内建临时生产棚。

1953 年兴建涨渡湖、白潭湖蓄洪垦区时，也规定蓄洪区内不住人，并保留约 1

千米长的围堤，堤顶高程低于其余部分1米，以保证到一定水位时分洪。

长江委在以防洪为主的治江三阶段战略规划中，将建立蓄洪垦区作为第二阶段的重点任务，对蓄洪垦区的管理也提出一些原则性意见。如1951年长江委在《治江计划简要报告》中提出："将蓄洪垦殖区内的移入人口加以限制，保证每人所获土地不少于区外的一倍，如此，则在区内群众可有很多的收入作为蓄洪年份的保险资本……完全消灭蓄洪时可能发生的阻力……"

在1953年《治江计划基本方案》中明确提出："蓄洪垦殖工程所得土地，原则上应归国家所有……由国家投资用国营水利农场的方式进行垦殖，以保证长江洪水到达一定水位时坚决蓄洪，而无所阻碍。但在国营力量不能完全使用垦区土地时……可将湖区部分土地暂时分配给农民耕种，但一般必须坚持下列几项原则：第一，农民只有土地使用权，无土地所有权，垦区土地的分配办法以不妨碍将来转变为国营农场为原则。第二，蓄洪垦区内农民耕种面积应倍于或多于区外农民，使农民能耕一余一，以积蓄资金，准备作蓄洪年份救济之用，使农民在蓄洪损失后，仍远较区外富足，以保证农民坚决拥护蓄洪政策。第三，农民由耕一余一所积蓄之蓄洪救济金，应交出一年产量由村（安全区）政府统一保管。第四，新垦土地三五年内仍当上缴公粮，作为抵偿国家修建投资之用。第五，在农民进入垦区前必须与农民约法三章，确实保证实行蓄洪第一垦殖第二的政策，在任何情况下须要蓄洪时，均不得拦阻。第六，蓄洪垦殖区内所允许移入的居民总数，应不超过未来农业集体化所需增补的农业工人，或以其他办法防止将来集体化发生困难。"

在1954年《关于治江基本方案的报告》中，对蓄洪垦殖区土地经营办法又重申几项政策：第一，蓄洪区必须是蓄洪第一，垦殖第二。第二，区内农民所得土地可多于区外，在丰收年将所多得之部分收入存入银行或公仓，积蓄起来作为蓄洪时的自救基金。第三，蓄洪区应优先集体化、机械化，以解决远地耕种与集体居住等一系列的社会问题。第四，蓄洪区的行政管理大大不同于外区，必须单独划区并加强领导。

1954年抗洪斗争中，荆江分洪工程和一些临时分蓄洪措施发挥了重大作用。因此，1954年以后，长江中下游大量进行了蓄洪垦殖区的建设和安排，对控制区内人口增长和减少分洪时的损失也多作了相应的规定。但由于当时的客观条件，以及对法制化管理不够重视，因此有关控制人口增长、减少分洪损失等规定未能落实。例如，1990年荆江分洪区总人口已增加至50余万人，且其中有30多万人在分洪区（非安全区）内定居，从而大大增加了分洪时临时转移的难度，增大了分洪的淹没损失。其他蓄垦区也有类似情况，这是蓄洪垦殖工程管理中存在的重大问题，亟待妥善解决。

至20世纪90年代，长江流域经国家批准的分蓄洪区共有40处，总面积约

12000 平方千米，人口近 600 万人，分布在湖北、湖南、江西、安徽四省。这些分蓄洪区均由其所在省及所属管理部门实施管理，分洪区运用按国务院规定。荆江分洪区由国家防总决定，其他分洪区由长江防总与所在省人民政府决定并报国家防总批准。

湖北省所属分蓄洪区计有荆江分洪区、洪湖分蓄洪区及武汉附近分蓄洪区共 11 处，由湖北省防汛抗旱指挥部办公室统一管理。其中，荆江分洪区由于其防洪地位特别重要，专设了荆江分洪区建设工程管理局，对区内安全建设实施管理，分洪区的围堤及北闸、南闸工程由长江修防处管理，区内水利设施及防汛由公安县水利局管理。洪湖分蓄洪区尚处于建设完备阶段，专设了洪湖分蓄洪工程建设指挥部。武汉附近区的 6 处蓄洪区由武汉市及所在县（区）管理，仅杜家台分洪区进洪闸隶属于汉江修防处管理。

湖南省所属分蓄洪区计有 24 处，均分布于洞庭湖区。湖南省水利厅设有洞庭湖工程管理局及河道管理处，统一管理分蓄洪区内工程及安全建设。有的分蓄洪区即为一个国营农场，如君山、屈原分蓄洪区，由农场具体实施管理；有的蓄洪垸中包括 2 个或更多的乡级建制，则成立堤垸水利委员会，其下为乡（镇）水利委员会，按行政区划分区分段负责管理。

江西省鄱阳湖区计有康山圩等 4 处分蓄洪区，由江西省水利厅所设的河湖管理局、省防汛抗旱指挥部办公室统一管理，分蓄洪区所在地水行政部门具体实施管理。

安徽省在长江流域的分蓄洪区只有华阳河分蓄洪区 1 处，由安徽省水利厅及其所属安庆市水行政部门管理。

（二）分蓄洪区管理的主要内容

分蓄洪区管理主要包括工程设施管理、安全设施管理、分蓄洪区土地利用管理以及分蓄洪区运用管理等。

1. 分蓄洪区围堤及进泄洪工程管理

（1）围堤管理

分蓄洪区围堤管理，一是常年的维护保养，保护好围堤不受人为和自然破坏，使堤身及植被或护坡、堤脚保持工程达标验收的合格状况，同时管理好穿堤的排涝和灌溉设施；二是查险修复，尤其在汛前要认真检查围堤及其相关建筑物，发现险情及时处理，保障安全度汛，对重大险情要报告主管部门进行除险加固；三是做好分洪运用的准备，对未建进洪闸的，应标志出分洪时进洪的口门位置（桩号），分洪口堤段不得铺钢筋水泥路面，以免妨碍破口时采取措施。

（2）进泄洪工程管理

长江流域的分蓄洪区大多是靠临时扒口进洪和泄洪，只有荆江分洪区和汉江杜家台分洪区设有进洪闸。这些闸工建筑物均由闸管所实施常年管理，对无闸控制的进洪、泄洪口门，经论证和审批选定位置，同时应做好口门裹头，既保障进、泄洪顺畅，又防止任意冲刷扩大口门，使分蓄洪区能充分发挥效益。各类进、泄洪工程的行洪通道严禁设置行洪障碍，尤其不准修建住房。

2. 安全设施管理

分蓄洪区的居民应定居在安全区内或迁出分蓄洪区，由于对这一原则规定没有严格执行，以致蓄洪区内（非安全区）的定居人口大量增加。为保障分蓄洪时居民的安全，必须在分蓄洪区内加强安全设施的建设和管理，包括安全区以及分洪前转移的交通道路、桥梁设施等。

（1）安全区管理

安全区一般是在分蓄洪区周边较高地区用围堤围护，以确保在蓄洪时的安全。安全区的管理要保证分洪区蓄洪时安全区内的安全，其四周的围堤要达到蓄洪的设计标准，并同其他重要堤防一样做好管理维护工作，区内建设须保障规划安置的人口需要，还要做好就近转移到区内的人员安置计划，落实到每处居所。由于分蓄洪工程不经常运用，安全区围堤不经常挡水，因此对围堤的经常维护易被忽视，这是安全区管理中的一项隐忧，必须认真对待。

（2）转移交通设施管理

分蓄洪区内的道路根据其作用和等级分为两类：主干公路、高等级公路及所属桥梁由交通部门负责，分洪时服从分洪转移需要；乡级及以下等级的公路，主要为分洪转移而建，由乡、村组织劳力维护，桥梁设专人管理。

船只是湖区转移人员的重要交通设施。船只如果长期搁置不用容易老化、干裂，故应使其平时能为生产服务，分洪时又能紧急集结用于转移人员和防汛指挥。

3. 蓄洪区内土地利用管理

蓄洪垦殖工程最难处理的问题是蓄洪与垦殖的矛盾。虽然在建设时曾明确：分蓄洪区内土地可以耕种，人员不能在区内定居，但由于长江中下游蓄洪垦区大多是在20世纪50至60年代划定的，当时经济和技术条件相对落后，远地耕种和集中居住（在安全区内）的问题不易解决，不允许在分蓄洪区内定居的规定未能严格执行；加之“文化大革命”期间管理松弛，大多数蓄洪垦区又多年没有蓄洪，因此，在区内定居的人口剧增，土地利用实际上和一般圩垸没有区别，以致形成了当前实际运用分蓄洪工程比较困难的局面。需要根据这个现实，研究蓄洪垦区土地开发利用的模式，调整区内的产业结构，加强对区内土地开发利用的管理，以促进“居住人口与耕地分离”的实施。

4. 分蓄洪工程的运用管理

分蓄洪工程每年都要做好发生大洪水而需运用分洪的准备，因此，运用管理是分蓄洪工程管理的重要内容，尽管有些分蓄洪工程的各项设施还不完备，但也必须做好分洪运用准备。

（1）通信

分蓄洪区的通信，对上要联通各级防汛指挥部门，对下要通达乡（村）单位，在防汛及分蓄洪工程适时安全运用中具有特殊重要的作用。

分蓄洪区的洪水警报系统，从 20 世纪 80 年代开始建设，主要在荆江和洞庭湖区。发布洪水（或分洪）警报采用有线广播、电话、电视传播、报警器以及民间沿用的鸣笛、敲锣、燃火等方式。洪水警报由省防汛指挥部发布，逐级下达。警报设备由各级防汛部门管理，警报接收器汛前交由村委会使用，汛后防汛部门收回并检查维修，民间警报设备由防汛部门指定专人保管。

（2）分蓄洪区的转移准备

各省防汛部门都制定了分蓄洪区人员转移方案，落实责任人、转移线路和交通、对口安置地点、安置后的生活和医疗保障。在荆江分洪区，每年汛期还常驻部队，负责进洪闸（北闸）外防淤堤、腊林洲进洪堤口的爆破和北闸、南闸的启闭运用，保障防汛安全。

三、河道管理

长江流域河道管理的内容，从防洪考虑是随着国家水利改革的不断深入和水法规体系的逐步完善而不断充实和发展的。1988 年《中华人民共和国河道管理条例》颁布后，从仅对河道工程进行岁修、维修和养护，发展到对河道实行全面的管理，在管好河道工程的同时，对河道整治与建设进行管理，并对河道进行保护。

（一）河道工程管理

河道工程主要指沿河岸堤防、涵闸和护岸整治工程。这些工程受自然因素和人为因素的影响，常遭不同程度的损坏，因此要做好工程检查，发现问题后及时进行维护加固，使其保持设计功能。

堤防、涵闸管理前面已经述及。护岸整治工程管理也是河道工程管理中的重要内容，主要包括工程的检查、监测、维护和建立技术档案四个方面。

（二）河道整治与建设管理

依据《中华人民共和国河道管理条例》的规定，对在河道管理范围内修建开发水利（水电）、防治水害、整治河道的各类工程，对跨河、穿河、穿堤和临河的桥梁、码头、道路、渡口、管线、缆线、取水口、排污口等建筑物，对临河的厂房、仓库、工业和民用建筑以及其他公共设施等建设项目进行管理。主要是从防洪角度出发，要求河道管理范围内的建设项目必须符合国务院批准的《简要报告》规定的防洪标准，维护堤防安全，保持河势稳定和行洪通畅。

（三）河道保护

1. 河道清障

确保河道泄洪通畅是河道保护工作的首要任务。长江流域河道湖泊的行洪障碍有自然形成和人为设障两类。不同类型的洪障有的缩小了河道过水断面，有的增大了河道糙率，从而降低河道泄洪能力，还有的还会影响河势变化，这些都会对防洪安全造成威胁。必须对河道管理范围内自然形成的阻水物进行有计划的清除；对违反《中华人民共和国水法》规定、人为设置的阻水物，必须按照“谁设障、谁清除”的原则限期清除，恢复河道通畅状态，保持其过水能力。

长江河道管理工作中清障任务十分紧迫和突出，1991年初，初步统计长江干流及重要一级支流的主要河段有行洪障碍400多处，当年清除了120余处。近几年来，流域内各省每年都要提出清障计划，具体落实清障目标、完成时间及责任人。由于清障后的变化以及新的障碍物出现，清障工作需要经常进行。

2. 河道采砂管理

长江流域河道中蕴藏着丰富的砂石资源，随着长江经济社会的快速发展，对砂石料的需求量大增，引发了长江中下游干流河道各个河段的采砂活动。河道内的砂石是河床的重要组成部分，是河道水沙运动处于动态平衡的产物，采砂活动就涉及堤防、护岸等防洪工程的安全和河势的稳定。由于管理机构不明确、地方保护主义等原因，曾出现滥采乱挖河砂的现象，对堤岸安全和河势稳定造成了严重影响。为规范长江中下游干流河道采砂行为，国务院办公厅于2000年6月发出通知，要求对长江河道的采砂活动进行全面治理整顿。2001年2月，长江中下游干流河道进入全线禁采江砂阶段。为加强长江河道采砂管理，理顺管理体制，明确管理职责，切实维护长江河势稳定，保障防洪和通航安全，国务院2001年10月25日颁布并于2002年1月1日施行了《长江河道采砂管理条例》，标志着长江干流河道的采砂管理率先走上法制化轨道。《长江河道采砂管理条例》规定：“国家对长江采砂实行统一规划制度。”《长江河道采砂管理条例》实施后，水利部《长江河道采砂管理条例实施办法》，财政部、国家发改委、水利部《长江河道砂石资源费征收使用管理办法》及其征收标准等一系列规范化文件相继出台实施，确定了长江干流采砂管理地方行政首长负责制、可采区采砂审批许可制（一证一费）以及采砂总量控制、采砂可行性论证报告等制度措施，为河道采砂管理奠定了法律基础和制度保障。为规范长江河道采砂活动，根据《长江河道采砂管理条例》的要求和水利部的部署，长江水利委员会会同长江中下游干流沿江有关省（直辖市）水行政主管部门分别于 2002 年 10 月、2011 年 8 月和 2016 年 5 月编制完成了《长江中下游干流河道采砂规划报告》《长江中下游干流河道采砂规划（2011—2015 年）》和《长江中下游干流河道采砂规划（2016—2020 年）》，水利部分别在 2003 年以水规计〔2003〕39 号文、2011 年以水规计〔2011〕559 号文、2016 年以水建管〔2016〕409 号文批复了这三轮采砂规划。采砂规划起到了较好的指导和约束作用，长江中下游干流河道采砂管理总体状况良好，未发生对河势稳定、防洪和通航安全等方面产生较大不利影响的情况，取得了良好的社会效益和一定的经济效益。2019 年，长江水利委员会组织编制《长江中下游干流河道采砂管理规划（2021—2025 年）》，根据长江大保护和推动高质量发展的要求，深入研究采砂分区规划和总量控制两个关键问题。为规范长江上游干流河道采砂行为，长江水利委员会会同长江上游干流沿江有关省（直辖市）水行政主管部门分别于 2014 年和 2020 年编制完成了《长江上游干流宜宾以下河道采砂规划（2015—2019 年）》和《长江上游干流宜宾以下河道采砂管理规划（2020—2025 年）》，水利部也分别于 2014 年和 2020 年批复了这两轮采砂规划，提出在保障防洪、供水、水生态环境、通航和涉水工程设施安全的前提下，通过科学规划，妥善处理好保护和利用、当前与长远的关系，合理利用长江上游干流特别是三峡库区砂石资源。

（四）岸线利用管理

岸线利用管理虽属建设管理的一部分，但在长江河道管理中有其特殊重要性。长江主要干支流河段，尤其是长江中下游干流沿岸分布有许多大中城市、工矿企业、水利工程设施和重要港口，有的已形成沿江经济带，是国家建设的重点开发地区。改革开放以来，长江两岸经济迅猛发展，河道岸线开发利用速度越来越快，沿江两岸新建、扩建、改建工程设施如港口、码头、取排水口、桥梁等尤多。河道岸线开发利用建设项目一般需占用江岸、水域甚至江滩，减小了泄洪断面，对水环境、河道防洪安全、河势稳定及航运通畅均有一定影响。因此，长江流域河道岸线开发利用建设项目的管理，必须注意正确处理河道岸线开发利用与防洪的关系，即既要积极支持经济建设，合理开发利用，又要同时实行严格管理，务使建设项目服从长江防洪的整体安排，服从河道整治规划、岸线利用规划，维护堤防安全，保持河势稳定及行洪、航运通畅等要求。为了更好地利用岸滩，管理好岸线，治导线需要进一步研究规划。

长江流域河道岸线开发利用管理工作已初步走上了法制化、规范化的道路，基本上做到了由水利部门审查批准后才开工建设。但仍存在岸线开发利用建设项目不经批准即进行建设的问题，以及对建设项目施工有效监督管理不够，工程建成后其结构、型式等与批准文件不一致，尤其是码头和栈桥的梁底高程不能满足防洪要求等问题。

四、水库防洪调度管理

长江流域的水库工程管理，按行业划分，主要有水利、电力两个部门分管。以发电为主要任务的水库，由水库（电站）所在电网的电业管理单位管理；其他大型综合利用水库，按行政区划由各级水利部门管理，一般由省级水行政部门专设的水库管理局（处）具体管理；中小型水库多以灌溉任务为主，一般由县及县以下水行政部门管理。丹江口水利枢纽具有巨大的防洪作用和综合利用效益，又系一跨省水利工程，其日常管理由丹江口水利枢纽管理局负责，汛期防洪由长江防总直接调度，兴利调度由长江委审批计划。陆水蒲圻水利枢纽是三峡工程的试验坝，由长江委下属机构陆水试验枢纽管理局负责日常管理。清江隔河岩水库因其防洪调度直接关系到荆江防洪，其防洪调度由湖北省防汛指挥部指挥负责，但如影响荆江防洪时须报告长江防总批准执行。

为协调水利、电力部门的管理关系，1987年水利电力部以〔87〕第67号文下达了防洪调度职责分工的通知，规定："兼有防洪任务的水库，汛期水库水位在汛限水位以上的防洪库容由流域或省防汛指挥部负责调度，电力部门配合协作。在汛限水位以下部分的兴利库容，由有关电管局、省电力局调度。"即任何水库汛期要服从防汛调度。

长江流域的水库防洪管理可分为三类：

1）对长江防洪具有一定作用的水库，如已建成的丹江口水库、隔河岩水库等，要求按长江防洪的总体要求并确保本水库安全及满足本流域防洪要求进行调度；三峡水库承担长江防洪重要任务，每年汛期保留既定库容，按防洪规划调度运用。

2）为本支流坝下河段防洪要求服务的水库，如已建的柘溪、五强溪、陆水等水库，按本水库调度规程运用，并力争减缓长江干流防汛压力。

3）各水库自身防洪安全的管理，这是每座水库管理工作中所共有的任务，至于防洪设施的检修、岁修都在汛后进行，汛前检查由各级水利管理部门与水库管理单位共同进行，并提出防汛计划，汛期以水库管理单位为主组织防汛和应急抢险（主要水库防洪管理参见第四章）。

1993年12月，水利部颁发了《综合利用水库调度通则》，对水库防洪安全和综合利用调度作了具体规定，同时要求"水库管理单位，要根据本通则并结合具体情况，编制本水库的调度运用规程"。一般大中型水库在该通则颁发之前即开始加强了水库调度管理，该通则颁发后，各类水库管理单位都在认真研究本水库的调度规程，并陆续取得成果。

鉴于我国降雨时空分布不均，防洪与水资源利用、防洪与发电兴利之间矛盾突出，一些水库（水电站）调洪运用超汛限水位后未能及时消落，后续发生洪水时防洪库容不足；个别水库（水电站）违规擅自超汛限水位运行，严重影响防洪安全，甚至导致工程发生严重险情，造成重大人员伤亡和财产损失。2019 年 5 月，水利部印发了《汛限水位监督管理规定（试行）》。长江委根据水利部统一部署，向长江流域内相关省（自治区、直辖市）下发了《关于严格水库汛限水位监督管理工作的通知》和《关于进一步加强对有防洪任务的大中型水库和水电站汛限水位复核的通知》，要求各地高度重视水库汛限水位监管，尽快逐一核查本地区水库、水电站和湖泊名录，确保水库总库容、汛限水位及水位起止时间等数据规范、准确、可靠，并针对部分超汛限水位水库存在的具体问题进行复核，基本掌握了第一手资料、摸清了基本情况。此外，长江委按照监督管理工作要求和任务，开展了汛限水位监督管理工作需求分析，依托现有的长江流域水库群信息共享平台，自主开发了水库汛限水位监督管理子系统。该子系统汇集各省（自治区、直辖市）报送的实时数据，对流域内 1704 座水库的水位运行情况进行实时监督，动态生成超汛限水库、连续多日超汛限水库、未报汛水库统计表。认真掌握各类水库调度运行过程，分析水库运行调度不同工况、不同时期、不同条件下运行状况，分类严格监督管理。对纳入长江流域水工程联合调度且由长江委负责调度的水库严格调度管理，严禁擅自超汛限水位运行，对部分汛限水位低于或等于死水位的水库因发电调峰调频调度引起水位波动而超汛限水位，及时要求加大出力尽快降至汛限水位以下。对纳入联合调度且由水库所在省（自治区、直辖市）调度的水库加强调度指导，洪水到来前提前做好水库预报预泄，应对洪水过程中科学拦洪、削峰、错峰，洪水过后督促相关省（自治区、直辖市）水利厅（局）采取有效措施及时降低前期调洪水位较高的水库水位。对流域片区内纳入监督管理的其他大中型水库，按照分级负责原则要求相关省（自治区、直辖市）水利厅（局）加强监督管理，及时填报超汛限原因、处置情况、整改情况等内容，采取有效措施尽快降低水库水位，对部分汛限水位值不准确而归为超汛限水位运行的水库要求复核后上报水利部和长江委。

五、洪水保险与防洪基金

（一）洪水风险管理

进入 21 世纪，我国全面践行治水新思路，从建立洪水风险管理制度入手，积极推进洪水风险管理，洪水风险图则是全面实行洪水风险管理的重要基础支撑。洪水风险图是直观表现洪水淹没特征、洪水灾害影响程度等风险信息空间分布和洪水管理的一系列图的总称。洪水风险图可为水利和防汛部门制定防汛应急预案，部署应急响应行动，进行洪涝灾情评估，推行洪水影响评价，开展防洪治涝工程体系的规划、建设与管理等工作提供基本的依据。对于国土资源部门开展洪水风险区土地利用规划与管理，城建部门制定城市发展规划、推行建筑物耐淹设计标准，保险机构制定保险费率，相关行业与企事业单位制定应急预案，以及对社会公众开展洪水风险的宣传、教育、培训，防灾演习与训练等，都具有重要的价值。

2004年，为加强洪水管理，推进全国洪水风险图的编制工作，国家防办组织编制完成了《洪水风险图编制导则（试行）》；2005年7月，国家防办发布了《关于开展洪水风险图编制试点工作的通知》，正式启动了洪水风险图编制试点工作。长江流域开展了成都市府南河、荆江分洪区、澧南垸蓄滞洪区、丹江口水库、关山水库和包括益阳城市洪水风险图在内的资江益阳至甘溪港段6个试点的洪水风险图编制工作，长江委承担了流域洪水风险图制作与管理系统建设的试点任务，为长江流域开展下一阶段的洪水风险图编制工作奠定了基础。2010年，长江委与瑞士联邦环境署开展了中瑞合作长江流域洪水综合风险管理项目，该项目分为人员培训、模型构建及系统开发两个阶段。2013—2015年度长江流域（片）共安排风险图项目160处，其中2013年度16处，2014年度74处，2015年度70处。涉及14省（自治区、直辖市），项目详见表5.5–1～5.5–3。此外，还开展了长江流域洪水风险图管理与应用系统建设、长江流域洪水风险图汇总集成与管理和汉江丹江口水库以下区域洪水风险区划试点。长江中下游各省将防洪风险图编制成果积极应用到防汛抢险、工程建设、预案编制、灾害预警等诸多方面，特别是在应对2016年长江流域中下游大洪水过程中，取得了显著的成效。

表5.5–1　　长江流域片2013年度洪水风险图汇总集成项目表

省份	个数	类别	洪水风险图项目
湖北省	5	防洪保护区	荆江大堤保护区、咸宁长江干堤保护区
		蓄滞洪区	荆江分洪区、杜家台、洪湖分蓄洪区
湖南省	7	防洪保护区	松澧大圈、烂泥湖大圈
		蓄滞洪区	城西垸、建设垸、民主垸、围堤湖垸、西官垸
江西省	3	防洪保护区	九江长江干堤保护区、赣抚大堤保护区
		蓄滞洪区	康山蓄滞洪区
安徽省	1	防洪保护区	同马大堤保护区

表 5.5-2　　长江流域片 2014 年度洪水风险图汇总集成项目表

省份	个数	类别	洪水风险图项目
湖北省	14	防洪保护区	黄石市堤、武汉市堤、汉江遥堤
		蓄滞洪区	涨渡湖、白潭湖、西凉湖、武湖、华阳河（鄂）
		洪泛区	南五洲、合正垸、三洲联圩、上百里洲
		城市	武汉市、黄石市
湖南省	11	防洪保护区	沅南垸、大通湖大圈、
		蓄滞洪区	钱粮湖垸、共双茶垸、大通湖东垸、澧南垸、建新垸、九垸、屈原农场垸、江南陆城垸
		城市	长沙市
江西省	9	防洪保护区	红旗联圩、长乐联圩、军山湖联圩、信瑞联圩、赣西联圩
		蓄滞洪区	珠湖、黄湖、方洲斜塘
		城市	南昌市
安徽省	5	蓄滞洪区	华阳河（皖）、蒿子圩、荒草二圩、荒草三圩、汪波东荡
贵州省	10	中小河流	六硐河、水城河、媚江、赤水河、锦江、舞阳河、白普河、剑江、马别河
		城市	贵阳市
云南省	4	中小河流	凤羽河、横江、漾弓江、盏达河
		城市	昆明市
重庆市	10	中小河流	璧南河、龙驹河、大清流河、兴隆河、新田河、平滩河、涪江（2 处）
		城市	合川区
四川省	5	中小河流	长宁河、南河（嘉陵江）、孙水河、郪江
		城市	成都市
陕西省	2	中小河流	嘉陵江
		城市	安康市
甘肃省	1	中小河流	白龙江
西藏自治区	5	中小河流	雅砻河、年楚河、扎曲（包含昂曲）、狮泉河
		城市	拉萨市
青海省	1	中小河流	巴塘河

表 5.5-3　　长江流域片 2015 年度洪水风险图汇总集成项目表

省份	个数	类别	洪水风险图项目
湖北省	13	防洪保护区	昌大堤、汉南至白庙长江干堤、黄冈长江干堤、黄广大堤、荆南长江干堤、南线大堤、粑铺大堤、松滋江堤、下百里洲江堤、阳新长江干堤
		中小河流	泗河、忠孝河
		城市	荆州市

续表

省份	个数	类别	洪水风险图项目
湖南省	10	防洪保护区	安保垸、安造垸、华容护城垸、湘滨南湖垸、育乐垸、沅澧大全、长春垸、
		中小河流	道水河、武陵源索水、
		城市	岳阳市
江西省	11	防洪保护区	丰城大联圩、抚东堤、蒋巷联圩、南新联圩、廿四联圩、饶河联圩、药湖联圩、梓埠联圩
		中小河流	白塔河、北潦河、
		城市	景德镇市
安徽省	9	防洪保护区	池州江堤、枞阳江堤、广济圩江堤、和县江堤、马鞍山江堤、铜陵江堤、无为大堤、芜湖江堤
		洪泛区	秋江圩
贵州省	2	中小河流	清水江、湘江河
云南省	3	中小河流	龙川江、芒市大河、威远江
重庆市	4	中小河流	黑水滩河、赖溪河、临江河、桃花溪
四川省	9	中小河流	东河、后河、凯江、南河（岷江）、南江河、石亭江、小通江、荥经河、
		城市	宜宾市
江苏省	3	防洪保护区	苏州张家港段江堤
		中小河流	溧水河和仪扬河
		城市	扬州市
河南省	1	中小河流	唐白河
西藏自治区	2	中小河流	尼洋河、帕隆藏布

（二）洪水保险

洪水保险是防洪非工程措施的重要内容，实施洪水保险是完善长江流域防洪体系的必然。洪水保险是对洪水灾害引起的经济损失所采取的一种由社会或集体进行经济赔偿的办法，是为配合洪泛区管理，限制洪泛区不合理开发，减少洪灾社会影响，对居住在洪泛区的居民、社团、企业事业单位等实行的一种保险制度。即用投保人平时的、普遍的、相对均匀的支出积累，来补偿保期内少数受灾人的集中损失，使受灾的投保者得以度过困境，恢复正常的生产生活，不仅赔偿有保证，还可减少国家的救灾负担。重要的是在开展洪水保险的过程中，还可以通过一些政策规定限制在洪泛区内不合理的开发利用，从而起到减少洪灾损失的作用。

中国的洪水保险尚处于起步和试办阶段，目前尚无一部专门的洪水保险法律或法规，有关洪水保险的内容仅在个别相关法律中有零星规定。1988年《国务院批转水利部关于蓄滞洪区安全与建设指导纲要的通知》（国发〔1988〕74 号）规定了试行防洪基金或洪水保险制度的相关办法。1991 年国务院颁布的《中华人民共和国防汛条例》规定：“对蓄滞洪区，逐步推行洪水保险制度，具体办法另行制定。”后虽经过 2005 年、2011 年两次修正，但洪水保险相关条文内容仍未变化。1997 年 8 月通过的《中华人民共和国防洪法》规定“国家鼓励、扶持开展洪水保险”，这部法律虽经过 2009 年、2016 年两次修正，但洪水保险相关条文内容仍未变化。虽然上述法律法规中都规定要对蓄滞洪区逐步推行洪水保险制度，但已经实施的仍属于一般性的财产保险范畴，如中国人民保险公司在企业财产和家庭财产保险条款中规定有对洪水、海啸、冰凌、暴雨、泥石流等自然灾害进行保险的责任。这种保险在地区发生洪水灾害和暴风雨灾害后，对恢复企业生产，安定灾民生活，减少国家救灾费用等方面有积极作用，如 1981 年长江上游发生大洪水，四川盆地城乡遭遇大洪灾，保险公司对投保户进行了理赔，收到良好效果，但这种保险还不能制约洪泛区不合理的开发利用。长江流域的洪水保险，还需要根据长江洪泛区利用开发的具体情况和洪灾损失的特点，在国家相关的保险法律法规指导下，积极研究制定适合长江流域的洪水保险法规，推动长江洪水保险事业的发展,使其在制约洪泛区开发利用和减少洪灾损失中发挥作用。

国内外洪水保险的实践为在长江流域试行洪水保险提供了借鉴。1968 年美国制定的《全国洪水保险法》因只规定鼓励参加保险，对未参加保险而受到洪灾损失时仍给予救济，所以，这些规定未能促使人们积极参加洪水保险。1973 年，美国联邦政府颁发了《洪水灾害预防条例》，规定只有参加了洪水保险的社区，在既定的洪泛区可以获准开发并有可能获得联邦或与联邦机构有关的资金援助；如果社区没有参加国家洪水保险计划，即使正式确认洪灾事实后，受灾者也不能享受任何形式的联邦救济或贷款。这是实施的强制性洪水保险。长江流域实施洪水保险借鉴美国洪水保险从自愿参加到向强制保险转变。

结合长江流域的防洪实际，长江委对在长江流域试行洪水保险作了探索。1995 年，长江委开展了“八五”国家重点科技攻关项目“长江防洪保险制度研究”，提出了长江流域洪水危险区边界和保险率图的简化处理方法，研究了分蓄洪区分洪损失的赔偿与分摊模式、长江洪水保险赔偿责任、保险费率和保险金额限额、洪水保险基金的来源及筹集措施，提出了长江洪水保险制度框架。

（三）防洪基金

建立防洪基金是为加强对已有防洪工程维修管理和新建防洪工程开辟一项资金来源的办法，近年已在长江中下游一些省市实行，收到一定效果。

防洪工程是重要的基础设施，本身没有直接财务收益，也没有投资偿还能力，因此世界各国大都采取政府负担或补贴的政策。中国现阶段财政能力有限，除少数重点工程、重要河段堤防由国家投资建设，对重要已建工程管理维修、除险加固费用给予补助外，绝大多数一般的防洪工程因资金缺口很大而无力维护和兴建，并已造成大量工程老化失修、防洪能力降低的不良后果。

防洪事业是社会性公益事业，社会经济越发展，越需要防洪安全保障。随着我国社会主义市场经济体制的建立，从宏观角度看，社会各界在防洪上都受益。所以，应当加快改革步伐，摆脱防洪事业面临的困境，在全国范围内建立防洪基金制度，为防洪工程维修管理和建设开辟一个相对稳定的资金渠道。

为了做好防洪基金的建立和管理，需要制定有关法规，在征收范围、标准、使用管理办法等方面做出明确规定。各级政府也要相应制定有关建立防洪基金制度的实施办法，使其全面铺开并走上法制化。长江委在20世纪90年代后期，已开始进行这方面的调查研究，着手制定“长江流域防洪基金征收、管理、使用办法”，拟作为流域性法规制度。

第六章

城市防洪工程

长江沿江地区是我国城镇化水平较高、工业发达的地区之一。长江流域内共有城市 217 个，其中超大城市有 5 个（上海、武汉、重庆、南京、成都），特大城市有 5 个（长沙、昆明、合肥、贵阳、南昌）。流域内已形成长江三角洲城市群、长江中游城市群、成渝城市群三大城市群，其人均地区生产总值是流域及全国平均水平的 1.5 倍。从总体上看，长江流域城市的经济社会指标均占全国城市的三分之一左右，其地位不仅在长江流域，而且在全国都十分重要。

第一节　流域城市防洪建设概况

长江流域内城市多分布在长江干支流沿岸，大多受到不同程度的洪水威胁。分布在长江上、中、下游的城市，其自然地理条件、洪水特性和社会经济发展状况等均有显著的差别，因而城市的防洪形势、防洪工程建设和洪灾损失等也就有很大的不同。长江上游的城市多建在沿江河谷阶地、坡地或山丘坪地上，一般是面临江河后靠山丘，除江河洪水威胁外，还有山洪和泥石流，防洪工程薄弱，抗洪标准低，一般为 10 ～ 20 年一遇，一遇特大洪水就会造成大的洪灾，如历史上的 1788 年、1860 年、1870 年和 1981 年洪水等，就给这些城市造成巨大的损失。长江中下游城市位于广大冲积平原上的江河沿岸，洪水峰高量大，且持续时间长，主城区街道地面高程又普遍低于当地洪水位数米甚至十多米，全靠堤防保护，受洪水和涝水的威胁最为严重。如历史上的 1931 年洪水，武汉、南京等城市被淹，市内行舟，损失惨重；1954 年特大洪水，除武汉市在军民全力抗洪、抢筑子堤下保住了汉口和武昌城区外，汉阳和其他沿江城市的主要街道几乎全部被淹；1998 年洪水是仅次于 1954 年洪水的又一特大洪水，经数百万军民严防死守、奋力抢险，沿江城市堤防除九江市堤 4 ～ 5 号通道闸间决口被及时封堵外，没有溃、漫堤发生，保护了城市安全，但堤防险象环生，市区涝渍灾害严重，数千家企业长时间处于停产或半停产状态，经济损失很大，仅武汉市直接经济损失就达 41.26 亿元，九江市更是达到 114 亿元。随着国民经济的发展，长江经济带逐渐形成，沿江城市在国民经济发展中的作用越来越显著，保障这些城市的防洪安全，直接关系到社会安定、经济发展的大局。因此，城市防洪是长江流域防洪的重要组成部分，也是全流域防洪的重点。

长江流域的城市防洪有悠久的历史，但直至1949年，长江流域城市防洪标准仍很低。上游干支流沿岸城市多不设防；中下游堤防防洪标准低、质量差，因此沿江城市抗御洪水能力也不高。新中国成立后，长江流域的城市防洪进入了一个新的阶段。新中国成立初，长江中下游大力进行堵口复堤，并按当地1931年或1949年最高洪水位的标准，进行沿江堤防的整修加培。1954年大水之后提出了中游平原防洪规划，按1954年最高洪水位的标准进一步加高加固重点堤防和修建重要河段的护岸工程，并开展蓄洪垦殖和分蓄洪工程建设，为中下游重点城市和重点地区防御超标准洪水时提供蓄洪场所。1958年，在长江流域综合利用规划中制定了中下游平原防洪规划，全面规划了堤圩标准，拟定了保重点、保重要城市的分蓄洪工程，提出了远景以兴建水库群为重要手段的全流域防洪设想，并以三峡水利枢纽为中下游平原防洪的关键工程。1972年以后，按照长江中下游防洪座谈会制定的堤防防御设计水位，普遍加高加固堤防，并视条件的可能，规划建设城市本身的堤防封闭圈；同时整治河道，稳定岸线，加强城区河段的河道管理，保持河道泄洪能力；在三峡水利枢纽建成前，按新的规划要求安排分蓄洪区的建设，以蓄纳超额洪水。

1981年，国务院《批转水利部、国家城市建设总局关于城市防洪问题的报告的通知》指出："城市防洪，事关全局，各地务必要高度重视。除了每年汛期要做好防汛工作外，特别要注意从长远考虑，结合江河规划和城市的总体建设，做好城市防洪规划、防洪建设、河道清障和日常管理工作。""城市防洪规划必须服从江河流域治理规划和城市建设总体规划的要求，城市建设总体规划应该认真考虑城市的防洪与排水问题。"1987年，水利电力部明确全国重点防洪城市25个，其中长江流域有成都、沙市、武汉、长沙、九江、南昌、安庆、芜湖、南京、上海10个。1993年，全国重点防洪城市增至31个，长江流域增加岳阳、黄石、合肥3个，要求做出各重点防洪城市的防洪规划，并尽快实施。

20世纪80年代后期开始修订长江流域综合利用规划时，研究了重要城市的防洪规划。通过研究提出：由于长江中下游干流洪水峰高量大，超额洪水巨大，中下游干流沿江城市防洪问题一般不能独立自行解决，应当在流域整体防洪规划的基础上，按其地位与特点合理安排，其防洪规划应与江河防洪规划相协调，又要与城市建设的市政建设和港口建设规划相协调。根据这一原则，基本规划方向是：宜昌以上及中下游支流上中游的沿江城镇，应根据本流域的防洪治理安排，并按自身条件制定防洪标准，选定工程措施，如兴建水库调洪，整治河道、扩大泄量、防止冲刷，有条件的兴建堤防；中下游平原区的沿江城市，应在长江中下游整体防洪规划对超额洪水妥善处理的基础上，按长江中下游统一制定的堤防防御设计水位加高加固堤防，并视条件的可能规划建设城市本身的堤防封闭圈，同时整治河道，加强护岸，稳定岸线，加强河道管理和城市附近分蓄洪区的管理；远景则随着三峡工程及其他干支流水库群的建成，长江流域的重要城市，特别是中下游平原区重点城市的防洪标准将得到有效的提高。

《简要报告》制定以来，在治理江河的同时，对流域内列为全国防洪重点的 13 个城市先后加速了防洪规划和防洪工程建设，重点城市的防洪状况得到较大改善，抗洪能力有了较大的提高。但随着城市经济的迅速发展、城市规模的扩大、人口和社会财富的增加与集中，对防洪保护的要求更高也更加迫切。在上游原不设防或简易局部设防的城市和中下游防洪标准较低的一些地级市，城市防洪问题的解决与防洪能力的提高也提到了议事日程。2011 年，水利部提出《加强城市防洪规划工作的指导意见》，在 31 个全国重点防洪城市的基础上，增加了 54 个全国重要防洪城市，其中长江流域有 13 个（马鞍山、铜陵、赣州、景德镇、上饶、常德、益阳、绵阳、宜宾、重庆、贵阳、昆明、拉萨）。

新中国成立 70 年来，长江流域沿江城市防洪工程建设大部分经历了这样的进程：不设防（或采取简要设施，如建吊脚楼等）——局部低标准堤防——堤防保护圈与水库、蓄滞洪工程组成的防洪工程系统，并从单一的防洪工程逐步扩展到城市防洪与治涝并重，从工程措施完善到与非工程措施相结合的综合治理措施。特别是 20 世纪 80 年代国家提出加强城市防洪排涝综合治理以来，沿江城市的防洪工程建设取得了较大进展。

第二节　重点城市的防洪建设

一、上海市

（一）基本情况

上海市位于长江三角洲的前缘，滨江临海，黄浦江和苏州河穿流市境，是我国的直辖市，是中国国际经济、金融、贸易、航运、科技创新中心和超大级城市。市辖区面积 6543 平方千米，建成区面积 820 平方千米，2019 年末全市常住人口 2428.14 万人，其中户籍常住人口 1450.43 万人，地区生产总值 38155.32 亿元。

上海市北依长江，南临杭州湾，受季风和海潮影响明显，常遭受风暴潮、暴雨和洪涝灾害的袭击。市区地势低平，由于过量抽取地下水，自 1921 年起地面逐年下沉，累计平均下沉1.76米，使城市防洪安全受到更为严重的威胁。1965年以来，经采取各种措施，地面沉降已得到控制。市区地面高程为3.0～3.5米，最低处2.3米，远低于黄浦公园站历年平均最高潮位值4.55米。

上海市洪水主要有风暴潮和区域暴雨洪水两类。其中风暴潮主要由强热带风暴或台风造成，在天文潮的基础上，产生增水抬高潮位。影响上海的台风平均每年3.2次，最多达7次。风暴潮洪灾是上海市区出现次数最多、威胁最大、损失最重的洪水灾害。公元1439年至1990年约550年间，上海市出现严重风暴潮灾30次，出现“水高丈余”“溺死万人”的特大潮灾10次，出现特大洪涝15次。至于暴雨洪水，上海市区6月至9月为暴雨多发期，市区西郊地区距黄浦江较远，内河狭窄，泄洪能力不足，沿江又有大量城乡泵站集中排涝，内河水常致涝成灾，水深0.5米以上，如遇下游高潮顶托或关闸挡潮，可使堤防溃决成灾。20世纪70至80年代，区域性暴雨造成市区严重洪涝灾害4次，以1977年最为严重。此外，太湖和长江洪水虽对市区防洪不致构成大的威胁，但如与台风暴潮或地区性大暴雨遭遇，也会加重市区和西部低洼地区的洪涝灾害。

（二）规划防洪标准

根据《长江流域防洪规划》，上海市宝山区、浦东新区海塘防洪标准为200年一遇高潮位遇12级风，其余堤段均为100年一遇高潮位遇11级风；上海市城区黄浦江干流防洪标准为1000年一遇。

（三）防洪工程建设情况

经多年防洪工程建设，上海市防洪第一线的重要屏障主要由海塘工程和江堤工程组成。

1. 海塘工程

上海市的海塘是指长江口、东海和杭州湾沿岸以及岛屿四周修筑的堤防及其保滩、护岸、促淤工程，大陆部分的海塘是我国著名的水利工程“江南海塘”的组成部分。

上海海塘构筑历史悠久，但至新中国成立前夕，海塘大都年久失修，受战乱破坏，塘堤单薄，残缺不全。新中国成立后，海塘得到有计划的加固和改造。经过多年的建设，海塘防御能力得到全面提高，有效抵御了“派比安”“桑美”“麦莎”“海葵”和“菲特”等多次台风、高潮位的袭击，保障了城乡经济和社会平稳运行。目前，全市主海塘总长约495.4千米。

2. 江堤工程

上海市堤防全长约919.7千米。其中，黄浦江市区段防洪墙总长约282.5千米，左岸自吴淞口至西河泾、右岸自吴淞口至千步泾，上述范围内并含各支流河口至第一座水闸之间的防汛墙，以及复兴岛防汛墙，黄浦江两岸（支河口至水闸）已形成从吴淞口到江浙地界的封闭防线，可防御 1000 年一遇潮位（1984 年水利电力部批准的潮位）；黄浦江干流上游段堤防长度为 55.9 千米，太浦河、拦路港、红旗塘等主要支流堤防总长度 167.3 千米，基本可防御 100 年一遇太湖流域洪水；西部地区防洪堤防护坡 414 千米，防御能力基本达到 50 年一遇区域防洪标准。

（四）现状防洪能力

按上海市现状海塘设防标准，404.3 千米已达设防标高，占 81.6%；有 91.6 千米（其中公用段 7.3 千米，专用段 83.8 千米）尚未达标，占 18.4%，需加高加固。上海市江堤基本达到规划防洪标准。

二、南京市

（一）基本情况

南京市位于长江下游、秦淮河与长江汇合处，由长江分为江南、江北两部分。南京是江苏省省会和历史名城，是华东地区水、陆交通枢纽，津浦、沪宁、宁芜三条铁路在此交汇，南京港为长江第一大港，是我国外贸出口基地之一。全市总面积 6582.3 平方千米，2019 年末全市常住人口 850.0 万人，其中城镇常住人口 707.2 万人，城镇化率 83.2%，地区生产总值 14030.15 亿元。

南京市区地势低洼，市区大部分地面高程为 6 ～ 9 米，除主要受长江洪水的威胁外，还受到秦淮河和滁河洪水影响。长江南京河段属感潮河段，水位升降主要取决于长江径流的变化，也兼受潮汐的影响，发生的最高潮位为 1954 年的 10.22 米。南京历史上洪涝灾害频繁，发生较大洪灾的年份有 1931 年、1949 年、1954 年、1969 年、1983 年、1991 年等。1931 年长江发生全流域性大洪水，南京下关最高水位 9.29 米，下关区全部被淹，郊区一片汪洋，圩区水稻几乎绝收。1954 年长江特大洪水，下关最高水位 10.22 米，飞机场圩破圩，燕子矶化工厂被淹，郊区除大、小柳洲外，其余全部受淹。1991 年南京遭受百年未遇的特大暴雨，洪涝成灾，全市 500 万亩（次）农田、4.7 万亩菜地被淹，受灾人口 61 万人，直接损失达 15 亿元。

（二）规划防洪标准

根据《长江流域防洪规划》，南京市防洪标准与长江中下游干流整体防御对象一致，为防御新中国成立以来发生的最大洪水，即 1954 年洪水。依靠堤防可防御 100 年一遇洪水。

（三）防洪工程建设情况

新中国成立以来，为保障防洪安全，南京市以长江、秦淮河、滁河为骨干，以区域河道为网络，开展城市防洪工程建设。南京市中心城区范围主要河道堤防总长

446.8千米，现状堤防以土堤为主、钢筋混凝土防洪墙为辅，土堤总长约384.9千米，钢筋混凝土防洪墙主要布置在城区、港区和其他企业段内，总长约61.9千米。按河流划分，长江堤防86.9千米，秦淮河堤防83.5千米，滁河堤防38.1千米，支流河道堤防238.3千米。按行政区划分，主城区堤防136.1千米，东山副城堤防62.9千米，仙林副城堤防69.9千米，江北副城浦口堤防71.5千米，江北副城六合堤防106.4千米。

（四）现状防洪能力

目前，长江南京河段堤防总体基本达到规划防洪标准。现状南京主城区防洪能力基本达到100年一遇，江宁、浦口中心城区防洪能力基本达到50年一遇，六合、溧水、高淳县中心城区以及南京市化学工业园防洪能力基本达到20～50年一遇。

三、合肥市

（一）基本情况

合肥市位于巢湖流域南淝河的中游，是安徽省的省会和全国重点防洪城市，也是国务院确定的长江三角洲城市群副中心城市，国家重要的科研教育基地和现代制造业基地。全市下辖4个区、4个县和代管1个县级市，总面积11445.1平方千米，市辖区面积1345平方千米。2019年末全市常住人口818.9万人，地区生产总值9409.4亿元。

合肥市区地形大部分为岗冲起伏的丘陵，城市建成区高程为12～45米。沿南淝河及支流四里河、板桥河两岸地势低洼，受常年洪水威胁，新中国成立以来发生了1954年、1980年、1984年和1991年大洪水。1954年，南淝河流域发生特大洪水，合肥（北门）站实测最高洪水位16.19米，最大洪峰流量达1040立方米每秒，为新中国成立以来的第一位，市区淹没面积13平方千米，直接损失200万元。1980年最高洪水位14.45米，淹没面积11.2平方千米，直接损失1300万元。1984年洪水位15.04米，淹没面积18平方千米，直接损失4000万元。1991年淹没面积5.5平方千米，经济损失超过5000万元。

（二）规划防洪标准

根据《长江流域防洪规划》，合肥市防洪标准为100年一遇。

（三）防洪工程建设情况

合肥市防洪重点是受洪水直接威胁的南淝河上中游及其支流四里河和板桥河下游沿岸约40平方千米的新老城区，以及二十埠河左岸的龙岗工业开发区。防洪主要措施是在南淝河上游兴建董铺、大房郢两座水库，中游市区段修筑堤防，下游疏浚河道，提高泄洪能力。目前，累计修筑防洪堤（墙）95.04千米（其中十五里河35千米为土堤）、箱涵6.03千米，新建、改造跨河桥梁14座，疏浚拓宽河道约38.15千米。大房郢水库建成后，老城区和东工业区、新站试验区、板桥河中下游等区域基本上形成了一个较为完整的防洪封闭圈。

（四）现状防洪能力

合肥市当涂路桥以上城市总体防洪能力基本达到了50～100年一遇的防洪标准，当涂路桥以下为20年一遇。

四、芜湖市

（一）基本情况

芜湖市位于长江下游南岸，青弋江、水阳江出口，市区有宁芜、芜铜、皖赣和淮南等铁路，是长江三角洲中心区27城市之一，皖南的门户和水陆交通枢纽。全市下辖5个区、1个县和代管1个县级市，总面积6026平方千米，市辖区面积3317平方千米。2019年末全市常住人口377.8万人，地区生产总值3618.26亿元。

长江干流自西南向东北流经芜湖市，长江支流青弋江、漳河自东南向西北穿城而过。芜湖市地处长江下游冲积平原，市区地势低洼，地面高程一般为8～11米，汛期处于长江干流和青弋江、水阳江的洪水威胁之下。新中国成立以来遭遇1954年、1969年、1983年、1991年、1996年、1999年、2002年等大洪水洪涝灾害，其中1954年洪水，弋矶山水位达12.87米，芜湖长江水位在警戒水位以上的时间达100多天，麻凤圩堤在周家村溃决，沿江大堤淹没1米以上，芜当联圩堤埂大部漫决，市区主要马路水深2～3米，淹没历时4个月，经济损失惨重。

（二）规划防洪标准

根据《长江流域防洪规划》，芜湖市防御对象为1954年洪水。

（三）防洪工程建设情况

芜湖市防洪工程由芜当联圩片、麻凤圩荆山圩片和三山片等分片的江堤、河堤及涵闸等组成。经过历年的堤防加固，特别是1998年长江大洪水之后江堤加固工程建设，芜当联圩的芜湖市永安桥至四褐山堤段19.785千米已达到1级堤防标准，其余64.155千米也已达到2级堤防标准；麻凤圩堤圈中的江堤段15.95千米已达到1级堤防标准，其余堤段已达到了2级堤防标准；三山片堤圈中的江堤段29.784千米已达到3级堤防标准，漳河左堤受江洪影响段26.38千米达到了3级堤防标准。

（四）现状防洪能力

目前，芜湖市江堤可以达到防御长江1954年型洪水，河堤可以达到防御长江发生1954年最高洪水位与青弋江发生该年次大洪水相遇遇的组合洪水。

五、安庆市

（一）基本情况

安庆市位于安徽省西南部，长江下游上段北岸，长江与皖河交汇处东侧，居广济圩西南隅，为安徽省长江左岸唯一的港口城市，长江三角洲中心区27城市之一，国家级历史文化名城。全市下辖3个区、2个县级市、5个县，另设1个开发区，全市面积13589.99平方千米，市辖区面积821平方千米。2019年末全市常住人口472.3万人，地区生产总值2380.5亿元。

安庆市城区三面临水，北靠大龙山脉，东南抵长江，东北临菜子湖，西界皖河和石门湖，沿江大片圩区地面高程11～15米。安庆市洪水主要来自长江中、上游地区，特别是鄱阳湖区发生暴雨洪水与长江干流洪峰叠加时对安庆市威胁最大。据记载，1954年长江大洪水，安庆城区受淹人口13390人，倒塌房屋2460间，淹没耕地11827亩；1983年7月13日长江水位达17.95米，堤防发生险情10多处，城市防洪圈内沿湖大小圩口451个漫破428个，淹没农田达12万余亩，无收7.8万亩，被洪水围困居民2.8万余人，损失达5128万余元。

（二）规划防洪标准

根据《长江流域防洪规划》，安庆市防御对象为1954年洪水。

（三）防洪工程建设情况

安庆市防御长江洪水工程由安庆江堤、广济江堤、梅林隔堤组成，堤防总长46.511千米，保护面积251.3平方千米。安庆江堤西起安庆西狮子山脚，东止王家村，为1级堤防，总长18.613千米，结构形式有三种，其中土堤+防洪墙1.58千米，防洪墙3.883千米，土堤+防浪墙13.15千米，防洪墙段外滩地较宽，目前是江外滩公园。广济江堤西起王家村，接安庆江堤，东止羊叉脑，为2级堤防，长21.602千米。梅林隔堤位于破罡湖流域东北，菜子湖出口长江右岸，是破罡湖流域与菜子湖流域的分界堤，起于羊叉脑，止于市郊花山脚下的飞鹅头，为2级堤防，长6.296千米。

（四）现状防洪能力

目前，安庆市江堤可以达到防御长江1954年洪水的标准。

六、南昌市

（一）基本情况

南昌市是江西省的省会，长江中下游地区重要的中心城市，位于赣江下游，北临鄱阳湖和抚河尾闾。全市下辖6个区、3个县，总面积7402平方千米，市区面积617

平方千米。2019 年末全市常住人口 560.06 万人，地区生产总值 5596.18 亿元。

南昌市地处近代冲积层为主的湖积冲积平原，城区三面环水，地势低洼，一般地面高程 20 ～ 23 米，低于赣江常年洪水位 2 ～ 4 米。城区主要受赣江和抚河洪水影响，鄱阳湖湖盆高水位对赣江（南昌段）洪水有明显顶托作用，乌沙河和清丰山溪洪水对南昌市威胁也很大。新中国成立后发生了 1954 年、1962 年、1982 年、1995 年、1998 年等大洪水，其中 1954 年由于长江洪水提前，与鄱阳湖洪水遭遇，使湖区长期处于高水位，湖区圩堤几乎全部溃决，受灾农田 8.2 万亩，直接损失达 400 余万元；1995 年洪水造成 97.26 万人受灾、134 万亩农田受淹，直接经济损失 9.24 亿元。

（二）规划防洪标准

根据《长江流域防洪规划》，南昌市防洪标准为 100 ～ 200 年一遇。

（三）防洪工程建设情况

南昌市经过历年尤其是 1998 年以来城市防洪工程持续建设，已基本形成了以堤防工程为基础，万安和峡江水库为骨干，泉港分蓄洪区、河道整治工程和防洪非工程措施相结合的综合防洪体系。

万安水库位于赣江中游万安县城上游，控制集水面积 36900 平方千米，约占石上水文站集水面积的 51%，对于赣江中上游来水有较好的控制作用，目前防洪库容为 5.7 亿立方米。峡江水利枢纽控制集水面积 62882 平方千米，占石上水文站集水面积的 87%，控制了赣江洪水的主要来源，防洪库容 6.0 亿立方米，作为下游防洪紧急备用措施。

泉港分蓄洪区蓄洪面积 151 平方千米，相应总容积 6.93 亿立方米，是赣江下游防御超标准洪水的重要防洪设施，是保障赣东大堤和南昌市防洪堤安全的重要设施。

南昌市整个城区以赣江为界分为昌南（赣江以东）和昌北（赣江以西）两大区域。昌南城区主要防洪工程有赣东大堤城区段、富大有堤和南隔堤，保护昌南城区 177 平方千米范围，其中赣东大堤城区段长 8.341 千米，富大有堤长 17.986 千米，南隔堤长 13.5 千米，沿江路防洪墙长 1.158 千米。昌北城区以沿江大堤为主，沿江大堤总长 18.96 千米。

（四）现状防洪能力

目前，南昌市昌南主城区堤防整体防洪标准为 100 年一遇，昌北除部分堤段未达到 100 年一遇标准外，其他均已基本达到 100 年一遇防洪标准。通过已建万安水库（按初期蓄水位运行）和峡江水库的调度，并配合泉港分蓄洪区的合理运用，可以使加高加固后达到 50 年一遇防洪标准的赣东大堤和保护南昌市城市沿赣江按 50 年一遇防洪标准设计的堤防均可抗御 100 年一遇洪水，可使保护南昌市城市沿赣江按 100 年一遇防洪标准设计的堤防抗御 200 年一遇洪水。

七、九江市

（一）基本情况

九江市位于长江中、下游交界处，是江西省唯一的对外开放贸易口岸，是我国重要的交通枢纽。九江市下辖 3 区（浔阳区、濂溪区、柴桑区）、7 县（修水县、武宁县、永修县、德安县、都昌县、湖口县、彭泽县）、3 个县级市（瑞昌市、共青城市、庐山市），全市面积 18823 平方千米，市辖区面积 1468.4 平方千米。长江大堤保护九江市城区、瑞昌市、湖口县、彭泽县，保护面积 739.31 平方千米、耕地 80.74 万亩，城区江岸全长 17.46 千米。2019 年末全市常住人口 492.03 万人，其中城镇人口 279.37 万人，城镇化率 56.78%，地区生产总值 3121.05 亿元。

九江市地势东南高西北低，市区地面高程一般为 19.5 ～ 20.5 米。长江由西向东从市区北缘通过，鄱阳湖从九江市东部湖口汇入长江。市区内有赛湖、八里湖、龙开河、南湖、白水湖、琵琶湖等内湖。

九江市区三面环水，地势低洼，主要市区位于长江和内湖洪水位以下，洪涝威胁严重。自唐朝元和二年（公元 807 年）以来的近 1200 年间，记录有水灾 192 次。据九江水文站近百年的观测记录，共有 34 年最高水位超 20 米。其中 20 世纪 90 年代曾出现了一次洪灾高发期，10 年出现 8 次洪灾，且有 4 次大洪水年份。较典型的有：1954 年，九江水位涨到 22.08 米的历史最高值，九江 20 米以上的高水位持续百余天，洪水过程中，境内除湖口黄茅大堤和九江城区的兴中纱厂堤尚存外，各类圩堤先后全部溃决，外洪内涝使南浔铁路中断 125 天，市区 80% 的街道被淹，浸水时间达 110 天，淹没土地 110.84 万亩，冲毁水库 37 座，受灾人口达 12.94 万人，死亡 259 人；1998 年长江全流域性特大洪水，九江是抗洪形势最严峻、受灾最严重的地区之一，出现 7 月份降水量超历史、鄱阳湖出入湖流量超历史、20 米以上水位日涨幅超历史、各站水位极值超历史、高水位持续时间超历史的“五超历史”的特异汛情，九江洪峰水位达 23.03 米，超历史水位持续时间长达 40 天，造成 188 座百亩圩堤、63 座千亩圩堤、5 座万亩圩堤、3 座万亩血防工程漫顶或溃决，其中属江新洲圩堤和九江城防堤溃决造成的影响最严重，全市直接经济损失达 114.7 亿元。

（二）规划防洪标准

根据《长江流域防洪规划》，九江市防御对象为 1954 年型洪水。

（三）防洪工程建设情况

九江市初步形成了由长江干堤和内湖堤防组成的城区防洪体系。

九江城区长江干堤上自新开河闸，下至乌石矶，全长 17.46 千米，保护区面积

132 平方千米。九江城区长江干堤加固整治工程于 1998 年列入国家大江大河治理重点骨干工程，并作为 1 级堤防设计施工，设计洪水位 23.25 米（九江站），堤防安全超高 2 米，干堤上建筑物超高 2.5 米。

城区内湖堤防总长 9.28 千米，其中，向阳堤 3.08 千米，东起龙开河箱涵起点向西延伸与八里湖堤相接；八里湖堤 3.5 千米，东与向阳堤相接，向西延伸；八赛隔堤 1.6 千米，堤顶上设钢筋混凝土防洪墙，墙高 2 米；新开河东堤 1.1 千米，南与八里湖堤相接，向北延伸至八里湖泵站。内湖堤岸防洪工程封闭圈工程整治工作已列入日元贷款治理项目。

（四）现状防洪能力

目前，九江市依靠长江干流堤防可达到防御 20 年一遇洪水的能力，考虑上游理想分蓄洪，可防御 1954 年型洪水；八里湖湖堤现状防洪能力达 50 年一遇。

八、黄石市

（一）基本情况

黄石市位于湖北省东南部、长江中游下段南岸，素有“三楚铜都”“钢铁摇篮”“水泥之乡”“服装新城”之称，是国务院批准的沿江开放城市。全市辖黄石港、西塞山、下陆、铁山 4 个城区和黄石经济技术开发区以及大冶市、阳新县，城区面积 251 平方千米。2019 年末全市常住人口 247.17 万人，其中城镇人口 158.19 万人，城镇化率 64%，地区生产总值 1767.19 亿元。

黄石市地处幕阜山北侧沿江滨湖的丘陵地带，市区三面环山，依山抱湖，东北濒临长江。城区高程 18 ～ 20 米，低于汛期长江水位（一般为 23 ～ 25 米）和内湖水位（19 ～ 21 米），汛期城区有 69.82 平方千米在长江防洪设计洪水位以下，有 130 平方千米承雨面积的山洪及内涝需抽排出江。长江过境河段长 27 千米，沿江堤内侧有花马湖、青山湖、青港湖、磁湖、袁家湖、游贾湖、夏游湖、大冶湖 8 处。湖泊面积 100.38 平方千米，其中大冶湖、花马湖共 89.6 平方千米。因倒、举、巴、浠诸河在武汉以下汇入长江，对黄石河段的江水位有顶托影响。

当江湖两面高水位时，黄石市的防洪为腹背受敌的形势。黄石市洪涝灾害严重的年份有：1954 年，黄石港水位 26.39 米，流量 74000 立方米每秒，淹没农田 34.8 万亩，倒房 9 万余间，受灾人口达 22.9 万人，城区因灾死亡 10 人，直接经济损失 10 亿元；1996 年，黄石港水位 25.56 米，受灾人口 76.82 万人，淹没农田 46.19 万亩，直接经济损失 4.13 亿元；1998 年，黄石港水位 26.31 米，市区受灾人口 54.29 万人，倒塌房屋 1.4 万间，直接经济损失 11.48 亿元。

（二）规划防洪标准

根据《长江流域防洪规划》，黄石市防御对象为 1954 年型洪水。

（三）防洪工程建设情况

目前，黄石市形成了以黄石长江干堤、花湖堤、阳新四顾堤防御长江洪水，以磁湖堤、石龙头堤、王家山横堤防御内湖洪水的防洪保护圈。黄石市长江干堤长 28.27 千米，上起艾家湾，下至四顾闸，为国家 1 级堤防。阳新四顾堤长 0.63 千米，花湖堤 4.9 千米，磁湖堤长 2.8 千米，石龙头堤、王家山横堤长 1.43 千米，为国家 2 级堤防。

（四）现状防洪能力

依靠堤防，黄石市防洪标准为 20 ～ 30 年一遇，通过上游分蓄洪及本河段计划分洪，可防御 1954 年型洪水。

九、武汉市

（一）基本情况

武汉市是湖北省的省会，位于中国腹地中心，地处长江中游的长江、汉江交汇处，南北扼京广线之咽喉，东西锁长江、汉水之要塞，素有“九省通衢”之称，是我国重要的交通枢纽、工业基地、通信中心和对外商埠港口。全市总面积 8569.15 平方千米，由江岸、江汉、硚口、汉阳、武昌、青山、洪山 7 个中心城区和蔡甸、江夏、黄陂、新洲、东西湖、汉南 6 个远城区组成，另有武汉经济技术开发区、武汉东湖高新技术开发区。2019 年末全市常住人口 1121.2 万人，其中城镇人口 902.45 万人，城镇化率 80.49%，地区生产总值 16223.2 亿元。

武汉市总的地势是北高南低，以丘陵和平原相间的波状起伏地形为主。中南部以长江、汉江冲积平原为主，地形平坦开阔，地面高程为 19 ～ 24 米；垄岗地形在平原区穿插，形成波状起伏形态，地面高程一般为 25 ～ 45 米。市内地势低洼，大部分地面高程为 24 米，低于多年平均洪水位 25.50 米（吴淞基面），比 1954 年最高洪水位 29.73 米低 2 ～ 8 米。因此，武汉市处于江汉洪水威胁之下。

武汉市区河湖密布，河流环绕，长江、汉水流经市区，流程分别为 73.4 千米和 62 千米，将市区分为汉口、武昌、汉阳三片。左岸有东荆河、汉江、府澴河，滠水、倒水、举水和沙河入江，右岸有金水和巡司河汇入。境内有大小湖泊 140 余个，面积 942.8 平方千米。

武汉市地处长江上游和中游主要支流（洞庭湖四水及汉江）洪水的集中汇流点，下游又受赣、皖两省河湖及武汉附近小支流群的洪水顶托，故受洪水威胁情况之复杂、持续时间之长，在长江流域极为突出。从公元 1188 年起 800 年间载入史册的洪灾，武汉被淹达50余次，以1870年、1931年、1935年、1954年和1998年灾情为重。1931年汉口最高洪水位28.28米，三镇被淹近100天，受灾面积321平方千米，最大水深达6米，受灾人数达全市总人口的70%以上，死亡3.26万人。1935年最高水位27.58米，汉阳城区被淹60～90天，受淹面积35.5平方千米，受灾人口11.5万人。1954年洪水，汉口最高水位29.73米，汉阳堤防溃决，汉口、武昌被洪水围困，85375人受灾，工厂大部分停工，京广铁路约100天不能正常行车。

（二）规划防洪标准

根据《长江流域防洪规划》，武汉市防御对象为1954年型洪水。

（三）防洪工程建设情况

武汉市城区为确保干堤，堤防为1级堤防，由汉口、武昌、汉阳三片形成独立防洪保护圈，城市堤防总长195.77千米。保护圈堤防按1954年武汉关最高洪水位29.73米、堤顶超高2米进行设计。

汉口防洪保护圈堤防长52.73千米，由现有汉口沿江堤（12.99千米）、汉江沿河堤（15.97千米）和张公堤（23.77千米）组成，涉及江岸、江汉、硚口三个行政区，武汉市委、市政府位于该保护圈内，保护圈面积约148.87平方千米。

武昌防洪保护圈堤防长79.09千米，由武金堤龙床矶至武惠堤白浒山长江干堤（78.97千米）和长山至白浒山自然高地（长70千米，其中筑堤长0.12千米）组成，防洪保护圈内另有二线堤6.244千米（其中武昌区武金堤4.8千米，江夏区孙家横堤1.444千米），涉及江夏、洪山、武昌、青山四个行政区和东湖高新技术开发区，湖北省委、省政府位于该保护圈内，保护圈面积约820平方千米。

汉阳防洪保护圈堤防长63.95千米，由拦江堤（4.55千米）、鹦鹉洲堤（6.93千米）、江永堤（3.72千米）、烂泥湖堤（6.5千米）、汉江高公街堤（1.16千米）、沿河堤（28.28千米）、保丰堤（6.36千米）、襄永堤（3.3千米）、永固堤（1.1千米）和汉阳隔堤（2.05千米）结合狮子山至西湖泵站沿线自然高地（59.6千米）组成，涉及汉阳、蔡甸两个行政区及武汉经济技术开发区，保护圈面积约413.5平方千米。

（四）现状防洪能力

目前，武汉市仅靠堤防防御标准达20～30年一遇，在规划的蓄滞洪区理想运用条件下，可防御1954年型洪水（汉口最大30天洪量约200年一遇）。

十、岳阳市

（一）基本情况

岳阳市位于洞庭湖出口与长江交汇处之右岸，是湖南省的石油、化工、电力、轻纺、

食品基地，是以外贸、旅游为主导的综合开放的重要城市，城陵矶港是湖南省的对外贸易港。全市辖岳阳楼区、云溪区、君山区、岳阳经济开发区和屈原管理区，代管平江、湘阴、岳阳、华容 4 个县和汨罗、临湘 2 个县级市，市政府驻岳阳楼区。市辖区面积 1412.63 平方千米，建城区面积 57 平方千米。2019 年末全市总人口 577.13 万人，城镇人口 341.66 万人，城镇化率 59.2%，地区生产总值 3780.41 亿元。

岳阳市地势东北高、西南低，大部分为滨湖平原，防洪区地面高程 25 ～ 59 米（黄海高程）。境内除洞庭湖外，还有南湖、东风湖、吉家湖、关门湖、月形湖等内湖。汛期洞庭湖出流与荆江洪水常相互顶托干扰，洞庭湖四水或荆江发生大洪水，均可能威胁到岳阳市防洪安全，随着江湖的自然演变和湖区的大量围垦，湖区和荆江水位日益抬高，岳阳水位也相应受其影响。新中国成立后，由于堤圩抗洪能力的提高，堤圩溃决“调蓄”洪水的影响减小，江湖水位进一步抬高。据分析，1954 年以前长江城陵矶（莲花塘）水位 33.5 米的出现概率约为 10 年一遇，至 20 世纪 80 年代已增至约 5 年一遇。1954 年城陵矶（莲花塘）最高水位 33.95 米，1998 年则创 35.80 米的新纪录。1998 年岳阳、城陵矶（七里山）最高水位分别为 36.05 米和 35.94 米，加重了岳阳市的防洪负担。

岳阳市洪涝灾害频繁。据统计，1949 年至 1999 年，城区共发生洪涝灾害 20 次，不到 3 年一遇，其中大灾 15 次，特别是 1995 年至 1999 年 5 年 4 灾。洪涝灾害最严重最典型年份为 1998 年，城陵矶站最高水位 35.94 米，超历史最高水位 1996 年 0.63 米，超 1954 年 1.39 米，高洪水位持续时间之长也创历史最高纪录，超 33 米水位的时间维持了 78 天，受灾人口 2.58 万人，淹没耕地 1600 公顷，受灾面积 10 平方千米，淹没房屋 1.8 万间，直接经济损失达 1.3 亿元。

（二）规划防洪标准

根据《长江流域防洪规划》，岳阳市防御对象为 1954 年型洪水。

（三）防洪工程建设情况

岳阳市城市防洪堤北起道仁矶，南至湖滨月形湖，全长 27.9 千米。自 1993 年列入全国重点防洪城市后，为改变防洪排涝状况，岳阳市开展了防洪排涝体系建设。1995 年加修东风湖、吉家湖大堤，1996 年底新修加固湖滨沿线大堤，1997 年将南津港大堤加高至 37 米，加宽至 16 米。1998 年起加修永济垸长江大堤，2003 年底全线达标，并对城区泵站进行配套，对东风湖大堤 1000 米软弱地基段外加 10 米宽压脚平台，外坡用混凝土六方块护坡；吉家湖 2000 米低矮段全部加高至 37 米；2003 年对月形湖内平台进行填筑加固。2004 年，韩家湾至城陵矶 9.3 千米城市防洪工程纳入长江干堤建设项目，工程于 2004 年 10 月开工，该段大堤由原来的 38 米加宽至 60 米，堤顶由 36 米加高至 38 米。长江干堤韩家湾至城陵矶城市防洪工程通过整治加固，绿化、美化，昔日险象环生的城防堤，如今与岳阳楼景区融为一体，成为城市的一道风景线。

（四）现状防洪能力

上述堤防加固达标后，加上规划蓄滞洪区的使用，岳阳市可防御1954年型洪水（城陵矶最大30天洪量约180年一遇）。

十一、长沙市

（一）基本情况

长沙市是湖南省的省会，地处湘江下游，湘江与浏阳河出口汇合处，是国务院首批公布的24个历史文化名城之一和首批对外开放的旅游城市之一，长江中游城市群和长江经济带重要的节点城市。全市下辖芙蓉、天心、岳麓、开福、雨花、望城6区和长沙县及浏阳、宁乡2市，全市总面积11819平方千米，建成区面积567.32平方千米，2019年末常住总人口839.45万人，城镇化率为79.56%，地区生产总值11574.22亿元。

长沙市区内地势由南向北倾斜，西南高，东北低，属长衡丘陵盆地进入湖区的边缘地带，东北部城区进入湖区平原。湘江由南向北贯穿市区，将城市分为东、西两部分。捞刀河、浏阳河分别由东向西蜿蜒穿过东部市区由右岸汇入湘江，靳江、龙王港由左岸汇入湘江。城区东北部及沿江（河）两岸地势低洼，一般高程为30～33米（黄海），其中沿湘江、浏阳河两岸平均地面高程31.00米，最低点28.8米，低于常年洪水位，易受洪水侵袭。

长沙市的洪水威胁主要来自湘江和浏阳河。长沙市洪涝灾害频繁，新中国成立后至1998年，除1953年、1960年、1967年、1984年、1986年、1991年、1993年、1996年8年基本无灾外，有41年成灾，其中较大的有1950年、1954年、1964年、1965年、1976年、1982年、1983年、1990年、1992年、1994年、1998年等11年。历史上发生最严重最典型的洪涝灾害为：1954年7月，长沙水位站最高洪水位35.7米，捞湖、丰顺两垸溃决成灾，受灾人口4.56万人，成灾耕地4376公顷，淹没房屋6100间，减产粮食1289万千克，死亡4人，直接经济损失3490万元。

（二）规划防洪标准

根据《长沙市城市防洪规划（1993年）》，长沙市中心城区的防洪标准为100年一遇，非中心城区为30年一遇。随着城市的快速发展，长沙市的防洪标准进行了修订。根据《长沙市城市总体规划（2003—2020）》（2014年修订），长沙市中心城区防洪标准为200年一遇。

（三）防洪工程建设情况

长沙市城市防洪以分片堤防保护为主。根据地形条件与现有防洪工程设施的布局，以湘江、浏阳河、捞刀河等自然水系为界，将长沙市城区划分为三个中心城区保护片和一个非中心城区保护片。中心城区河东片以湘江右堤、浏阳河左堤、圭塘河左堤构成一个保护圈，中心城区河西片以湘江左堤、龙王港左右堤、靳江左堤构成两个保护圈，中心城区捞霞片以湘江右堤、浏阳河右堤、捞刀河左右堤、桃花港左堤构成两个防洪保护圈，非中心城区榔梨、坪塘片、东岸朝正片以浏阳河右堤、花园港左右堤、梨江港左右堤构成五个防洪保护圈。

目前，长沙市中心五城区（芙蓉、天心、岳麓、雨花、开福）32个堤垸，堤防长度183.9千米。长沙市城市防洪工程建设与城市基础设施建设相结合，同步进行，为城市增添了一道新的景观线。湘江大道防洪整治景观工程全长1160米，2004年被水利部命名为“湘江水利风景区”，提升了长沙市城市品位。潇湘大道防洪整治景观工程湘江一线防洪大堤长6850米，被市民评为“全市最美一条路”。

（四）现状防洪能力

目前，长沙市现状防洪能力为30～200年一遇，堤防达标长度为149.7千米，达标率81.4%。其中，中心城区河东、河西片防洪能力已达200年一遇，捞霞片防洪能力为100年一遇。

十二、荆州市

（一）基本情况

荆州市为湖北省地级市，国务院确立的鄂中南地区的中心城市，位于长江中游上荆江北岸，地处江汉平原西南部，地跨四湖地区中、上区，城区紧傍荆江大堤，为著名的历史文化名城，是江汉平原、川东、湘北的重要物资集散地。全市下辖2个区（沙市区、荆州区）、2个县（江陵县、公安县）、4个县级市（监利市、石首市、洪湖市、松滋市），总面积14103.5平方千米，中心城区建成区面积63平方千米。2019年末全市户籍人口637.16万人，常住人口557.01万人，其中城镇人口314.23万人，城镇化率56.41%，地区生产总值2516.48亿元。

荆州市区外江有长江及支流沮漳河，内河有长湖及支流太湖港、龙会桥河水系，还有四湖总干渠上段和西干渠排水渠系。荆州市城市防洪的重要任务是防御外江洪水，其次是防御长湖及太湖港的内垸洪水。由于市区位于长江防洪形势最严峻的荆江河段，长江高水位时比荆州城市地面高出14～15米，对该区造成严重洪灾损失的主要是长江洪水，如1788年、1931年、1935年、1954年、1981年、1998年等洪水。荆江大堤是长江最为突出的险要堤段，被国家列为确保堤段，是荆州城市乃至江汉平原的南大门。1935 年 7 月长江大水，荆江大堤在万城得胜寺决口，洪水直下荆沙，灾情惨重，伤亡甚多。长湖是荆州市北部的一个大型湖泊，湖面面积 157 平方千米；太湖港水库是荆州市西部的一个大型水库，防洪库容 8360.4 万立方米。长湖湖堤、太湖港库堤及太湖港渠堤历来是四湖流域上区防汛重点，是湖北省的防洪调度的重点部位，是荆州城市防洪的北部屏障。

（二）规划防洪标准

根据《长江流域防洪规划》，荆州市防洪标准为 100 年一遇。

（三）防洪工程建设情况

目前，荆州市已基本形成抗御外洪的保护圈和防御内水的工程措施。抗御长江、汉江外洪的保护圈由荆江大堤、洪湖监利江堤、洪湖主隔堤、汉江干堤沙洋至潜江段和东荆河堤组成，总长 704.05 千米，其中，荆江大堤为 1 级堤防，长 182.35 千米；洪湖监利江堤为 2 级堤防，长 230 千米；洪湖主隔堤 65.1 千米；汉江干堤沙洋至潜江段和东荆河堤均为 2 级堤防，总长 226.6 千米（其中荆州市境内东荆河堤 128.45 千米）。为防御内荆河洪水，已建太湖港四库一联的大型水库，预留调洪库容 0.84 亿立方米，已建太湖港北堤 14.9 千米、纪南堤 2.5 千米、太湖港南堤 16.81 千米、长湖湖堤 34.81 千米。

（四）现状防洪能力

经过几十年的防洪工程建设，尤其是以三峡水库为核心的上游控制性水库群投入运行，荆江河段遇 100 年一遇及以下洪水，不需启用荆江地区蓄滞洪区；遇 1000 年一遇或类似 1870 年特大洪水，可控制枝城泄量不超过 80000 立方米每秒，配合荆江地区蓄滞洪区的运用，可控制沙市水位不超过 45.0 米，保证荆江河段行洪安全。荆州市城区内部防洪仍未形成完整安全屏障，长湖湖堤和太湖港堤部分堤段达到 50 年一遇洪水标准，其余堤段现状防洪能力为 10 ～ 20 年一遇洪水标准。

十三、成都市

（一）基本情况

成都市是四川省的省会，位于四川省中部、四川盆地的西缘、川西平原的东南部，是国务院确定的西部地区重要的中心城市，重要的高新技术产业基地、商贸物流中心和综合交通枢纽，是第一批历史文化名城和重要的旅游中心城市。2018 年末全市常住人口 1658.1 万人，其中户籍人口 1500.07 万人，常住人口城镇化率为 74.41%，地区生产总值 17012.65 亿元。

成都市中心城区处于成都平原水网区腹部地带，境内河渠纵横，均属岷江内河水系，西南部属岷江水系，东北部属沱江水系，互有连通，属不闭合流域。主要河流有府河、南河、清水河、沙河、东风渠、西郊河和模底河等，除东风渠外，均在中心城南郊汇入府河。全市总面积1.43万平方千米，其中平原占40.1%，丘陵占27.6%，山区占32.3%。水系随地势由西北向东南呈扇状分布，城区建在川西冲积平原岷、沱江冲积扇之交汇地，市区地形平坦、开阔。

成都市域内有鹿头山和青衣江暴雨区及两个暴雨区向盆地腹部过渡的地区，自古以来备受洪水之患。洪水特点是区间暴雨在洪水总量中占的比例较大，外来洪水的威胁不容忽视。岷江在都江堰之下的外江洪水，一般不直接威胁成都市区安全；而从内江分入的洪水进入渠系、南河及府河，则对市区危害较大。地区暴雨汇流至市区的府河、南河，与内江分入的洪水相遇，则市区防洪形势紧张。新中国成立后共发生较大洪水年有15年，其中1964年、1981年和1984年市区洪灾严重，尤以1981年损失最大。1981年大水，府河望江楼站实测流量达1050立方米每秒，相当于50～100年一遇洪水，远远超过河道安全泄量，城区9.5万人、262万亩农田受灾，直接损失2.8亿元。

（二）规划防洪标准

根据《长江流域防洪规划》，成都市防洪标准为200年一遇。具体为：中心城区的府河、清水河、沙河防洪标准为200年一遇，江安河、磨底河为100年一遇，其他支流（排洪渠）为50年一遇。

（三）防洪工程建设情况

成都市城市防洪采取上蓄、中分、下排的综合治理措施，具体为：①开展外围洪水调度，向走马河、毗河排洪，最大限度地限制上游来水，紫坪铺水库的建设是限制外围洪水进入市区的有效途径。②彻底整治成都市排洪总出口，扩大洪水总出口河段的行洪能力，减少洪水对城区构成的压力。③疏导城区排洪河道，努力降低河道设计洪水位。近年来，随着紫坪铺水库的兴建（预留防洪库容1.67亿立方米），金马河部分险工险段的改造，市管江河重要堤防的加固（成都市河网已建堤防护岸164.74千米，岷江干流金马河段已建堤防护岸131.31千米），岷江董河坝、沱江金堂峡、府河城区总出口等三大洪水出口的陆续打通，成都市防洪能力有了较大的提高。

（四）现状防洪能力

考虑紫坪铺水库的调洪作用，成都市中心城区（二环路以内）主要河道的现状防洪能力基本达到200年一遇，金马河段基本达到100年一遇；二环路以外区域的防洪能力差别仍较大，城郊接合部防洪问题较突出。按目前实施工程情况，大多已达规划拟定的防洪标准，局部支流（排洪渠）部分未达标。

第三节　重要城市的防洪建设

一、马鞍山市

（一）基本情况

马鞍山市位于安徽省东部、长江下游南岸，地处长江经济带和沪宁杭经济发达地区的边缘，为以钢铁工业为主体的新兴工业城市，长江三角洲中心区27城市之一。全市下辖花山区、雨山区、博望区和当涂县、含山县、和县，总面积4049平方千米，建成区面积100.3平方千米。2019年末全市户籍人口229.14万人，其中城镇人口119.16万人，常住人口236.1万人，城镇化率69.12%，地区生产总值2111.0亿元。

马鞍山市西临长江，南北有通江内河姑溪河、襄城河、采石河、慈湖河，外受长江洪水威胁，内遭暴雨山洪袭击，历史上洪涝频繁。据统计，从1849年至今的150年间共发生水灾35次，约合4年一遇。新中国成立以来，共发生洪涝灾害15次，其中产生较大灾害的年份有1954年、1962年、1969年、1983年、1991年、1995年、1996年、1998年、1999年、2010年等年份。1954年长江流域大水，马鞍山站实测最高洪水位11.41米，10.5米以上水位持续73天，由于长江水位持续高涨，内河涝水不能排出，80%面积的农田受淹，受灾人口6.25万人，死亡558人，经济损失惨重。1998年长江流域大水，马鞍山站实测最高洪水位11.46米，为新中国成立后之最，由于姑溪河、慈湖河、采石河口缺乏封闭设施，江水倒灌，江河堤防多次出险，淹没耕地约3000亩。1999年，长江马鞍山最高洪水位达11.15米，造成23.2万人、27079.4公顷农作物受灾，直接经济损失1.7亿元。

（二）规划防洪标准

根据《长江流域防洪规划》，马鞍山市防御对象为1954年洪水。

（三）防洪工程建设情况

马鞍山市城市防洪主要工程措施是修筑堤防，目前已初步形成了相互独立的城市防洪堤圈。经过新中国成立后70年的建设，马鞍山市城区形成了以采石河右堤、长江堤防、慈湖河左堤组成的城市中心区堤圈，以慈湖河右堤、天然河（慈湖河右岸支流）右堤和犁尖湾河左堤组成的慈湖工业区堤圈，以慈湖河右堤、天然河左堤组成的桥山保护区堤圈三个相互独立的城市防洪堤圈。堤防总长54.924千米，其中城市中心区堤圈长36.021千米，慈湖工业区堤圈8.371千米，桥山保护区堤圈10.532千米。陈焦圩形成了以采石河左堤、长江堤防、襄城河右堤组成的开发区堤圈，以襄城河左堤、长江堤防、姑溪河右堤组成的当涂城关堤圈。堤防总长29.629千米，其中开发区堤圈长15.252千米，当涂城关14.377千米。

按河系划分，长江干堤长29.907千米，其中马鞍山市区沿江堤防长18.837千米，自采石闸至苏皖边界的孙家闸为2级堤防；陈焦圩江堤长11.07千米，自姑溪河当涂县铁路桥起经陈焦圩堤、乙字河右堤至采石闸止为3级堤防。姑溪河当涂城关段堤长3.20千米，自当涂城关白竹山起到姑溪河铁路止为3级堤防。慈湖河堤长28.65千米，采石河堤12.99千米，襄城河堤11.34千米，犁尖湾河堤长1.772千米。

（四）现状防洪能力

目前，马鞍山市长江干堤、姑溪河当涂城关段堤防可防御长江1954年型洪水，其他支流堤防现状防洪能力均为20年一遇。

二、铜陵市

（一）基本情况

铜陵市位于安徽省中南部、长江下游南岸，是全国有色冶金基地，长江三角洲中心区27城市之一，安徽省重要的工业港口城市。全市下辖3区（铜官山区、义安区和郊区）1县（枞阳县）总面积3008平方千米，市区面积280平方千米，2019年末全市户籍人口170.6万人，常住人口164.1万人，城镇化率57.2%，地区生产总值960.2亿元。

铜陵市主城区地势由东南向西北倾斜，城区有黑砂河过境。市区北部地势较平坦，中部地势起伏，西部地势低洼。城市用地大部分位于50米高程以下，一般在12米至20米高程之间。

铜陵市属于长江下游南岸沿江地区，由于外临长江，内有顺安河、黄浒河两条通江内河，上游为山区，山洪穿城而过，故历史上就是一个洪涝灾害十分频繁的地区。据资料统计，仅新中国成立以来就发生较大洪涝灾害17次，其中沿江城区一带受灾15次，尤以1954年、1983年、1998年和1999年洪涝灾害最为严重。1954年长江大水，铜陵市横港水位达16.32米，外洪内涝，境内大小圩口溃破殆尽，淹没农田24.08万亩，死亡51人，倒塌房屋6.8万间，城区沿江一带最大淹水深达6米以上，淹没面积17.4平方千米，经济损失极为惨重。1998年长江发生全流域性大洪水，长江横港最高水位15.83米，是新中国成立以来第二位，超警戒水位90多天，全市溃破大小圩口56个，淹没耕地面积2.9万亩，江河堤防发生险情500余处，直接经济损失3.8亿元。

（二）规划防洪标准

根据《长江流域防洪规划》，铜陵市按羊山矶 16.85 米水位加高加固长江堤防，按 20 年一遇标准防御支流洪水，形成城市防洪封闭圈，工程实施后可防御 1954 年型洪水。

（三）防洪工程建设情况

铜陵市城市防洪由城区堤圈、西联圩堤圈和东联圩堤圈组成。

城区堤圈从羊山矶到铜陵县城关镇余家桥，堤防全长 15.25 千米，其中城区江堤 12.18 千米，黑砂河堤 3.07 千米。城区江堤包括 4 段，其中横港段长 4.45 千米，防洪墙段长 4.98 千米，新民段长 1.98 千米，城关段长 0.77 千米；黑砂河堤包括 2 段，其中新民段左堤长 1.73 千米，城关段右堤长 1.34 千米。

西联圩堤圈自朱家咀经北埂王（顺安河口）至钟仓站，全长 17.70 千米。西联圩堤防是城市防洪重要屏障，保护区面积 115 平方千米，内有耕地 9.4 万亩和部分厂矿企业。西联圩堤圈承担着保护沪铜铁路、芜铜公路、宁安城际铁路和铜陵市新城区、西湖新区免受洪水侵袭的任务。

东联圩堤圈自湖城铁路桥经张村站、永丰站至钟鸣竹园棵。堤防全长 33.7 千米，其中江堤长 10.41 千米，顺安河堤长 12.25 千米，黄浒河堤长 11.11 千米，保护面积 103.0 平方千米、耕地 8.46 万亩，保护着东部城区和国电铜陵发电有限公司。

（四）现状防洪能力

铜陵市现状城区堤圈达到安全防御长江 1954 年型洪水标准，西联圩堤圈、东联圩堤圈达到安全防御长江 1954 年实测洪水标准。

三、赣州市

（一）基本情况

赣州市位于江西省南部、赣江上游，处于章江与贡江汇合口附近的章贡赣三江六岸地带，是一座具有 2200 多年历史的国家级历史文化名城，沟通江西、广东、福建、湖南四省的南方重镇，国家区域中心城市。全市下辖章贡区、南康区、赣县区 3 个市辖区和大余、上犹、崇义、信丰、定南、全南、安远、宁都、于都、兴国、会昌、石城、寻乌 13 个县，代管瑞金、龙南 2 个县级市和赣州经济技术开发区、蓉江新区 2 个功能区，总面积 39379.64 平方千米，章贡区、南康区、赣县区、赣州经济技术开发区、蓉江新区共同组成赣州市中心城区。2019 年末全市户籍总人口 983.07 万人，常住人口 870.80 万人，其中城镇常住人口 451.51 万人，城镇化率 51.85%，地区生产总值 3474.34 亿元。

赣州市中心城区属低山丘陵区，地势由东南、西北向中部倾斜，略呈马鞍形。东南、西北高，为丘陵山地，中部平缓，为河谷平原。老城区地处章、贡两江汇合口的三角台地上，四周三面临水，一面为起伏的低山丘陵，地势中部较高，红旗大道与健康路交汇点为城区制高点，地面高程 120.43 米，城区地面高程在 100 米至 110 米之间，沿江一带地势较低，高程在 98 米至 102 米之间。新城区地形北高南低，地势较平坦开阔，地面高程在 102 米至 112 米。

赣州城区地处万安水库末端、章贡两江汇合地带，城区三面临水。受章、贡两江洪水与万安水库回水双重影响，洪涝灾害频繁。当章、贡两江同时发生洪水，形成两江洪水相互顶托后，洪水位抬高，时间延长，增加城区防洪压力。1915 年大洪水是赣江近 100 年来发生的最大一次洪水，峰高量大，历时长，经采用贡江赣州站和章江坝上站洪痕推算其洪峰流量分别为 17700 立方米每秒（相应水位 105.85 米）和 6080 立方米每秒（相应水位 106.47 米），约 150 年一遇。2002 年特大秋汛，降雨主要集中在章江流域，造成上犹江和油罗口水库蓄水量暴满，并先后泄洪，章江坝上站出现 103.37 米的洪峰水位，为历史有记录以来第二大洪水，贡江赣州站洪峰水位 102.44 米，超警戒线近 3 天。

（二）规划防洪标准

赣州市规划防洪标准为 50 年一遇。

（三）防洪工程建设情况

受万安水库回水顶托，上游无防洪控制性水库工程，城市防洪完全依赖沿江河堤。其中，章江右岸武龙大桥至西津门的滨江防洪堤长 7.28 千米，贡江左岸自东河大桥至北门的古城墙长 3.60 千米，章江左岸武龙大桥至毛家岭的南桥堤长 4.37 千米，高楼堤武龙大桥至高楼段长 4.50 千米，菜园坝堤桃源洞河出口至东林寺段长 2.21 千米。此外，章江左岸下欧塘至黄金大桥段建有黄金堤，全长 1.58 千米。

（四）现状防洪能力

章江右岸滨江防洪堤、章江左岸武南桥堤、贡江左岸古城墙和高楼堤现状防洪能力为 50 年一遇，菜园坝堤为 20 年一遇，章江左岸黄金堤不足 50 年一遇。

四、景德镇市

（一）基本情况

景德镇市位于江西省东北部，地处江西、浙江、安徽三省交界处，是一座新兴的中等工业城市，世界瓷都和中国直升机工业的摇篮。全市下辖珠山、昌江 2 个市辖区和乐平市、浮梁县，总面积 5256 平方千米，市辖区面积 516 平方千米，城区建成面积 94.5 平方千米。2019 年末全市常住总人口 168.05 万人，其中城镇常住人口 114.36 万人，城镇化率 68.05%，地区生产总值 926.11 亿元。

景德镇市是江南山城，坐落在黄山、怀玉山余脉与鄱阳湖平原过渡地带，地势四周高中间低，形似盆状。河川纵横交错，北部有源于安徽省祁门县大洪山的昌江，自北向南越境而过；南部有发源于皖赣交界处婺源县的乐安河，自东向西，经婺源、德兴流入乐平市区向西蜿蜒，至波阳县姚公渡与昌江汇合流入鄱阳湖。

据统计，新中国成立以来景德镇市发生超过 30.0 米（渡峰坑水文站，吴淞高程）水位有 16 年，1996 年、1998 年和 1999 年发生的特大洪水，造成重大损失。据分析，当水位在 29.50 米以下时（黄海高程），城区基本不受淹没，洪水重现期约为 5 年一遇；当水位达 30.00 米（黄海高程）时，沿江两岸低洼地带受淹。当水位达 31 米左右时，主城区将受淹，洪水重现期为 10 年一遇。

（二）规划防洪标准

景德镇市规划防洪标准为 20 ～ 50 年一遇。

（三）防洪工程建设情况

景德镇市采用“库墙（堤）结合、先墙（堤）后库、分步实施”的原则解决城市防洪问题。城市防洪墙（堤）按抗御 20 年一遇洪水设计，远景随着浯溪口水库的兴建，城市防洪标准提高到 50 年一遇。目前，景德镇市城市防洪工程包括：城东堤昌江大桥至浮桥、城西堤人民公园至昌江大桥以及南河堤共计 9.7 千米，黄泥头段南河截弯取直工程 2.1 千米。

（四）现状防洪能力

目前，景德镇城市防洪墙（堤）现状防洪能力为 20 年一遇。

五、上饶市

（一）基本情况

上饶市位于江西省东北部，地处长江中游南岸，是长江中游城市群的重要城市。全市下辖 3 个市辖区（信州、广丰、广信）、8 个县（玉山、铅山、横峰、弋阳、余干、鄱阳、万年、婺源）、代管 1 个不设区的市（德兴），面积 22800 平方千米。2019 年末全市户籍总人口 789.08 万人地区生产总值 2513.07 亿元。中心城区位于信江上游，信州区面积 339 平方千米，人口 76.89 万人，地区生产总值 333.28 亿元。

上饶市城区位于信江两岸，由玉山水、丰溪河、信江及槠溪河 4 条河流将城区分为市北、市南、三江和城西四大片区。城区左岸有丰溪河入汇，右岸有槠溪入汇；下游有信州水利枢纽，枢纽正常蓄水位 66 米，城区两岸位于库区回水范围内。

据历史记载，信江上饶段历史上曾发生过1859年、1935年、1955年特大洪水，历次大洪水均对上饶市造成巨大的经济损失。根据资料统计，1989年至1998年连续发生洪涝灾害，市区部分地区受淹水深0.3～1.2米，累计经济损失达4.03亿元，特别是1998年发生大洪水，市区受淹人口达11.5万人，受淹耕地2.5万余亩，淹没房屋6000余栋，倒塌50间，经济损失达3.27亿元。

（二）规划防洪标准

上饶市规划防洪标准为20～50年一遇。

（三）防洪工程建设情况

上饶市防洪分市北区、市南区、三江区、城西区4个片区进行分片防护，堤防总长55.169千米，其中，市北区12.931千米、市南区8.485千米、三江区11.195千米、城西区22.558千米。上饶市城市防御洪水的工程主要由市北（6.756千米）、城东（6.175千米）、市南（4.5千米）、三江（11.195千米）、槠溪（2.915千米）、旭日（3.338千米）、梅潭（9.84千米）、罗桥（6.465千米）、范村上游堤（1.66千米）、范村下游堤（2.325千米）10处堤防承担。

（四）现状防洪能力

目前，上饶市北堤现代城门口至龙潭桥段和三江堤前进桥至湖州尾大桥段已达到50年一遇防洪标准，市南堤长塘桥至老前进桥段、槠溪河堤左岸凤凰大桥至龙潭桥段和右岸凤凰大桥至旭日桥段、旭日河堤旭日桥至湖州尾大桥段均已达到20年一遇防洪标准。

六、常德市

（一）基本情况

常德市位于湖南省西北部，地处长江中下游洞庭湖水系沅江下游和澧水中下游以及武陵山脉，是长江中游城市群的重要城市。全市下辖2个市辖区（武陵、鼎城）、1个县级市（津市）、6个县（安乡、汉寿、桃源、临澧、石门、澧县），面积18177.18平方千米，市区面积2752.02平方千米。2019年末全市户籍总人口604.2万人，常住人口577.2万人，其中城镇人口314.2万人，城镇化率54.4%，地区生产总值3624.2亿元。

新中国成立后的55年中，常德市共发生洪涝灾害24年，平均2～3年一遇。常德市历史上最典型最严重的洪涝灾害出现在1954年、1996年和1998年。1954年常德站5、6、7三个月降雨天数为85天，累计雨量1835.7毫米，超过多年平均全年雨量，桃源站最大流量23000立方米每秒，常德市江北城区水位达39.76米，全市共溃决堤垸 105 个，淹没农田 9.74 万公顷，死亡 168 人，溃垸受灾人口 591072 人，江北城区淹没耕地 364.1 公顷，损毁房屋 73 栋，淹没房屋 5181 栋，灾民达 10 万余人。

（二）规划防洪标准

常德市江北城区、德山防洪保护圈规划防洪标准为 100 年一遇，江南防洪保护圈规划防洪标准为 50 年一遇。

（三）防洪工程建设情况

常德市的防洪工程经过多年的建设，至今已初步形成了以水库、防洪堤、撇洪渠为主的防洪体系。保护区分为三个防洪保护圈，分别为江北防洪保护圈、德山防洪保护圈和江南防洪保护圈。

江北城区防洪保护圈堤防总长 70 千米，其中沅江一线大堤自河伏平山脚至马家吉，长 32.1 千米，丹洲隔堤 2.8 千米，马家吉至白鹤山隔堤 18.7 千米，渐河堤（山洪堤）16.4 千米。德山防洪保护圈包括沅江大堤及隔堤、东风河堤（山洪堤），总长 14.96 千米。江南防洪保护圈大堤总长 17.28 千米，其中沅水一线大堤长 13 千米，隔堤 4.28 千米。

常德市江北城区防洪工程在修建城区混凝土防洪墙时，与旧城改造、基础设施建设和文化建设相结合，防洪墙内破旧不堪的老城变成了宽敞的沅安大道兼防汛路，防洪墙外昔日一片狼藉的阻水码头、仓库变成了风景秀丽、高洪时又泄洪顺畅的诗墙公园。诗墙以新建 2.96 千米混凝土防水墙为载体，嵌诗 1267 余首、石画 43 幅，倍受广大观众和专家学者的赞誉，称其为“中华一绝”“中国第一诗墙”。常德诗墙是世界上最长的文化墙，创吉尼斯世界纪录。

（四）现状防洪能力

目前，常德市各防洪保护圈基本达到规划防洪标准，其中江北城区和德山防洪保护圈的沅江大堤及隔堤、马家吉堤现状防洪能力为 100 年一遇，江南防洪保护圈的沅水一线大堤及隔堤为 50 年一遇，渐河堤、反帝河堤、东风河堤为 20 年一遇。

七、益阳市

（一）基本情况

益阳市位于湖南省中北部、资水下游尾闾，地处洞庭湖腹地，素有洞庭湖区的“鱼米之乡”“竹文化之乡”“小有色金属之乡”之称，长江中游城市群重要城市。全市下辖资阳、赫山 2 个市辖区，安化、桃江、南县 3 个县，沅江县级市和大通湖管理区，面积 12320 平方千米。2019 年末全市户籍总人口 473.1 万人，常住人口 442.07 万人，城镇化率 52.9%，地区生产总值 1792.46 亿元。

益阳市洪涝灾害频繁。据资料统计，近 500 年来益阳市发生洪涝灾害的年份达

160余年，约3年一次。新中国成立以来，洪水发生的概率越来越大，20世纪50年代为44%，60年代为60%，进入70年代后有8年出现高洪水位。资水中下游近40多年发生洪水和特大洪水15次，其中有7年洪峰流量超过河道安全泄量，特别是1995年和1996年益阳水文站连续2年超过历史最高水位，2002年资水再次发生新中国成立以来第二高洪水位的特大秋汛。1996年益阳上游的桃江县、安化县日雨量超过400毫米，桃江水文站水位超历史最大值，造成上游安化、桃江县城和益阳部分城区被淹，桃江城关垸、牛潭河垸，赫山区永申垸、北峰山垸，资阳区新桥河上垸5个堤垸漫溃，91个乡镇、268.1万人受灾，洪水围困人口达82.3万人，损坏房屋52.56万间，倒塌房屋9.84万间，经济损失达229.3亿元。

（二）规划防洪标准

益阳市中心城区防洪标准为100年一遇。

（三）防洪工程建设情况

益阳市中心城区城市防洪工程设两个保护圈，即资水以北从窑湾上首至资水二桥转北沿长常高速公路至钟塘湾再接窑湾上首为江北保护圈，资水以南从志溪河河口至资水二桥沿长常高速公路至华林塘山头的范围和新安垸为江南保护圈。目前中心城区已建堤防16.297千米。其中，益阳城市防洪一期工程资水南岸西流湾段1515米和资水北岸学门口段900米大堤已建成了兼具防洪保安和亮丽风光于一体的风光带堤防；二期工程资水北岸的涌泉街段1260米、将军庙码头段1122米、永丰段525米大堤也按一期模式建成；三期益阳市中心城区江南、江北沿江城市防洪工程，共长3897米按100年一遇防洪标准建成，堤面进行了园林式绿化，提高了益阳城区的城市品位，给市民休闲观光提供了良好的场所。

（四）现状防洪能力

益阳市江南、江北保护圈现状防洪能力均已达100年一遇防洪标准。

八、宜宾市

（一）基本情况

宜宾市位于四川省南部，处于四川、云南、贵州三省结合部的金沙江、岷江、长江汇流处的冲积扇上，是川南、攀西、滇东北、黔西北地区物资集散地和水、陆、空交通枢纽，国家确定的沿江城市带区域中心城市。宜宾市历史悠久，现已初步形成以能源、化工为主导，以酿酒为特色的综合型工业城市，“五粮液”酒驰名中外，使宜宾有“名酒之乡”的美称，自然景观和人文景观众多，旅游资源丰富。全市下辖3个市辖区（翠屏、南溪、叙州）和7个县（江安、长宁、高县、珙县、筠连、兴文、屏山），面积 13271 平方千米。2019 年末全市户籍总人口 551.5 万人，常住人口 457.3 万人，其中城镇人口 234.1 万人，城镇化率 51.19%，地区生产总值 2601.89 亿元。

“三山怀抱，三江环绕”的自然地貌特征将宜宾城市分割成旧城、南岸、白沙、旧州、天柏、莱坝等片区，市区为一、二级阶地的平坝与丘陵相间，地势向河谷倾斜。岷江和长江纵贯城区，自古以来，洪灾是该地区的主要自然灾害。宜宾市城市范围内目前受洪灾威胁的主要有市中区、菜坝及宜宾县柏溪镇。被金沙江、岷江所围绕的市中区是宜宾市政治、经济、文化中心，市中区临江岸线（包括西郊部分）约 7.5 千米。柏溪镇是宜宾县政治、经济、文化中心，由于柏溪镇地处金沙江与黑河交界处，洪水来时腹背受敌。菜坝位于市中区岷江上游约 12 千米，是宜宾市的航空港和主要蔬菜基地，近年来沿岸水毁逐年加剧，河床下切，岸体变形，河滩也有较大改变，冲刷日益严重。

从公元1882年至1998年的107年间，宜宾市城区遭受的大洪水有七次，即1882年、1905 年、1917 年、1936 年、1949 年、1966 年、1991 年，其中 1966 年和 1991 年洪水为两江洪水遭遇，造成新中国成立以来宜宾市经济损失最大的洪水。1991 年，宜宾县柏溪镇 10 天内连续三次被淹，淹没历时之长历史罕见，20 余万人、20 余万亩农田受灾，1.4 万间房屋受损，菜坝机场跑道、候机楼地带被淹，直接经济损失 4.6 亿元。

（二）规划防洪标准

宜宾市中心城区防洪标准为 50 年一遇。

（三）防洪工程建设情况

宜宾市城区目前已建成的防洪堤工程主要有老城区滨江路防洪堤、中坝防洪堤、南岸防洪堤及飞机坝防洪堤，总长 14.17 千米。宜宾市城区防洪堤布局目前主要是围绕老城区进行建设，老城区防洪保护圈已经完全形成闭合圈；南岸片区目前仅有一小段防洪堤。

（四）现状防洪能力

目前，宜宾市已建城区的防洪堤防洪能力均已达 50 年一遇。

九、重庆市

（一）基本情况

重庆市位于长江上游三峡库区尾部、长江与嘉陵江交汇处，城区坐落在四川盆地东南部中梁山和铜锣山之间的丘陵地带，是我国西部唯一的直辖市，我国重要的中心城市、历史文化名城、现代制造业基地、长江上游地区的经济中心和西南地区的综合交通枢纽。全市下辖 26 个区、8 个县和 4 个自治县，面积 82402 平方千米，2019 年末全市常住人口3124.32万人，地区生产总值23605.77亿元。重庆都市区包括渝中、江北、南岸、沙坪坝、九龙坡、大渡口、巴南、北碚、渝中9区，面积5467平方千米，已建成城区面积820平方千米，常住人口835万人，其中城镇人口740万人。

重庆都市区内江河纵横，除长江、嘉陵江外流域面积100平方千米以上的河流有20条，主要有御临河、五步河、花溪河、一品河、梁滩河等。长江、嘉陵江把重庆都市区隔成三大片区，即半岛片区、江北片区、南岸片区。长江、嘉陵江洪水主要是受川西峨眉山、川北鹿头山和大巴山南麓三大暴雨中心的影响，上游大面积暴雨形成的过境洪水峰高量大、持续时间较长。区域内中小河流洪水汇流快、历时短、冲积力强、水位变幅大，形成陡涨陡落的尖瘦型洪峰。

重庆市主城区江河岸线长，重要设施和工矿企业多沿江分布，洪涝灾害频繁。重庆市的洪涝灾害一般以长江干支流来水为主，嘉陵江来水次之。据历史资料记载，自清乾隆五十三年（公元1788年）以来的两百余年中，共发生六次特大洪水，其中以清同治九年（公元1870年）7月的洪水为最大，1788年次之。1981年7月16日重庆特大洪水使重庆市主城区沿长江、嘉陵江广大地区被淹，其中北碚城区大部分被淹没，水深达2米以上，重庆市主城区受灾人口达13.3万余人，淹没耕地6万余亩，淹没各类房屋面积达256万平方米，淹没工矿企业837家，直接经济损失1.8亿多元，并造成交通中断（成渝铁路中断9天，长江航运中断7天），以及大片市区停水、停电。

（二）规划防洪标准

重庆市主城区防洪标准为100年一遇。

（三）防洪工程建设情况

重庆市主城区范围内长江干流河段长度135千米，城镇建成区涉岸长度139千米，其中已建成城市区涉岸长度约128千米，现状已治理岸线总长度约94千米。主城区范围内嘉陵江干流河段长度75千米，城镇建成区涉岸长度约70千米，其中已建成城市区涉岸长度约64千米，现状已治理岸线总长度约32千米。

（四）现状防洪能力

结合非工程措施，重庆市主城区范围内长江干流河段能够达到100年一遇防洪标准的有大渡口区、江北区和九龙坡区，基本能达到100年一遇防洪标准的有南岸区和巴南区，不能达到防洪标准的有渝中区，总体防洪能力不足20年一遇。嘉陵江干流河段能够达到防洪标准的有江北区、北碚区和渝北区，其中江北区和渝北区能满足100年一遇防洪标准，北碚区能满足50年一遇防洪标准，不能达到防洪标准的有渝中区和沙坪坝区。

十、贵阳市

（一）基本情况

贵阳市是贵州省的省会，是一座综合性工业城市，西南地区重要的区域创新中心、国家级大数据产业发展集聚区、重要的生态休闲度假旅游城市，位于黔中地区，是贵州省经济、文化、旅游和交通最发达的区域。全市下辖 6 个市辖区（南明、云岩、花溪、乌当、白云、观山湖）、3 个县（开阳、息烽、修文）、代管 1 个县级市（清镇），总面积 8034 平方千米。贵阳市中心城区主要包括南明区、云岩区、花溪区、观山湖区。2019 年末全市常住人口 497.14 万人，其中城镇人口 378.47 万人，地区生产总值 4039.6 亿元。

贵阳市位于河流水系的分水岭地带，以苗岭山脉为界，以北属长江流域，主要有南明河、鱼梁河（清水河下游支流）、猫跳河等水系；以南属珠江流域，为蒙江上游涟江。南明河是区内主要河流，其主要支流有小车河、车田河、小黄河、干河、市西河、贯城河。市区周围主要为中山、丘陵地形，中部为贵阳盆地。

贵阳市由于其特殊的地理位置，加上降雨分布不均，洪水由暴雨形成，具有陡涨陡落、峰量集中、涨峰历时短等特点，每年均有洪涝灾害发生。新中国成立后的 50 多年间，贵阳市发生较大洪水灾害共九次，主要有 1954 年、1963 年、1970 年、1971 年、1979 年、1985 年、1991 和 1996 年等年，尤以“96・7”洪水为最大，直接经济损失达 34.9 亿元，其中两中心城区（南明和云岩区）损失达 8 亿元。

（二）规划防洪标准

贵阳市中心城区防洪标准为 100 年一遇。

（三）防洪工程建设情况

水库、堤防以及分洪洞形成了贵阳市城区的防洪工程体系，对城区防洪具有举足轻重的作用。南明河上游建有松柏山、花溪两座中型水库，在支流小车河建有阿哈中型水库，在支流市西河建有小关、小关湖和黔灵湖等小型水库，以上 6 座水库共可控制集水面积 523.6 平方千米，汛期拦洪有效地减轻了洪水对市区的危害。贵阳市城区的堤防工程，保护范围较小，常将堤内路面填至堤防高程，或与河道岸边堡坎工程相结合，南明河干流三江口至团坡桥河段修建了 14646 米的堤防工程，其中三江口至电厂桥河段堤防长 5615 米，电厂桥至团坡桥河段堤防长 9031 米，市西河二桥至汇口段堤防长 3709 米。根据防洪要求，在贯城河化龙桥上游修建了分洪洞，隧洞长 3233 米，分洪流量 100 立方米每秒，基本可免除分洪洞以下河段的洪灾。

（四）现状防洪能力

贵阳市南明河干流电厂桥至团坡桥河段堤防、市西河二桥至汇口段堤防现状防洪能力可达100年一遇，南明河干流三江口至电厂桥河段堤防现状防洪能力为50年一遇。

十一、昆明市

（一）基本情况

昆明市位于云南省中部，是云南省的省会，全国首批24个重点历史文化名城之一，我国西南地区的国际商贸旅游城市，是我国面向东南亚、南亚乃至中东、南欧、非洲的前沿和门户。全市下辖7个市辖区（五华、盘龙、官渡、西山、呈贡、晋宁、东川）、1个县级市（安宁）、3个县（富民、嵩明、宜良）、3个自治县（石林、寻甸、禄劝），面积21473平方千米。

昆明市区包括五华、盘龙、官渡、西山等区，总面积2081平方千米，主城区面积约180平方千米。2019年末全市户籍总人口578.46万人，常住人口695.0万人，其中城镇常住人口511.52万人，城镇化率73.6%，地区生产总值6475.88亿元。

昆明市地处云贵高原，总体地势北部高，南部低，由北向南呈阶梯状逐渐降低。大部分地区海拔为1500～2800米，城区坐落在滇池坝子，海拔1891米，三面环山，南濒滇池，湖光山色交相辉映。

昆明城市洪涝灾害严重。新中国成立后，1950年至2008年间共发生严重洪涝灾害34次，平均1.7年一次，其中1957年、1966年、1986年、1997年、2002年、2008年洪涝灾害较严重。1997年，滇池水位达到新中国成立以来最高洪水位，受灾人口1.55万人，停产和半停产工矿企业590个，滇池沿湖2万亩农田被淹，1万多亩农田内涝，47千米防洪堤受损，造成直接经济损失10亿元。

（二）规划防洪标准

昆明市中心城区防洪标准为100年一遇。

（三）防洪工程建设情况

昆明城市防洪工程体系包括上游水库群、城区防洪排涝河道、滇池防洪堤三大主体。昆明市主要蓄水工程有松花坝水库、滇池。松华坝水库调洪库容为1.28亿立方米，经该水库调洪，昆明市的防洪能力已从不到20年一遇提高到100年一遇。滇池是我国四大构造型湖泊之一，当水位高程为1887.5米时，总容积15.9亿立方米，其中调节容积5.09亿立方米，蓄洪、排洪是滇池的主要功能。滇池湖岸线长达163千米，沿湖周边近30平方千米的地面高程低于滇池水面，这些区域均靠滇池防洪堤工程保护，目前滇池防洪堤约有117千米。

（四）现状防洪能力

目前，盘龙江昆明主城区段的防洪标准已达 100 年一遇，其他小河流域的现状防洪标准仅 20 年一遇。

十二、拉萨市

（一）基本情况

拉萨市是一座拥有1300年历史的文化名城，有“日光城”之称，是西藏自治区社会、经济、政治、文化、交通中心和藏传佛教的中心。拉萨市地处喜马拉雅山北侧，位于雅鲁藏布江支流拉萨河下游河谷地带。全市总面积 29518 平方千米，2019 年末全市户籍总人口 55.89 万人，地区生产总值 617.88 亿元。

拉萨市曾发生 1802 年、1803 年、1961 年、1962 年和 1998 年等多次严重洪涝灾害，洪灾多由拉萨河洪水泛滥引起，个别年份因雅鲁藏布江洪水暴涨顶托拉萨河洪水造成。其中，1962 年 8 月 31 日，拉萨河流域出现了有水文资料记载以来的最大洪水，拉萨水文站洪峰流量 2830 立方米每秒，最高水位 6.18 米，高出拉萨市各主要街道 0.2 ～ 1.5 米不等。1998 年，雅鲁藏布江发生全流域性大洪水，市内部分居民院内积水成灾，拉萨河干砌块石堤坝多处被冲垮，长达 2 千米左右，据不完全统计，全市受灾人口 10037 人，直接经济损失约 4331.9 万元。

（二）规划防洪标准

拉萨市中心城区防洪标准为 100 年一遇。

（三）防洪工程建设情况

自 1999 年开始，拉萨河城区段防洪整治工程全面启动。目前已完成拉萨河堤城关区段一期工程，实施堤防长度 27.08 千米，护岸长度 1.1 千米；蔡公堂段堤防长度 3.77 千米；拉萨河堤城关区段二期工程实施堤防长度 17.14 千米；流沙河夺底沟泥石流的一期治理工程。拉萨河上游的旁多水库设有防洪库容 0.94 亿立方米，对改善拉萨市防洪形势有一定的作用。

（四）现状防洪能力

拉萨河堤城关区段一期工程现状防洪能力为 100 年一遇，二期工程为 30 ～ 50 年一遇；蔡公堂段堤防为 50 年一遇。

第七章

长江防汛

长江的防汛历来受到党和政府的关怀和重视，多次重大的防汛斗争都是在中央直接领导下，经全流域乃至全国人民的英勇抗洪才取得了胜利。在长期防汛实践中，逐步形成和完善了长江防汛体制。

长江流域内各级政府按国家规定实行防汛行政首长负责制，各省（市）均常设防汛指挥部门，在国家防总领导下，全面负责辖区防汛工作。

长江防汛抗旱总指挥部自成立以来历经三次更名。长江防总最早为“长江中游防汛总指挥部”，成立于1962年，当时负责湖北、湖南两省防汛工作的协调指挥。1969年，长江中游防汛总指挥部应长江防汛形势的变化更名为“长江中下游防汛指挥部”，长江防汛任务由中游扩展至中下游，防汛管理范围涉及长江中下游鄂、湘、赣、皖、苏、沪等五省一市，湖北省省长任总指挥，其余四省一市副省（市）长和长江委主任担任副总指挥，总指挥部的办事机构设在长江委。1996年，长江防汛责任范围扩展到长江上游，指挥部成员增加上游的四川省和重庆市，长江中下游防汛指挥部更名为“长江防汛总指挥部”，负责全流域的防汛管理，协调指挥各地防汛工作，办公室设在长江委。之后，由于长江流域旱灾次数增多，而“长江防汛总指挥部”没有抗旱职能，不能及时有效应对，2007年6月1日长江防汛总指挥部正式向国家防总提出了更名报告，当年12月5日国家防总批复了《关于报送长江防汛总指挥部更名为长江防汛抗旱总指挥部的建议的报告》，长江防汛总指挥部正式更名为“长江防汛抗旱总指挥部”。更名后的长江防总，依然由湖北省省长担任总指挥，长江委主任担任常务副总指挥，四川、重庆、湖北、湖南、江西、安徽、上海、江苏的副省长（副市长）担任副总指挥，长江防总办公室循例设在长江委。2017年，国家防总以国汛1号文批准同意增加贵州省人民政府分管防汛抗旱工作副省长任长江防总副总指挥，中国气象局长江流域气象中心主任任长江防总副秘书长，交通运输部长江航务管理局、国家电网公司、中国南方电网有限责任公司、中国长江三峡集团公司等单位负责人为长江防总成员，这是长江防总2000年以来第一次较大规模增加成员单位，对于进一步加强长江流域防汛抗旱统一调度指挥，统筹做好流域防汛抗旱工作具有重大意义。

长江委是水利部派出机构，在长江防汛工作中对国家防总、水利部作重大决策起参谋作用，提出决策建议；对流域内各省（自治区、直辖市）实行防汛技术指导，并在授权范围内实施流域防汛管理。长江委历来把防汛工作放在重要地位，在战胜历次大洪水斗争中，充分发挥了技术优势，做出了贡献。

新中国成立 70 多年来，长江防汛不仅战胜了 1954 年、1998 年全流域性大洪水，还相继取得了 1983 年、1991 年、1996 年、2010 年、2012 年和 2017 年等区域性大洪水防汛斗争的胜利，为保护人民生命财产安全、保障社会稳定和经济发展起到保障作用。

第一节　防汛方针与长江防汛任务

一、防汛方针

《中华人民共和国防汛条例》明确规定：防汛工作实行“安全第一，常备不懈，以防为主，全力抢险”的方针，并遵循团结协作和局部利益服从全局的原则。

防汛工作必须以防为主，防重于抢，这是夺取抗洪抢险斗争胜利的关键。要年年立足于防大汛，抗大灾，未雨绸缪，精心布置。每年汛期按出现较大甚至特大洪水设防，落实各项准备工作。洪水发生时，动员军民全力抢险，对于某支流、河段出现超标准洪水，也要在服从防洪全局调度原则下，全力抢险，把灾害减至最低程度。

由于长江中下游江湖关系复杂，因而，要强调江湖两利，团结抗洪，以最大限度地减少灾害损失。

二、长江防汛任务

长江中下游平原区经济发达、人口密集，受洪水威胁最严重。该区域江湖关系复杂，对其防洪防汛必须做好总体安排。1954 年洪水是 20 世纪以来发生的一次全流域性的特大洪水，洪水持续时间长，峰高量大，超额洪量特大，当年造成了巨大的洪灾损失。这次洪水最大 30 天洪量的重现期，宜昌约为 80 年一遇，城陵矶约为 180 年一遇，汉口及大通均约为 200 年一遇。

根据长江中下游平原区的政治经济地位以及 19、20 世纪曾经出现过的洪水和洪灾情况，依据中共中央中发〔1998〕15 号文件及国务院国发〔1999〕12 号文件，长江中下游总体防洪标准为防御新中国成立以来发生的最大洪水，即 1954 年洪水。国

务院国发〔1985〕79号文批复的《长江防御特大洪水方案》中进一步明确规定："长江中下游的防汛任务是：遇到1954年同样严重的洪水，要确保重点堤防的安全，努力减少淹没损失。对于比1954年更大的洪水，仍需依靠临时扒口，努力减轻灾害。"但是，由于荆江河段防洪主要受洪峰控制，1954年洪水控制点枝城洪峰流量仅为71900立方米每秒，约相当于15年一遇，作为防洪标准显然太低。根据荆江河段的重要性及洪灾严重程度，按照防洪标准和中共中央中发〔1998〕15号文件精神，确定荆江河段的防洪标准为100年一遇，即以防御枝城100年一遇洪峰流量为目标。荆江河段在满足百年一遇防洪标准的基础上，对遭遇类似1870年洪水应有可靠的措施保证荆江南北两岸干堤不发生自然漫溃，防止发生毁灭性灾害。

长江中下游总体防汛任务是：遇到1954年同样严重的大洪水，通过运用已建水库和已安排的分洪区调蓄洪水，大力防护堤防，以确保荆江大堤、南线大堤（荆江分洪区）、无为大堤、汉江遥堤等重点堤防及武汉市等重要城市的安全；努力保护重要江堤及重点垸的安全。遇到超过1954年洪水，也要全力抗洪，力争减少中下游平原的洪灾损失。对常遇洪水，应做到安全度汛。

对长江干流不同河段、各支流、各区域及各不同工程，本着局部服从全局的原则，其防汛任务应与总体防汛任务相协调。对具有相对独立性的工程，应按工程设计标准设防，对其中处于在建尚未达标工程或险工，则根据具体情况，确定其在当年防汛时的防御标准和防汛任务。

第二节　长江防汛工作

长江的防汛包括流域内广泛的范围，是一项涉及技术、社会的紧急的政府行为，由各级政府行政首长统一指挥进行。防汛工作又是不间断的日常工作，以实施阶段划分，有汛前准备、实时防汛和汛后工作。

一、汛前准备

防汛准备工作是防汛斗争成败的前提，汛前早行动、早布置，打有准备之仗，就为安全度汛奠定了基础。汛前准备主要包括：

1. 思想动员和组织落实

每年汛前进行思想动员，宣讲《中华人民共和国水法》《中华人民共和国防洪法》和《中华人民共和国防汛条例》，提高流域内广大公民的防汛意识和洪水忧患意识，使广大干部群众充分认识防汛的严峻形势，克服麻痹思想和侥幸心理，做好团结抗洪、迎战大洪水的准备。

汛前必须按行政首长负责的体制建立健全各级防汛指挥系统。各级防汛机构的领导要全面掌握防汛情况，正确无误地指挥决策。同时按照分级负责的原则，健全防汛工作体系，各负其责，把责任落实到基层，落实到人，组织好强有力的专家组、预备队、抢险队。协调好各部门间的关系，落实各部门防汛责任，请驻军和武警部队做好防汛部署。

2. 做好水文气象预报准备

水文预报是防洪决策和抗洪抢险的科学依据。汛前要做好水雨情报汛站的布置，下达报汛计划和委托任务通知，制定暴雨、水位和流量等项目加报标准，修订预报方案，研究提高测报精度的措施。

3. 做好防汛通信准备

汛前要做好水情、防汛通信设备和分蓄洪区报警通信设备的检修、维护，巡查养护线路，保证防洪指挥调度和水文情报预报的通信联络畅通无阻。检查、维修好各种防汛通信设施。对值班人员要组织培训，建立值班制度。改善提高通信技术和计算机网络技术，以尽量缩短信息传递时间。分蓄洪区要按转移方案要求，布置配备通信报警系统。做好通信人员的培训和建立管理使用制度。现代通信设备不足的分蓄洪区，特别是临时分洪区，要做好当地沿用的锣、鼓、哨号、燃火等传递信号的准备。

4. 制定当年的洪水调度预案

各地要根据国务院批准的《长江防御特大洪水方案》和当年可能发生的雨情、水情和工情，充分考虑可能出现的各种不利情况，及早研究制定或完善当年本区域防御洪水预案和水利工程度汛方案，包括河流、湖泊及水库的洪水调度方案、江堤防守预案，其中要明确当年运用水位及操作程序，并重申调度指挥权限。分蓄洪区要做好分洪转移预案等。

5. 做好防汛工程普查和除险加固

汛前要做好长江干支流堤防水毁工程的修复，做好险工险段和病险水库的检查和除险加固工作，消除隐患，保证防洪工程处于完好状态。对于一时难以处理的险工，要制定应急度汛和抢险措施。

汛前必须对所有堤防工程进行全面检查。凡影响安全度汛的问题，要制定度汛措施和处理方案。堤防检查的主要内容有：堤防外部及断面、堤身隐患检查和堤身堤基渗漏检查。汛前堤防检查除沿堤实地察看和调查访问外，还应采取一些简易的探测方法，尽早发现和消除隐患，达到确保堤防安全的目的，特别要注意历年出险的堤段。

对水库工程、涵闸、河道和分蓄洪等防洪工程也应分别进行认真检查。

6. 备足防汛抢险物资

落实防汛抢险设备和物资的储备管理，抓紧砂、石、竹、木、编织袋、油料、舟船、炸药、照明设备、救生设备、运输工具等防汛抢险物资的调运储备，保证汛期急需时调用。

根据堤防、水闸、水库等防洪工程的建设结构和工作状态，以及险工、险段，合理储备布设防汛物料，按确保重点堤防、堤段，兼顾一般的原则安排，要查勘选定补充料源、运输线路和堆放地点，以备后用。要检修照明、救生、机械设备，使之能正常运用。

7. 进行防汛准备工作检查

对防汛准备工作的检查也是汛前准备的重要一环。汛前要组织有关部门的领导和工程技术人员对防汛准备工作进行检查，主要检查各级防汛机构在思想、组织、技术、物资等方面的准备情况，检查防御洪水预案的制定情况，检查堤防、水库等防洪工程的现状和度汛措施安排，检查启用分蓄洪区的准备情况，督促河道清障和险工处理，了解存在的问题和处理意见等。

二、实时防汛

实时防汛主要包括洪水预报、防汛调度和抢险等内容。要加强水情、雨情掌握，提供及时准确的洪水预报，这是实时防汛的重要环节。依据实测或预报水情，开展科学的洪水实时调度，力争减免灾害。当堤防、涵闸及各类防洪工程出现险情时，要迅速找出原因，采取紧急有效的措施进行抢护。

洪水预报工作在长江的防汛斗争中得到了较好应用和发展。经过长江委和流域内各省（自治区、直辖市）数十年的努力，已经在长江流域形成了一个配套完整、分工协作，能基本满足长江防洪需要的水情站网、信息传输和预报体系。其中，长江委负责长江干流和重要支流（嘉陵江、乌江、汉江等）控制站和两湖出口控制站的洪水预报发布；四川、湖南、江西、湖北省分别负责四川省内水系、洞庭湖四水、鄱阳湖五河、鄂东北及湖北省内水系洪水预报发布；安徽、江苏省负责感潮河段的洪水预报发布。流域内的大型水利枢纽，如三峡、葛洲坝、丹江口等枢纽均建立了库区水文测报系统，进行本水库的洪水预报工作。长江流域内历年水文预报工作都在防汛中发挥了重要作用，尤其在 1954 年抗御全流域性大洪水中，准确预报出汉口水位在 8 月 18 日达到 29.73 米，武汉市采取了抢筑堤防的有力措施，保住了武汉市的安全。

长江防汛调度、防汛抢险详见本章第三、四节。

三、汛后工作

对遭受洪水灾害的地区，汛后的中心工作是救灾，帮助灾区人民恢复生产、重建家园，开展水毁工程修复和重建工作。同时，各级防汛指挥部门须对当年的防汛工作进行全面总结。总结的主要内容有：

1）分析汛期天气及水、雨情，评价水情预报、洪水调度。

2）统计水毁工程（含堤防、水库工程、河道崩岸等）的数量、类别、分布，分析水毁的具体原因，提出修复措施方案。

3）核实灾情，统计损失。

4）对防洪工程和非工程措施在抗御本年次洪水中的作用和存在的问题进行评估，并分析防洪建设的效益。

5）在总结的基础上，提出加强今后防洪建设和防汛工作的建议。

第三节　长江防汛调度

防汛调度是在实时防汛中，根据水情、工情，利用已有防洪措施“调度洪水”，调配人力、物力，充分发挥防洪工程的防洪作用，以保障防洪保护区的防洪安全。防汛调度主要包括洪水调度、分洪时人员转移安置调度、巡查及抢险队伍调度及防汛物料调度等。

一、制定堤防的防汛特征水位

堤防是长江中下游防洪的基本措施，也直接承担着保障防洪保护区防洪安全的任务，因此，为使堤防的防守工作能根据水情变化有序地进行，一般按防汛需要和堤防状况制定了几级不同的防汛特征水位，作为防汛调度中的重要依据。多年来，长江中下游干堤和重要支堤统一确定的防汛特征水位有设防水位、警戒水位和保证水位三级，在各级不同特征水位情况下拟订有不同的防守方案，供防汛调度参考。

1. 设防水位

设防水位是防汛中对堤防规定的应当开始防汛的特征水位，一般表现为洪水接近平滩或部分堤脚偎水，堤防可能出现险情。这一水位出现，防汛工作就进入实战阶段。防汛专防人员应到岗到位，落实群防准备工作，开始封堵低位沿江闸口，并对堤防及沿江涵闸、泵站进行设防，严密监视汛情的发展。

2. 警戒水位

警戒水位是防汛中对堤防规定的应加强防守的较高水位，一般表现为洪水普遍漫滩或主要堤段漫滩偎堤，堤防险情可能逐渐增多，需加强群防，严加戒备。这一水位出现，地方防汛部门按提高一个等级投入人力、物力进行防汛，增加上堤防汛人员，实行昼夜不间断巡堤查险。对险工险段更要重点防守，加岗加哨，消除一切隐患，保证堤防安全。同时组织防汛抢险突击队伍，备足抢险物资、器材，做好一切抢险准备，随时应付突发的险情。对于出现的险情，要及时向上级报告，并组织技术人员进行分析判断，制定抢险方案，调集力量抢险排险，将险情消灭在萌芽状态。警戒水位要根据经过历年高洪水考验后堤防的实际工程质量，通常由地方防汛部门分析研究提出，报请有管辖权的省市防汛部门核定。

3. 保证水位

保证水位是防汛中对堤防能安全抗御的最高洪水位，是体现防汛任务的重要水位，也是三级特征水位中最具权威的一级水位，一般以防洪规划文件为依据，由具有管辖资格的防汛部门（一般为省市级）审定。江河水位未高于这一水位时，必须保证堤防安全抗洪。洪水位接近这一水位时，防汛抗洪斗争进入最关键的时刻。一方面要紧急动员全社会力量，一切服从防汛大局，全力投入防汛抗洪斗争，不惜一切代价确保重点地区，确保人民生命财产的安全。当洪水位可能超过这一水位时，要根据洪水调度方案，做好紧急运用分蓄洪区的准备工作，及时采取分洪措施，以保证重要堤防和重点地区的安全，把洪灾损失减少到最低限度。运用水库或为蓄洪区调洪时，应控制下游洪水位不超过这一水位。

水利部〔2003〕464号文批复的《长江流域9个重点防洪控制断面江河防汛特征水位表》见表7.3–1。

表7.3–1　　长江流域9个重点防洪控制断面江河防汛特征水位表

所在河流	控制断面名称	特征水位			
		警戒水位		保证水位	
		修订前	修订后	修订前	修订后
长江干流	寸滩	180.00	180.50	183.50	183.50
	沙市	43.00	43.00	44.67	45.00
	石首	38.50	38.50	39.89	40.38
	监利（城南）	35.00	35.50	36.57	37.23
	螺山	31.50	32.00	33.17	34.01
	汉口	27.30	27.30	29.73	29.73

续表

所在河流	控制断面名称	特征水位			
		警戒水位		保证水位	
		修订前	修订后	修订前	修订后
长江干流	湖口	19.00	19.50	22.50	22.50
	南京	8.50	8.50	10.60	10.60
汉江	沙洋	41.80	41.80	44.50	44.50

备注：高程系统为冻结吴淞高程，单位为米。

《中华人民共和国防洪法》规定，在江河、湖泊水位接近保证水位或安全流量，或防洪工程设施发生重大险情时，有关县级以上人民政府防汛指挥机构可以宣布进入紧急防汛期。1998 年长江大洪水，长江中游干流及洞庭、鄱阳两湖地区除汉口、黄石外均超历史最高水位，在防汛抗洪形势异常严峻的时刻，江西、安徽、湖南、湖北、江苏等省先后宣布进入紧急防汛期。在紧急防汛期内，各级各部门服从抗洪大局，服从统一指挥，严格执行防汛纪律，全力以赴抗洪抢险，做到急事急办、特事特办，有力地保证了长江抗洪斗争的顺利进行。

当江河洪水超过堤防的防御能力时，在实时防汛中科学运用防洪系统中的各项工程措施，有计划地主动适时控制、调度洪水，以减轻或避免洪水灾害，特别是保证重点堤防、重要城市的安全。主要包括：利用水库、分蓄洪区调节洪水，主动弃守非重点圩垸滞蓄洪水，有计划地扒开圩垸分洪等。

由于实时防汛中面临水情和工情的复杂性，因此洪水调度既要遵循防洪规划所确定的原则，又须视所面临的水情、工情灵活调度。

二、中下游平原区防汛调度

长江干流流经宜昌后进入平原区，流经该区的各河段要承泄长江上游干支流洪水，还要承泄宜昌至该河段区间支流洪水。长江干流与洞庭湖区、鄱阳湖出流互相顶托，又受入汇支流顶托，洪水组成十分复杂。洪水调度必须及时、正确地按实际的洪水组成情况，对洪水蓄泄进行科学合理的安排。

长江防洪规划中明确了“蓄泄兼筹，以泄为主”的方针和“江湖两利”的原则。这是中下游平原区总体防汛调度的基本指导原则。

国务院〔1985〕第 79 号文批准的《长江防御特大洪水方案》（见附件 5）是根据长江中下游防洪规划及总结以往抗洪斗争经验，经反复研究制定的。该方案充分体现了上述方针和原则，明确了长江中下游的防汛任务，确定了主要河段的防御水位及

防洪工程运用程序，是长江中下游防汛调度的法规性依据。但目前防洪体系还存在薄弱环节，蓄滞洪区安全建设工程进展缓慢等，都还影响到防汛调度按拟订方案实施。另外，由于水情的随机性和工情的变化，因此防汛调度必须根据实时水情、工情和洪水预报情况，以及全局防汛需要进行调度，要尽可能做到分洪及时及量，兼顾上下游、左右岸，力争将灾害损失降到最低。

依据上述原则，长江中下游平原区防汛调度规定为：当发生大洪水时，适时运用洲滩民垸，充分发挥河道的泄洪能力；利用三峡及其他水库拦洪错峰，充分发挥水库的防洪作用；当河道控制站水位接近并预报将超过堤防设计水位时，适时启用蓄滞洪区分蓄超额洪水。遇超标准洪水或特殊情况，采取非常措施，保证重要城市和地区的防洪安全，最大限度地减轻洪灾损失。

第四节　典型洪水年防汛纪实

新中国成立后70年来，长江干支流出现了多次大洪水，包括1954年和1998年两次全流域型的大洪水。在党中央、国务院的直接领导下，广大军民全力抢险，科学调度洪水，防汛斗争取得了一次又一次的胜利。

一、1954年洪水

1954年，长江发生了一次全流域型的特大洪水，洪水峰高量大，持续时间长，干流自沙市以下全线突破历史最高洪水位0.18～1.66米。荆江河段出现多次较大洪峰，枝江站最大来量为71900立方米每秒，沮漳河汇入流量1300立方米每秒，大大超过了荆江河段的安全泄量。

（一）防洪调度

1954年7月，预报沙市洪峰水位将超过保证水位44.49米，与此同时荆江大堤已出现渗漏、管涌等险情2000余处，严重危及大堤安全。为减轻洪水对荆江大堤的威胁，荆江分洪区先后三次开闸分洪，分洪总量122.6亿立方米，及时地分蓄了超额洪水，削减了干流洪峰，有效地降低了沙市水位（最高洪水位为44.67米，比预报洪峰水位降低0.96米），保证了荆江大堤的安全，使江汉平原避免了一场大洪水灾害，同时减轻了洞庭湖的洪水负担。荆江分洪区第一次分洪于7月22日至27日，最大进洪流量6700立方米每秒，进洪总量23.53亿立方米，降低沙市水位0.47米，分洪后最高水位44.38米。荆江分洪区第二次分洪于7月29日至8月1日，最大进洪流量6900立方米每秒，进洪量17.17亿立方米，据估算如不分洪，沙市水位将达到45.03米。

荆江分洪区第三次分洪于8月1日至20日，最大进洪流量7700立方米每秒，分洪量81.9亿立方米，降低沙市水位0.96米，分洪后最高水位44.67米。在第三次分洪期间，除北闸分洪外，还在上百里洲堤八亩滩扒口分洪，最大分洪流量为3150立方米每秒，在腊林洲破堤进洪，最大进洪流量1800立方米每秒。8月4日，荆江分洪区蓄洪水位已达到41.00米（当时设计的蓄水位），为同时保荆江大堤和分洪区南线大堤的安全，通过充分研究协商，在虎渡河东堤肖家咀（即荆江分洪区西堤）扒口，吐洪流量4450立方米每秒，并于8月6日将虎西备蓄区堤扒开，但进流效果较差，以致抬高了虎渡河南闸上游水位，南闸泄量达6800立方米每秒，大大超过了闸下游河道的安全泄量，致使几个民垸溃决。8月6日，荆江分洪区进洪量远远大于下泄量，分洪区东堤郭家窑溃口，分洪区的水回泄入江，最大吐洪量达5160立方米每秒，随着郭家窑吐洪，人民大垸鲁家台7月29日已决口，扩大进洪，东堤三户街相继溃口，向尚未建成的下人民大垸区（滩地）吐洪，下荆江河曲带形成一片宽达20千米的“行洪区”，监利一带江堤告急，临时加筑的子堤开始临水。由于溃口和汉水倒灌，监利以下的洪湖分洪区的下游部分已被淹没。为解决监利江堤的危险局面，8月8日在监利上车湾大月堤扒口分洪，最大分洪流量约9000立方米每秒，进洪总量约290亿立方米，按估算降低监利城南水位约0.7米。

城陵矶附近区大通湖蓄洪垦殖区蓄洪面积421.8平方千米，蓄洪水位33.8米，有效蓄洪容量25亿立方米，进洪采用扒口方式，口门设在临东洞庭湖堤段，堤顶略低于其他围堤高程，计划在城陵矶（莲花塘）水位超过33.5米时开始进洪，设计进洪流量3000立方米每秒，但该分蓄洪区配套工程，特别是安全工程尚未及时兴建。1954年完全按计划分洪几乎不可能，但若不主动分洪，一些垸圩仍会自溃分洪。随着水位高涨，洪湖区新滩口一带倒漾自然分洪，继而老湾蒋家码头江堤溃口。6月下旬开始，洞庭湖区防御标准最低的民垸在城陵矶水位33米时相继溃决，面积占当时洞庭湖区面积的5%左右。此后，城陵矶水位上升达33.5米，主动分洪与自溃交替发生。待城陵矶水位达33.95米（8月8日）时，洞庭湖区圩垸约80%均已自溃或分洪，淹没耕地375万亩，蓄洪量254亿立方米，估算降低城陵矶水位2米多。监利、洪湖区的分洪，也降低了城陵矶水位。

武汉市是全江防汛的确保重点之一。1954年特大洪水期，武汉市受长江、汉水的洪水包围，且洪水出流又受到下游卡口河段的制约。由于采取了各种防汛调度措施，动员了30万防汛大军日夜奋战，保住了汉口、武昌的安全，但汉阳未能免于洪灾。1954年武汉市的防汛调度采取了两项重大措施：一是分三期提高防御目标并相应加高市堤，二是多处分洪。当年的武汉市堤是按防御水位28.28米（1931年汉口站最高水位）加1米超高修筑的。根据汛情发展形势，6月30日开工重点加培市堤，抢修险工，至7月10日完成，使全市（除汉阳外）堤顶高程达到29.5～30.0米（包括修子堤），后预报7月22日汉口站水位将达到28.28米，因此决定7月10日以前开始加筑的子堤以防御汉口站水位28.50米为目标，并以此作为第一期防御目标。7月19日开展二期加高加固工程（以加固为主，部分加高），25日完成，使汉口和武昌堤防高程达到30.0～30.5米。27日汉口水位达到28.48米，水位仍在上涨，于是确定29.00米为第二期防御目标，并决定继续加固加高堤防。至8月2日，全部堤防高程达到30.5～30.7米。8月初，水位还在上涨，于是决定29.50米为第三期防御目标，子堤顶高程超29.50米以上1米。8月5日又继续加固、加强防浪设施，经受了8月18日29.73米历史最高洪水位的考验。8月18日以后水位开始下落，堤防仍进一步进行了加固，直至9月3日结束。水情预报在加筑子堤过程中起到了极为重要的作用。8月9日城陵矶出现最高洪水位33.95米，其后城陵矶水位开始回落，但汉口水位仍继续上涨。分析水情后认为：由于前期洪水总量特大，分洪溃口漫流，汉口以上江湖一片，形成一个“大湖”，汉口断面已成为“大湖”的出口，由于“大湖”湖面比降的调整，故出口水位仍在缓慢上升，但已是强弩之末，并且在8月11日预报汉口站将于8月18日出现洪峰水位29.73米，与实际洪峰水位相符。

为保武汉市的安全，根据水情预报，在加高堤防的同时对武汉市附近区采取了一系列的分洪措施，以控制水位上涨，争取加高堤防的时间。首先在上游蒋家码头分洪，7月27日在蒋家码头破长江左干堤分洪进入洪湖蓄洪区，最大分洪流量6800立方米每秒，总进洪量157亿立方米，降低汉口水位约0.48米。其次是潘家湾分洪，为争取武汉加高子堤的时间，于7月27日在汉口上游100千米的长江南岸嘉鱼县潘家湾扒口分洪，使洪水进入西凉湖，开始进流3000～4000立方米每秒，逐渐扩大，最大达9000立方米每秒，进洪量27亿立方米，降低汉口水位约0.30米。第三是梁子湖分洪，8月7日在南岸新港和三江口同时分洪，最大进洪流量分别为2050立方米每秒和4310立方米每秒，降低汉口水位约0.28米，5天后汉口水位涨至29.58米，在雷山脚再扒口分洪，最大进洪流量5980立方米每秒，梁子湖分洪总量约60亿立方米，降低汉口水位0.33米，降低黄石水位0.47米。上述分洪，加上汉江禹王宫、五支角等处的分洪，有效地降低了武汉河段水位，汉口洪峰水位29.73米于8月18日出现，推迟现峰时间约一周，洪峰持续时间从天然状况下的7～8天缩短到仅12小时。

湖口附近区溃口分洪总量167亿立方米。湖北黄广大堤溃口，溃口洪水从黄广大堤保护区进入华阳河区，加上7月下旬同马大堤扒口与溃口，全区蓄水量50多亿立方米。8月1日，无为大堤在安定街溃口，进水量30余亿立方米。江西省鄱阳湖区溃口分洪水量总计 80 亿立方米，降低了鄱阳湖区及五河尾闾水位，在一定程度上缓解了下游干流河段的防汛紧张形势。

1954 年分洪溃口情况见附图三。

（二）防汛抢险

1954 年荆江大堤共出现险情 5000 余处，其中大和较大险情 2440 处，平均每千米 13 处。脱坡险情严重的有江陵董家拐、黄灵庙，监利杨家湾等堤段，浑水漏洞及跌窝险情严重的有上荆江祁家渊、文村夹上下、盐卡上下等处，九弓月等堤段亦较严重，清水漏洞以上荆江陈家湾为最多，黑窑厂、御路口一带次之。翻砂鼓水以监利井家渊、严家门堤段最为严重，漫溢险情则以拖茅埠至监利城南堤段为普遍，靠抢筑子堤挡水。这些险情中，漏洞多出现在堤内坡（背水坡）或内平台，散浸多发生在堤背距堤脚上 6 米以内部位，跌窝多出现在堤面、内坡平台，裂缝脱坡则多发生在内（外）坡平台以上。

在荆江大堤全线抢护的斗争中，以董家拐特大险工的抢护最具代表性。根据上级“巩固堤基，争取时间”的指示，在技术上采取开沟导渗、外帮防渗、填塘固基、内坡土撑阻崩和还坡护堤等紧急措施。开纵横主支沟，并在沟内填砂卵石，上盖草垫，经过导渗，堤身土壤逐渐滤干变硬，抗剪力加强。同时在脱坡最严重的部位用袋土及散土抢筑外帮，加大堤身断面，以抑制渗水及脱坡险情发展。由于崩塌体前部已进入水塘，塘边泥体隆起，便进行填塘固基，抛石镇脚，并加做土撑和上部柴土还坡等措施，但仍有局部发生微裂，因此又先后加做透水土撑，在堤脚和水下部分依次填压袋土，并于袋土外加抛块石。填筑平台长 250 米、宽 2 ～ 6 米、高出水面 1 ～ 1.5 米，以排淤固基阻滑，还在平台上连接土撑，加土还坡。至 8 月 7 日荆江出现最高水位时，忽然又发现下段堤脚漏洞的清水变为浑水，洞径也逐渐增大。经在堤内（背）加筑围井，填入砂卵石，水渐变清，但涌水仍急；于是再加高围井至 3.2 米，并对漏水严重的 56 米段进行临水外帮，由 4 米加宽到 10 米，高出水面 0.5 米。此次抢险守护共用麻袋 2 万余条，草包 1.3 万条，蛮石 2100 立方米，砂卵石 300 立方米，土方 2.3 万立方米，经 8000 人 10 个昼夜紧张抢护后脱险。此处大险是采用多项措施抢护成功的范例。

（三）防洪效果

1954 年，长江防洪工程主要依靠防御标准不高的干、支流堤防，所开辟的分蓄洪工程不多。为确保荆江大堤、武汉市等重要堤防和大中城市的安全，采取了一系列应急措施，包括扒口分洪、蓄洪的洪水调度和临时抢筑子堤等，实际溃口水量 1023 亿立方米。其中，荆江分洪工程三次超标准运用，共分蓄超额洪水 122.6 亿立方米，最后采用上吞下吐的方式和一系列临时应急措施，控制了荆江水位的上涨幅度，约降低沙市最高水位 0.96 米，为确保荆江大堤安全创造了条件；洞庭湖区圩垸蓄洪量 254 亿立方米，约降低城陵矶水位 2 米多；为临时加高加固武汉市堤防争取时间，先后几处人工扒口，以减缓洪水上涨速度和幅度，使武汉市堤防抗御了 29.73 米（超当时保证水位 1.45 米）洪水位。经沿江近千万名干部军民奋力抗洪抢险，全国各地支援，历时数月，保卫了荆江大堤和武汉、南京等重点堤段和重要城市的安全，防止了毁灭性灾害的发生，夺取了抗洪斗争的伟大胜利。

二、1983 年洪水

1983 年，长江及其支流汉江出现了三次洪水：第一次是 7 月中旬长江中下游干流洪水，干流的城陵矶（莲花塘）站和湖口站最高水位均超过了 1954 年的洪峰水位，分别为 33.96 米和 21.71 米，汉口水位 28.11 米，防汛形势比较紧张；第二次是汉江上游 7 月底至 8 月初的夏汛，安康以上发生罕见的大洪水，安康老城遭没顶之灾，死亡 800 多人，大量财产被淹毁；第三次是 10 月上中旬汉江上中游大洪水，丹江口水库入库流量 34200 立方米每秒，是 1935 年汉江大洪水以来最大的一次洪水。

（一）防汛调度

1983 年 7 月 11 日 14 时，汉江丹江口水库入库流量 11550 立方米每秒，预报最高库水位将达 152.36 米，7 月 20 日前后，长江汉口站水位将出现超 28 米以上的洪峰水位。丹江口水库下泄洪水一旦与长江洪水汇合，将给武汉防汛造成更为紧张的局面。为使汉江与长江洪水错峰，减轻武汉市防汛负担，在 7 月 15 日丹江口库水位已超防汛限制水位 2.0 米（即 151.0 米）的情况下，全部关闭泄洪孔，仅维持下泄发电流量。通过这一调度措施，成功错开长江洪峰，降低武汉市水位 0.3 ～ 0.5 米。7 月 22 日，丹江口入库流量达到 21500 立方米每秒，从 7 月 24 日起，水库水位又短时超汛限，泄洪流量从 9420 立方米每秒减到 4500 立方米每秒，拦蓄洪量 20 亿立方米，库水位达到 154.89 米，从而减轻了武汉市防汛负担和汉江中下游的损失。

汛期在发生 9 次大于 10000 立方米每秒洪水后，丹江口水库于 10 月 6 日出现入库流量 34200 立方米每秒的大洪水，下游控制站皇庄还原流量 37400 立方米每秒，大体相当于 50 年一遇。按规定，水库 9 月末汛限水位为 152.5 米，10 月 1 日至 10 日，可逐步蓄水至正常蓄水位 157.0 米。而 10 月 3 日 8 时，丹江口水库库水位即已蓄至 156.83 米，正常蓄水位以下库容仅有 1.0 亿立方米。此时，汉江上游开始降雨，随后降雨范围和强度迅速加大，丹江口水库面临满库迎洪，乃采取紧急预泄的措施，当日 15 时开闸泄洪，预泄流量加大到 11800 立方米每秒，至 10 月 4 日 20 时共泄水 29 小时，预泄库容 2.1 亿立方米，库水位降至 156.56 米。至 10 月 5 日 2 时，洪峰入库总水量

50亿立方米，洪峰流量20000立方米每秒左右，丹皇区间入流已超过1500立方米每秒，且预报全流域将继续有雨。10月5日8时，长江中下游防办会同湖北省防汛抗旱总指挥部研究对策，根据当时情况和天气预报，决定：一是做好杜家台分洪区的分洪准备；二是扒开东荆河内影响行洪的圩垸，包括联合大垸等；三是丹江口水库超蓄（已报国家防总并征得河南省同意）；四是为争取中游民垸不分洪，丹江口水库下泄流量暂控制在13000立方米每秒左右，必要时再考虑加大泄量，运用民垸分洪。

根据10月6日8时前区间降雨情况和丹江口水库正以15000立方米每秒流量下泄的情况，推算皇庄流量将达22500立方米每秒，沙洋达21800立方米每秒，超额洪峰2000立方米每秒、洪量3亿立方米。长江中下游防办当即会同湖北省防汛抗旱总指挥部决定：做好邓家湖、小江湖分洪准备，并要求在皇庄流量出现21600立方米每秒后4小时先运用邓家湖分洪。根据当时水情，要求在10月7日1时前将两个分洪区内3万人全部转移到安全地带，预计10月7日4时前后分洪，实际炸口时间为当日16时，炸口长度约为250米，最终口门宽348米，最大进洪流量约6000立方米每秒。杜家台分洪工程也于10月7日16时开闸运用，最大分洪流量5100立方米每秒，分洪量23亿立方米。10月6日晚，由于丹皇区间实际入流大于预报值，并且预计皇庄流量10月8日8时将超过24000立方米每秒，沙洋将达23500立方米每秒，邓家湖已不敷用。长江中下游防汛总指挥部办公室商同湖北省防汛抗旱总指挥部决定：10月8日13时运用小江湖分洪，要求控制分洪流量2500立方米每秒，计划口门宽140米，实际炸口长度80米，后逐渐扩大到386米，最大进洪流量6500立方米每秒。10月8日17时邓家湖蓄满；10月9日18时小江湖下端堤防漫溢吐洪，使沙洋水位迅速回涨，10月10日9时最高水位达44.50米，超历史最高水位0.14米（如不分洪，最高水位可能达45.64米），两分洪区共蓄洪约8.8亿立方米。

丹江口水库入库洪峰流量于10月6日11时出现，约为34200立方米每秒，下泄流量15500立方米每秒。10月7日3时库水位已达159.85米，仍在上涨。为使库水位不超过160.10米，又考虑到干流洪峰已过襄阳，适当加大泄量不致与区间洪水遭遇，乃决定加大泄量，使总泄量增至19600立方米每秒。10月7日19时最高库水位达160.07米，22时库水位开始回落。这场洪水丹江口水库共拦蓄27.1亿立方米，削峰14600立方米每秒。

（二）防汛抢险

1983年7月中旬，荆江大堤、武汉市堤、无为大堤、黄广大堤和同马大堤等堤防共出现险情达483处。中下游平原区上堤防汛民工达878万人、干部13万人，其中武汉市6月下旬至7月底参加防汛军民达10万人。由于1954年大水后汉口没有出

现过28米以上的水位，一些新建堤防、加培的新堤部分和新建的钢筋混凝土防水墙未经高水位考验，加之城市的人防工事、新建筑物对地基覆盖层的破坏，地下管道、明沟、暗沟、深井等离江河较近等，致使武汉市堤出现了不同程度的险情。从6月下旬至7月初，武汉市先后组织动员武昌白沙洲、汉阳南岸咀、汉口谌家矶等无堤区群众安全转移。根据水情发展，于7月5日在澴水东西垸、长江天兴洲扒口行洪，降低了洪水对武汉市的压力。同时组织了数万人对东西湖围堤、汉江堤防等重要险段进行加培、填塘及其他险工的抢护，完成土石方20万立方米。

10月，仅汉江中下游荆州地区所辖360千米汉江干堤就发生各类险情390余处，圩垸发生各类险情290余处，11个民垸中除邓家湖、小江湖分洪外，其余9个安全度汛。在抗洪抢险中，荆州地委、行署成立了汉江防汛指挥部，主要领导亲临前线，统一指挥。地县两级干部上堤防汛达1万余人，防汛干部实行定地定位、分片分级的责任制，参加防汛的民工达38.7万人，每千米堤上约600人日夜防守。同时，人民解放军1000余官兵和130辆汽车投入防汛，最终取得防洪斗争的胜利。

（三）防洪效果

在1983年的洪水调度中，充分显示了丹江口水库巨大的防洪作用。7月中旬丹江口水库超汛限水位拦洪，拦蓄洪量20亿立方米，成功错开长江洪峰，从而减轻了武汉市防汛负担和汉江中下游的损失。在10月蓄水位较高的情况下，丹江口水库及时预泄，超蓄拦洪近27亿立方米，加之下游采取分洪措施，保住了汉江两岸干堤的安全。如果没有丹江口水库的调蓄，下游皇庄站的流量将达到37400立方米每秒，超过皇庄及以下河段安全泄量约10000立方米每秒，老河口以下除襄阳城外，沿江城镇均将被淹，中游圩垸约100万亩农田将全被淹没，长期不临洪的遥堤将直接挡水，万一遥堤决口，其后果不堪设想。

三、1998年洪水

1998年洪水是长江流域20世纪以来仅次于1954年的又一次全流域型特大洪水。6月11日，鄱阳湖水系的抚河李家渡、信江梅港、昌江渡峰坑三站先后超过历史最高水位。两湖洪水入汇长江，长江中下游干流各站从6月13日起水位急剧上涨。6月27日至7月15日，宜昌站分别于7月2日和7月18日出现第一次和第二次洪峰，洪峰流量分别为54500立方米每秒和55900立方米每秒，7月4日干流监利、武穴、九江三站水位均超过历史最高水位。7月16日至31日，洞庭湖水系的沅江和澧水、鄱阳湖水系的信江、乐安河、鄂东北支流再次发生大洪水，其中澧水石门水文站洪峰流量为19900立方米每秒，突破了实测最大记录。7月24日上游宜昌站出现第三次洪峰，流量为51700立方米每秒。上游洪峰向下游传播时与清江、洞庭湖洪水遭遇，长江中下游各站水位迅速回涨，7月26日至27日，石首、监利、莲花塘、螺山、城陵矶（七里山）、湖口等站水位分别超过历史实测最高水位，汉口、黄石、安庆、大通四站水位跃居历史第二位。8月份，长江上游和汉江流域暴雨频繁，宜昌站出现了5次洪峰，其中在8月7日至17日的10天内，连续出现三次洪峰，且均超过60000立方米每秒，致使中游水位不断升高。8月16日，宜昌出现第六次洪峰，流量为63300立方米每秒，为1998年的最大洪峰。中游各站于8月中旬相继达到最高水位。干流沙市、监利、莲花塘、螺山等站洪峰水位分别为45.22米、38.31米、35.80米和34.95米，均超过历史实测最高水位。汉口站20日出现了1998年最高水位29.43米，为历史实测记录的第二位。

（一）洪水预报

早在1997年汛末，长江委针对当时厄尔尼诺现象的发展即向有关单位通报，长江中下游1998年降雨可能偏多。1998年4月正式发布1998年汛期长江流域为偏丰水年，中下游最高水位偏高。国家防总根据预报，及时提出要长江委做好防御1954年型特大洪水的准备，并较往年提早一个月召开防总第一次会议，全面部署防汛抗洪工作。国务院、国家防总领导带队检查防汛准备情况，督促落实各项措施，加大汛前投入。5月在南京召开的长江防总指挥长会议上，确定了以防御1954年型大洪水为目标的工作基调，中下游五省按此要求做好各方面准备，从而使长江抗高洪工作在总体部署上取得了主动权。

1998年汛期，暴雨频繁，雨带上下移动、南北拉锯徘徊，洪水情势复杂，预报难度较大。由于采取了“水文气象相结合、短中长期相结合、监测与预报相结合”的技术路线，全面开展了短、中、长期水文气象预报，共发布短期降雨预报550区次、短期水文预报32000站次、中期水文气象预报41期，在1998年防洪斗争中，多次重大的关键性预报为防洪决策起到了至关重要的作用。这里仅就是否运用荆江分洪工程和汉江丹江口水库调度运用的预报事例简述如下。

1）1998年8月长江汛情发展形势异常严峻，防洪斗争进入最紧张的困难阶段。8月16日宜昌站在发生第五次洪峰后，第六次洪峰又接踵而至，沙市站水位突破设计分洪水位45.00米，8月16日16时，国家防总紧急电话要求长江委赶快回答六个与是否运用荆江分洪决策有关的问题：一是沙市可能出现的最高洪峰水位；二是沙市水位超保证水位和分洪水位的持续时间及洪量；三是清江隔河岩水库出流对沙市水位的影响；四是预见期内降水对沙市最高水位的影响；五是如运用荆江分洪工程，其对下游站洪峰水位的降低数量；六是综合考虑荆江分洪工程、汉江杜家台分洪工程不分洪条件下，汉口可能达到的最高水位。这些问题实际上就是要作出准确的未来洪水变化的预报。长江委于8月16日18时修正沙市洪峰水位预报值为45.20米，超过45.00米水位历时仍为22小时，超额洪量为2亿立方米，并预报如果分洪，沙市至螺山各站降低最高水位在0.06～0.23米，对国家防总提出的问题一一作出了定量回答。长江委主任黎安田在抗洪前线向国家防总正式提出了关于运用荆江分洪工程的五点书面意见，其中提出：根据水雨情预报，确保荆江大堤安全尚不存在不可克服的困难，分洪对缓解洪湖干堤的紧张状况没有决定性作用。中央在考虑以上意见、全面分析总体形势后，果断作出不运用荆江分洪工程的决策。实测结果表明，沙市最高水位45.22米，超额洪量1.45亿立方米（按当时报汛相应流量计算为1.83亿立方米），预报基本准确，从而避免了运用荆江分洪工程，取得了显著的社会效益和经济效益。

2）1998年8月以后，汉江流域暴雨频繁，8月14日至18日汉江上游又降大暴雨，长江委及时作出预报，丹江口入库洪峰流量可达18100立方米每秒，与此同时，丹江口至皇庄区间也同步发生暴雨洪水。而长江上游第六次洪峰正向武汉推进，汉口水位已超过29.0米。综合预报分析认为，如果汉江上游洪峰任其下泄，皇庄站洪峰流量将达25000立方米每秒，即使运用小江湖等民垸分洪，沙洋站流量仍将接近20000立方米每秒，超过沙洋以下河段安全泄量，而汉川站水位更为紧张，将超过堤顶高程，汉口水位可能要创新记录。长江防总根据上述分析预报，果断决定丹江口水库拦蓄洪水，共计拦洪36亿立方米（汛限水位以上洪量），从而避免了汉江下游分洪，确保汉川水位未超过堤顶高程，大大减轻了武汉市的防洪压力，避免了分洪经济损失。

（二）洪水调度

1. 堤防超标准运用

在1998年抗洪实践中，长江综合防洪体系发挥了巨大作用。堤防是防洪的基础设施，为一定条件下超标准运用提供了保障。长江第六次洪峰来临前，预报沙市洪峰水位将达45.30米，超设计洪水位0.30米，防汛形势异常严峻。根据巡查，发现荆江大堤尚无大的险情，荆江其他堤段仍可抢险通过洪峰，同时分析认为三峡区间叠加的洪峰历时短，超额洪量仅约2.0亿立方米，即使运用荆江分洪工程分洪，也不能有效缓解城陵矶河段严峻的防汛形势。党中央、国务院于8月17日作出“堤防超标准运用，荆江分洪区不分洪”的决策。数百万军民按照“严防死守”和“三个确保”的抗洪方针，奋力抢险近60天，既保证了超标准洪水时荆江河段堤防的安全，又避免了荆江分洪工程运用造成耕地和大量房屋、财产的损失，减少分洪经济损失约76亿元，取得了巨大的经济效益、社会效益和生态效益。

2. 平原区分洪工程的调度

新中国成立后，长江中下游平原区陆续建设或划定了 40 处分蓄洪区以承担大洪水时分蓄超额洪水的任务。从 20 世纪 50 年代起，长江委即开始研究不同大洪水的调度预案。1985 年，国务院以国发〔1985〕第 79 号文通知，正式批转了黄河、长江、淮河、永定河防御特大洪水方案。1988 年《中华人民共和国水法》、1997 年《中华人民共和国防洪法》先后颁布实施，长江委在上述法规指引下，根据长江实际情况，提出具体措施、办法和要求，形成完整方案，报国家防总和有关省市。1998 年洪水，沙市、莲花塘、湖口等站水位特高，以莲花塘超保证水位 1.4 米为最严重。长江防办在调度方面做了大量的工作，提出了分洪的实施方案。但因各方面原因，1998 年基本上未进行计划分洪。决口堤圩共 1975 座，绝大多数是非重点垸，但也有安造垸、孟溪垸等重点垸和重要垸。溃口水量共约 100 亿立方米，受灾农田 358.6 万亩，受灾人口 231.6 万人。

现将 1998 年汛期长江中下游平原区调度的几个实例简述于下：

1）6 月 27 日湘江湘潭流量达 17500 立方米每秒，长沙告急，湖南省防汛抗旱指挥部按调度程序，要求运用洞庭湖区的义合垸分洪，长江防总批复同意。后来仍采取加强防守，没有分洪，长沙出现了 39.18 米的超纪录最高水位（1926 年为 38.89 米）。

2）7 月 4 日，武汉关水位 28.04 米，武汉市防汛抗旱指挥部决定在天兴洲扒口分洪，进流量约 1000 立方米每秒，蓄洪量约 0.6 亿立方米。15 小时后汉口水位继续回升，天兴洲继续进水，分洪影响汉口水位持续至 7 月 8 日，平均降低汉口水位约 0.1 米。

3）8 月份是 1998 年防汛的决战阶段，宜昌全月出现五次洪峰，与中下游干流高水位遭遇，大量的堤垸在这时期溃口。这一阶段前后持续 17 天，决口的堤垸主要有：安造垸（重点垸）、澧南垸、官西垸、簰洲合镇垸、孟溪垸、江洲垸和九江市堤等。这些决口对降低洪水位无明显效果，而损失比计划分洪为大。

在宜昌第四次洪峰来临之前，长江防总要求湖北省在加强大堤防守的同时，破下荆江洲滩民垸分洪，以缓解荆江河段的严峻形势。8 月 9 日在监利三洲联垸扒口分洪，三洲联垸面积 145 平方千米，可容纳 7 亿立方米的水量，由于多种因素（地势、口门位置、扒口措施等），至 8 月 12 日蓄洪 2.5 亿立方米。后有石首的六合、张智、永合三垸有计划扒口行洪，在一定程度上减轻了荆江河段的洪水压力。

3. 水库防洪调度

1998 年长江大洪水中，利用水库调洪发挥了一定作用，主要是对所在河流下游发挥了防洪减灾效益。同时对中下游干流的洪水错峰，也起到了一定的效果。几座大型的骨干工程，位居中下游平原近邻，如丹江口、隔河岩、葛洲坝、柘溪和五强溪等水库，通过预报，在削峰、错峰的计划调度中发挥了良好效益。在抗洪斗争中，流域内的水库共拦蓄洪量340亿立方米，发挥了重要削峰、滞峰作用。特别是第六次洪峰来临时，调度隔河岩水库平均削峰3700立方米每秒，葛洲坝水库最大削峰1900立方米每秒，而且使沙市站现峰时间推迟约10小时，为中央对荆江河段洪水调度决策赢得了宝贵的时间。同时，汉江丹江口水库最大入库流量18300立方米每秒，最大下泄流量仅1280立方米每秒，削减洪峰93%，避免了武汉附近杜家台等分洪区分洪，减轻了武汉市的防守压力。

（1）丹江口水库

1998年汛期汉江流域发生了五次洪水，经过有计划对丹江口水库进行调度，使汉江中下游平原圩区安全度汛，避免了杜家台分洪工程运用，减免了分洪淹没损失，同时对于长江中游干流错峰，减缓武汉河段高水位时的紧张局势，效果明显。

（2）隔河岩水库

1998年汛期，清江流域发生7次较大洪水过程，洪峰流量在4300立方米每秒至12300立方米每秒之间，与宜昌第四次和第六次洪峰发生了极为不利的遭遇，通过隔河岩水库进行与长江错峰调度，缓解了荆江防汛紧张局面。8月7日，宜昌第四次洪峰流量达63000立方米每秒，此时沙市水位已经突破44.67米，而清江隔河岩入库流量为4900立方米每秒，库水位203.49米，接近校核水位。经过全面分析，计划调度隔河岩水库水位短时间蓄至204米，预报短时间内清江无大的降水过程，控制下泄流量3000立方米每秒，使清江与宜昌错峰。结果库水位蓄至203.94米，降低沙市水位0.11米。8月16日，宜昌出现第六次洪峰，也是当年最大洪峰，流量达63300立方米每秒，当时沙市水位44.71米，隔河岩入库流量为8200立方米每秒，两峰遭遇，荆江防洪形势将更为严峻。于是对隔河岩水库从8月16日起进行削峰调度，从8时开始在8小时内，平均削峰3700立方米每秒，使沙市洪峰推迟10小时，并在一定程度上降低了沙市洪峰水位。

（3）柘溪水库

资水洪峰来得早，6月13日入库洪峰流量就达11300立方米每秒，同时柘溪至桃江区间发生新中国成立以来最大洪峰流量8500立方米每秒。于是，柘溪水库进行错峰调度，6月13日控制下泄流量3000立方米每秒，6月14日7时减至2000立方米每秒，10时全部关闸，水库最大削峰8500立方米每秒，控制桃江最大流量为11500立方米每秒。如果没有柘溪水库调蓄，则桃江洪峰流量将达15000立方米每秒，桃江县城、益阳以及长春垸、烂泥湖大围将难保平安。7月23日，柘溪水库入库洪峰流量9450立方米每秒，经控制下泄流量为5000立方米每秒，减缓了下游及南洞庭湖的防汛压力。

（4）五强溪水库

沅江在1998年汛期计发生大于10000立方米每秒的洪水九次，7月下旬洪水又与长江干流洪水遭遇。五强溪水库发挥了防洪效果，但库容有限，平均每次调洪效果为4.97亿立方米，最大削峰率为36.5%。7月23日，莲花塘水位已逼近保证水位，五强溪入库洪峰达34000立方米每秒，宜昌又于7月24日出现第三次洪峰，流量达51700立方米每秒。五强溪水库实施蓄洪调度，蓄洪量13.15亿立方米，水库下泄流量23300立方米每秒，对保护坝下游桃源县城、常德市及主要圩区的安全起到重要作用。

（5）柘林水库

1998年6月下旬和7月下旬，柘林库区和修水支流潦水发生了不利的洪水遭遇，经过柘林水库的调蓄，保证了京九铁路、永修县城及修水下游平原圩区的安全，也对鄱阳湖区防汛起到重要作用。预报6月26日8时潦水万家埠站流量3610立方米每秒，6月27日达2850立方米每秒。27日水库入库流量8760立方米每秒，控制下泄流量1240立方米每秒，随着潦河过峰后8小时，柘林水库下泄加至2000立方米每秒。在此过程中，柘林水库拦蓄洪水16.38亿立方米，削峰6500立方米每秒，大大地降低了永修水位。7月22日至30日，修水流域又有两次降水过程，7月23日柘林水库进行了预泄，7月25日20时水库入库流量6800立方米每秒，最大下泄流量2010立方米每秒，7月26日下泄流量降至1300立方米每秒；7月30日柘林入库流量达8300立方米每秒，控制下泄流量2640立方米每秒，永修水位连创新高达23.60米。经大力抢护，保住了京九铁路和下游重点地区安全。

（三）险情抢护与决口

1998年汛期，长江流域各类险情总计有7.38万余处，其中翻砂管涌2.6万余处，漏洞1.64万处，散浸8333处，脱坡1.35万处，浪坎2231处，崩岸493处，闸泵2554处，跌窝886处，其他3408处。按干支流水系分，中下游干堤9405处，湖北省主要支堤1850处，江西省鄱阳湖圩30207处，湖南省洞庭湖堤32363处。按大和较大险情计，共1702处，其中管涌872处，占51.2%；散浸44处，占2.6%；脱坡270处，占15.9%；漏洞232处，占13.6%；浪坎46处，占2.7%；崩岸81处，占4.8%，闸泵74处，占4.3%；跌窝17处，占1%；其他险情66处，占3.9%。

1998年长江洪水时的险情特点为：

1）荆江大堤、武汉大堤、无为市堤三段重点堤防险情减少，体现了历年对重点堤防加培的效果。

2）干堤险情比较严重，干堤长约占平原区堤防总长度的 11%，而干堤出现的险情占总险情数的 12.7%。按单位长度的险情计，全平原圩堤每千米出现险情 2.2 处，干堤则为 2.6 处每千米；如扣除重点堤，干堤每千米出现险情为 2.9 处，其中 87 千米的黄广大堤出现险情 702 处，每千米出现险情 8 处，最为突出。

3）堤基险情位置后移，大多离堤脚 50 米以上，险情的严重程度相应有所减轻，说明历年来加强防渗处理已取得一定效果，但管涌和浑水漏洞仍然很严重，主要圩垸和九江市堤决口皆因缘于此。

4）穿堤闸、泵导致的险情严重，闸泵大小险情 2500 余处，穿堤建筑物与堤身结合部险情多。

5）崩岸与浪坎属于护岸与护坡的问题，两种险情达到 2700 余处，其中崩岸近 500 处。

6）漫溢抢护，粗略统计，防漫溢加子堤长达 2000 余千米，其中洞庭湖加子堤约 1400 千米，最大子堤高 2 米多，直接挡水高 1.8 米，创一项新纪录。干堤修子堤约 660 千米，其中监利至洪湖江堤抢修子堤 200 余千米，直接挡水的约 100 千米，最大挡水高约 1.0 米。

1998 年险情发展大致与以往相似，总的情况是从设防水位到警戒水位阶段险情很少，重大险情都发生在警戒水位以上，而接近或达到保证水位时险情大增。基本规律是险情的数量和严重性与水位的高低和高水位的延时长短成正比。至于抢护的成败，主要决定于以下因素：发现及时与否；抢护方法正确与否；人力、物料准备充分到位与否。也有人为不可抗拒的情况，如江湖水位超过设计水位太多且上涨很快等。1998 年汛期的最大特点是水位特高，中游武汉以上，干流普遍超保证水位，高洪水位持续时间特长，水位涨率较大。

本年抢险消耗的主要物资量大，计有：编织袋 5.15 亿条，草袋 6942 万条，土工布 3685 万平方米，砂卵石 1512.5 万立方米，木材 65.22 万立方米，铅丝 2970 吨，油料 12.75 万吨，毛竹 171.8 万根。

（四）防洪效果

在党中央、国务院的正确领导下，广大军民团结奋战，顽强拼搏，依靠多年来形成的防洪工程体系、雄厚的物资基础和防护抢险经验，取得了抗洪斗争的伟大胜利，减轻了洪灾损失。《中华人民共和国防洪法》的颁布，进一步使防汛抗洪法制化、规范化，使防汛工作紧张而有秩序地进行。在 1998 年防洪斗争中，多次重大的关键性准确预报为防洪决策起到了至关重要的作用，流域内水库拦蓄洪量 340 亿立方米，发挥了重要削峰、滞峰作用，避免了荆江分洪工程和武汉附近杜家台等分洪区分洪，取得了显著的社会效益和经济效益。经分析，1998 年防洪工程的经济效益价值为 4067 亿元，为新中国成立以来长江中下游防洪工程总投入的 24 倍多。

四、2017 年洪水

2017 年 6 月下旬至 7 月初，长江流域发生中游型大洪水，洞庭湖水系湘江、鄱阳湖水系饶河上游发生超历史洪水，洞庭湖出口水道及资水、沅江发生超保证水位洪水，洞庭湖区、鄱阳湖区全线超警戒水位，受洞庭湖和鄱阳湖出湖流量迅猛增加的影响，长江干流莲花塘站以下主要控制站全线超警戒水位。9 月下旬至 10 月上中旬，长江上游和汉江发生明显秋汛，三峡水库出现三次 30000 立方米每秒以上量级的入库洪水过程，丹江口水库出现三次 17000 立方米每秒以上量级的入库洪水过程，受汉江上游来水和丹皇区间来水的共同影响，汉江中下游宜城以下河段全线超警戒水位。2017 年长江流域汛情主要呈现以下特点：一是降雨持续时间长，范围广，强度大；二是超保证超历史河流多、超警戒堤段长；三是洞庭湖水系来水大，干支流来水占比倒置；四是秋汛持续时间长，洪水过程多，丹江口水库入库洪量大；五是洪水影响广，灾情相对集中。

（一）组织动员，落实责任

2017 年 3 月 7 日和 4 月 10 日分别召开了长江防总办公室本年第一次全体成员会议和长江防总指挥长会议，研究分析长江流域防汛形势，动员部署本年防汛工作。3 月 22 日，国家防总通报了全国大江大河、大型水库及防洪重点中型水库、主要蓄滞洪区、重点防洪城市、南水北调东线及中线工程沿线防汛行政责任人和全国抗旱行政责任人名单，主动接受社会监督。汛前，长江流域各省（自治区、直辖市）结合本地实际，逐级落实了本地区的江河、水库、蓄滞洪区、城市等的防汛行政责任人。长江防总办公室根据长江委机关相关部门和委属相关单位负责人工作变动情况，及时调整了其组成人员，修订完善了《长江防总办公室成员单位工作职责》和《长江防总办公室防汛抗旱专业组职责》，完善了《防汛抢险工作组（专家组）工作指南》，调整充实了长江防汛抗旱专家库。

（二）汛前准备，排查隐患

汛前及早谋划，提前防范，周密部署。长江防总及时组织开展汛前检查，制定了《2017 年长江防总汛前检查工作方案》，并督促流域内 12 个省市按照“一省一单”要求整改落实消除隐患，10 个省市 83697 处水利水毁修复项目和长江干堤 50 处险情除险整治任务汛前按期完成，42 处长江干流崩岸险情应急整治工程于 6 月底前完成。

修编完善了相关防汛抗旱应急预案、方案，组织编制的《2017年度长江上中游水库群联合调度方案》《汉江洪水与水量调度方案》得到国家防总批复，将长江干流城陵矶控制断面以上的28座控制性水库纳入2017年度水库群联合调度范围。长江防总印发了新修订的《滁河洪水调度方案》，为滁河洪水调度工作提供了依据。汛前，组织审查并批复了梨园、阿海、金安桥、龙开口、鲁地拉、观音岩、溪洛渡、向家坝、锦屏一级、二滩、瀑布沟、碧口、亭子口、构皮滩、思林、沙沱、彭水、丹江口、潘口、水布垭、隔河岩、陆水等重要控制性水库2017年汛期调度运行方案。

（三）监测预警，应急响应

入汛以来，长江委密切监视天气变化，及时发布各类水雨情信息，发布洪水黄色预警3次、汛情通报7期、长江流域重要水雨情报告41期、水情公报9期，水雨情综合分析129期，水情预报279期，为防汛精准调度提供了科学依据。加密预报频次，提高预报精度，延长预报期，提前一周左右准确预报“6·22”“6·29”“9·23”和“9·30”等多次强降雨过程，为防汛决策赢得宝贵时间。

截至10月30日，长江防总先后组织121次防汛会商，分析研判流域汛情。启动应急响应11次，其中，Ⅳ级应急响应4次、Ⅲ级应急响应6次、Ⅱ级应急响应1次，Ⅳ级、Ⅲ级、Ⅱ级应急响应的持续时间分别为13天、58天和8天。为应对2017年长江1号洪水、长江上游和汉江秋汛期，先后印发防汛工作通知18份，提前安排部署应对工作。

（四）科学调度，协调配合

长江防总科学精细调度上中游水库群，国家电网公司、南方电网公司、长江流域气象中心、长江航务管理局及各发电集团公司通力协作，密切配合，成功应对了2017年长江中游型大洪水和秋汛洪水，洪水资源得到了高效利用。汛前，长江防总安排上中游水库群水位提前消落到位，共腾空防洪库容约530亿立方米，为迎战大洪水做好了准备。

在应对6月下旬至7月上中旬长江中游型大洪水期间，有序实施长江上中游水库群联合调度。7月1日12时至7月2日22时，长江防总连续发出5道调度令，紧急调度三峡水库，将出库流量由27300立方米每秒压减至历史同期罕见的8000立方米每秒，以减轻城陵矶附近地区的防洪压力；提前对五强溪、柘溪水库实施预泄调度，协调凤滩等控制性水库适当拦蓄洪水，与三峡等长江上游控制性水库联合拦洪，实施对城陵矶地区防洪补偿调度，安排上中游水库群合计拦蓄洪量144亿立方米，降低洞庭湖区及长江中下游干流水位0.3～1.5米，确保了长江干流莲花塘站水位不超分洪水位，缩短洞庭湖七里山站超保证水位时间6天左右，显著减轻了洞庭湖区及长江中下游干流的防洪压力。为有效应对9月至10月汉江秋汛，调度汉江上游控制性水库配合丹江口水库拦洪、错峰、削峰，实施对皇庄防洪补偿调度，将丹江口水库三次超过17000立方米每秒的入库洪峰流量控制在8000立方米每秒以内下泄，成功避免了杜家台蓄滞区和中游民垸的分洪运用，缩短了汉江中下游主要站超警戒水位时间，显著减轻了汉江中下游的防洪压力。

（五）险情研判，现场指导

主汛期，各地上报长江干支流及湖区堤防发生险情138处，其中长江干堤基本无险情发生，洞庭湖和鄱阳湖区堤防127处，其他堤防11处。按地区分，湖南省发生险情115处，其中重点垸25处、蓄洪垸22处、四水干堤27处、其他堤垸41处，江西省发生险情21处，其中重点垸6处、五河干堤9处、其他堤垸6处，安徽省发生险情2处，均是一般圩垸。按堤垸分：重点圩垸出现险情31处，蓄洪垸出现险情22处，四水五河干堤出现险情37处，其他圩垸或堤防等出现险情48处。按堤防险情类型分：溃口2处，管涌80处，散浸8处，涵闸险情16处，堤防裂缝1处，漫堤2处，渗漏2处，塌陷1处，脱坡17处，其他9处。

针对2017年长江1号洪水期间长江中下游超警堤段长、堤防高水浸泡时间长，秋汛期间汉江中下游超警河段长、堤防出险概率增加等极端不利情况，长江防总先后下发《关于加强长江中下游重点堤防巡查防守工作的紧急通知》和《关于切实做好汉江防洪安全管理工作的通知》等文件，指导地方加强堤防巡查防守。同时，长江防总先后派出125个工作组、督导组和专家组，共计412人次，分赴流域内相关地区，尤其是汛情严峻的湖南、湖北、江西、四川、重庆、陕西等省（市）和丹江口水库，深入一线，协助地方指导防汛抢险工作，是迄今派出工作组最多的一年，充分发挥了战斗堡垒和技术支撑作用。7月3日晚至4日凌晨，资水尾闾烂泥湖大圈人民垸出现管涌险情，国家防总工作组和专家组连夜赶赴现场指导抢险。长江防总及时成立长江干堤险情隐患技术分析组，第一时间对发现的险情进行分析研判，为险情抢护提供有力的技术支撑。地方各级党委、政府和防汛抗旱指挥部高度重视防汛抗旱工作，认真落实防汛行政首长负责制，切实担当起防汛指挥的重任。

灾情发生后，有关地方党政主要领导身先士卒，靠前指挥，累计投入抢险人数1017万人次，人民解放军、武警部队投入兵力70余万人次，承担急难险重的任务，确保了人民群众生命安全。其中，长江1号洪水期间，长江中下游湖南、湖北、江西等五省高峰期间投入抗洪抢险干部群众37.8万人，解放军、武警部队投入抗洪抢险力量1.39万人；秋汛期间，湖北省汉江中下游堤防防守人员高峰时达5.6万人，确保了重要堤防和重要设施安全。

（六）舆论引导，信息报送

长江防总紧紧围绕防汛抗旱中心工作，努力提高舆论引导能力和信息服务水平，为防汛抗旱工作营造了良好氛围。

长江防总成立了由委办公室、防汛办、宣传出版中心等单位负责同志组成的新闻宣传组，并明确了各单位职责与分工，为做好防汛抗旱宣传和信息报送工作打下了坚实的基础。为加强对宣传工作的规范管理，先后制定印发了《长江防总办公室新闻宣传工作方案》《2017年防汛抗旱宣传工作要点》等文件，审核了《防汛抗旱微信公众号2017年策划方案》和《人民长江报2017年防汛报道方案》，组织制定了《人民长江报关于防御长江2017年1号洪水宣传报道方案》，为宣传和信息报送工作的规范化进行提供了制度保障。

配合中央媒体开展了“防汛备汛行”和“中国大坝”拍摄制作和采访报道、2017年防汛抗旱防汛备汛情况、防汛抗旱形势与应对、三峡工程防洪效益深度采访等多项专题活动。与人民日报、新华社、中央电视台等媒体合作开展了一系列专题宣传和调研活动，中央和地方主流媒体刊（播）发有关长江防总防汛工作的报道50余条。发布了长江委2017年新闻发布会防汛抗旱背景材料、防汛抗旱焦点问题，在关键时刻和重大问题上牢牢把握话语权，有序引导社会舆论。除了注重日常性、动态性的报道外，长江防办还十分注重挖掘报道的深度，与媒体联合开辟了“关注长江防洪”等栏目，系统报道了沿江各地防汛抗旱工作动态及新理念、新举措。利用长江水利网信息传播迅速的优势，设立了防汛抗旱专题，及时报道汛情、灾情和险情，集中力量开设了“2017年长江防汛抗旱”重点宣传专题，使公众更加真实地了解长江流域面临的防洪形势和三峡等水库群的防洪作用。针对长江一号洪水，编发了《联调联控　寸水必争》和《迎汛而上　一线排险》等系列报道。做实、做强长江防汛抗旱微信公众号，积极运用新媒体扩大防汛抗旱宣传影响力，为舆情监测、舆论引导提供了有力保障。

长江防总办公室坚持24小时值守制度，明确专人负责防汛抗旱信息报送，及时掌握情况，按要求编制《防汛抗旱简报》，在第一时间通过网络、传真等方式发送给国家防办、长江防总有关领导和相关省市防汛抗旱指挥部以及长江防办有关成员单位。2017年编发《长江防汛抗旱简报》115期，上报水利部政务信息63期，占全委报送信息的80%以上。

（七）防洪效益

2017年，在党中央、国务院的坚强领导下，在国家防总的统一指挥下，长江防总和流域相关省市及早谋划，周密部署，积极应对，科学防控，沿江各地广大军民顽强拼搏、团结抗洪，成功抵御了长江发生的中游型大洪水以及长江上游和汉江秋汛，有效减轻了洪涝灾害损失，防汛抗洪抢险取得全面胜利。2017 年长江流域共减少淹没耕地 94.875 万公顷，避免粮食减收 442.01 万吨，减少受灾人口 2271.12 万人，解救洪水围困群众 507.94 万人，避免 110 座县级以上城区受淹，避免人员伤亡事件 7105 起，避免人员伤亡 13.84 万人，为防御山洪、台风等紧急转移人员 432.75 万人，防洪减灾经济效益 301.87 亿元。

第五节　长江防汛的规律、经验、短板与出路

一、长江防汛发展的一般规律

以上各长江典型大水年的防汛，其雨情、水情、工情和防汛手段以及出现的灾情虽各有不同，但仍显现了长江防汛发展的一般规律。

（一）随着长江防洪工程建设的进展，长江主要堤防的抗洪能力逐步提高

荆江大堤、武汉大堤、无为市堤三段重点堤防险情减少，体现了历年对重点堤防加培的效果。1954 年沙市水位 44.67 米，荆江大堤出现险情 5000 处；1998 年沙市水位 45.22 米，比 1954 年高 0.55 米，荆江大堤险情仅 91 处；1999 年沙市水位 44.74 米，比 1954 年高 0.07 米，荆江大堤险情仅 2 处。1954 年和 1998 年武汉水位为 29.73 米和 29.43 米，武汉市堤险情数从 2.1 万多处减少至 98 处。1954 年无为大堤不仅险情多，而且于 8 月 1 日大决口，1998 年水情、水位与 1954 年相近，险情只有 42 处。

（二）长江防洪工程抗洪能力的提高，增强了江湖洪水调度的科学性和主动性

在 1954 年堤防条件下，只有进行大量的扒口分洪和自然溃口才能保住重点地区；到 1998 年，则有可能争取较高水位度汛，尽量减少溃口和分洪；而到 2017 年，通过上中游水库群联合调度拦蓄洪水，控制干流水位不超分洪水位。1954 年分洪、溃口水量达 1023 亿立方米，而 1998 年没有分洪，溃口水量仅约 100 亿立方米。当然，1998 年洪水量级小于 1954 年。即使 1998 年洪量再大些，通过按计划运用分蓄洪垸，可以控制住干流洪水位，其灾情和险情当会大大小于 1954 年。经过几十年的防洪工程建设，长江中下游总体防洪标准为防御 1954 年型洪水。与此同时，防洪水库工程从无到有到联合调度，在防洪中也发挥了重要作用。尤其是三峡等上游控制性水库群的投入运行后，如遇 1954 年型洪水，中下游蓄滞洪区的分洪量大大减少，可由三峡工程建设前的 547 亿立方米减少到现状的 325 亿立方米，蓄滞洪区的分洪运用概率明显降低。在抗御 2017 年长江 1 号洪水过程中，三峡水库拦蓄了长江上游 60% ～ 70% 的洪量，下泄流量减至历史同期最小的 8000 立方米每秒。

（三）随着长江防洪工程建设，防汛抗洪斗争中消耗的人力、物力、财力和精力大为减少

1998 年，长江流域沿江干支流堤防及两湖地区堤防在防汛紧张时期各地先后投入抢险人员达 968.66 万人，1999 年投入抢险人员 331.85 万人。1998 年，长江干堤修筑子堤 660 千米，其中子堤挡水长度达 350 千米，1999 年仅洪湖长江干堤 20 千米靠子堤挡水。

（四）随着长江防洪工程建设，受灾人口及面积大幅度下降，但受灾损失仍呈递增趋势

1954 年，长江中下游地区受灾耕地 4750 万亩，1998 年因溃垸仅造成 360 万亩耕地受淹，约为 1954 年的十三分之一；受灾人口 1954 年为 1888 万人，1998 年为 231 万人，约为 1954 年的八分之一；死亡人数从 1954 年的 3.3 万人减至 1998 年的 1500 余人，约为 1954 年的二十分之一。这深刻体现了防汛减灾工作始终坚持以人民为中心，始终把确保人民群众生命安全放在首要位置。

山洪灾害点多面广，防御难度较大，逐渐成为长江中下游平原区导致人员死亡或失踪的主要原因，2017 年因山洪灾害死亡和失踪 138 人，占死亡和失踪总人数的 75.4%。但从另一个角度也应看到，由于经济发展，社会财富大幅度增加，单位面积洪灾淹没的经济损失较新中国成立初期增加约在 10 倍以上，2017 年直接经济损失（945.34 亿元）超过了 1998 年的统计值。

二、长江防汛的经验

（一）强有力的组织领导是夺取抗洪胜利的首要前提

党中央、国务院高度重视长江防汛抗洪工作，多次作出重要指示批示。国家防总超前谋划、周密部署，多次召开专题会议，研究部署长江防汛抗洪工作。长江防总主要领导靠前指挥，主持会商，安排部署长江防汛抗旱工作。流域内相关省市把防汛抗洪工作作为首要任务切实抓紧抓实抓细，主要领导在防汛紧要关头深入一线、靠前指挥、分头把守；各部门单位主要负责同志科学组织部署，强化督查督导，保证防汛抗洪工作有力有序进行。强有力的组织领导是取得抗灾胜利的重要经验，历次防汛均发挥了这一特有的制度优势、政治优势、组织优势，保持了既有的高位推动态势，始终把防汛抗灾作为促发展、保稳定的一项重要政治任务，牢牢把握住了工作主动权。

（二）防洪工程建设是夺取抗洪胜利的的物质基础

1998 年大水后，长江防洪建设得到加强，防洪减灾能力明显提高，有效减轻了洪涝灾害损失，是夺取长江防汛抗洪胜利的决定性因素。在抗御 2017 年长江 1 号洪水过程中，尽管三峡水库拦蓄了长江上游 60% ～ 70% 的洪量，下泄流量减至历史同期最小的 8000 立方米每秒，但是洞庭湖区的水位仍然超过保证水位。因此，加强洞庭湖区综合治理，补齐防洪体系短板仍然是十分必要的。下一步要聚焦长江防洪工程体系的薄弱环节，加强主要支流和重要湖泊堤防的建设，特别要针对洞庭湖区重点垸出险比例高于蓄洪垸这一情况，加快推进重点垸加固建设，切实提高防洪能力；要继续推进蓄滞洪区建设，强化防洪水库建设，实施河道综合治理，加强重点地区防洪排涝工程建设和重点中小河流治理，补齐长江防洪工程体系短板，为防汛保安筑牢屏障。

（三）狠抓责任落实是夺取抗洪胜利的关键措施

在历次长江防汛关键时刻，国家防总及时明确了长江干堤每一堤段防守责任人，工作组、督导组深入一线，重点督导检查责任人是否进岗到位，有效督促沿江各地党委、政府严格落实各堤段责任人，各级纪委、监察部门跟踪监督检查，确保责任制落实到岗、到人、到位，形成应对长江洪水的强大责任防线。今后，要继续落实行政首长负责制这一核心，抓住了行政首长这一关键少数，层层传导压力，夯实压紧防汛责任，确保组织到位、人员到位、职责到位、思想到位、指挥到位，确保工作有人抓，问题有人管，将各项防汛工作真正落实到位。

（四）监测预报预警是夺取抗洪胜利的可靠支撑

2017 年汛前，长江委与中国气象局签署战略合作协议，汛期长江防总与长江流域气象中心多次会商天气形势，加强水文气象监测分析，及时发布预报预警信息，提前一周准确预报“6・22”和“6・29”两次强降雨过程，为防汛决策提供了科学依据。今后要进一步强化预测预警，发挥水文测报作用，密切监视水雨情变化，抓住短期预报这个关键，突出延伸期预报这个重点，滚动研判，联合研判，及时提供实时和预报预警水雨情信息；进一步深化合作，加强联合会商，不断提高水文气象预报水平，提升短期预报的精确性、中期预报的前瞻性和长期预报的趋势性，为水库群联合调度决策提供技术保障。

（五）联合防洪调度是夺取抗洪胜利的重要法宝

2016 年汛后，在国家防总领导下，长江防总及时组织开展长江上中游水库群联合调度方案研究，在上游 21 座控制性水库的基础上，将中游清江和洞庭湖水系资水、沅江、澧水上的共 7 座水库纳入 2017 年水库群联合调度范围，2017 年汛前编制完成了《长江上中游水库群联合调度方案》并得到国家防总批复。2017 年防洪实践表明，该方案在科学防御 2017 年长江中游型大洪水方面发挥了重要的指导作用，为上中游水库群联合调度提供了行动指南，是取得防汛成功的关键所在。按照国家防总统一部署，长江防总将继续推进流域水库群联合调度，计划 2020 年前逐步将汉江、鄱阳湖五河以及下游控制性水工程纳入流域水利工程统一调度，充分发挥流域防洪效益。

（六）巡查督导指导是抗洪减灾的有效手段

实行巡查督导，是国家防总和长江防总工作制度的创新，是加强防汛抗旱督察工作的重要方式，是保证防汛抗洪决策部署落到实处的重要手段。通过巡查督导，让沿江各地牢固树立防大汛、抗大洪、抢大险的思想，始终把保障人民群众生命安全放在首位，切实把防汛抗洪抢险救灾作为头等大事抓紧抓实。通过巡查督导，落实了巡查防守责任和重点，落实了防守力量组织和抢险物料配置，落实了堤防全天候巡查与险情处置机制。在历年的抗洪抢险斗争中，国家防总、长江防总及地方工作组、专家组巡回和驻守在防洪一线，一旦有险情，及时指导地方科学处置，有效保障了防洪安全，成效显著。今后，将进一步研究督导指导机制，增强针对性和时效性，充分发挥其防洪减灾作用。

（七）团结协作配合是夺取抗洪胜利的可靠保障

在应对历次洪水过程中，各级党委、政府领导深入一线，靠前指挥；各级防汛抗旱指挥部精心指导，周密安排；相关行业部门和单位密切配合，团结协作；广大军民顽强拼搏，奋勇抢险。各方凝心聚力，形成强大的抗洪抢险救灾合力，是取得防汛抗洪成功的保障。今后，要继续强化职责分工，继续强化协同配合，团结协作，共同抗洪。要针对农村人口“空心化”、群众性队伍组织困难和能力下降等问题，强化军民警民联防联动机制，继续发扬人民解放军、武警官兵、公安干警抗洪抢险主力军的作用，形成各方团结抗洪的强大合力。

三、长江防汛的短板

长江防洪体系仍存在短板，下一步要聚焦长江防洪工程体系的薄弱环节。与此同时，由于经济建设将不断沿着可持续发展方向前进，对防洪的要求将越来越高，以及洪灾对环境的影响、对人民生活质量的影响都将越来越不能为社会所容许和接受。因此，长江流域的防洪任务仍然非常繁重。

（一）支流及湖泊防洪能力仍然偏低

长江上游和中下游支流及湖泊防洪能力偏低，长江流域主要支流和重要湖泊堤防工程面广线长，基础薄弱、堤身质量差，一遇高洪水位则管涌、渗漏等重大险情频发；且部分支流和湖泊尚未形成完整的防洪圈，加之排涝建设长期滞后，防洪排涝能力严重不足。三峡工程建成运用后，中下游地区总体防洪形势有所改善，超额洪量大幅减少，但两湖地区圩堤建设标准偏低、洪道淤积等问题依然存在，澧水洪水与松滋河洪水遭遇导致松澧地区防洪能力偏低，洪涝灾害依然对地区经济和社会发展形成制约。连江支堤和湖区堤防在高洪水位长期浸泡下，出险不断，成为防洪工程的主要薄弱环节。

（二）山洪灾害已成为造成人员伤亡的主要灾害

长江流域地质地貌类型复杂多样，流域内山洪灾害普遍发育，类型齐全，分布广泛，山洪、泥石流、滑坡灾害均超过全国灾害总数的 50% 以上，是我国山洪灾害最为严重的区域之一。山洪灾害大都地处偏僻，交通不便、通讯不畅、群众居住分散，点多、线长、面广的特点增加了山洪灾害的防治难度。近些年来，受全球气候变化影响，长江流域极端天气气候事件增加，越来越频繁发生的山洪灾害已成为防灾减灾和影响山丘区经济和社会可持续发展的突出问题之一，尤其是长江中上游地区，由山洪灾害造成的人员伤亡和财产损失正逐年增加。山洪灾害防治工作点多面广，工程治理措施不足，监测预报预警体系仍显薄弱，加之其具有突发性、普遍性和破坏性的特点，防御任务重、难度大。

（三）蓄滞洪区建设仍然滞后

三峡水利枢纽等控制性工程建成后，长江中游超额洪量有所减少，但遇 1954 年型洪水，中下游干流仍需运用蓄滞洪区分蓄 340 亿～ 400 亿立方米的超额洪水，分洪总量仍然很大，蓄滞洪区在较长时期内仍是长江防洪体系的重要组成部分，蓄滞洪区建设与管理是长江流域防洪建设的一项长期任务。目前，蓄滞洪区建设严重滞后。部分蓄滞区围堤仍未达标，洪湖、武汉附近区和华阳河等 10 余处蓄滞洪区围堤尚需进行加高加固；除荆江分洪区、杜家台分洪区、澧南垸、围堤湖垸、西官垸已建分洪闸外，其他分洪区都没有分洪控制工程，分洪时难以做到及时适量；蓄滞洪区安全建设进展缓慢，洞庭湖区仅澧南垸、围堤湖垸和西官垸结合移民建镇安置了区内的居民，其他仅荆江分洪区、民主垸等蓄滞洪区建有少量的安全区、安全台等安全设施，钱粮湖、大通湖东、共双茶、康山等蓄滞洪区开展了部分安全建设，蓄滞洪区内绝大多数人尚无安置设施；蓄滞洪区人口安置任务重，需安全区（台）、就近后靠永久安置人口约 400 万人，由于现有补偿标准低，群众搬迁意愿不强，实施难度大。因此，当前条件下蓄滞洪区运用难度较大，无法保证蓄滞洪区的有效运用，难以充分发挥其作用。

（四）防洪排涝能力与开发建设严重不平衡

长江中下游平原区的排涝标准一般不高，过去由于堤防防御能力较低，遇稍大洪水即易溃堤成灾，因此常常先涝后洪或洪涝不分，将洪涝灾害泛称为水灾。新中国成立以来的大量防洪建设已大大提高了平原区，特别是其中重点区的防洪标准，因此很多圩区未受溃堤的洪灾。但由于盲目开发利用蓄涝内湖，其排水能力又不适应，常易发生严重涝灾，其损失虽然一般比洪灾较轻，但对平原区的经济发展与生态环境仍有严重的不利影响。因此，今后在继续提高防洪标准的同时也应重视涝灾的防治。

城市是长江流域防洪的重点，流域内现有地级及以上城市89个，占全国总数的31.8%，特大城市15个，占全国总数的27.8%。近些年特别是长江经济带发展战略实施以来，流域城镇化率正迅速提高，长江流域正处于城镇化的快速发展期。部分城市选址和规划布局未考虑规避和减小洪涝风险；城市建设大量侵占河道、湖泊等水体，减小了过洪能力和洪涝调蓄能力；城区不透水面积的迅速扩大，增加了产流量并加大洪峰流量；部分重要城市排涝标准仅为1～3年一遇，明显偏低；中下游沿江城市老城区排水设施老化严重，排涝体系建设投入严重不足等。城市建设用地的迅速扩张和城市财富的高度集中，防洪排涝体系的建设长期滞后于城市化的发展，导致城市开发建设与防洪排涝之间的矛盾日益突出，增加了暴雨洪水的敏感性及城市对洪灾的脆弱性，洪涝灾害频繁发生，严重影响城市的和谐、持续、健康发展。2017年汛期，流域内城市洪涝灾害直接经济损失达57亿元，长沙等多个大中城市不同程度受淹，城市生产生活受到严重影响。

（五）中小河流和中小水库（水电站）安全度汛仍然存在安全隐患

纳入《全国中小河流治理和病险水库除险加固、山洪地质灾害防御和综合治理总体规划》的流域面积3000平方千米以上主要支流治理投入不足，建设缓慢。受总体规模制约，中小河流（流域面积200～3000平方千米）治理规划重点对洪涝灾害发生相对频繁、防洪风险相对较大、受洪水威胁人口较多，以及有较大范围农田等保护对象的河流河段开展治理，治理范围主要为重点城镇河段，尚有较多未列入该规划的河段需要治理。1998年大洪水后，国家加大了病险水库加固建设力度，但流域内仍由大量小型水库防御标准普遍偏低，也有许多刚除险加固的水库未经大洪水考验，中小型水库（水电站）安全度汛任务较重。

（六）水库群联合调度工作仍需进一步加强

近年来，以三峡水库为核心的长江干支流控制性水库群联合调度工作取得了一定成绩，但联合调度工作涉及流域防洪、供水、生态、发电、航运等诸多方面，影响因素众多，既要考虑上下游、左右岸等不同区域需求，又要考虑水利、交通、电力、环保、国土等多部门和多行业的需要，同时还要考虑汛期、非汛期等不同时段的不同需求。目前，联合调度工作的技术基础仍显薄弱，初步形成的联合调度方案与指导流域层面的水库群联合调度实践还存在一定差距，随着水库群规模的不断扩大，水库群联合调度研究在广度和深度上要不断拓宽和加强；控制性水利工程综合调度系统尚需完善，水利工程多目标综合调度模型目前仍处开发阶段，调度预案模拟及评价体系尚未形成，水库群联合调度决策支持系统平台尚不能全面满足联合调度的实时需求，综合调度系统亟须完善；联合调度体制机制亟须健全，现有的法律法规对长江流域控制性水库联合调度还没有细致的规定，需要逐步完善水库统一调度管理体制，不断健全协调协商、利益补偿、风险控制等管理机制。

（七）防洪非工程措施仍不完善

尽管目前流域内已初步建立了一套基本适应当前防汛需要的防汛指挥系统，山洪灾害预警系统和水库群联合调度也逐步发挥作用。但近年来极端天气事件多发，局部超历史记录的强降雨、极端高温干旱和超强台风等事件时常发生，水旱灾害的突发性、频发性、不可预见性日显突出，准确预测预报极端天气事件的难度加大，预警时效性难以保证；流域洪水风险管理工作仍需加快推进，尤其是要加快重点地区洪水风险图的编制；山洪灾害预警系统的运行维护还存在经费不足、人员培训不足、设备维修维护不及时等诸多问题；中小城镇建设发展未能统筹安排洪水出路，人水争地现象显著，导致洪涝灾害加重；部分河流的洪水调度方案、部分地区防汛抢险应急预案等方案、预案不能适应其当前实际的防汛形势，需要进一步更新完善；中下游尚有部分控制性水库未纳入流域控制性水库群联合调度体系，防洪与水资源统一调度基础仍相对薄弱；长江防汛指挥系统覆盖不全不细，仍需进一步建设；2017 年的防洪救灾过程中还不同程度存在防洪法规不完善、管理不健全、通讯保障不高等问题。

同时，在新媒体时代，防汛抗旱关注度高，社会敏感、群众关注，人民期望越来越高，新兴媒体的快速报道对突发事件应急处置的影响越来越大，对应急处置能力和决策指挥水平提出了新考验。而农村大量青壮年劳动力外出务工，群众性查险抢险能力缺乏，实战经验不足，抢险人员落实难，也一定程度影响防汛抗旱应急保障能力。

四、长江防汛的出路

在新的条件下，应妥善协调人类活动和社会发展与洪水的关系，取得更好的减灾效果。

（一）继续加快干支流堤防工程建设

尽快完成长江干堤重点薄弱环节和连江支堤的达标建设，加强松滋江堤、南线大堤等长江干堤除险加固。加快开展乌江、汉江、湖南湘资沅澧四水、江西赣抚信饶修五河、四川五江一河（嘉陵江、涪江、沱江、岷江、渠江、安宁河）、富水、黄盖湖、裕溪河、皖河、秋浦河、滁河等主要支流的重点河段及洞庭湖区、鄱阳湖区、环巢湖堤防建设。

（二）进一步加强山洪灾害防治工作

抓紧启动实施长江流域防洪规划确定的山洪灾害调查评价、非工程措施补充完善

和重点山洪沟防洪治理任务，加强山洪灾害预测预警、山洪灾害风险评估、山洪灾害防治工程治理技术等工作。尽快完成山洪灾害防治区灾害调查评价，坚持以非工程措施为主、工程措施与非工程措施相结合，完善专群结合的监测预警体系，加快实施重点隐患区防灾避让和重点治理。

（三）尽快加强中下游蓄滞洪区建设

抓紧开展蓄滞洪区围堤达标和安全设施建设，重点建设钱粮湖垸、共双茶垸、大通湖东垸、洪湖东分块、围堤湖垸、民主垸、城西垸、澧南垸、西官垸、建设垸、杜家台、康山、华阳河13处蓄滞洪区，优先安排城陵矶附近钱粮湖垸、共双茶垸、大通湖东垸和洪湖东分块约100亿立方米的蓄滞洪区及杜家台、康山蓄滞洪区建设。逐步实施一般蓄滞洪区围堤达标和安全设施建设。加强蓄滞洪区人口管理和产业结构调整，尽快使蓄滞洪区的运用达到适时适量的条件。

（四）抓紧开展重点地区排涝工程建设

针对城市防洪排涝和中下游平原易涝区排涝能力不足的现实，完善以长江流域89个地级以上城市及县级城市为重点的城市防洪排涝体系，提高沿江城镇和产业园区防洪排涝标准。加快湖南洞庭湖区、湖北江汉平原、江西鄱阳湖区、安徽沿江圩区、江苏通南地区、上海三岛地区等重点涝区排涝工程建设，全面提高流域内城镇和平原易涝区排涝能力。在全面普查、摸清现状基础上，结合经济社会发展要求，编制沿江产业园区防洪治涝实施规划，健全沿江城镇和产业园区防汛预报预警、指挥调度、应急抢险等防洪非工程措施。

（五）全力做好中小水库（水电站）安全度汛管理和中小河流治理

按照管理权限逐一落实所有水库、水电站的防汛行政、主管部门、技术和管护责任人，将责任落实到工程建设、汛前准备、队伍组织、物资储备、防洪调度、应急抢险、人员转移等各个环节。完善必要的观测、通讯、预警设备，制定和完善水库调度运用方案和安全管理应急预案。确保水库（水电站）切实做好隐患排查和水毁修复，汛期严格执行调度运用计划，严禁擅自超汛限水位运行，切实做好巡坝查险和应急抢险，有效应对突发险情。全面落实国务院常务会议审议通过的《灾后水利薄弱环节和城市排水防涝补短板行动方案》，针对部分水库存在的主要病险问题，通过采取综合加固措施，消除病险，确保工程安全和正常使用，恢复和完善水库应有的防洪减灾和兴利效益。继续坚持“因地制宜、突出重点”的原则，完成流域面积在200～3000平方千米的有防洪任务的重点中小河流重要河段治理，使治理河段基本达到国家防洪标准，优先安排洪涝灾害易发、保护区人口密集、保护对象重要的河流及河段加固堤岸和清淤疏浚，并逐步扩大中小河流治理范围。

（六）提高联合调度水平和能力

继续深化水库群联合调度技术研究，以长江流域水库群联合调度研究顶层设计为指导，发挥长江委整体优势，联合国内科研院校，坚持政府和市场两手发力，多方筹集资金，持续推进联合调度技术研究工作。结合上游水库建设的进展和近年来长江流域防洪抗旱实际情况，扩大调度范围，拓宽调度内容，加大研究深度，进一步优化和细化各水库的防洪和蓄水调度原则。研究提出各水库针对不同地区、不同任务、不同时期的蓄泄水方案，修订完善流域水库群联合调度方案。同时，在 2017 年水库群联合调度范围扩展到城陵矶以上的基础上，要进一步拓展联合调度范围和规模，2018 年扩展至全流域主要控制性水库，争取 2020 年前后实现包含水库、泵站和闸坝等全流域水利工程的联合调度。

（七）继续完善防洪非工程配套措施

继续完善气象、水文站网建设，进一步提高暴雨等灾害性天气监测、预警和预报水平。加强长江防汛指挥系统建设，尽快立项建设长江流域控制性水利工程综合调度系统，完成监测与评价、信息采集与共享、预报调度及会商等业务系统的开发、协调和集成，统筹考虑防洪、供水、灌溉、航运、生态等方面需求，建立集多任务、多目标、多区域一体的综合调度系统，进一步提升流域水库群调度的现代化水平。进一步开展以三峡水库为核心的水库群联合调度，增强流域防洪和水资源调节能力，充分发挥水库群综合效益。加强以监测预警为重点的山洪灾害防治非工程措施建设。加强蓄滞洪区管理。推进洪水灾害风险管理，抓紧编制重点地区、重要防洪城市和居民密集区的洪水风险图，城镇建设和工业园区扩大和选址要开展洪水灾害风险评估，禁止侵占河湖，维护河湖功能，统筹安排洪水出路。

第八章

新时期长江防洪面临的形势及展望

回首往昔，长江防洪治理走过了 70 年如歌征程，谱写了震古烁今的灿烂篇章，取得了举世瞩目的巨大成就。展望未来，我们站在为实现百年治江宏图而奋斗的新的历史起点，随着长江经济带发展战略的深入实施、“两个一百年”奋斗目标的逐步贯彻，国家对长江流域防洪保安提出了更高的要求。按照“节水优先、空间均衡、系统治理、两手发力”的新时期治水思路和“水利工程补短板，水利行业强监管”的水利改革发展总基调，坚持“以人为本，人与自然和谐相处”的原则，结合新形势和新要求，研究提出新时期长江防洪减灾举措。

第一节　新时期长江防洪减灾面临的形势和挑战

经过数十年不断的防洪建设，长江中下游基本建成了以堤防为基础，三峡工程为骨干，其他干支流水库、蓄滞洪区、河道整治相配合，平垸行洪、退田还湖、水土保持等工程措施和防洪非工程措施相结合的防洪减灾体系，防洪能力显著提高。但近年来的防洪实践表明长江防洪仍存在以下主要问题：一是长江中下游河道安全泄量与长江洪水峰高量大的矛盾仍然突出，三峡工程虽有防洪库容 221.5 亿立方米，但相对于长江中下游巨大的超额洪量，防洪库容仍然不足，遇 1954 年型大洪水，中下游干流还有 340 亿～ 400 亿立方米的超额洪量需要妥善安排，而大部分蓄滞洪区安全建设滞后，一旦启用损失巨大；二是中下游支流及湖泊防洪能力偏低，特别是堤防大部分未达标；三是三峡工程及长江上游控制性水库运用后“清水”下泄导致中下游干流河道发生长时间的冲淤调整，对江湖关系带来影响，局部河段崩岸问题突出，危及河势和堤防安全；四是中小河流治理和山洪灾害防治还处于起步阶段，小型病险水库点多面广，亟待除险加固；五是沿江（河）城市和重点区域在经济发展过程中占用、填埋河湖水域，加之排涝能力较低，近年来频陷内涝之困，承受“看海”之苦；六是防洪非工程措施仍不同程度地存在防洪法规不完善、管理不健全、信息化程度不高等问题，防洪减灾体制机制有待进一步完善。

2018 年 4 月，习近平总书记考察长江时强调：“水患仍是我们面对的最严重的自然灾害之一。要认真研究在实现‘两个一百年’奋斗目标的进程中，防灾减灾的短板是什么，要拿出战略举措。”防洪减灾是长江生态保护和绿色发展中需要解决的突出问题，需要重点突破，并与流域经济和社会发展相协同。在实现“两个一百年”奋斗目标过程中，防洪减灾面临以下严峻挑战。

一、经济和社会发展对长江防洪提出了更高要求

随着长江经济带发展战略的深入推进，沿江城镇化格局不断优化，长江三角洲、长江中游、成渝、黔中和滇中区域性城市群的快速发展，长江流域的城市化率将不断提高。城市化对防洪减灾有两方面的影响：一方面使致灾因素加强；另一方面使洪灾的损失加大，城市洪灾损失在整个洪灾损失中所占的比例将越来越大。其具体表现为：一是由于排放废热的增加，城市上空出现热岛效应，增加城区的降雨强度和降雨频率，如 2016 年 6 月 30 日 8 点至 7 月 6 日 17 点，武汉气象站累计雨量达 581.5 毫米，刷新了武汉有气象记录以来周降水量最大值；二是城市进行建设时一些天然湖泊、水塘等被填平改造，沟渠被堵塞占用，地表不透水面积的增加，使地表水入渗地下和湖泊调蓄减少导致地表径流将增加；三是由于资产、财富密度增加，洪灾的经济损失将同步增长，伴随城市的现代化，地下交通、商业、仓储等设施大量增加，这些设施最易因洪涝灾害造成较大损失。

经济和社会的发展对长江防洪的新要求还体现在：一是长江中下游蓄滞洪区需要长期保留，蓄滞洪区既要保证在需要分洪时能适时、适量的调度运用，也需要考虑区内人民脱贫致富奔小康的适度发展要求，因而需要根据防洪形势的变化及时调整蓄滞洪区布局，对蓄滞洪区的土地利用和安全建设要探求新的思路；二是随着经济和社会的发展，沿江堤防保护对象的重要性发生了变化，近年来，江西、安徽、江苏、上海等省（市）多次提出提高干流防洪能力的需求，迫切需要进行长江中下游防洪控制水位优化论证及研究提高部分低等级堤防的防洪标准。

二、极端天气事件频繁发生带来的新挑战

受全球气候变化影响，近年来长江流域极端天气事件频发。20 世纪 90 年代长江流域连续发生了 1991 年、1995 年、1996 年、1998 年和 1999 年等多次大洪水，特别是 1998 年全流域型大洪水造成损失巨大。近年来局地突发性强降雨频繁出现，多地降雨强度创历史极值，如 2016 年汛期湖北多地短历时降雨量居历史第一位；2017 年

洞庭湖的湘江、资水和沅江发生历史罕见的洪水。这些情况表明，全球气候变化对长江流域降雨的影响正在日益显现。为了有效应对极端气候条件下局部区域甚至全流域可能发生的超标准洪水，迫切需要进一步完善洪水预报预警和超标准洪水防御方案等非工程措施，提升应急管理能力，加快向洪水风险管理转变。

三、长江中下游平原区蓄洪空间日渐减少的影响

长江中下游平原区历史上就是我国湖泊最多的区域，长期以来，随着干支流泥沙的逐年淤积，以及人口增长和消灭血吸虫病害要求等，湖泊洲滩被不断围垦开发利用，调蓄洪水的空间逐渐缩小。1949年，大通以上直接通江湖泊面积为1.72万平方千米，目前的面积仅为6500平方千米（仅有洞庭湖、鄱阳湖与长江连通）。

近年来随着经济和社会的快速发展，长江流域的支流、湖泊普遍存在填湖造地、挤占河道现象，原有河港水系被破坏和淤塞，支流通江能力、内湖的蓄洪能力大幅下降。这就造成了两方面的影响：一方面受长江干流高水位顶托，沿江支流、湖泊洪水大都无法自排，蓄涝湖泊面积减少、机排能力不足，导致洪水位居高不下，“关门淹”情况十分突出；另一方面一些经济较发达地区大幅增加对江外排泵站，将支流的防洪压力转移到长江干流，对整体防洪产生影响。

四、长江上游控制性水库群建设的影响

按照国务院批复的《长江流域综合规划（2012—2030年）》的总体部署，从流域防洪减灾及兴利的要求出发，长江上游干支流将逐步建成一大批库容大、调节能力好的综合利用水库，其总调节库容约1000亿立方米，总防洪库容约570亿立方米。长江上游控制性水库群在发挥巨大综合效益的同时，也改变了中下游的水沙条件，将导致中下游河道河势、江湖关系、水资源情势等发生新的变化。

目前，以三峡工程为核心的长江上游地区控制性水库正相继投入运行，引起的水文情势变化对中下游的影响逐渐显现。长江中下游干流河道多为沙质河床，受“清水”下泄的影响，滩槽冲淤加剧、崩岸险情增加，现有河势控制工程的稳定受到威胁，需加大治理力度。考虑长江上游控制性水库群的防洪作用，结合江湖关系、蓄泄关系的变化，有必要研究对中下游蓄滞洪区布局进行调整。统筹考虑防洪、水资源利用、水生态环境保护的要求，需研究对控制性水库群实行统一调度管理，充分发挥其经济效益、社会效益和生态环境效益。

第二节　新时期长江防洪减灾需贯彻人水和谐的理念

一、长江防洪减灾目前所处的历史阶段

长江中下游平原区是在历史长河中由长江干支流泥沙淤积形成的冲积平原。古云梦泽、洞庭湖、彭蠡泽、巢湖、震泽（太湖）等都在这一地区内。它承泄长江上游和中下游支流的来水来沙，经过水沙的长期作用和人类活动的干预，几经沧桑逐步演变成今日富庶的平原。

人类与洪水的斗争产生于对江河平原的开发，人类防洪减灾的策略也将随着经济和社会的发展以及冲积平原开发的程度而发展变化。从人与水的关系来看，防洪大体上会经历三个历史阶段：

1. 人适应水的阶段

本阶段以人类被动适应自然为主要特征，减轻洪灾损失以“躲避洪水”为主。在人类发展的初始阶段，生产力水平低，改造自然的能力有限，人类怕水，把水看成神。在这一阶段，人类“择丘陵而处之”，以躲避洪水灾害。在开始定居于冲积平原和发展农业的初期，人类只能进行局部的低标准的防洪保护。

2. 水适应人的阶段

本阶段以人类主动改造自然为主要特征，防洪减灾的主导思想为“控制洪水”。随着生产力水平的提高和人口的增加，人类改造自然的意愿和能力在加强。特别是人口增加后，人类对土地的需求不断增长，迫切需要对水进行控制，通过建设水利工程来改造河流、调蓄洪水等以保障经济和社会发展的安全。随着社会财富的增长、生产力的提高和科学技术的发展，改造自然，控制洪水，将洪水尽可能限制在人类生存和发展的空间之外，成为防洪减灾的主要对策。

3. 人水和谐的阶段

本阶段以人类主动适应洪水为主要特征，防洪减灾的主导思想为“洪水管理”。人类在与洪水的斗争中取得了巨大经济效益的同时，也产生了一系列新的问题。例如防洪标准提高后，仍有可能发生超标准洪水，造成巨大灾害。人们发现，在大规模改造自然、试图征服洪水的过程中，人与自然的矛盾逐步加深，虽然提高了部分地区的防洪能力，减少了直接经济损失，但不可避免地抬高了洪水位，加重了洪水的威胁。防洪的投入不断增加，而减灾的效果并不明显。人们逐渐认识到：洪水形成的灾害大大超过了人类的控制能力，就当代的技术经济条件，要完全消除洪水灾害是不可能的。

人类必须以科学的态度，从长远发展和全局利益考虑，既要适当地控制洪水、改造自然，又要主动地适应洪水、与自然和谐共处。

从整体上看，长江防洪目前处于从第二阶段向第三阶段的过渡时期。一方面长江防洪的主要手段是依靠防洪工程控制洪水，特别是 1998 年大洪水后长江流域实施了大规模的防洪工程建设，长江中下游干堤及主要城市堤防已基本达标，三峡等一大批干支流控制性水库相继建成并发挥防洪作用等，流域整体防洪能力显著提高，发生常遇洪水，长江干流和主要支流可安全度汛。另一方面 1998 年大洪水后在长江中下游湖南、湖北、江西、安徽四省实施了“平垸行洪、退田还湖、移民建镇”政策，加强了蓄滞洪区风险管理，探索了控制性水库的洪水资源化利用，开展了洪水风险图制作试点工作等，在洪水管理方面进行了积极探索和初步实践。

但近年来，2016 年、2017 年长江中下游发生的区域性大洪水暴露出长江防洪减灾存在的薄弱环节和突出问题，特别是城市洪涝灾害问题、中小河流洪灾问题和生态环境问题日益突出，洪灾经济损失并未减少。今后随着长江流域经济和社会快速发展，若不严格规范人类活动，人水争地势必愈演愈烈，最终受害的还是我们自身。

二、人水和谐防洪理念的内涵

江河洪水是一种自然现象，而江河洪灾则是由于人类在开发江河冲积平原的过程中，进入洪泛的高风险区而产生的问题。当洪水来量超过人们给予江河的蓄泄能力时，自然就对人类实行报复。洪灾是人类为争取生存和发展空间而与洪水反复斗争中不断出现的一种现象。

长江沿岸平原地区经济比较发达，人口众多，需要修建堤防保护。堤防需依据长江流域防洪规划，考虑保护对象的重要性，按确定的标准进行建设。若不按规划要求，任意侵占洪水的宣泄通道和调蓄场所，必然会出现小洪水高水位的情况。在长江中下游堤基二元结构较差的地质条件下，堤高水高会导致或加重管涌等险情，一旦堤防决口，损失也更加严重。

国内外的防洪实践已经证明，要完全消除洪涝灾害是不可能的，在防洪工程建设的同时，要特别重视约束人类自身的各种不顾后果、过度开发利用土地和破坏生态环境的行为，并采取综合措施，将洪水灾害减少到人类经济和社会可持续发展所容许的程度。“与洪水共处”，这几乎是世界各地反思自身历史经验后所得到的共识。

防洪减灾工作事实上是一种对洪水灾害的抗御和风险管理，防洪理念要从无序、无节制地与水争地转变为有序、可持续地与洪水协调共处。通过重构人与自然之间的平衡，既支撑经济和社会发展与保障生命财产安全，又保护人类赖以生存与发展的生态环境。

长江流域生态地位突出，流域以水为纽带，连接上下游、左右岸、干支流，形成完整的自然生态系统。在洪水的脉动中，冲积平原湿地与水的融合，对流域生态系统发挥着不可替代的作用。遵循自然规律、与洪水协调共处，是保护流域生态系统的重要内容。

在推动长江经济带发展座谈会上，习近平总书记强调：要走生态优先、绿色发展之路，把修复长江生态环境摆在压倒性位置，共抓大保护、不搞大开发，使绿水青山产生巨大生态效益、经济效益和社会效益，使母亲河永葆生机活力。习近平总书记在唐山调研考察时还明确要求：防灾减灾救灾工作要坚持以防为主、防抗救相结合，坚持常态减灾和非常态救灾相统一，努力实现从注重灾后救助向注重灾前预防转变，从应对单一灾种向综合减灾转变，从减少灾害损失向减轻灾害风险转变。长江防洪减灾工作遵循人水和谐理念，按照“两个坚持、三个转变”的总体要求转变工作思路，是切实贯彻落实习近平总书记重要讲话精神，积极践行五大发展理念和水利部党组新时期水利工作方针的具体体现，是推进长江流域生态文明建设的内在要求。

新时期长江防洪减灾要树立以人民为中心的发展思想和山水林田湖是一个生命共同体的系统思维，遵循人水和谐的理念，按照“两个坚持、三个转变”的总体要求，建立标准适度的防洪工程体系，着力强化防洪非工程措施，统筹抗旱和生态环境保护，建成全面的防洪减灾体系，实现由控制洪水向洪水管理的转变，全面提升防洪减灾能力，支撑长江经济带绿色发展。全面的防洪减灾体系具有以下特征：

（1）防洪工程建设标准适度，防洪工程体系完善

防洪工程是保障流域防洪安全的基础设施，长江流域面积大，涉及省份多，不同省份、地区经济发展很不平衡，不同区域、干流与支流防洪工程建设程度差别大。各区域应结合自身防洪特点，补齐防洪工程设施不足的短板。

在防洪工程体系建设中要特别重视科学确定工程的防洪标准，要与国家与地方的财政承受能力、遭受灾害后的社会经济影响以及灾后重建的恢复能力等相适应。

（2）建立先进的洪水防御体系，支撑防洪工程充分发挥防洪效益

以科技为支撑，按照长江流域信息化顶层设计的总体要求，促进信息化与流域防洪管理深度融合，推进信息资源整合与共享，提高防洪科技含量，不断提升流域防洪管理能力和水平。以信息化促进实现防洪减灾现代化。

应用现代科技，提高暴雨洪水预报水平和防洪工程体系联合调度水平，科学制定防御洪水预案；研究、引进新技术、新材料和新设备，提高防洪工程的查险、抢险水平。通过科学调度和管理，充分发挥防洪工程体系的作用，最大限度地减少灾害损失。

（3）建立严格的洪水风险管理制度，有效规范人的活动

江河冲积平原的开发利用必须适度，不能无节制地与水争地，在发生大洪水或特大洪水时要让出一定数量的土地，为洪水提供足够的蓄泄场所，以免发生影响全局的毁灭性灾害。通过加强法律、法规等制度建设，规范人的活动，有的地方适当迁移人口，为洪水提供蓄泄场所，主动规避洪水风险。

建立严格的管理制度，保护河道、湖泊、蓄滞洪区、洲滩民垸不被侵占。加强洪涝灾害社会化管理，提高社会公众的防洪参与意识。建立行蓄洪补偿机制，注重寻求风险转移和利益补偿的平衡。探索建立洪水保险机制，提高承受洪涝风险和灾后自我恢复的能力。

（4）在保障防洪安全的同时，将水资源利用和生态环境保护作为重要目标

随着经济和社会发展，长江流域水资源供需矛盾日益突出，水生态环境呈恶化趋势。受气候变化影响，极端天气频发，部分地区出现严重干旱或涝旱急转。洪水本质上是淡水资源，洪水资源化是洪水管理的重要内容。以科学调控和合理利用为主要手段，发挥洪水的水、沙资源优势，在保障防洪安全的前提下，增加洪水在流域内的停留时间与存量，进行水资源的丰枯调配，提高水资源利用效率。

将水生态文明理念融入防洪工程建设，尽可能保留江河湖泊的自然形态，为动植物的栖息繁衍提供条件，同时达到自然补充地下水资源、合理调控洪水演进速度、保持河流自然景观等综合目的。在保障防洪安全、生态安全及河势稳定的前提下，合理有序开发利用长江岸线资源。

第三节　新时期长江防洪减灾的重要举措

贯彻人水和谐的防洪理念，适应新形势，软硬结合、建管并重，在补齐短板上精准发力，建成长江流域全面的防洪减灾体系。

一、继续完善防洪工程体系

遵循“蓄泄兼筹、以泄为主”的方针，坚持“江湖两利”和“左右岸兼顾、上中下游协调”的原则，聚焦防洪基础设施的突出软肋，完善长江流域标准适度的防洪工程体系。

（一）加强堤防工程建设

根据各段堤防的重要性，按照国家规定划分等级加以建设。当前需完成支流重点河段堤防、连江支堤及重点海堤的达标建设，继续实施洞庭湖、鄱阳湖重点垸和蓄滞

洪区圩堤加固。为适应一般的防汛工作逐步由大量人员上堤改为主要由专业队伍承担的要求，且在有三峡等干支流控制性水库进行调洪的情况下遇大洪水出现高洪水位的历时还可能延长，因而中下游堤防应视情况进一步除险加固，以提高其安全性。

（二）推进蓄滞洪区安全建设

三峡等控制性水库建成后蓄滞洪区仍然需要，并将长期保留，只不过是使用概率减小。按照人地分离的思路进行蓄滞洪区安全建设，做到分蓄洪时淹地不淹人和财产。当前需加快重要蓄滞洪区安全建设，逐步实施一般蓄滞洪区安全建设。加强蓄滞洪区人口、土地管理和产业结构调整，尽快使蓄滞洪区达到适时适量运用的条件。

（三）实施河道系统治理

充分考虑干支流水库蓄水运用对河道冲淤的影响，进一步巩固以往河势控制和崩岸治理成果，加快对新出现的和可能出现的崩岸险情进行治理，避免河势出现重大调整。统筹考虑黄金水道建设及长江经济带主要设施布局对河势稳定和防洪保安的新要求，开展宜宾以下干流以及主要支流的系统治理。

（四）强化水库建设

结合兴利建设干支流水库，拦蓄洪水，减轻防洪压力。积极推进长江上游金沙江、雅砻江、大渡河等干支流控制性水库建设，加快兴建资水金塘冲等具有防洪作用的大中型水库，积极开展清江姚家坪，澧水宜冲桥、凉水口、新街，信江流口等水库工程前期工作，研究扩大已建的瀑布沟、锦屏一级、五强溪、万安、柘林等水库的防洪库容。继续对未进行过除险加固的小型水库和近年出险的水库实施除险加固，消除防洪隐患。

（五）建设城市等重点地区防洪排涝工程

加固城市防洪封闭圈堤防。遵循“海绵城市”理念，因地制宜地加强城市水系连通、河湖清淤、低洼地段的排涝设施和地下排水系统建设。加强洞庭湖区、江汉平原区、鄱阳湖区、沿江圩区等重点涝区的排涝、蓄涝工程建设。

（六）加强重点中小河流治理

完成列入防洪规划的重点中小河流重要河段治理，实施加固堤岸和清淤疏浚等工程。优先安排洪涝灾害易发、保护区人口密集、保护对象重要的河流治理。

二、建立先进的洪水防御体系

将现代先进技术应用于暴雨洪水监测预报、洪水调度、防洪决策、防洪工程管理，通过优化水库、蓄滞洪区等工程的联合调度，充分发挥防洪工程的防洪作用。

（一）提高暴雨洪水预报预警能力

完善水文、气象站网建设，推进流域综合监测站网优化布设、创新测验方法，实现流域内气象、海洋、交通、水利等不同行业、部门监测信息的共享。深入开展水利水电工程建成后带来的水文情势变化规律研究，修订完善干支流控制断面及水利工程暴雨洪水预报方案。积极应对全球气候变化对极端天气事件影响，进一步提高对暴雨等灾害性天气的监测、预警和预报水平，延长预见期，提高预报精度。

（二）促进长江干支流控制性水库群防洪联合优化调度

结合洪水预报，科学制定控制性水库群防洪联合调度方案，促进控制性水库在减轻水库下游或本支流洪灾损失的同时，尽可能承担中下游地区的防洪任务，配合三峡水库拦蓄洪水，以尽量减少中下游地区的超额洪量和蓄滞洪区的运用概率。

（三）加强大型排涝泵站统一调度

长江中下游大型排涝泵站目前由地方负责建设和管理，在汛期当长江干流洪水达到一定量级条件下，宜由长江委或省级防汛主管部门进行沿江大型排涝泵站的统一调度，以协调好长江干流防洪与区域排涝的关系。各地应出台有关管理办法，将规模以上的排涝泵站运行管理纳入统一调度范围。

（四）完善流域防御洪水方案体系

结合防汛实际，完善流域防洪、城市洪涝、防洪工程调度、水库安全度汛、抗洪抢险、队伍组织、物料储备、巡堤查险、人员转移等各项方案和预案。启动雅砻江、岷江、洞庭湖水系、鄱阳湖水系等重要支流防御洪水方案和洪水调度方案的编制。编制较大河流的防御洪水方案和洪水调度方案，形成流域洪水调度方案体系；细化、制定流域防御超标准洪水和特大洪水预案，编制重要和一般蓄滞洪区的运用预案并组织演练。

（五）加强山洪灾害防治

按照“防治结合、以防为主”的方针，继续加强山洪灾害防治，重点提高山洪灾害的监测、预警水平，细化群测群防措施，巩固提升山洪灾害防御非工程措施。进一步开展山洪灾害风险管理，排查居民点、工矿企业等的风险隐患，做好避险防灾工作，防止群死群伤事件发生。

（六）提升应急管理能力

完善洪涝灾害、突发崩岸、水利工程重大质量和安全事故等突发水安全事件的应急响应机制，强化抢险队伍运行管理，完善军地协调联动制度，建立健全防汛抗旱专家库，加强防汛通信网络等设施的管理，确保防汛抗旱信息、指令及时传递。针对近年来突出的城市排涝问题，强化城市地下空间和公共设施的防洪管理，落实应急抢排、交通管制和人员疏散等防范措施。

（七）加强防汛信息化建设

融合大数据、物联网、三维模拟仿真、云计算、3S 等现代信息技术，以现有信息资源为基础，建立先进的防汛管理业务平台，拓展系统自动、智能的分析能力，提升流域防洪调度的现代化水平。将先进装备运用于堤防、水库大坝、河岸等查险、抢险，提高防汛抢险专业化水平。

三、建立洪水风险管理制度

把确保人民群众生命安全放在首位，增强全民防洪减灾意识，提升公众知识普及和自救互救技能。建立严格的洪水风险管理制度，尊重自然规律，有效协调人与自然的关系，给洪水以出路，以满足经济和社会可持续发展的要求。

（一）强化风险管理

开展河流湖泊的行蓄洪空间划定工作，与国土空间规划对接，开展水域空间管控要求研究。继续完善洪水风险图的编制和应用，建立流域洪涝灾害风险区划图，推进洪涝灾害社会化管理，严格管控高风险区建设项目，指导流域防汛工作和经济社会发展布局。开展洪涝灾害保险制度研究，探索利用社会资金补偿洪涝灾害损失。开展公众防洪减灾知识教育和技能培训，进一步提高社会大众防范洪涝灾害的意识和能力。

（二）全面落实河（湖）长制

在长江流域全面推行河（湖）制，禁止侵占自然河湖、湿地，恢复河湖水系的自然连通，构建责任明确、协调有序、监管严格、保护有力的河湖管理保护机制，维护河湖健康生命，实现河湖功能永续利用。

（三）制定蓄滞洪区和洲滩民垸管理制度

在满足长江防洪总体要求的前提下，妥善处理好蓄滞洪区和洲滩民垸行蓄洪与自身防洪保安的关系。禁止任何侵占蓄滞洪区的行为，特别是禁止在重要和一般蓄滞洪区的安全区外开展城镇化及产业园建设。制定长江中下游洲滩民垸管理与保护办法。

四、加强防洪重大问题研究

长江经济带发展国家战略为治江事业带来了新机遇，生态优先、绿色发展的战略定位为治江工作提供了根本遵循。长江防洪减灾关乎人民群众生命财产安全，关乎国家经济和社会发展大局，要贯彻人水和谐的理念，尊重自然规律，围绕长江防洪减灾面临的新形势、新要求，加强防洪重大问题的研究，妥善处理好蓄泄关系、江湖关系，建成全面的防洪减灾体系，使洪水行其道、居其所，保障长江经济带发展国家战略顺

利实施。

（一）变化环境下多尺度水文气象预报技术研究

准确、及时的水文气象预报信息是开展防洪减灾的“参谋”与“耳目”。近年来，随着水文气象监测和水文气象耦合等技术的快速发展，水文气象预报技术取得了长足的进步。但全球气候变化、流域巨型水库群调控等人类活动都给水文气象预报带来了新的挑战，对水文气象预报提出了新的更高的要求。因此，亟须开展变化环境下多尺度水文气象预报技术研究，延长水文气象预报的预见期，提高预报精度，发挥好水工程调洪补枯的能力。

应主要从局部强降雨过程定量降雨预报方法、多尺度降雨预报方法及应用、基于水库防洪补偿调度的区间洪水预报技术、多阻断条件下水库洪水波演进规律、基于水文气象耦合的洪水概率预报方法等方面开展研究。

（二）新水沙条件下长江中下游河道演变及江湖关系变化研究

新水沙条件下长江中下游河道演变及江湖关系变化是中下游河湖治理与保护中需要研究的重要问题，也是研究新水沙条件下中下游地区防洪问题、水资源利用、水环境和水生态保护问题等的基础。近年来，长江中下游在输沙量大幅减少的水沙情势下，中下游干流河道在全线冲刷的同时，局部河势调整加剧，岸线利用保护和黄金水道能力提升受到限制，水沙条件、河湖冲淤以及由此引发的江湖关系变化是一个长期和复杂的过程。有必要在以往研究成果的基础上，进一步加强最新实测资料对比分析，继续深入开展新的水沙条件下长江中下游河道冲淤演变和江湖关系变化研究，为新形势下长江中下游河湖治理与保护工作提供科学依据。

应主要从长江中下游水沙变化和趋势、长江中下游江湖冲淤变化观测和研究、长江中下游主要站水位—流量关系变化、长江与洞庭湖关系变化、长江与鄱阳湖关系变化等方面开展研究。

（三）长江洪水管理研究

目前，长江防洪处于从“水适应人”向“人水和谐”的过渡时期，长江中下游干堤及主要城市堤防已基本达标，三峡等一大批干支流控制性水库相继建成，流域整体防洪能力显著提高，在长江中下游实施了平垸行洪、退田还湖、移民建镇，并在蓄滞洪区风险管理、水库洪水资源化调度、洪水风险图制作等洪水管理方面进行了积极探索和实践。新时期长江防洪减灾将遵循人水和谐的理念，按照“两个坚持、三个转变”的总体要求，转变防洪理念和工作思路，深入开展长江洪水管理科学研究，为实现由“控制洪水”向“管理洪水”的转变提供技术支撑。

应主要从长江洪水管理现状和问题分析、长江洪水风险识别、长江洪水管理法规、长江洪水管理体制机制、长江洪水管理指导意见等方面开展研究。

（四）长江中下游防洪布局优化调整研究

防洪控制水位是流域防洪安全控制指标，也是防洪布局的依据。随着长江经济带发展战略的深入推进，防洪保护区对防洪安全保障制度有了更高的要求。当前江湖关系和流域工情发生了显著变化，局部地区特别是部分蓄滞洪区人水关系矛盾日益突出，蓄滞洪区启用困难且一旦分洪损失巨大，已经成为长江中下游防洪减灾建设的主要短板，迫切需要开展中下游防洪布局调整研究，以协调上下游、左右岸、干支流等不同区域的利益和关系，进一步完善长江中下游防洪体系，指导长江中下游堤防、蓄滞洪区等防洪工程建设，为新一轮《长江流域防洪规划》和《长江流域综合规划》修编提供支撑。

应主要从新的水沙条件和控制工程调控影响下的长江中下游江湖关系变化、长江中下游洲滩民垸行蓄洪作用、长江中下游防洪控制水位、长江中游蓄滞洪区建设与管理方案、长江中下游防洪减灾优化布局方案等方面开展研究。

（五）气候变化背景下极端洪涝灾害及对策研究

长江流域是我国经济和社会可持续发展的重要依托。长江流域水资源相对较为充沛，但降水时空分布不均，容易出现洪水和干旱灾害。随着气候变化影响的深入，水循环要素（如降水、径流、土壤湿度等）发生了显著的改变，进而引发水资源在时间和空间上的重新分配，导致流域内洪涝等极端水文事件呈现出广发和频发态势。需要研究未来气候变化背景下长江流域极端洪涝事件的演变特征及发展趋势，提出综合应对措施，有利于提高长江流域防洪管理水平。

应主要从长江流域极端洪涝灾害时空演变特征及驱动机制、气候变化下长江流域洪涝灾害演变预估、长江流域山洪灾害防治技术与示范、气候变化背景下西藏典型区域冰湖溃决与灾害防控、长江流域特大洪水防御对策等方面开展研究。

（六）长江流域水库群与其他控制性工程联合调度研究

随着长江流域治理开发的逐步深入，白鹤滩、乌东德等一批水利枢纽工程建设的逐步推进，水库群联合调度边界条件发生变化，工程建设与运行对流域累积影响逐步显现，迫切需要进一步深化长江上中游控制性水库群的联合调度研究。在此基础上，为充分发挥长江流域多种水利水电工程在防洪减灾以及其他综合效益等方面的作用，面向长江中下游地区的防洪、排涝、供水等调度需求，开展流域控制性水库和蓄滞洪区、骨干涵闸泵站等其他控制性工程综合调度的研究与实践。

应主要从金沙江下游四库与三峡水库防洪联合调度、长江上中游控制性水库群综合调度方式、水库群与其他控制性工程防洪联合调度等方面开展研究。

（七）变化环境下两湖综合治理与保护研究

近年来，受自然地理条件、人类活动（特别是大型水利工程群调度应用）与气候变化等因素影响，极端水文事件频发，江湖关系发生显著调整。针对两湖水资源、防洪、水生态环境和航运等相关问题，深入研究变化环境下两湖综合治理与保护方案，对逐步提高三口分流能力、实现江湖两利、切实保护好一湖清水，推动长江经济带发展具有重要意义。

应主要从变化环境下两湖洪旱灾害成因及演变规律、河湖闸控工程调度、河湖水系连通与洪道整治、两湖水生态与水环境变化、洞庭湖水污染防治和生态保护综合防控体系、鄱阳湖水生态环境保护与修复、两湖湿地保护生态水文阈值优化等方面开展研究。

（八）长江中下游干流河势监测、崩岸预警与治理技术研究

长江中下游干流河道为冲积平原河流，河岸地质构造多呈二元结构，迎流顶冲段常发生崩塌险情，河道崩岸具有突发性、多发性、随机性等特点。新中国成立以来，持续开展了堤岸防护、河势控制和应急抢护等工作，但崩岸治理采取的传统抛石护岸破坏山体自然生态，迫切需要优化和研究崩岸治理新技术，对岸坡稳定性风险进行评估、及时预测崩岸可能性，以提高应急能力与把握治理时效性，为长江中下游防洪保安提供必要技术支撑。

应主要从长江中下游崩岸机理、长江中下游干流河势监测技术、长江中下游崩岸预警技术、长江中下游崩岸治理技术、长江中下游崩岸应急抢护机制等方面开展研究。

（九）长江上游堰塞湖灾害风险区划与对策研究

长江上游多处于我国地势一、二级阶梯及过渡部位，各种地质灾害频发，堰塞湖事件时有发生。特别是2008年地震堰塞湖、2018年10月至11月长江上游（金沙江白格）堰塞湖事件，严重威胁附近及下游两岸人民生命财产安全，对水库调度产生巨大挑战，引起了各级政府高度重视和社会各界广泛关注。但现阶段受地质条件不明、水文气象资料不全、水陆交通不便、应对时间紧迫等因素制约，以及风险管理、应对机制、处置技术与装备体系等局限，堰塞湖灾害防治能力总体较弱，可能导致灾难性后果。为减轻长江上游堰塞湖灾害影响，开展长江上游堰塞湖灾害区划与对策研究非常必要且十分紧迫。

应主要从地质灾害发育特征调查、堰塞湖形成机理、堰塞湖灾害风险区划、堰塞湖溃坝洪水预测技术、堰塞湖灾害防灾减灾对策等方面开展研究。

附件 1：国务院关于长江流域防洪规划的批复（国函〔2008〕62 号）

中华人民共和国国务院

国函〔2008〕62 号

国务院关于长江流域防洪规划的批复

上海市、江苏省、安徽省、江西省、河南省、湖北省、湖南省、广西壮族自治区、重庆市、四川省、贵州省、云南省、西藏自治区、陕西省、甘肃省、青海省人民政府，发展改革委、财政部、国土资源部、环境保护部、住房城乡建设部、交通运输部、铁道部、水利部、农业部、林业局、气象局：

水利部《关于审批长江流域防洪规划的请示》（水规计〔2008〕225 号）收悉。现批复如下：

一、原则同意《长江流域防洪规划》（以下简称《规划》），请你们认真组织实施。力争到 2015 年，荆江河段防洪标准达到 100 年一遇，在遭遇类似 1870 年特大洪水时两岸主要防洪大堤不溃决，城陵矶以下河段能防御新中国成立以来发生过的最大洪水（1954 年洪水）；重要蓄滞洪区能适时适量运用，重要城市、洞庭湖和鄱阳湖区重点圩垸、主要支流

— 1 —

堤防基本达到规定的防洪标准；上海市宝山区和浦东新区按 200 年一遇高潮位加 12 级风设防，其余海堤段按 100 年一遇高潮位加 11 级风设防。到 2025 年，建成比较完善的防洪减灾体系，与流域经济社会发展状况相适应。

二、《规划》的实施，要遵循“蓄泄兼筹、以泄为主”的方针，坚持“江湖两利”和“左右岸兼顾、上中下游协调”的原则，进一步完善长江流域防洪总体布局，逐步建成以堤防为基础，三峡工程为骨干，干支流水库、蓄滞洪区、河道整治相配合，平垸行洪、退田还湖、水土保持等措施与防洪非工程措施相结合的综合防洪减灾体系，全面提高长江流域防御洪水灾害的能力。

三、加强防洪骨干工程建设，不断推进长江治理。继续加强堤防、海堤达标建设和河口整治，重点加固与长江中下游形成封闭圈的连江支堤、洞庭湖和鄱阳湖重点圩堤、汉江中下游堤防等重要堤防；在对三峡工程蓄水运用后河道冲淤变化研究的基础上，加强长江中下游重点河段的河势控制；加强蓄滞洪区建设与管理，重点建设城陵矶附近有效分蓄 100 亿立方米超额洪水量的蓄滞洪区；加强城市防洪工程建设，不断完善重点城市防洪工程体系，制订城市防御超

— 2 —

标准洪水预案；加强病险水库除险加固，确保水库安全运行；继续兴建对长江上游或重要支流防洪作用明显同时可减轻长江中下游防洪压力的骨干水库，提高调控洪水的能力；加大水土流失治理力度，加强山洪灾害防治，建立健全山洪灾害防灾减灾体系。

四、认真做好规划建设项目的前期工作，按照基本建设程序报批。对防洪工程建设要严格实行项目法人责任制、招标投标制、工程监理制和合同管理制，认真组织，加强监督检查，确保工程质量。

五、加强防洪管理，提高洪水风险管理水平。严格按标准建设堤防，不得超过《规划》确定的标准；依法加强河道、湖泊和蓄滞洪区的管理，河道上特别是河口处的建设项目，必须实行洪水影响评价制度，任何工程建设均不得超越规划治导线。地方各级人民政府及相关单位要加强对防洪设施的管理与维护，确保工程正常运行。长江流域管理机构要切实履行规划、管理、监督、协调、指导的职责，加强流域防汛抗旱的统一管理和调度，加快流域防汛指挥调度系统建设，全面落实防洪法的配套法规和防洪管理措施，抓紧研究制订防洪骨干水库联合调度运用方案。各类工程在汛期

— 3 —

必须服从流域防洪调度。

长江流域地域广阔，雨量丰沛，洪水峰高量大。流域内重要防洪保护区人口密集，经济发达。《规划》的实施，对保障长江流域人民群众生命财产安全，促进经济社会又好又快发展，构建社会主义和谐社会，具有十分重要的意义。各有关地区和部门要加强领导，密切配合，精心组织实施，确保长江流域防洪安全。

中华人民共和国国务院

二〇〇八年七月二十一日

主题词：水利　规划　批复

抄送：中央办公厅、中央统战部，国务院各部委、各直属机构，中央军委办公厅、各总部、各军兵种，南京军区、广州军区、成都军区。
全国人大常委会办公厅，全国政协办公厅，高法院，高检院。
各民主党派中央。

— 4 —

附件 2：国务院关于长江流域综合规划（2012—2030 年）的批复（国函〔2012〕220 号）

中华人民共和国国务院

国函〔2012〕220 号

国务院关于长江流域综合规划（2012—2030 年）的批复

上海市、江苏省、浙江省、安徽省、福建省、江西省、河南省、湖北省、湖南省、广东省、广西壮族自治区、重庆市、四川省、贵州省、云南省、西藏自治区、陕西省、甘肃省、青海省人民政府，发展改革委、国土资源部、环境保护部、住房城乡建设部、交通运输部、水利部、农业部、林业局、气象局、能源局、海洋局：

水利部关于审批长江流域综合规划（2012—2030 年）的请示收悉。现批复如下：

一、原则同意《长江流域综合规划（2012—2030 年）》（以下简称《规划》），请认真组织实施。

二、《规划》实施要以邓小平理论、“三个代表”重要思想、科学发展观为指导，认真贯彻落实《中共中央 国务院关于加快水利改革发展的决定》（中发〔2011〕1 号）精神，以完善流域防洪减灾、水资源综合利用、水资源与水生态环境保护、流域综合管理体系为目标，坚持全面规划、统筹兼顾、标本兼治、综合治理，注重科学治水、依法治水，处理好兴利与除害、开发与保护、上下游、左右岸、干支流等关系，充分发挥长江的多种功能和综合利用效益，为实现经济持续健康发展和社会和谐稳定提供有力支撑。

三、通过《规划》实施，到 2020 年，长江流域重点城市和防洪保护区在遇标准以内洪水时基本不发生灾害，在遇超标准洪水时最大限度地减少人员伤亡和财产损失，山洪灾害防御能力显著提高；城乡供水和农业灌溉能力明显增强，城乡居民生活用水全面保障，水能资源开发利用程度稳步提高，航运体系不断完善；水生态环境恶化趋势有效遏制，饮用水水源区水质全面达标，水土流失得到控制；最严格水资源管理制度基本建立，涉水事务管理全面加强。到 2030 年，流域防洪减灾体系更加完善，防洪减灾能力进一步提高；节水型社会基本建成，水资源和水能资源开发利用程度进一步提高；水生态环境明显改善，河流生态系统良性发展，水土流失有效治理；流域综合管理现代化基本实现。

四、完善流域防洪减灾措施。重点加强长江中下游干流、洞庭湖、鄱阳湖和主要支流治理，加快向家坝、溪洛渡、亭子口等控制性枢纽工程建设，抓紧实施重要蓄滞洪区建设，加强重点城市防洪建设和重点涝区治理，完成病险水库和水闸除险加固，建设流域防洪预警系统和山洪灾害易发区预警预报系统。加强以三峡水库为核心的干支流控制性水利水电工程联合调度，协调好防洪与水资源综合利用、水生态环境保护的关系，提高流域抗御特大洪水灾害的能力。

五、合理配置和高效利用水资源。加快开展南水北调东、中线后续工程论证及西线项目前期工作，逐步完善全国水资源优化配置格局。在强化节水的基础上，建设一批必要的水源工程，提高流域供水保障能力，解决局部地区工程性缺水问题。加快灌区续建配套与节水改造，在水土资源条件具备的地区适当新建灌区。在保护生态环境和移民合法权益的前提下，合理有序开发水能资源。大力发展航运，完善现代化长江水运格局。

六、加强水资源与水生态环境保护。加大洞庭湖、鄱阳湖、丹江口库区及上游、三峡库区及长江口地区水资源保护力度，加强巢湖、滇池等重点湖泊和沿江城市河段水污染防治。严格控制生态环境敏感区域的治理开发活动。加强长江上中游水土保持，强化水土流失预防监督和生态修复。

七、强化流域综合管理。加强流域立法研究、涉水事务管理和执法监督。实行最严格水资源管理制度，建立流域用水总量、用水效率和水功能区限制纳污控制指标体系。加强流域水资源统一调度和管理。规范河道岸线和采砂管理。完善水量、水质、水生态环境综合监测系统。

依照《中华人民共和国水法》，《规划》是长江流域开发、利用、节约、保护水资源和防治水害的重要依据。流域内各省（区、市）人民政府和国务院有关部门要加强领导，密切配合，认真分解落实《规划》提出的各项任务措施，精心组织实施，切实保障流域防洪安全、供水安全、粮食安全和生态安全。

中华人民共和国国务院

2012 年 12 月 28 日

抄送：党中央各部门，各省、自治区、直辖市及计划单列市人民政府，国务院各部委、各直属机构，中央军委办公厅、各总部、各军兵种、各大军区。
全国人大常委会办公厅，全国政协办公厅，高法院，高检院。
各民主党派中央。

附件 3：中共中央、国务院关于灾后重建、整治江湖、兴修水利的若干意见（中发〔1998〕15 号）

今年入汛以来，我国长江发生了继 1954 年后的又一次全流域性大洪水，嫩江、松花江也发生了超历史纪录的特大洪水。党中央、国务院直接领导了这场抗洪抢险斗争。江泽民同志在抗洪抢险的每个关键时刻都作出重要指示，并亲临第一线进行总动员，极大地鼓舞了抗洪前线广大军民的斗志。在长达两个多月的抗洪抢险斗争中，广大军民团结奋战，顽强拼搏，特别是人民解放军发挥了不可替代的重要作用，抗御了一次又一次的洪水袭击，保住了大江大河大湖干堤的安全，保住了重要城市的安全，保住了重要铁路干线的安全，保护了人民生命的安全，取得了抗洪抢险斗争的全面胜利，创造了在特大洪水情况下将受灾损失减少到最低限度的历史奇迹。

今年我国遭受罕见洪水灾害，主要原因是气候异常，降雨集中，同时也与生态环境遭受破坏有很大关系。江泽民同志极为重视灾后重建和兴修水利工作。他在江西 9 月 4 日所作的《发扬抗洪精神，重建家园，发展经济》的重要讲话中强调：“搞好水利建设，是关系中华民族生存和发展的长远大计”，“在加强水利建设中，要坚持全面规划、统筹兼顾、标本兼治、综合治理的原则，实行兴利除害结合，开源节流并重，防洪抗旱并举。”9 月 14 日，他又就做好灾后重建和加强水利建设作了重要批示。这些重要讲话和批示，从全局和战略的高度，提出了恢复生产、重建家园、防治水患的方针和原则。在调查研究和充分听取意见的基础上，党中央、国务院就灾后重建、整治江湖、兴修水利提出以下意见：

一、实行封山植树、退耕还林，防治水土流失，改善生态环境

我国水患频繁的一个重要原因，是国土生态环境遭到严重破坏。长江流域洞庭湖、鄱阳湖等几大湖泊的泥沙淤积不断增加，泥沙的 60% 以上来自上中游开垦的坡地，仅四川、重庆每年流入长江的泥沙就达 5.33 亿吨。陕西每年流入黄河的泥沙达 5 亿吨以上。云南、贵州、山西、内蒙古、甘肃、宁夏的水土流失也相当严重。不解决长江、黄河流域上中游水土流失问题，不仅水患难以防治，而且也会因泥沙淤积，影响湖泊、水库的调蓄洪能力。森林植被是陆地生物圈的主体，是维持水、土、大气等生态环境的屏障。积极推行封山植树，对过度开垦的土地，有步骤地退耕还林，加快林草植被的恢复建设，是改善生态环境、防治江河水患的重大措施。

1. 停止长江、黄河流域上中游天然林采伐。从现在起，全面停止长江、黄河流域上中游的天然林采伐，森工企业转向营林管护。各级党委、政府要采取措施，坚决制止国有和集体单位及个人对天然林的砍伐。同时，妥善安置林业分流转产职工。除利

用人工培育的工业原料林和利用枝桠材、间伐材外，停止建设消耗天然林资源的木材加工项目。关闭采伐区域内的木材交易市场。为了解决国内木材的需要，要在适合种植的地区，因地制宜选择速生树种，大力营造速生丰产林基地。同时，要抓好木材节约代用，努力稳定木材市场价格。

2. 大力实施营造林工程。重点治理长江、黄河流域生态环境严重恶化的地区。用20年左右的时间，将长江流域三峡库区及嘉陵江流域、川西林区、云南金沙江流域3个重点治理区森林覆盖率由目前的22.1%提高到45%以上；用30年左右的时间，使黄河中游水土流失区、黄土高原风沙区、青海江河源头3个重点治理区森林覆盖率由目前的10.1%提高到27%以上。初步规划，这些治理区的总造林任务为3400万公顷。第一阶段（1998—2010年）造林2431万公顷，其中2000年以前造林205万公顷，1998年计划造林34.4万公顷。第二段（2011—2030年）造林969万公顷。在生态环境脆弱地区，要采取以封山育林为主，结合人工造林、飞播造林、人工补植等方式，建设水土保持林。

3. 扩大和恢复草地植被，开展小流域综合治理。草地建设包括川东、鄂西、湘西、云贵高原、江西、青藏高原、内蒙古中西部、甘肃河西走廊及甘南、四川甘孜及阿坝、黄土高原等10个治理区。用10年左右时间建成高标准人工草场、改良草场和围栏退化草场约2000万公顷。其中到2000年改良长江、黄河上中游草场130万公顷。要以草定畜，扭转草场超载过牧的状况。通过增加植被，使这些区域60%的水土流失及荒漠化土地得到治理，从总体上扭转这些区域生态环境恶化的状况，有效控制输入江河的泥沙量。要提高和改善飞播造林种草能力。

4. 加大退耕还林和“坡改梯”力度。水土流失的主要原因是毁林开荒，陡坡种植。据不完全统计，长江、黄河流域上中游12个省、自治区、直辖市现有坡耕地约2.8万亩，其中25度以上的坡耕地7000多万亩。从现在起，坚决制止毁林开荒，积极创造条件，逐步实施25度以上坡地的退耕还林；加快25度以下坡地“坡改梯”。以生物措施与工程措施相结合，提高土壤的水分涵养能力，拦蓄泥沙下泄。在退耕还林过程中，要注意解决好退耕农民的口粮、烧柴问题，并因地制宜，采取以工代赈、贴息贷款，发展经济林和其他经济作物，以增加农民收入。在加大“坡改梯”力度的同时，要应用农业科学技术，发展旱作农业，努力提高生产水平，以弥补耕地减少的损失。

5. 种植薪炭林，大力推广节柴灶。长江、黄河流域上中游地区薪柴消费约占毁林的30%。要有计划地种植速生薪炭林，大力推广节柴灶、沼气、秸秆气化等，鼓励有条件的地方烧煤炭，采取多种方式减少薪柴消耗，使土地植被得到保护。

6. 依法开展森林植被保护工作，强化生态环境管理。认真贯彻落实新颁布的《中华人民共和国森林法》和国务院的有关规定，加大执法力度。要依法管理和推进退耕还林工作。国家林业局要尽快拟制《重点地区天然林资源保护工程实施方案》和《天然林保护条例》，报国务院审定。

对长江、黄河流域上中游地区封山植树、退耕还林、“坡改梯”工程，主要靠当地党委、政府和广大群众投工投劳，采取包种包活、荒山承包等多种激励机制和政策措施来解决。所需资金要多渠道筹措，中央财政予以适当支持。重点国有林区天然林保护和人员转产资金，由中央和地方共同解决。其余的天然林保护和人员转产资金，原则上由地方负责解决。

二、坚持“蓄泄兼筹、以泄为主”的防洪方针，建设好干支流控制工程，有计划、有步骤地平垸行洪、退田还湖

据初步统计，今年长江中下游共溃决堤垸 2000 多个，其中千亩以上堤垸 479 个，淹没耕地 283 万亩，除湖北孟溪垸、湖南安造垸是规划中应确保的堤垸外，其他所破堤垸都是规划中的行蓄洪垸和一般堤垸。破垸受灾人口 253 万。为了提高行蓄洪能力，对已溃决的圩垸，要根据条件和可能，结合灾后重建，进行平垸行洪、退田还湖。

1. 分类规划平垸行洪、退田还湖。凡被洪水冲破的江河干堤外滩地民垸以及湖区内的民垸、行洪垸，原则上不修复，实行退田还湖。湖区内、江河干流上影响行洪的民垸，要放弃和清除。其中一部分退人不退耕，洪水退后还可耕种。规划中的重点垸、确保垸，重点铁路干线通过的民垸，干堤内因破堤成灾的圩垸，可以修复。需要恢复的圩垸，必须科学规划，制定安全建设方案，并经审查批准，才可修复。受灾严重的湖南、湖北、江西等省，要按以上原则及长江流域分蓄洪规划，在充分论证的基础上，确定需要修复和放弃的圩垸及移民安置的数量。对需平垸行洪的圩垸，要有计划地分步实施。

2. 加强分蓄洪区安全设施建设。为确保武汉等重要城市、荆江大堤及长江干支流的堤防和湖区重点垸堤的安全，在长江中下游仍要设若干个分蓄洪区。原来规划确定的分蓄洪区，有些由于人口稠密，分蓄洪区安全建设工程不足，实际已无法主动分蓄洪。今后要根据实际需要和可能，并将包括三峡等枢纽工程建成后形成的蓄洪能力考虑在内，调整长江流域分蓄洪规划。分蓄洪区要加强道路、通信设施、安全区等建设，在就近高地或重点垸内建设相对集中的行政村和小城镇。有关部门要抓紧研究制定农民因分蓄洪遭受损失的补偿办法，建立保险机制。黄河、淮河、海河的分蓄洪规划和分蓄洪区建设也要统筹考虑。

3. 抓好干支流控制工程的规划和建设。近 50 年来建设的水利工程体系，特别是近年来建设的葛洲坝和隔河岩等水利枢纽，在洪峰到来时拦蓄了大量洪水，减轻了下游堤防压力，取得了明显的防洪减灾效益。要继续抓紧长江上中游干支流控制工程建设，增强对洪水的错峰调蓄能力。在建的长江三峡、黄河小浪底等大型水利枢纽工程要抓紧建设，尽快发挥工程效益。同时，要进一步做好主要来水干支流控制工程的规划，逐步组织实施，并搞好病险水库的除险加固。这些工作，要作为一项系统工程，认真

抓好。工程建设要保证质量，决不能有丝毫马虎。

4. 分类处理被洪水冲毁的工业企业。水毁企业原则上不能原样恢复。属于行洪区内阻洪、碍洪企业，要关停或搬迁；产品无销路或者严重污染环境、技术落后的企业，灾后不要再重建；产品有市场、有效益的企业，可以恢复，有的可迁入新建的城镇，有的可并入其他企业。受灾企业恢复重建所需材料和设备，原则上要立足于国内采购。

三、统一规划，合理布局，搞好以工代赈、移民建镇

江西省鄱阳湖区和长江滩涂有大小圩堤4000余座，耕地面积2000万亩，人口2317万。湖南省洞庭湖区有大小堤垸227个，耕地面积1000万亩，人口1008万。湖北省长江堤外沿线民垸140个，耕地面积184万亩，人口106万。灾后重建要与平垸行洪、退田还湖的规划相适应，采取以工代赈办法，有计划地建设小城镇。

1. 移民建镇实行统一规划、统一设计。这次被洪水冲毁的江河干堤外、湖区内、行蓄洪区、低洼地带的村庄，要通过论证，统筹规划，不再就地重建。要有计划、有步骤地采取各种不同的方式，或就近迁移，或易地重建，以恢复这些地方的行蓄洪作用。新建小城镇的人口规模一般控制在1万至5万人。城镇布局要有利于发展生产、方便生活。通过招标评审等形式，选择一些经济适用、适合当地生产生活需要的民居户型结构设计。同时，结合移民建镇，清理宅基地，搞好土地整理，尽可能增加一些耕地。各地要发扬自力更生精神，重建家园，中央财政适当补助建房材料费。

2. 小城镇建设首先要解决好灾民过冬用房。实行移民建镇，要统筹规划，分步实施。当前首先要解决好灾民的过冬住房，尽可能不建过渡房。在城镇和房屋建设上，要因地制宜，充分利用当地的建筑材料，有条件的要积极采用新型建筑材料，以尽快解决灾民的安居问题。

3. 妥善安排移民生计，扩大就业门路。为了解决迁出农业人口的生计问题，有些退出的行蓄洪垸可以“退人不退耕”，“小水收，大水丢”。退人不退耕的行蓄洪区，要限定堤顶高程，并改变现行耕作方式，搞现代农业、高效农业，科学种田。多余的劳动力可从事养殖业、手工业和第三产业。要组织行蓄洪区农民以工代赈，参加小城镇建设，稳定灾民的生活，促进当地经济发展；经过培训，组建农民专业堤防建设工程队，长期从事水利工程建设和维护工作；有组织地将行蓄洪区的农民异地转移到农业劳动力相对不足的地方，从事农业生产和开发。首先要在本省内部消化安置移民。

四、抓紧加固干堤，建设高标准堤防，清淤除障、疏浚河湖

从今年严重的洪涝灾害来看，加固堤坝、整治河道是提高防洪能力的重要措施。要统筹考虑堤防建设与河湖清淤，提高工程效益，确保工程质量。

1. 建设好长江、黄河等大江大河的一类堤防工程。按高标准加固干堤是百年大计。堤防要能防御新中国成立以来发生的最大洪水。重点地段的堤防要达到能防御百年一

遇洪水的标准，堤顶要设置防汛公路、照明设备和通讯设施等。初步规划急需加固的一类堤防：长江干流 2633 千米，黄河干流 1496 千米，松花江、嫩江干流 244 千米。其他大江大河也要加强一类堤防的建设。堤防加固力争在 2 至 3 年内完成。今明两年主要安排长江流域的荆江大堤、同马大堤、无为大堤、九江大堤、黄广大堤、洪湖监利大堤、岳阳长江干堤和重点崩岸整治，以及松花江、嫩江等流域的重点堤防。其中险工险段要在今冬明春完成。

2. 搞好重要支流和湖泊的二类堤防建设。长江流域二类堤防需加固 1009 千米，黄河流域需加固 763 千米，松花江、嫩江流域需加固 3160 千米。其他江河流域也要根据轻重缓急，确定建设任务。长江、黄河等流域支流堤防建设应以地方为主。各项工程力争 2 年内完成。

3. 保证工程建设质量。堤防建设要吸取以往大堤溃决的教训，做好堤基地层的钻探勘测工作。砂基要打防渗墙，施工要采用先进的方法、器材，推广应用复合土工布，推行工程监理制，确保工程质量。对干堤建设要区分不同情况，提出设计标准和质量要求。

4. 搞好江河、湖泊清淤疏浚。初步估算，长江流域 40 年来累计淤积泥沙 50 亿立方米，其中洞庭湖 43 亿立方米，鄱阳湖 4 亿立方米，长江中下游河道 3 亿立方米。黄河下游累计淤积泥沙 80 多亿立方米。清淤疏浚是恢复和提高大江大河大湖行洪能力行之有效的工程措施。为此，要对重点河道和湖区，进行大规模的清淤疏浚工程，所挖泥沙用于江河湖泊干堤加固。具体安排是：

（1）长江流域重点清淤清淤疏浚工程。洞庭湖区：安排湖南省洞庭湖区、湖北省“三口”洪道堤防、岳阳市江堤、长沙市江堤等填塘淤背工程，南洞庭、藕池河洪道疏浚工程，西洞庭湖区澧水洪道清淤工程。荆江附近区：安排荆江大堤、松滋江堤、洪湖江堤填塘淤背工程。武汉、鄱阳湖附近区：安排武汉市堤、黄石市堤、黄广大堤、九江江堤、南昌市堤、赣抚大堤、鄱阳湖区重点垸堤等填塘淤背工程，鄱阳湖五河尾闾河道疏浚工程。长江下游地区：安排同马大堤、无为大堤、安庆市堤、芜湖市堤、南京市堤等填塘淤背工程，巢湖裕溪河河道疏浚工程。

（2）黄河下游重点清淤疏浚工程。根据河南、山东河段的泥沙淤积量和河势变化情况，采取多种形式对影响行洪的河段逐步进行清淤疏浚。由于黄河上中游水土流失，近期难以完全得到控制，应当清淤不止。

（3）其他流域重点清淤疏浚工程。主要安排松花江、辽河流域、海河流域主要河道及河口清淤。

以上各流域的总清淤量约 6 亿立方米，力争 3 年内完成。为此，必须组建行业或地方的大规模专业清淤疏浚队伍，并充分发挥现有的能力。通过招标组织有条件的企业生产挖泥船，明年争取新装备 40 艘，以后逐年增加，力争到 2000 年新增 100 艘以上。

5. 搞好地质灾害的防治。长江、黄河流域上中游是地质灾害多发区，崩塌、滑坡、泥石流等造成了人民生命财产巨大损失。要搞好地质环境的评价，制定地质灾害防治规划，在治理江河的同时，实施防治地质灾害的工程和措施。

完成上述任务，需要多渠道筹集资金：①募集捐赠的资金，一部分用于当前灾民生活救济，一部分用于建房。②中央财政安排一定资金。③调整投资结构，坚决压缩一般工业项目，增加地方对水利建设的投入。④明后两年发行一定数量特种国债用于水利建设。⑤争取国际金融组织的长期优惠贷款。⑥通过以工代赈，组织灾民投工投劳，参加修复水毁工程和兴建水利工程。⑦发展农村住房信贷，扶持农民建房。

今年所需中央投资，已在财政债券和预算内资金中安排约200亿元，各地要抓紧落实配套资金。

五、抓好当前灾后重建和长远规划的衔接，安排好灾民的生活

当前，各受灾地区要进一步贯彻落实江泽民同志关于灾后恢复生产、重建家园和加快水利建设的指示，认真解决灾后的群众生活问题，特别是越冬住房。同时要按照标本兼治、综合治理的原则，把目前灾后重建同整治江湖长远目标结合起来，把恢复生产同结构调整结合起来，对山、水、田、林、路进行统筹规划，作出分期实施的安排。当前救灾工作，要按国务院有关部门同受灾较重的内蒙古、黑龙江、吉林、江西、安徽、湖北、湖南、重庆、四川等地区商定的方案，抓紧实施。

1. 抢建过冬用房。9省、自治区、直辖市因灾倒塌房屋600多万间，涉及100多万户。鉴于这些地区灾情较重和地方财政困难的情况，由中央财政和社会捐助款补助一部分建房材料费。灾区越冬所需的棉衣、棉被主要通过社会捐助解决。

2. 抓紧恢复中小学校和卫生院。为保证中小学生正常学习和开展医疗、防疫工作的需要，各地要首先把水毁学校和卫生院恢复起来。所需资金中央财政适当予以补助。

3. 搞好水毁设施的建设。对水毁的城乡电网、交通通信线路以及监狱等，要结合扩大基础建设，由有关部门会同地方优先安排重建。

灾后重建、整治江湖、兴修水利，要发扬抗洪精神，立足于自力更生、艰苦奋斗。要加强领导、统筹规划、因地制宜、突出重点、分步实施。所有建设项目，都必须广泛吸取各方面特别是专家和工程技术人员的意见，按照自然规律和经济规律办事，充分论证，慎重决策。要运用先进技术，强调综合效益，坚持质量第一，着眼长治久安。要继续调整投资结构，集中必要资金，增加灾后重建和水利工程建设投入。在抓紧贯彻落实本意见提出的各项任务的同时，要结合第十个五年计划的制定，进一步提出改善生态环境，防治水旱灾害的规划方案，把灾后重建工作与长远规划衔接起来。国家发展计划委员会要会同各地区、各部门，通力协作，加倍努力，进一步调动各方面力量，尽快把各项任务落到实处。

附件 4：国务院批转水利部关于加强长江近期防洪建设若干意见的通知（国发〔1999〕12 号）

为了贯彻落实《中共中央、国务院关于灾后重建、整治江湖、兴修水利的若干意见》（中发〔1998〕15 号，以下简称中央 15 号文件），我部组织有关单位对长江近期防洪建设中的有关问题进行调研和分析，召开专家座谈会论证，征求各有关部门和地区的意见，提出了关于加强长江近期防洪建设的若干意见。

一、关于近期长江防洪建设的目标和总体部署

根据长江的特性及其洪水特点，长江防洪应采取综合措施，逐步建成以堤防为基础，三峡工程为骨干，干支流水库、蓄滞洪区、河道整治相配套，结合封山植树、退耕还林、平垸行洪、退田还湖、水土保持等措施以及其他非工程防洪措施构成的综合防洪体系。

长江流域防洪的重点是中下游地区。国务院 1990 年批准的《长江流域综合利用规划简要报告》（以下简称《长流规》）中确定的长江中下游防洪目标为：荆江河段以枝城百年一遇洪水洪峰流量作为防御目标；荆江以下河段以防御新中国成立以来最大的 1954 年洪水作为防御目标。经分析研究，我部认为《长流规》拟定的防洪目标和防洪标准，是依据防御近百年来发生的流域性最大洪水——1954 年洪水制定的，与中央 15 号文件提出的要求是一致的，近期长江下游防洪建设仍应按《长流规》进行。

按照确定的防洪目标，《长流规》中明确中下游干流主要控制断面设计洪水位为：沙市 45.00 米，城陵矶 34.40 米，汉口 29.73 米，湖口 22.50 米，南京 10.60 米。根据近几年城陵矶附近发生的洪水位的实际情况，以及这一地区洪水组成和江湖关系的复杂性，建议对城陵矶附近河段的设计堤顶高程，比《长流规》的规定再增加 0.5 米，以增强其抗洪能力和洪水调度的灵活性。

长江防洪建设应按统筹规划、远近结合、突出重点、分步实施、分级负责、共同负担的原则组织实施。建议用 10 年左右的时间完成。该体系建成后可防御 1954 年洪水，荆江河段达到百年一遇防洪标准。

二、关于堤防建设

（一）长江中下游堤防总长约 3 万千米，是长江防洪工程体系的基础，其中主要堤防 8000 多千米，是近期建设的重点。堤防应根据其重要程度，按照国家有关规定分级。其中Ⅰ、Ⅱ级堤防如下：

Ⅰ级堤防：荆江大堤，无为大堤，南线大堤，汉江遥堤和上海、南京、武汉、合肥、芜湖、安庆、南昌、九江、黄石、荆州、长沙、岳阳、成都等十三座国家重点防洪城市堤防。

Ⅱ级堤防：松滋江堤、公安江堤、石首江堤、监利江堤、洪湖江堤、湖南江堤、四邑公堤、黄广大堤、九江江堤、同马大堤、广济圩、枞阳江堤、和县江堤、江苏江堤、洞庭湖重点堤垸、鄱阳湖重点圩堤、汉江下游堤防等。

其他江堤及主要支流堤防，由我部商有关省（直辖市）按国家规范核定等级。

（二）近期堤防建设要以欠高堤段加高培厚、基础防渗、堤身隐患处理和穿堤建筑物及其与堤身结合部的加固等为重点，根据堤防的重要性和险情严重程度，按照轻重缓急，分步实施。

（三）沿江各地区当前要对水毁工程修复、堤防基础防渗处理、重要河段崩岸治理以及去年汛期依靠子堤挡水的薄弱堤段堤防的加高培厚等四个重点作出具体安排，落实到项目。要根据长江近期防洪标准和堤防等级，按国家有关规范要求，抓紧做好堤防加高加固的勘测设计，并按基本建设程序报批。要严格按照批准的设计进行建设。

三、关于蓄滞洪区建设

（一）长江洪水峰高量大，而河道宣泄能力有限，利用蓄滞洪区分蓄超额洪水，是保障重点地区防洪安全的有效措施。《长流规》安排的蓄滞洪区目前存在的主要问题是：人口稠密，经济发展，安全建设严重滞后，进洪设施不健全，分洪后补偿不落实，难以适时适量启用。为此，要进一步搞好蓄滞洪区建设。

（二）为防御1954年洪水，《长流规》在长江中游地区安排分洪量500亿立方米。三峡工程建成后，由于三峡水库的调蓄以及考虑平垸行洪、退田还湖的作用，长江中下游地区遇1954年洪水，分洪量可减少为320亿立方米，其中城陵矶附近210亿立方米，湖南、湖北各承担一半；武汉附近68亿立方米；湖口附近42亿立方米，江南、江北各承担一半。蓄滞洪区的调整，由长江水利委员会与有关省商定。对原规划的其他蓄滞洪区仍继续保留，任务不变，以防御超标准洪水。

（三）对调整确定的蓄滞洪区，要按照轻重缓急，分步建设。各蓄滞洪区应加强道路、通讯设施、安全区等建设，并对蓄滞洪区内的人口控制和产业结构实行严格管理，落实好分蓄洪的补偿措施，确保遇特大洪水后超额洪水分得进，损失小，有补偿。各有关省要做出切实可行的规划，由我部牵头组织审查，报国务院批准后实施。

考虑到三峡工程建成之前，荆江河段的防洪标准仍然偏低，荆江分洪区近期仍需继续加强安全建设。

洞庭湖、鄱阳湖水系各支流尾闾的蓄滞洪区，按以上精神，由湖南、江西两省进行规划和安排建设。

（四）关于抓紧建设城陵矶附近蓄滞洪区的问题。1996年和1998年长江防洪突出矛盾主要集中在城陵矶附近，尽快在这里集中建设蓄滞洪水约100亿立方米的蓄滞洪区，不仅能大大缓解该处的防洪紧张局面，而且对洞庭湖的防洪和保护武汉市及荆江大堤的安全都将起到重要作用。经研究，根据湖南、湖北两省对等的原则，各安排约 50 亿立方米的蓄滞洪区，洞庭湖区选择钱粮湖、共双茶垸、大通湖东垸等分洪垸，洪湖分洪区划出一块先行建设。由长江水利委员会会同湖南、湖北两省尽快做出规划和设计，按照基本建设程序报批，作为重点项目近期安排建设。

四、关于平垸行洪、退田还湖、移民建镇

（一）去冬今春的平垸行洪、退田还湖、移民建镇工作，主要是结合灾后重建，解决因 1998 年长江洪水溃决堤垸受灾群众的安置问题。考虑到沿江及湖区人多地少和长江洪水特点，大量移民带来的耕地需求和生活出路问题难以解决，经研究，建议对影响行洪的洲滩民垸，采取退人又退耕的“双退”方式，坚决平毁；对其他洲滩民垸，有条件的可采取退人不退耕的“单退”方式，即平时处于空垸待蓄状态，一般洪水年份仍可进行农业生产，遇较大洪水年份蓄滞洪水。这样既可发挥相对较好的蓄滞洪作用，又有利于移民的生产生活，减轻政府负担。各省要根据国家的安排，结合当地实际情况，搞好总体规划，由省里审查，认真组织实施。

（二）对于“双退”的洲滩民垸，要坚决平毁，保证不再复耕，各省应切实落实好移民的耕地和生活出路问题。对于“单退”的洲滩民垸，可选择一些容积较大，蓄洪效果较好的，修建简易进洪设施，其堰顶高程及进洪方式应尽快报长江水利委员会批准，确保在超过规定水位时顺利进洪。国家对这些进洪设施建设予以适当支持。各地要加强对平垸行洪，退田还湖地区的农业生产结构调整的指导，认真解决好移民的生计问题。

（三）今后 3 至 5 年的平垸行洪、退田还湖、移民建镇工作，除了继续对严重影响行洪的洲滩民垸实施“双退”外，重点要结合蓄滞洪区建设进行，由我部牵头，组织有关各省编制规划并会同有关部门进行审查，报国务院批准后实施。

五、关于河道整治

长江中下游干流经过多年治理，河势已得到初步控制，总体基本稳定，但局部河段的河势变化仍然比较剧烈，有 300 余千米崩岸严重，威胁堤防安全，尽快实施控制十分必要。长江河道整治要按照统一规划、综合治理的原则，既考虑防洪，又兼顾航运、取水以及两岸经济建设发展的需要。近期长江河道整治应按照《长流规》确定的任务，重点是上荆江，下荆江，界牌、武汉、九江、安庆、铜陵、芜湖、马鞍山、南京、镇扬（镇江、扬州）、扬中、澄通（江阴、南通）等河段及河口的河势控制和崩岸守护。

应对洞庭湖区及其四水尾闾、鄱阳湖区及其五河尾闾、松滋口等长江四口洪道中影响行洪的河段进行清淤疏浚，坚决清除河道行洪障碍，保持行洪畅通。对疏浚的土方，可结合堤防加固、填塘固基、蓄滞洪区安全台建设等予以充分利用。清淤疏浚要进行科学论证，按规定的程序报批。

六、抓紧以三峡工程为重点的干支流水库建设

（一）充分发挥三峡工程的防洪作用。按计划建设进度，三峡工程到2007年有防洪库容110亿～138亿立方米，到2009年建成后有防洪库容221.5亿立方米，将起很大的防洪作用。中国长江三峡工程开发总公司和长江水利委员会要抓紧进行三峡工程各阶段的防洪调度研究。

（二）对丹江口、隔河岩、五强溪、江垭、柘溪、万安、柘林等已建和在建重点大型水库，有关部门和省要抓紧研究分别采取大坝加高、库区移民搬迁、降低汛限水位、加强预测预报和洪水调度等办法，挖掘潜力，充分发挥其防洪作用。

当前要特别加强病险水库的除险加固，尽快消除隐患，充分发挥防洪效益。

（三）要抓紧进行澧水皂市、岷江紫坪铺、清江水布垭、嘉陵江亭子口、汉江丹江口（加高）、金沙江溪洛度等干支流水库的前期工作，落实投资来源，按基本建设程序报批，逐步安排建设。

七、搞好生态建设，防治水土流失

要按照中央15号文件精神和国务院批准的全国生态环境建设规划，认真开展以改造坡耕地为中心的长江上中游地区的生态建设，加快“坡改梯”和水土流失治理步伐，大力开展封山植树、退耕还林还草。要下决心停止天然林采伐，大力实施营造林工程。要有计划地种植速生薪炭林，大力推广节柴灶、沼气、秸秆气化等，鼓励有条件的地方烧煤炭，采取多种方式减少薪柴消耗，使土地植被得到保护。要依法公告水土流失重点防治区，严禁毁林开荒和陡坡开荒。要加强对农村“四荒”（荒山、荒沟、荒丘、荒滩）资源治理开发的管理工作，切实依靠政策，调动千家万户治理水土流失的积极性，加快治理速度。与此同时，要依法加强对有关开发建设活动中水土保持的监测、监督、防止造成新的水土流失。当前要特别注意防止三峡库区交通、矿山及城镇等建设中对生态环境造成新的破坏，从总体上扭转这些地区水土流失严重、生态环境恶化的局面，减少泥沙输入长江。

八、落实非工程防洪措施

（一）水文、气象、工情、灾情等信息是抗洪抢险救灾的重要依据，现代化的通信、计算机及其网络技术是搞好防洪调度指挥的主要手段。计划用3至5年的时间，完成长江防汛指挥系统建设。各地区也要认真做好本地区的防汛指挥系统的规划，逐步实施。要加强水文测站基础设施建设，提高水文测验和预报精度。要抓紧长江防御超标准洪水预案的研究和修订，对各种类型的洪水，进行计算机仿真模拟，研制统一调度的操作软件。

（二）加强法律法规建设。为了保证蓄滞洪区在大洪水时分得进、损失小、有补偿，

要抓紧制定《蓄滞洪区管理条例》和《蓄滞洪区运用补偿办法》等法规，研究建立洪水保险机制的实施意见。为了巩固平垸行洪、退田还湖、移民建镇的成果，避免移民返迁，有关地区要依据《中华人民共和国水法》和《中华人民共和国防洪法》等法律，抓紧制定相应的管理办法。

（三）要依法加强河道、湖泊和蓄滞洪区的管理，严禁对河道湖泊洲滩进行新的围垦和其他方式的侵占；蓄滞洪区要严格控制人口发展并逐步实施外迁。凡在长江干流河道和堤防、蓄滞洪区的管理范围内进行项目建设和在长江干流河道内采砂，应严格遵守国家的有关法律、法规，并履行报批手续。

要强化流域机构的职能，充分发挥其管理、监督、协调、指导等方面的作用。

九、加强建设管理，确保工程质量

（一）认真做好前期工作。防洪工程的勘测、规划、设计应由有相应资质的单位承担，并严格按国家规定的基建程序报批，制止“三边”（边勘测、边设计，边施工）工程，坚持“四不准”（没有批准的项目，不准施工；没有批准的设计图纸，不准施工；资金不落实的项目，不准施工；层层转包的项目，不准施工）。

（二）加强工程建设的管理。防洪工程建设，要由具备相应资质的施工单位和监理单位承担；要实行严格的项目法人责任制、招标承包制和建设监理制。工程建设质量实行终身负责制，Ⅰ级堤防及中型以上水库等工程的施工、监理单位的选定，必须报我部确认。

地方各级政府对工程建设要加强领导和监督检查，落实责任制。对规划中的拟建项目，要严格按基本建设程序审批；对已经批准的在建工程，要严格按批准的规模、标准、内容、概算和资金来源执行。加强建设资金管理，严格财务制度，严禁挪用，杜绝浪费；尚未批准和虽已批准但情况发生较大变化的项目，要尽快完善各项前期工作，按程序报批，为组织实施提供切实依据。

有关部门要加强对项目的稽查、审计和验收。对工程质量事故要严肃查处，造成严重后果的，要依法追究当事人的责任。

（三）在工程设计、施工中，要积极慎重、因地制宜地采用新技术、新工艺、新材料。

十、加强规划，做好基础工作

现行的《长流规》主要是依据80年代以前的资料制定的，近20年来长江流域各方面的情况已发生很大变化，三峡工程建成后还将带来新的变化，要抓紧组织长江防洪规划的修订工作。

要加强江湖关系、河道演变、三峡工程建成后对上下游的影响及长江生态环境等的科学研究；加强长江流域水文、河道地形、工程地质的监测、勘测工作，为长江防洪规划的修订提供科学依据。

附件5：国务院批转水利电力部制定的《黄河、长江、淮河、永定河防御特大洪水方案》（国发〔1985〕79号）——《长江防御特大洪水方案》部分

长江中下游平原地区有耕地九千多万亩，人口六千多万，有武汉、长沙、南昌、芜湖、南京、上海等重要工商业城市，是我国精华所在。这一平原地区的地面高程普遍低于长江干流及支流尾闾的洪水位，现在主要依靠总长约三万千米的大堤与圩垸来抗御洪水。历史上这里洪水灾害频繁、严重。据记载，从汉代到清末的两千多年中，长江共发生较大洪水二百余次，平均约十年一次。十九世纪中叶，出现过一八六〇年和一八七〇年两次特大洪水，宜昌站洪峰流量分别为九万二千五百秒立米和十一万秒立米，两湖平原损失惨重。一九三一年全江大水，洪水淹没耕地五千余万亩，受灾人口二千八百五十多万，死亡十四万五千人，沙市、汉口、南京等沿江城市均被水淹。一九三五年长江及支流汉江、澧水大洪水，淹没耕地二千二百余万亩，受灾人口一千万，死亡十四万二千人。新中国成立以后，一九五四年长江发生了全流域性的洪水，洪水超过了一九三一年，虽然保证了荆江大堤和武汉市、南京市的安全，但仍淹没耕地四千七百余万亩，死亡三万三千人，影响京广铁路正常行车达一百天。

长江中下游洪水灾害的成因，主要是峰高量大而河槽泄量不够。历史上，长江洪水主要依靠两岸大小湖泊分蓄。但是，长期以来，长江干支流的泥沙将这些湖泊逐渐淤积，随着人口增加，不断围垦开发，北岸的云梦泽，自明代建成荆江大堤后，已成为一千多万亩耕地的江汉平原，南岸的洞庭湖，依靠圩垸保护，也已形成一千万亩耕地。目前，荆江河段的安全泄量，大约为六万一千秒立米，而宜昌站近百年来，洪峰超过六万秒立米的达二十三次。洞庭湖出口处城陵矶以下河段安全泄量约六万秒立米，而在一九三一、一九三五、一九五四等几个大水年的汇合洪峰，都在十万秒立米左右，远远超过河道的泄洪能力。一九三一年和一九五四年大水，超过河道安全泄量的洪水都在一千亿立米以上，不是一般规模的工程可以解决的。如何处理这样大量的超额洪水，是长江中下游防洪的矛盾所在。

三十多年来，在长江干流和主要支流，已建成较为完整的堤防体系，并整治了下荆江局部河段，提高了荆江的泄洪能力。修建了荆江分洪区和汉江杜家台分洪区等分、滞洪工程，累计完成土石方三十多亿立米，其中石方约三千万立米。在汉江上建成了丹江口水库，加上下游的分洪工程，可基本控制汉江的洪水。但是，长江干流还没有控制工程，支流大中型水库虽有九百六十五座，总库容九百二十亿立米，但极为分散，只能控制局部地区的灾害，不能削减长江干流的洪峰。现在干流和主要圩垸堤防只能

抗御十年一遇到二十年一遇洪水。

如果重现一九五四年洪水，还要有计划地分洪五百亿立米至七百亿立米，淹地一千五百万亩，临时转移七百万人。虽然淹没面积可争取比一九五四年减少，但是由于国民经济的发展，其损失要比一九五四年大得多，估计将达数百亿元。如果遇到历史上曾经出现的一八七〇年特大洪水，灾害将更加严重。

长江中下游的防汛任务是：遇到一九五四年同样严重的洪水，要确保重点堤防的安全，努力减少淹没损失。对于比一九五四年更大的洪水，仍需依靠临时扒口，努力减轻灾害。为此，要严禁围垦湖泊并有计划地整治上下荆江，提高泄洪能力，及早兴建三峡水利枢纽，改善长江中游防洪险峻局面。在防洪调度措施上，具体安排是：

（一）经过培修巩固堤防，尽快做到长江干流水位比一九五四年实际最高水位略有提高，以扩大洪水泄量。具体要求是：沙市保证四十四点六七米，争取四十五米；城陵矶保证三十三点九五米，争取三十四点四米，汉口维持二十九点七三米不变；湖口保证二十一点六八米，争取二十二点五米。

（二）明确分洪、滞洪任务，安排超额洪水。按上述水位进行合理调度，如遇一九五四年同样洪水，争取分洪量减为五百亿立米至七百亿立米。具体安排是：

当沙市水位到达四十四点六七米（争取四十五米），预报将继续上涨时，即开荆江分洪区北闸分洪六千秒立米至七千七百秒立米；水位仍上涨时，扒开腊林洲堤进洪，合计分洪流量可达一万五千秒立米到一万七千秒立米。如预报来量大，仍将上涨时，则运用涴市扩建区，最大进洪五千秒立米，同时将虎渡河东、西两堤扒开，与荆江分洪区联合运用。这一措施，约可解决枝城洪峰流量八万秒立米洪水（荆江分洪区位于湖北省长江荆江段右岸的公安、江陵县境内，包括荆江分洪区、涴市扩建区和虎西备蓄区，共有耕地六十七万亩，人口四十八万九千，可分蓄洪水五十四亿立米，连同涴市扩建区为六十二亿立米）。

当荆江分洪区水位将超过四十二米时，在无量庵扒口泄洪，如干流泄洪不及，则分洪入人民大垸。必要时可从中洲子、青泥洲吐洪入江，再由大马洲、乌龟洲和上车湾泄洪入洪湖；再大时可由吴老渊扒口入洪湖。无量庵吐洪量大于二万秒立米时还要由石首以西江堤扒口，向南分洪入东洞庭湖。

城陵矶控制水位三十三点九五米时，分洪量为四百二十亿立米（控制水位为三十四点四米时，分洪量为三百二十亿立米），由洞庭湖、洪湖各滞洪一半，即各滞洪一百六十亿立米至二百一十亿立米。洞庭湖除了力争要保的民主阳城垸、大通湖、烂泥湖、松澧、沅南、育才乐新、安保、安造、安尤、湘滨南湖圩垸以外，其余圩垸为洞庭湖分洪区（洞庭湖分洪区内约有耕地二百四十二万亩，人口一百二十八万。洪湖分洪区内约有耕地一百二十万亩，人口八十六万）。

武汉市附近，按汉口水位二十九点七三米控制，超额洪水运用杜家台滞洪区、武湖、涨渡湖、白潭湖、西凉湖和东西湖滞洪，共分蓄六十八亿立米到一百一十亿立米（约有耕地一百零六万亩，人口七十一万）。

鄱阳湖湖口附近，按湖口水位二十二米控制（争取二十二点五米），运用鄱阳湖和华阳河滞洪一百三十亿立米（或五十亿立米），各滞洪一半（鄱阳湖分洪区内有耕地七十八万亩，人口五十三万九千。华阳河分洪区内有耕地一百一十二万亩，人口七十九万）。

（三）如遇一八七〇年同样洪水的紧急措施是：除按前述程序开闸扒口，预报枝城来量将超过八万秒立米时，即主动在上百里洲北堤、南泓采穴附近两岸堤及杨家瑙一带江堤扒口，要求进洪三万秒立米；并将虎渡河西堤半边山以上、东堤夹竹园以上扒开，与荆江分洪区联合运用。无量庵吐洪四万多秒立米，人民大垸吐洪二万秒立米入洪湖；由石首以西江堤扒口分洪约一万四千五百秒立米南下，入东洞庭湖。

在防御一九五四年同样洪水时，长江荆江分洪区的分洪运用，由中央防汛总指挥部决定；其余的行洪、滞洪区和有关湖泊的滞洪运用，由长江中下游防汛总指挥部商所在省人民政府决定。在防御一八七〇年同样洪水时的分洪运用，需经国务院批准。

附件 6：国家防总批复的《长江洪水调度方案》（国汛〔2011〕22 号）

根据国务院批复的《长江流域防洪规划》和《三峡水库优化调度方案》，结合目前长江流域防洪工程状况和长江流域防洪形势，在《长江洪水调度方案》（国汛〔1999〕10 号）基础上，修订长江洪水调度方案如下：

一、防洪体系建设情况

经过几十年的防洪体系建设，长江中下游已基本形成了以堤防为基础、三峡水库为骨干，其他支流水库、蓄滞洪区、河道整治相配合，以及平垸行洪、退田还湖等工程措施与防洪非工程措施相结合的综合防洪减灾体系。

（一）堤防工程

长江中下游堤防包括长江干堤、主要支流堤防，以及洞庭湖区、鄱阳湖区等堤防，总长约 30000 千米，是长江防洪的基础。目前，长江中下游 3900 余千米干堤已全部完成达标建设。

长江中下游干流堤防设计洪水位分别为沙市 45.00 米、城陵矶 34.40 米、汉口 29.73 米、黄石 27.50 米、湖口 22.50 米、大通 17.10 米、芜湖 13.40 米（有台风为 13.50 米）和南京 10.60 米（有台风为 11.10 米）。

荆江大堤、无为大堤、南线大堤、汉江遥堤以及沿江全国重点防洪城市堤防为 1 级堤防。松滋江堤、荆南长江干堤、洪湖监利江堤、岳阳长江干堤（岳阳市城区段除外）、四邑公堤、汉南长江干堤、粑铺大堤、黄广大堤、九江大堤（九江市城区段除外）、同马大堤、广济圩江堤、枞阳江堤、和县江堤、江苏长江干堤（南京市城区段除外）等为 2 级堤防。洞庭湖区、鄱阳湖区重点圩垸堤防为 2 级，国家确定的蓄滞洪区其他堤防为 3 级。汉江下游干流堤防为 2 级（武汉市城区段除外）。

长江中下游干流 1 级堤防堤顶超高一般为 2.0 米，2 级及 3 级堤防堤顶超高一般为 1.5 米，江苏南京以下感潮河段长江干堤堤顶超高为 2.0 ~ 2.5 米，其他堤防超高一般为 1.0 米。城陵矶附近长江干堤（北岸龙口以上监利洪湖江堤、南岸岳阳长江干堤）在上述标准的基础上增加 0.5 米的超高；洞庭湖及鄱阳湖临湖堤风浪大、吹程远，重点圩垸堤防临湖堤超高 2.0 米，临河堤超高 1.5 米，洞庭湖蓄滞洪区堤防临湖堤超高 1.5 米，临河堤超高 1.0 米，东、南洞庭湖堤防在上述标准的基础上增加 0.5 米的超高。

（二）河道治理工程

长江中下游干流河道总长 1893 千米，共划分为 30 个河段，其中宜枝、上荆江、下荆江、岳阳、武汉、鄂黄、九江、安庆、铜陵、芜裕、马鞍山、南京、镇扬、扬中、澄通、长江口等 16 个河段为重点河段；陆溪口、嘉鱼、簰洲湾、叶家洲、团风、韦源口、田家镇、龙坪、马垱、东流、太子矶、贵池、大通、黑沙洲等14个河段为一般河段。

长江中下游干流以控制河势和防洪保安为主要目标，开展了较大规模的河道治理，河道河势得到初步控制。干流各河段现状的行洪能力：荆江沙市河段约为53000立方米每秒，城陵矶河段约为60000立方米每秒，武汉河段约为73000立方米每秒，湖口河段约为83000立方米每秒。

（三）蓄滞洪区

长江中游干流目前安排了40处蓄滞洪区（如洪湖蓄滞洪区按东、中、西3块考虑，则蓄滞洪区总数为42处），总面积约为1.2万平方千米，耕地711.8万亩、人口约632.5万人，有效蓄洪容积约589.7亿立方米。

重要蓄滞洪区13处，分别为荆江分洪区、洪湖东分块、钱粮湖、共双茶、大通湖东、围堤湖、民主、城西、澧南、西官、建设、杜家台、康山蓄滞洪区；一般蓄滞洪区13处，分别为洪湖中分块、屈原、九垸、江南陆城、建新、西凉湖、武湖、涨渡湖、白潭湖、珠湖、黄湖、方洲斜塘和华阳河蓄滞洪区；蓄滞洪保留区16处，分别为涴市扩大分洪区、人民大垸分洪区、虎西备蓄区、君山、集成安合、南汉、和康、安化、安澧、安昌、北湖、义合、南顶、六角山、洪湖西分块、东西湖蓄滞洪区。

（四）重点大型水库

长江流域在干支流上已建成大中小型水库4.6万座，总库容2349亿立方米，以防洪为首要任务的大型水库，目前已建成的有三峡、丹江口、江垭、皂市等，已建和基本建成且具有较大防洪作用的水库还有二滩、紫坪铺、瀑布沟、构皮滩、彭水、宝珠寺、隔河岩、水布垭、漳河、五强溪、柘溪、万安、柘林、廖坊等，正在建设的具有较大防洪作用的水库有溪洛渡、向家坝、锦屏一级、亭子口、峡江等。

（五）平垸行洪、退田还湖

1998年长江大洪水后，对长江中下游干堤之间严重阻碍行洪的洲滩民垸、洞庭湖及鄱阳湖区部分在常遇洪水时即遭受洪灾的湖滩及民垸进行了平垸行洪、退田还湖建设。平垸行洪、退田还湖圩垸分两类，一类是退人又退耕的“双退”圩垸，一类是退人不退耕的“单退”圩垸。目前，长江中下游干流已实施单退圩垸331个、面积1975平方千米、蓄水容积77.1亿立方米。其中城陵矶以上河段洲滩民垸的蓄水容积为26.4亿立方米，城陵矶至汉口河段的蓄水容积为8.4亿立方米，汉口至湖口河段的蓄水容积为6.5亿立方米，湖口以下河段的蓄水容积为35.8亿立方米。

（六）防洪非工程措施

目前，长江流域向长江水利委员会报汛的站点总数基本上能控制流域水雨情，随着国家防汛抗旱指挥系统的建成运行和中央报汛站实现报汛自动化，水文测报能力显著提高，初步建立了一套基本适应当前防汛需要的水情信息系统；经过不断的修编，洪水作业预报方案逐步完善；随着长江流域防汛调度系统、水情会商系统、洪水预报系统的建成，水情预报精度和时效性显著提高，在 1998 年、2010 年等抗洪斗争中发挥了重要作用，基本满足长江流域防汛需要。以三峡水库为核心的水库群联合调度技术也逐步成熟，提高了长江流域的防洪安全保障能力。

二、长江干支流现状防洪能力

长江干支流主要河段现有防洪能力大致为：荆江地区依靠堤防可防御 10 年一遇洪水，通过三峡水库调节，遇 100 年一遇及以下洪水可使沙市水位不超过 44.50 米，不需启用荆江地区蓄滞洪区，遇 1000 年一遇或类似 1870 年同大洪水，通过三峡水库的调节，可控制枝城泄量不超过 80000 立方米每秒，配合荆江地区蓄滞洪区的运用，可控制沙市水位不超过 45.0 米，保证荆江河段行洪安全。城陵矶河段依靠堤防可防御 10 ~ 20 年一遇洪水，通过三峡水库的调节，一般年份基本上可不分洪（各支流尾闾除外），遇 1931 年、1935 年、1954 年大洪水，可减少分蓄洪量和土地淹没，考虑本地区蓄滞洪区的运用，可防御 1954 年洪水。武汉河段依靠堤防可防御 20 ~ 30 年一遇洪水，考虑河段上游及本地区蓄滞洪区的运用，可防御 1954 年洪水（其最大 30 天洪量约 200 年一遇）。湖口河段依靠堤防可防御 20 年一遇洪水，考虑河段上游及本地区蓄滞洪区的运用，可满足防御 1954 年洪水的需要。

汉江中下游依靠堤防、丹江口水库及杜家台分洪工程可防御 20 年一遇洪水，配合新城以上民垸分洪，可防御 1935 年同大洪水，约相当于 100 年一遇。赣江可防御 20 ~ 50 年一遇洪水，其他支流大部分可防御 10 ~ 20 年一遇洪水，长江上游四川腹地各主要支流依靠堤防和水库一般可防御 10 年一遇左右洪水。

三、设计洪水

（一）荆江河段设计洪水

荆江河段的防洪标准以防御枝城 100 年一遇洪水洪峰流量为目标，同时对遭遇 1870 年同大洪水应有可靠的措施保证荆江两岸干堤不发生漫溃，防止发生毁灭性灾害。

枝城站系荆江河段的入流站，枝城站设计洪水成果见下表。

枝城站设计洪水成果表

时段	统计参数			设计流量（立方米每秒）					
	Ex	*Cv*	*Cs/Cv*	0.1%	0.33%	0.5%	1%	2%	5%
日均流量	54100	0.21	4.0	102800	94600	92100	87000	82200	75200

（二）城陵矶及以下干流河段设计洪水

长江中下游城陵矶及以下干流河段总体防洪标准为防御新中国成立以来发生的最

大洪水，即1954年洪水。

城陵矶以下河段以螺山站作为代表站。螺山站30天总入流设计洪水成果见下表。1954年洪水螺山站30天总入流为1975亿立方米，约180年一遇。

螺山站30天总入流设计洪水成果表

时段	统计参数			设计值				
	Ex	*Cv*	*Cs/Cv*	0.33%	0.5%	1%	2%	5%
30天洪量（亿立方米）	1190	0.21	4	2088	2027	1919	1808	1652

四、洪水调度原则和目标

（一）洪水调度原则

1. 坚持以人为本、依法防洪、科学调度的原则。

2. 坚持蓄泄兼筹、以泄为主，上下游兼顾、左右岸协调，局部利益服从全局利益的原则。

3. 当发生大洪水时，适时运用洲滩民垸，充分发挥河道的泄洪能力；利用三峡及其他水库拦洪错峰，充分发挥水库的防洪作用；当河道控制站水位接近并预报将超过堤防设计水位时，适时启用蓄滞洪区分蓄超额洪水。

4. 统筹处理好防洪与排涝的关系，遇大洪水时，排涝服从防洪的要求。

5. 兴利调度服从防洪调度，在确保防洪安全和不影响排涝的前提下，兼顾洪水资源利用。

6. 各干支流水库在保证下游防洪保护对象和本身防洪安全的情况下，若中下游干流发生大洪水，应尽量拦蓄洪水，以减轻中下游干流防洪压力。

（二）洪水调度目标

发生防御标准以内洪水时，确保重要水库、重点堤防、重要城市和地区的防洪安全。遇超标准洪水或特殊情况，采取非常措施，保证重要城市和地区的防洪安全，最大限度地减轻洪灾损失。

五、洪水调度

（一）水库调度

1. 三峡水库在保证枢纽大坝安全的前提下，对长江上游洪水进行调控，使荆江河段防洪标准达到100年一遇，遇100年一遇至1000年一遇洪水，包括1870年同大洪水时，控制枝城站流量不大于80000立方米每秒，配合蓄滞洪区运用，保证荆江河段行洪安全，避免两岸干堤漫决发生毁灭性灾害；根据城陵矶地区防洪要求，考虑长江上游来水情况和水文气象预报，适度调控洪水，减少城陵矶地区分蓄洪量。

对荆江河段实施防洪补偿调度。当三峡水库水位低于171.0米时，控制沙市水位不高于 44.50 米；当三峡水库水位在 171.0 米至 175.0 米之间时，控制枝城最大流量不超过 80000 立方米每秒，配合分洪措施控制沙市水位不超过 45.00 米。

对城陵矶河段实施防洪补偿调度。在长江上游来水不大，三峡水库尚不需为荆江河段防洪大量蓄水，而城陵矶附近防洪形势严峻，且三峡水库水位不高于 155.0 米时，三峡水库兼顾对城陵矶河段进行防洪补偿调度，即按控制沙市水位不高于 44.50 米、同时城陵矶水位不超过 34.40 米进行防洪补偿调度。当三峡水库水位高于 155.0 米后，转为对荆江河段进行防洪补偿调度，不再对城陵矶河段进行防洪补偿调度。

三峡水库水位超过 175.0 米后，按照保枢纽安全的防洪调度方式运行。原则上，当入库流量小于水库泄流能力时，按来多少泄多少进行调度；当入库流量大于水库泄流能力时，按水库泄流能力下泄。届时可根据实时水雨情及防洪需要统筹考虑进行调度。

2. 长江上游发生中小洪水，根据实时水雨情和预测预报，三峡水库尚不需要对荆江或城陵矶河段实施防洪补偿调度，且有充分把握保障防洪安全时，三峡水库可以相机对中小洪水进行滞洪调度。

3. 沙市水位预报将超过 44.50 米，若清江来水大，利用清江隔河岩、水布垭水库配合三峡水库联合拦蓄洪水，控制沙市站水位不高于 44.50 米。

4. 根据长江中下游防洪需要，长江上游二滩、紫坪铺、瀑布沟、宝珠寺、构皮滩、彭水等干支流控制性水库在保证各水库下游和本身防洪安全的基础上，按照调度指令配合三峡水库为中下游拦蓄洪水，减轻防洪压力。

5. 清江、沮漳河、洞庭湖四水、鄱阳湖五河发生洪水时，充分发挥隔河岩、水布垭、漳河、五强溪、柘溪、凤滩、江垭、皂市、万安、柘林、廖坊等水库的拦洪作用，以减轻水库下游或长江干流防洪压力。

（二）河道及蓄滞洪区调度

1. 荆江河段（枝城至城陵矶）

（1）沙市水位预报将达到 44.50 米，相机扒开荆江两岸干堤间洲滩圩垸行洪，充分利用河道下泄洪水，利用三峡等水库联合拦蓄洪水，控制沙市水位不超过 44.50 米。

（2）当三峡水库水位高于 171.0 米之后，如上游来水仍然很大，水库下泄流量将逐步加大至控制枝城站流量不超过 80000 立方米每秒，为控制沙市站水位不超过 45.00 米，需要荆江地区蓄滞洪区配合使用。

1）沙市水位达到 44.67 米并预报继续上涨时，做好荆江分洪区进洪闸（北闸）防淤堤的爆破准备。

2）沙市水位达到 45.00 米，并预报继续上涨时，视实时洪水大小和荆江堤防工程安全状况，决定是否开启荆江分洪区进洪闸（北闸）分洪。北闸分洪的同时，做好爆破腊林洲江堤分洪口门的准备。在国家防总下达荆江分洪区人员转移命令时，湖南省接守南线大堤。

3）在运用北闸分洪已控制住沙市水位，并预报短期内来水不再增大、水位不再上涨时，应视水情状况适时调控直至关闭进洪闸，保留蓄洪容积，以备下次洪峰到来时分洪运用。

4）荆江分洪区进洪闸全部开启进洪仍不能控制沙市水位上涨，则爆破腊林洲江堤口门分洪；同时做好涴市扩大区与荆江分洪区联合运用的准备。

5）荆江分洪区进洪闸全部开启且腊林洲江堤按设定口门爆破分洪后，仍不能控制沙市水位上涨时，则爆破涴市扩大区江堤进洪口门及虎渡河里甲口东、西堤，与荆江分洪区联合运用。运用虎渡河节制闸（南闸）兼顾上下游控制泄流，最大不超过3800立方米每秒。同时做好虎西备蓄区与荆江分洪区联合运用的准备。

预报荆江分洪区内蓄洪水位（黄金口站，下同）将超过42.00米，爆破虎东堤和虎西堤，使虎西备蓄区与荆江分洪区联合运用。同时做好无量庵吐洪入江及人民大垸分洪运用的准备。

6）荆江分洪区、涴市扩大区、虎西备蓄区运用后，预报荆江分洪区内蓄洪水位仍将超过42.00米，提前爆破无量庵江堤口门吐洪入江。预计长江干流不能安全承泄洪水，在爆破无量庵江堤口门的同时，在其对岸上游爆破人民大垸江堤分洪。并进一步落实长江监利河段主泓南侧青泥洲、北侧新洲垸扩大行洪，清除阻水障碍等措施，确保行洪畅通。

上述措施可解决枝城1000年一遇或1870年同大洪水，若遇再大洪水，视实时洪水水情和荆江堤防工程安全状况，爆破人民大垸中洲子江堤吐洪入江；若来水继续增大，爆破洪湖蓄滞洪区上车湾江堤进洪口门，分洪入洪湖蓄滞洪区。

2. 城陵矶河段（城陵矶至东荆河口）

（1）城陵矶水位达到33.95米，并预报继续上涨，视实时洪水水情，相机扒开城陵矶至东荆河口段长江干堤之间、洞庭湖区洲滩民垸进洪，充分利用河湖泄蓄洪水。城陵矶水位达到34.90米时，洲滩民垸须全部运用。

（2）城陵矶水位预报将达到34.40米并继续上涨，且三峡水库水位在155.0米以下时，三峡水库按控制城陵矶水位不高于34.40米进行防洪补偿调度。

（3）三峡水库水位达到155.0米后，如城陵矶水位仍将达到34.40米并继续上涨，则需采取城陵矶附近区蓄滞洪区分洪措施。视重点保护对象安全需要，首先运用洞庭湖钱粮湖、大通湖东、共双茶和洪湖蓄滞洪区东分块，并相机运用屈原垸、建新垸、建设垸、民主垸、城西垸、江南陆城、澧南垸、西官垸、围堤湖、九垸等蓄滞洪区蓄洪。若在执行上述分洪过程中，预报城陵矶超额洪峰、洪量较大，运用上述蓄滞洪区分洪不能有效控制城陵矶水位时，则运用君山垸、集成安合等蓄滞洪保留区分蓄洪水。

（4）如城陵矶水位达到34.40米，但沙市水位低于44.50米且汉口水位低于29.00米，城陵矶运行水位可抬高到34.90米运用。

洞庭湖四水尾闾水位超过其控制水位（湘江长沙站39.00米、资水益阳站39.00米、沅水常德站41.50米、澧水津市站44.00米），危及重点垸和城市安全，可先期运用四水尾闾相应蓄滞洪区。

3. 武汉河段（东荆河口至武穴）

（1）汉口水位达到28.50米，并预报继续上涨，视实时洪水水情，扒开东荆河口至武穴河段长江干堤之间洲滩民垸进洪，充分利用河道下泄洪水。汉口水位达到29.00米时，洲滩民垸应全部运用。

（2）汉口水位达到29.50米，并预报继续上涨时，视长江、汉江水情，首先运用杜家台蓄滞洪区，再运用武汉附近其他蓄滞洪区。

1）若汉江来水较大，在丹江口水库充分运用的条件下，则开启汉江下游杜家台分洪闸分洪；若汉江来水不大，首先运用黄陵矶闸分长江洪水入杜家台蓄滞洪区，若分洪量不足，视情况采取扩大分洪量的措施。

2）若武汉河段上游长江来水大，在首先运用杜家台蓄滞洪区之后，则视超额洪量大小，依次运用西凉湖、武湖、涨渡湖、白潭湖蓄滞洪区蓄纳洪水，以控制汉口水位不超过29.73米。若武汉河段上游来水小，而汉口至湖口区间洪水较大，在首先运用杜家台蓄滞洪区之后，视超额洪量大小，依次运用武湖、涨渡湖、白潭湖、西凉湖蓄滞洪区蓄纳洪水，以控制汉口水位不超过29.73米。

（3）武汉附近杜家台、武湖、涨渡湖、白潭湖、西凉湖蓄滞洪区运用后，汉口水位仍将超过29.73米时，启用东西湖蓄滞洪保留区蓄纳洪水。

4. 湖口河段（武穴至湖口）

（1）湖口水位达到20.50米时，并预报继续上涨，视实时洪水水情，相机扒开武穴至湖口河段长江干堤之间、鄱阳湖区洲滩民垸进洪，充分利用河湖泄蓄洪水。湖口水位达到21.50米（鄱阳湖万亩以上单退圩堤水位为21.68米）时，洲滩民垸应全部运用。

（2）湖口水位达到22.50米，并预报继续上涨，首先运用鄱阳湖区的康山蓄滞洪区，相机运用珠湖、黄湖、方洲斜塘蓄滞洪区蓄纳洪水。同时做好华阳河蓄滞洪区分洪的各项准备。

（3）运用上述4处蓄滞洪区后仍不能控制湖口水位上涨且危及重点堤防安全时，则运用华阳河蓄滞洪区分蓄洪水，华阳河蓄滞洪区分洪口门设在占家峦。

六、调度权限

（一）荆江分洪区的运用由长江防汛抗旱总指挥部商湖北省人民政府提出方案，

由国家防汛抗旱总指挥部决定，国家确定的其他蓄滞洪区的运用由长江防汛抗旱总指挥部商所在省人民政府决定，由所在省防汛抗旱指挥部负责组织实施，并报国家防汛抗旱总指挥部备案。当洞庭湖四水发生洪水，为保护四水下游重点地区的防洪安全，需运用国家确定的四水尾闾蓄滞洪区分洪时，由湖南省提出要求，报经长江防汛抗旱总指挥部同意后执行。洲滩民垸的运用由各省防汛抗旱指挥部负责，报长江防汛抗旱总指挥部备案。

（二）三峡水库入库流量不超过25000立方米每秒，且库水位在汛期运用水位浮动范围内，原则上由中国长江三峡集团公司负责调度；三峡水库入库流量超过25000立方米每秒，但枝城流量小于56700立方米每秒，或相机对中小洪水采取调洪运用，由长江防汛抗旱总指挥部负责调度；枝城流量超过56700立方米每秒，或需对城陵矶河段进行补偿调度，由长江防汛抗旱总指挥部提出调度方案，报国家防汛抗旱总指挥部批准，中国长江三峡集团公司执行。

（三）丹江口水库的洪水调度由长江防汛抗旱总指挥部负责。水布垭、隔河岩水库和漳河水库的洪水调度由湖北省防汛抗旱指挥部负责，当水布垭、隔河岩水库配合三峡水库对荆江河段进行防洪补偿调度时，由长江防汛抗旱总指挥部负责调度。五强溪、柘溪、凤滩、江垭、皂市等水库的洪水调度由湖南省防汛抗旱指挥部负责。万安、柘林、廖坊等水库的洪水调度由江西省防汛抗旱指挥部负责。

（四）长江上游干支流为长江中下游预留防洪库容的水库，当需要配合三峡水库为长江中下游进行防洪调度时，由长江防汛抗旱总指挥部调度。防洪影响跨省（自治区、直辖市）的水库，在洪水调度过程中可能影响到两个省级行政区域防洪时，由长江防汛抗旱总指挥部提出调度方案，报国家防汛抗旱总指挥部批准，由有关水库管理单位执行。以上水库的年度度汛方案由长江防汛抗旱总指挥部审批，并报国家防汛抗旱总指挥部备案。

七、附则

（一）嘉陵江、岷江、乌江、汉江、滁河、青弋江、水阳江、漳河及其他支流的洪水调度方案另行编制。

（二）遇特殊情况，国家防汛抗旱总指挥部、长江防汛抗旱总指挥部可按照本方案的精神及有关规定，进行应急调度。

（三）本方案中除三峡水库水位采用资用吴淞高程外，其他各控制站水位均采用冻结吴淞高程。

（四）本方案由长江防汛抗旱总指挥部负责解释。

（五）本方案自批准之日起执行，原《长江洪水调度方案》（国汛〔1999〕10号）同时废止。

附件 7：国务院批复的《长江防御洪水方案》（国函〔2015〕124 号）

长江是我国第一大河，自西向东流经青海、四川、西藏、云南、重庆、湖北、湖南、江西、安徽、江苏、上海等 11 个省（自治区、直辖市），支流涉及贵州、甘肃、陕西、河南、浙江、广西、广东、福建等 8 个省（自治区），流域面积 180 万平方千米。长江防洪安全关系流域广大地区人民生命财产安全和社会经济发展，涉及上海、南京、合肥、南昌、武汉、长沙、重庆、成都、贵阳、昆明等重要城市，京广、京沪、京九、沪汉蓉、沪昆、渝黔、成昆等铁路干线，京港澳、京沪、大广、二广、沪蓉、沪渝、杭瑞、福银等高速公路，长江干支流航道，江汉油田等重要设施安全。

经过多年建设，长江流域防洪工程体系逐步完善，防洪非工程措施建设取得长足进展，防洪能力显著提高。根据《中华人民共和国防洪法》《中华人民共和国防汛条例》《长江流域综合规划（2012—2030 年）》《长江流域防洪规划》，结合长江流域防洪现状，制定本方案。

一、流域洪水特性

长江干流全长 6300 余千米，自江源至湖北宜昌为上游，长 4505 千米，集水面积约 100 万平方千米；宜昌至江西鄱阳湖出口湖口为中游，长 955 千米，集水面积约 68 万平方千米；湖口至入海口为下游，长 938 千米，集水面积约 12 万平方千米，其中大通以下约 600 千米河段受潮汐影响。

长江流域的洪水主要由暴雨形成。长江上游金沙江洪水由暴雨和冰雪融化共同形成，宜宾以下依次接纳岷江、沱江、嘉陵江、乌江等主要支流洪水，形成宜昌峰高量大、陡涨渐降型洪水。长江中下游承接长江上游、洞庭湖、汉江、鄱阳湖等洪水，洪水峰高量大、持续时间长，其中大通以下受洪水和潮汐双重影响。

长江洪水发生时间一般年份下游早于上游，江南早于江北，各支流洪峰互相错开，中下游干流可顺序承泄干支流洪水，不致形成较大洪水。但遇气候异常，干支流洪水遭遇，易形成区域性或流域性大洪水。

二、防洪工程体系

目前，长江上游初步形成了由干支流水库、河道整治工程、堤防护岸等组成的防洪工程体系。防洪标准干流为 20 ~ 50 年一遇，各主要支流一般为 10 ~ 20 年一遇。

长江中下游基本形成了以堤防为基础、三峡水库为骨干，其他干支流水库、蓄滞洪区、河道整治工程，平垸行洪、退田还湖等相配合的防洪工程体系。长江中下游总体防洪标准为防御新中国成立以来发生的最大洪水（即 1954 年洪水），荆江河段的防洪标准为 100 年一遇，同时对遭遇类似 1870 年洪水应有可靠的措施保证荆江两岸干

堤防洪安全，防止发生毁灭性灾害。汉江中下游防洪标准为防御1935年洪水（相当于100年一遇）。洞庭湖湘江、资水、沅江、澧水（以下统称四水），鄱阳湖赣江、抚河、信江、饶河、修水（以下统称五河），总体防洪标准为20年一遇。长江中下游其他支流防洪标准多为10～20年一遇。

长江干流主要控制站防洪控制水位（堤防设计水位）分别为：李庄270.00米，寸滩192.12米，宜昌55.73米，沙市45.00米，城陵矶34.40米，汉口29.73米，湖口22.50米，大通17.10米，南京10.60米（考虑台风为11.10米），江阴7.25米（考虑台风为8.04米）。

长江中下游干流各河段现状行洪能力：沙市约53000立方米每秒，城陵矶约60000立方米每秒，武汉约73000立方米每秒，湖口约83000立方米每秒。

（一）堤防工程

长江流域堤防包括长江干堤、主要支流堤防，以及洞庭湖区、鄱阳湖区、城市堤防等，总长约64000千米，是长江防洪的基础。目前，长江中下游3900余千米干流堤防已基本达标。

荆江大堤、无为大堤、南线大堤、汉江遥堤以及沿江全国重点防洪城市堤防等为1级堤防。松滋江堤、荆南长江干堤、洪湖监利江堤、岳阳长江干堤（岳阳市城区段除外）、四邑公堤、汉南长江干堤、粑铺大堤、黄广大堤、九江大堤（九江市城区段除外）、同马大堤、广济圩江堤、枞阳江堤、和县江堤、江苏长江干堤（南京市城区段除外），以及洞庭湖区、鄱阳湖区重点圩垸堤防等为2级堤防。

仅依靠堤防，长江中下游干流荆江河段（枝城至城陵矶）、城陵矶河段（城陵矶至东荆河口）、武汉河段（东荆河口至武穴）、湖口河段（武穴至湖口）分别可防御10年一遇、10～20年一遇、20～30年一遇和20年一遇洪水。

（二）重要防洪水库

长江流域已建成大中小型水库5.12万座，总库容约3588亿立方米。以三峡水库为骨干的重要大型防洪水库总防洪库容达627亿立方米。其中三峡水库防洪库容221.5亿立方米，分为对城陵矶进行防洪补偿调度库容、对荆江河段进行防洪补偿调度库容和防御特大洪水的库容三部分；上游干流梨园、阿海、金安桥、龙开口、鲁地拉、观音岩、溪洛渡、向家坝，雅砻江锦屏一级、二滩，岷江紫坪铺、瀑布沟，嘉陵江碧口、宝珠寺、亭子口、草街，乌江构皮滩、思林、沙沱、彭水等重要水库除承担所在河流的防洪任务外，还配合三峡水库承担长江中下游防洪任务；中下游主要支流上的丹江口、水布垭、隔河岩、漳河、五强溪、柘溪、江垭、皂市、万安、峡江、柘林、廖坊等重要水库除承担所在河流的防洪任务外，还配合减轻长江干流的防洪压力。在建和近期拟建的具有防洪作用的重要大型水库有乌东德、白鹤滩、两河口、双江口、宜冲桥、浯溪口等。

（三）蓄滞洪区

长江中下游干流沿岸设有42处蓄滞洪区，总面积约为1.2万平方千米，有效蓄洪容积为589.7亿立方米。其中重点蓄滞洪区1处，为荆江分洪区；重要蓄滞洪区12处，分别为洪湖东分块、钱粮湖、共双茶、大通湖东、围堤湖、民主、城西、澧南、西官、建设、杜家台、康山蓄滞洪区；一般蓄滞洪区13处，分别为洪湖中分块、屈原、九垸、江南陆城、建新、西凉湖、武湖、涨渡湖、白潭湖、珠湖、黄湖、方洲斜塘和华阳河蓄滞洪区；蓄滞洪保留区16处，分别为涴市扩大区、人民大垸、虎西备蓄区、君山、集成安合、南汉、和康、安化、安澧、安昌、北湖、义合、南顶、六角山、洪湖西分块、东西湖蓄滞洪区。支流滁河设有荒草二圩、荒草三圩、蒿子圩和汪波东荡4处蓄滞洪区。

（四）河道整治工程

60余年来，长江中下游干流开展了较大规模的护岸工程、下荆江系统裁弯、部分分汊河段堵汊等河道整治，共完成护岸1600余千米，抛石9100余万立方米，丁坝685座，各类沉排约520万平方米。经整治，中下游干流河势基本得到控制，总体较为稳定，部分河段崩岸较为严重，局部河段河势处于调整之中。

（五）平垸行洪、退田还湖

1998年大水后，对长江中下游干堤之间严重阻碍行洪的洲滩民垸、洞庭湖及鄱阳湖区部分洲滩民垸进行了平垸行洪、退田还湖建设，共平退了1461个圩垸，迁移了61.64万户、241.64万人。

经圩垸平退和联圩并圩，目前长江中下游干流河道内仍有洲滩民垸406个，洲上人口约130万人，总面积约2500平方千米；洞庭湖及鄱阳湖区还有万亩以下圩垸133个，人口59.77万人。

三、防御洪水原则

（一）蓄泄兼筹，以泄为主；江湖两利，左右岸兼顾，上、中、下游协调。

（二）局部服从全局、兴利服从防洪。

（三）当发生设计标准内洪水时，加强工程防守，充分利用河道下泄洪水，合理利用三峡及其他干支流水库拦洪、错峰，适时运用洲滩民垸行蓄洪水，相机运用流域内重要和一般蓄滞洪区分洪，确保防洪安全。

（四）当发生设计标准以上洪水时，充分运用水库拦蓄，适时启用荆江分洪区及蓄滞洪保留区，视情采取局部河段适当超防洪控制水位运行、扩大河道泄洪能力等措施，保障重点防洪目标安全，最大限度减轻洪灾损失。

（五）在确保防洪安全的前提下，兼顾洪水资源利用。

四、防御洪水安排

（一）长江上游

1. 当川渝河段发生设计标准内洪水时，充分利用河道下泄洪水，适时运用金沙江下游溪洛渡和向家坝、岷江瀑布沟、嘉陵江亭子口等干支流水库拦洪、削峰、错峰，减轻宜宾、泸州、重庆等重要城市的防洪压力。

2. 当雅砻江、岷江、嘉陵江、乌江等支流发生设计标准内洪水时，充分利用河道下泄洪水，适时运用支流水库拦洪、削峰、错峰，减轻下游防洪压力。

3. 当发生设计标准以上洪水时，在确保水库安全的前提下，充分利用水库拦蓄洪水，采取必要措施，保障重要城市和防洪工程安全。

（二）长江中下游

1. 发生设计标准内洪水。

（1）荆江河段。

充分利用河道下泄洪水，调度运用三峡和上游水库联合拦蓄洪水，适时运用清江梯级水库错峰，相机运用荆江两岸干堤间洲滩民垸行蓄洪水，控制沙市水位不超过44.50米。

清江、沮漳河发生洪水时，充分发挥隔河岩、水布垭、漳河等水库的拦洪、削峰、错峰作用，减轻下游防洪压力。

（2）城陵矶河段。

城陵矶水位低于33.95米，充分利用河湖泄蓄洪水。

预报城陵矶水位将达到33.95米并继续上涨，视实时水情，相机运用河段内长江干堤之间、洞庭湖区洲滩民垸行蓄洪水。

预报城陵矶水位将达到34.40米并继续上涨，调度运用三峡等水库联合拦蓄洪水，以控制城陵矶水位不高于34.40米。

当三峡水库对城陵矶地区的防洪补偿调度库容用完后，预报城陵矶水位仍将达到34.40米并继续上涨，视实时水情工情，相机运用重要蓄滞洪区、一般蓄滞洪区分洪，控制城陵矶水位不高于34.90米。

洞庭湖四水发生洪水时，充分发挥各支流水库的拦洪作用，减轻下游防洪压力。

洞庭湖四水尾闾控制站水位超过其控制水位，危及重点垸和城市安全，可先期运用四水尾闾相应蓄滞洪区。

（3）武汉河段。

汉口水位低于28.50米时，充分利用河道下泄洪水。

汉口水位达到28.50米并预报继续上涨，视实时水情工情，相机运用河段内长江干堤之间洲滩民垸行蓄洪水。

汉口水位达到 29.50 米并预报继续上涨，首先运用杜家台蓄滞洪区分蓄汉江或长江洪水，视实时水情工情再运用武汉附近一般蓄滞洪区，控制汉口水位不超过 29.73 米。

汉江发生洪水时，充分利用丹江口等水库联合拦蓄洪水，相机运用杜家台蓄滞洪区分蓄洪水，必要时启用部分分蓄洪民垸蓄洪。

（4）湖口河段。

湖口水位低于 20.50 米时，充分利用河湖泄蓄洪水。

湖口水位达到 20.50 米并预报继续上涨，视实时水情工情，相机运用河段内长江干堤之间、鄱阳湖区洲滩民垸行蓄洪水。

预报湖口水位将达到 22.50 米并继续上涨，首先运用鄱阳湖区的康山蓄滞洪区分蓄洪水，相机依次运用鄱阳湖一般蓄滞洪区、华阳河蓄滞洪区分蓄洪水。

鄱阳湖五河发生洪水时，充分发挥各支流水库的拦洪作用，减轻水库下游防洪压力。

（5）湖口以下河段 .

充分利用河道下泄洪水，相机运用河段内长江干堤之间的洲滩民垸行蓄洪水，控制干流水位不超过堤防设计水位。

青弋江、水阳江及滁河发生洪水时，充分发挥支流水库的拦洪作用，合理调度控制闸站，利用分洪道、河湖泄蓄洪水，相机运用蓄滞洪区分蓄洪水。

2. 发生设计标准以上洪水。

（1）荆江河段。

荆江河段发生 100 年一遇以上、1000 年一遇以下洪水时，充分利用三峡等水库联合拦蓄洪水，控制枝城最大流量不超过 80000 立方米每秒。视实时水情工情，依次运用荆江分洪区、涴市扩大区、虎西备蓄区及人民大垸蓄滞洪区分蓄洪水，控制沙市站水位不超过 45.00 米，保证荆江两岸干堤防洪安全，防止发生毁灭性灾害。

发生 1000 年一遇以上洪水，视需要爆破人民大垸中洲子江堤吐洪入江，进一步运用监利河段主泓南侧青泥洲、北侧新洲垸等措施扩大行洪；若来水继续增大，爆破洪湖西分块蓄滞洪区上车湾进洪口门，利用洪湖西分块蓄滞洪区分蓄洪水。

（2）城陵矶及以下河段。

运用重要和一般蓄滞洪区仍不能控制水位上涨，运用蓄滞洪保留区分蓄洪水。

运用蓄滞洪保留区后，仍不能控制城陵矶、汉口、湖口水位上涨，适当抬高干流 1 级及 2 级堤防运行水位，加强工程巡查、防守、抢险，并采取必要措施，保障重要保护对象防洪安全。

五、洪水资源利用

在确保防洪安全的前提下，根据防洪形势、气象水文预报，综合考虑水资源、水生态等需求，经有管辖权的防汛抗旱指挥机构批准，长江干支流控制性水库可采取汛期适度蓄水、汛末提前蓄水、流域调水补水等措施，合理利用洪水资源。

六、工作与任务

（一）防汛准备

长江防汛抗旱总指挥部及地方各级防汛抗旱指挥部要对流域及所辖范围内的防汛准备情况进行检查，督促落实防汛责任和度汛措施。受洪水影响的企业和单位，要做好各项防汛准备，落实防洪自保措施。

（二）预报预警

气象、水文、海洋等部门要及时做出天气形势、降雨、洪水和风暴潮等预报，并按有关规定发布预报成果。流域内承担防洪任务的水库运行管理单位应按要求向相关防汛抗旱指挥部报送水库流域内的实时水雨情、水库调度运行等相关信息。

长江防汛抗旱总指挥部和地方各级防汛抗旱指挥部应及时发布洪水预警信息。

（三）蓄滞洪区运用

蓄滞洪区所在地各级人民政府要根据本方案做好蓄滞洪区运用的各项工作。

（四）抗洪抢险

长江防汛抗旱总指挥部指导、协调、监督长江抗洪抢险工作。

地方各级人民政府要按照防汛责任制的规定，组织做好抗洪抢险工作。国土资源、交通运输、能源、通信等部门和单位应做好所属行业及其设施的抗洪抢险工作。

当长江发生设计标准以上洪水时，地方各级人民政府要采取措施，加强重要防洪工程和各类重要基础设施的防守和抢险工作，保证重要水库、重要堤防、重要城市和重要地区的防洪安全。

（五）救灾

地方各级人民政府应当组织有关部门和单位做好受灾人员转移安置、生活保障、卫生防疫、物资供应、治安管理、水毁修复、恢复生产和重建家园等工作。

七、责任与权限

（一）责任

1. 长江防汛抗旱总指挥部负责流域防洪的组织、协调、指导、监督工作和重要防洪工程的调度运用。

2. 各省（市）人民政府负责本行政区域内的抗洪抢险和蓄滞洪区（包括蓄洪民垸、洲滩民垸）运用、人员转移安置、救灾及灾后恢复等工作。

3. 国土资源、交通运输、能源、通信等部门和单位负责所属行业及其设施的防洪安全。

（二）权限

1. 荆江分洪区的运用由长江防汛抗旱总指挥部商湖北省人民政府提出方案，报国家防汛抗旱总指挥部决定；国家确定的其他蓄滞洪区的运用由长江防汛抗旱总指挥部商所在省人民政府决定，并报国家防汛抗旱总指挥部备案。

2. 三峡水库的防洪和蓄水调度由长江防汛抗旱总指挥部提出方案，报国家防汛抗旱总指挥部批准。丹江口、陆水水库的防洪和蓄水调度由长江防汛抗旱总指挥部负责。长江上中游大型水库配合三峡水库为长江中下游进行防洪调度时，由长江防汛抗旱总指挥部调度。

3. 大型水库防洪影响范围或承担的防洪任务跨省（市）的，其防洪调度由长江防汛抗旱总指挥部负责；大型水库防洪影响范围和承担的防洪任务不跨省（市）的，其防洪调度由所在省（市）防汛抗旱指挥部负责，重要水库的实时调度方案报长江防汛抗旱总指挥部备案。

4. 调弦口的运用由湖北、湖南两省协商决定，必要时由长江防汛抗旱总指挥部裁决。

5. 当洞庭湖四水发生洪水，为保护四水下游重点地区的防洪安全，需运用四水尾闾国家确定的蓄滞洪区分蓄洪水时，由湖南省提出方案，报经长江防汛抗旱总指挥部同意后执行。

6. 长江中下游洲滩民垸，汉江中下游、洞庭湖四水、鄱阳湖五河的分蓄洪民垸等的运用由所在省防汛抗旱指挥部负责，报长江防汛抗旱总指挥部备案。

7. 长江上游水库群联合调度方案由长江防汛抗旱总指挥部制定，报国家防汛抗旱总指挥部批准后执行。各水库汛期调度运用计划和汛末蓄水方案由水库运行管理单位编制，报有管辖权的防汛抗旱指挥机构批准。

八、附则

（一）本方案由国家防汛抗旱总指挥部负责解释。

（二）长江水利委员会根据本方案，会同流域内有关省（市）人民政府制订长江洪水调度方案，报国家防汛抗旱总指挥部批准。以往方案与本方案不符的，按本方案执行。

（三）本方案中各控制站水位采用冻结吴淞高程。

（四）本方案自印发之日起执行，此前有关长江防御洪水方案同时废止。

附件8：《长江流域防汛抗旱应急预案》（长防总〔2016〕17号）部分

1 总则

1.1 编制目的

为全面贯彻落实《国家防汛抗旱应急预案》，做好长江流域水旱灾害突发事件防范与处置工作，使灾害处于可控状态，保证防汛抢险、抗旱及救灾工作高效有序进行，最大限度地减少人员伤亡和财产损失，支撑流域经济社会全面、协调、可持续发展，特制定本预案。

1.2 适用范围

本预案适用于长江流域范围内突发性水旱灾害的预防和应急处置。突发性水旱灾害包括：江河洪水、渍涝灾害、山洪灾害（指由降雨引发的山洪、泥石流、滑坡灾害）、台风暴潮灾害、干旱灾害、供水危机以及由洪水、风暴潮、地震、恐怖活动等引发的水库垮坝、堤防决口、水闸倒塌、供水水质被侵害等次生或衍生灾害。

2 组织指挥体系及职责

国家防汛抗旱总指挥部依照《中华人民共和国防洪法》《中华人民共和国防汛条例》和《中华人民共和国抗旱条例》等有关规定，在长江流域设立长江防汛抗旱总指挥部（以下简称长江防总），负责指挥长江流域防汛抗旱工作。其办事机构长江防总办公室设在长江水利委员会（以下简称长江委）。

长江防总由湖北省省长任总指挥，长江委主任任常务副总指挥，四川、重庆、湖北、湖南、江西、安徽、江苏、上海等省（直辖市）人民政府分管防汛抗旱工作的副省（市）长任副总指挥。

2.1 长江防汛抗旱总指挥部职责

长江防总在国家防总授权范围内负责指挥长江流域的防汛抗旱工作。其主要职责是：贯彻落实国家有关防汛抗旱的法律法规和方针政策；组织制定长江流域防汛抗旱相关规章制度，并监督实施；组织、协调、监督、指导长江流域的防汛抗旱工作；组织制订长江防御洪水方案、长江洪水调度方案及长江水量应急调度方案；负责审批流域内跨省（自治区、直辖市）河流的防御洪水方案、洪水调度方案和授权范围内的水库调度方案及水量应急调度预案，并协调和监督实施；负责授权范围内的水库及蓄滞洪区等水工程的防汛抗旱调度；监督和指导与长江干流防洪有关的水库的洪水调度；指导流域内洪水管理工作，组织抗洪抢险、抗旱救灾和灾后处置，并做好有关协调工作。

2.2 长江防总办公室职责

承办长江防总的日常工作，协调全流域的防汛抗旱工作。组织拟订长江流域有关防汛抗旱工作的方针政策、发展战略并贯彻实施；具体安排长江防御洪水方案、洪水调度方案及水量应急调度方案和流域内跨省（自治区、直辖市）河流的防御洪水方案、洪水调度方案、水量应急调度预案以及授权范围内的水库调度方案编制并监督实施；按照规定和授权对重要的水工程实施防汛抗旱调度和水量应急调度；指导、推动、督促全流域内有关省（市）防汛抗旱指挥机构制定和实施防御洪水方案预案和抗旱预案；指导、检查、督促地方制订山洪和台风暴潮等灾害的防御预案并组织实施；督促指导流域内有关防汛抗旱指挥机构清除河道、湖泊、蓄滞洪区范围内阻碍行洪的障碍物；组织、指导与长江干流防洪有关的水库及蓄滞洪区的洪水调度；指导长江防汛机动抢险队和长江防汛抗旱指挥系统的建设与管理等。确定长江防总各专家组名单，必要时派遣专家组指导流域内省（自治区、直辖市）防汛抢险、抗旱救灾工作。

2.3 长江防总办公室成员单位及职责

成员单位：长江委办公室、总工程师办公室、规划计划局、水资源局、水政与安全监督局、财务局、国际合作与科技局、建设与管理局、河道采砂管理局、水土保持局、防汛抗旱办公室（三峡水库管理局）、长江流域水资源保护局、水文局、长江科学院、水工程生态研究所、陆水试验枢纽管理局、长江工程建设局、综合管理中心、网络与信息中心、宣传出版中心、机关服务中心、长江医院、长江勘测规划设计研究院、汉江水利水电（集团）有限责任公司。

成员单位职责：

办公室：负责成员单位之间的协调。协助防办做好委领导对防汛、抗旱工作指示的贯彻执行。

总工程师办公室：负责防汛、抗旱技术方案的协调。参与长江流域的防汛抢险、抗旱救灾工作。

规划计划局：负责落实长江委有关防汛、抗旱规划和计划方面的工作。

水资源局：负责拟定流域内水量分配方案。必要时，派专家指导并参与长江流域的防汛抢险、抗旱救灾工作。

水政与安全监督局：组织河道违章建筑的查处工作；协助调处省际间防汛纠纷。必要时，派专家指导并参与长江流域的防汛抢险、抗旱救灾工作。

财务局：负责长江委防汛、抗旱经费预算管理，对防办提出并经委领导审定的防汛抗旱工作经费分配方案及时下达，并监督检查使用情况。

国际合作与科技局：负责组织流域内防汛抗旱重大科研项目申报和管理、重大学术交流及科研成果与技术推广工作。

建设与管理局：负责在建工程及病险水库汛期的安全管理工作。必要时，派专家指导并参与长江流域的防汛抢险、抗旱救灾工作。

河道采砂管理局：负责汛期采砂的监督和管理。必要时，派专家指导并参与长江流域的防汛抢险、抗旱救灾工作。

水土保持局：负责流域山洪灾害防治及相关工作。必要时，派专家指导并参与长江流域的防汛抢险、抗旱救灾工作。

防汛抗旱办公室（三峡水库管理局）：负责长江防总办日常工作。当长江出现较大洪水或旱情时，提出防汛调度或者抗旱调度预案以及重大险情抢险建议方案；负责洪涝、旱等灾情的调查统计，组织防汛抗旱物资的调运；协调省际间的防汛抗旱纠纷。

长江流域水资源保护局：负责突发情况下的水源保护工作。必要时，派专家赴现场协调省际水污染纠纷，参与重大水污染事件的调查处理。

水文局：负责及时提供气象信息、雨情、水情，长期、中期、短期水、雨情预报，并参加防汛会商。

长江科学院：负责有关防汛、抗旱抢险技术的研究。参与长江洪水调度预案的研究和重大险情抢险方案的制定；及时派出相关专业的专家，指导和参加长江流域的防汛抢险、抗旱救灾工作。

水工程生态研究所：负责长江流域实施生态调度情况下水生态监测、调查和基础数据的收集、分析与评估工作。

陆水试验枢纽管理局：负责陆水水库防汛抗旱调度工作；编制陆水水库年度防汛抗旱调度方案和应急预案。必要时，派专家指导并参与长江流域的防汛抢险、抗旱救灾工作。

长江工程建设局：负责承担的在建流域中央投资公益性水利工程汛期的度汛安全。必要时，派专家指导并参与长江流域的防汛抢险、抗旱救灾工作。

综合管理中心：负责中央防汛抗旱物资的管理工作。按照国家防办下达的调令，在防办指导下做好防汛抗旱物资的调运工作。必要时，派专家和抢险队参与长江流域的防汛抢险和抗旱救灾工作。

网络与信息中心：负责防汛抗旱通信线路及网络运行维护；保证防汛抗旱通讯畅通。

宣传出版中心：负责组织长江防汛抗旱宣传报道及重大灾情资料的收集、录像工作，积极向主流新闻媒体提供稿件。必要时，根据长江防总的要求及时发布防汛抗旱相关信息。

机关服务中心：保障长江委各单位、各部门汛期和旱情紧急期的用电、用车，做好防汛抗旱人员的生活服务等后勤工作。

长江医院：负责长江委一线防汛抗旱人员卫生防疫和医疗救护工作。

长江勘测规划设计研究院：参与长江洪水调度、水量应急调度预案的研究和重大险情抢险方案的制定。及时派出相关专业的专家，指导和参加长江流域的防汛抢险、抗旱救灾工作。

汉江水利水电（集团）有限责任公司：负责丹江口水库防汛抗旱工作；编制丹江口水库年度防汛抗旱调度方案和应急预案。必要时，派专家指导并参与长江流域的防汛抢险、抗旱救灾工作。

长江防总办公室指定的工作组、专家组人员，汛期时原则上不出差离汉，需出差离汉，应报长江防总办公室备案。

2.4 地方各级人民政府防汛抗旱指挥机构

流域内有防汛抗旱任务的县级以上人民政府设立防汛抗旱指挥部，在上级防汛抗旱指挥机构和本级人民政府的领导下，组织和指挥本地区的防汛抗旱工作。防汛抗旱指挥部由本级政府和有关部门、当地驻军、人民武装部负责人等组成，其办事机构设在同级水行政主管部门。

2.5 其他防汛抗旱指挥机构

长江委和流域内各省级水行政部门所属的水利工程管理单位、水文等部门，成立相应的专业防汛抗旱组织，负责本单位、本部门的防汛抗旱工作；流域内有防汛抗旱任务的水利水电工程、有防洪任务的大中型企业根据需要成立防汛抗旱指挥部。针对重大突发事件，可以组建临时指挥机构，具体负责应急处理工作。

3 预防预警机制

3.1 预防预警信息

3.1.1 水文气象实时及预报信息

长江防汛抗旱所需要的水情信息主要有降水量、水位、流量、水质、含沙量等。长江委水文局负责长江干流和重要支流主要站点的水文信息采集，流域内各省、市水文局负责辖区内其他支流的水文信息采集。有关水情站应加强对灾害性水情的监测，选定切合实际的测验方法及相应的仪器设备，制定特大洪水和各级洪水的水文测验预案，长江干流控制站能测到百年一遇的洪水，支流主要水文站能测到有历史记录以来的最大洪水，为流域内各级防汛抗旱指挥机构提供全面、快速、准确、及时的实时信息。

长江委水文局组建具有快速反应的防汛水文实时信息监测机动队。遇特殊水情，迅速及时监测分洪溃口或扒口流量和相关水位，为防汛抗洪抢险决策提供依据。

水文信息传输网由基层水情报汛站、水情分中心、省（市）水情中心、流域水情中心四层组成。确保水情分中心、流域水情中心、国家防总办公室分别在 20 分钟、25 分钟、30 分钟以内收到重要站点的水文信息。

洪水预报信息主要有长江干流、支流重要站水位流量过程预报，洪峰水位、洪峰流量预报，水库入库洪水预报和库水位过程预报。依据现有业务预报体制，流域水情中心负责制作并发布长江干流和重要支流主要站点洪水预报，主要包括干流石鼓至大通各控制站，岷江、沱江、嘉陵江、乌江、洞庭湖、鄱阳湖出口控制站洪水预报，清江、汉江中下游控制站，以及三峡、丹江口、陆水等水库防洪调度和长江中下游重点地区分洪溃口洪水预报。

流域内云南、四川、贵州、重庆、湖南、湖北、江西、安徽、江苏、陕西、河南、上海等的省（直辖市）级水情中心（水文局）制作发布辖区内其他支流洪水预报，遇较大洪水时，预报成果应及时上报流域水情中心。

流域内各级水情中心应对重大灾害性水情开展联合监测和洪水预报会商，会商的内容主要包括重大水情信息的复核和洪水预报结果的讨论。尽可能延长洪水预报的有效预见期和提高预报的准确性，并对可能造成的洪涝灾害作出评估。洪水预报信息要及时报送各级防汛抗旱指挥机构。

当预报流域内某区域即将发生严重洪涝旱灾害和风暴潮等灾害时，应及时报告同级防汛抗旱指挥机构，并由防汛抗旱指挥机构按预警机制，做好相关防灾准备。

3.1.2 工程信息

3.1.2.1 堤防工程信息

当河流出现警戒水位以上洪水时，各级堤防管理单位应加强工程监测，并将堤防护岸工程、涵闸、泵站等工程设施的运行情况报上级工程管理部门和同级防汛抗旱指挥机构，发生洪水地区的省级防汛抗旱指挥机构应在每日 9 时前向国家防总、长江防总报告出险情况和防守情况，长江干流重要河段堤防、涵闸发生重大险情应在险情发生后 4 小时内报国家防总并同时报长江防总。

当堤防和涵洞、泵站等穿堤建筑物出现险情或遭遇超标准洪水，以及其他不可抗拒因素而可能决口时，工程管理单位应迅速组织抢险，并在第一时间向可能淹没的有关区域预警，同时向上级堤防管理部门和同级防汛抗旱指挥机构准确报告出险部位、险情种类、抢护方案以及处理险情的行政责任人、技术责任人、通信联络方式、除险情况。

当发生大强度的崩岸，危及堤身安全时，堤防管理单位应迅速组织抢险，并在第一时间向上级堤防管理部门和同级防汛抗旱指挥机构报告，同时报告长江防总。

3.1.2.2 水库工程信息

水库工程信息包括水库上游水雨情信息、水库调度信息、大坝安全信息等。

在水库水位超过汛限水位时，水库管理单位应对大坝、溢洪道、输水管等关键部位加密监测，并按照有管辖权的防汛抗旱指挥机构批准的洪水调度方案调度，其工程运行状况应向上一级水行政主管部门和同级防汛抗旱指挥机构报告。大型水库发生重大险情后应在 4 小时内报国家防总并同时报长江防总。

当水库遭遇超标准洪水或其他不可抗拒因素而可能溃坝时，水库管理单位应提早向水库溃坝洪水风险图确定的淹没范围发出预警。

当水库出现险情时，水库管理单位应立即在第一时间向下游预警，并迅速处置险情，同时向上级主管部门、同级防汛抗旱指挥机构和长江防总报告出险部位、险情种类、抢护方案以及处理险情的行政责任人、技术责任人、通信联络方式、除险情况，以进一步采取相应措施。

3.1.2.3 蓄滞洪区工程信息

蓄滞洪区工程信息主要有：蓄滞洪区围堤，进、泄洪闸（口门），隔堤，防淤堤，安全设施（安全区、安全台、避水楼等），转移交通工具，转移道路，通信预警系统等信息。蓄滞洪区运用前管理部门将上述情况和蓄洪区运用实施方案报告上一级防汛抗旱指挥机构，并同时报告长江防总。蓄滞洪运用后迅速将行洪过程、人员转移等信息报告上级防汛抗旱指挥机构，水文部门将分洪流量、分洪口门宽、蓄滞洪区水深等观测结果报告上级防汛抗旱指挥机构，并同时报告长江防总。

3.1.3 洪涝灾情信息

（1）洪涝灾情信息主要包括：发生的时间、地点、水雨情、受灾范围、人口以及群众财产、农林牧渔、交通运输、邮电通信、水电设施等方面灾情。

（2）洪涝灾情发生后，有关部门应及时向防汛抗旱指挥机构报告灾害情况，各级防汛抗旱指挥机构应收集动态灾情，全面掌握受灾情况，并及时向同级政府和上级防汛抗旱指挥机构报告。对人员伤亡和较大财产损失的灾情，应立即上报，重大灾情在灾害发生后 4 小时内将初步情况报国家防总、长江防总。

（3）防汛抗旱指挥机构应按照《水旱灾害统计报表制度》的规定上报洪涝灾情。

3.2 预防预警行动

3.2.1 预防预警准备工作

（1）思想准备。加强宣传，各级防汛抗旱指挥机构每年汛前要定期组织各种形式的宣传活动，向群众宣讲《中华人民共和国水法》《中华人民共和国防洪法》《中华人民共和国防汛条例》《中华人民共和国抗旱条例》等防汛抗旱法规，增强全民防御水旱灾害和自我保护的意识，做好防大汛、抗大旱的思想准备。

（2）组织准备。建立健全流域内各级防汛抗旱指挥机构，落实防汛抗旱责任人、队伍和山洪易发重点区域的监测网络及预警措施，并报上一级防汛抗旱指挥机构备案。各级防汛抗旱指挥机构应分别组建防汛抢险机动队、抗旱服务组织和技术专家组。长江防总应在每年汛前召开指挥长会议，各级地方防汛抗旱指挥部门召开专门会议，动员检查落实防大汛、抗大旱各项准备工作。

（3）工程准备。及时完成水毁和旱损工程修复，对存在病险的堤防、水库、涵闸、泵站、应急水源等各类水利工程设施实行应急除险加固，各类水利工程设施，包括堤防、水库、涵闸、泵站，以及在建水利水电工程、病险工程都必需制定并落实安全度汛方案。

（4）预案准备。每年汛前，修订完善长江干、支流，大型湖泊，水库和城市防洪预案；台风暴潮防御预案、防洪工程调度规程、堤防决口和水库垮坝应急方案、蓄滞洪区运用预案、防御山洪灾害预案；地方总体抗旱预案、城市（城区）专项抗旱预案和流域专项抗旱预案。研究制定各类水利工程设施防御超标准洪水的应急方案，堤防险工险段、病险水库还要制定工程抢险方案。

长江防御特大洪水方案、长江洪水调度方案和长江水量应急调度方案，由长江防总制定报国家防总批准。长江中下游干流重要河段堤防决口抢险方案，由所在省防总制定报长江防总审批。各地方防汛抗旱指挥机构也应根据其职责范围及管辖权限，制定行政辖区内有关防洪水利工程及河流洪水调度、水量应急调度预案，报上级防汛抗旱指挥机构批准执行。

（5）水文测报、洪水预报准备。各级水文部门应编制特大洪水水文测验方案和各级别洪水水文测验方案及报汛方案，编制有关分洪溃口水文测验预案。下达水情站报汛任务，制定测报标准，检查测报的通信设施、传输系统、自动测报设备，确保及时无误运行。流域水情中心、各省水情中心，按职责分工做好洪水预报方案的编制。制定分洪溃口洪水预报方案。

（6）通信准备。各级防办要督促有关部门检查维修好各种防汛抗旱通信设施，保证通信畅通。蓄滞洪区要配备通信报警系统。做好通信人员的培训和建立相关管理使用制度，防止发生破坏和不正确的使用。对于暂无现代通信设备的蓄滞洪区，要准备好当地通用的锣、鼓、哨号、燃火等传递信号的准备。

（7）物料准备。按照分级负责的原则，备足防汛抢险和抗旱减灾物料。防汛用的主要物料有块石、沙、碎石、木桩、南竹、草袋、麻袋、编织袋、土工膜布、铅丝、绳索、芦柴、油料、照明器材、救生设备、运输工具等。根据堤防、水闸、水库等防洪工程的结构、工作状态以及险工、险段合理布设物料，按确保重点、兼顾一般的原则安排。要查勘选定补充料源、运输线路堆放地点、以作后备之需。

（8）防汛抗旱检查。实行以查组织、查工程、查预案、查物料、查通信为主要内容的分级检查制度。长江防总汛前除派员参加国家防总检查组外，视情况组织检查组赴流域内各省市进行防汛抗旱检查。地方各级防汛抗旱指挥机构亦相应在汛前组织防汛抗旱检查，检查情况应形成文字材料报上一级防汛抗旱指挥机构存档备查。

根据长江防汛抗旱情况，汛前检查包括以下几个方面：

堤防检查。汛前必须对所有堤防工程进行全面的检查。凡影响安全度汛的问题，要督促责任部门制定和落实度汛措施和处理方案。

堤防检查的主要内容有：堤防外部及断面、堤身隐患检查和堤身堤基渗漏检查。汛前堤防检查除沿堤实地查看和调查访问外，还应采取一些简易的探测方法，尽早发现和消除隐患，确保堤防安全。

水库工程检查。对库区、挡水、输水、溢洪以及电站等建筑物，分别进行检查，输水隧洞及管道，闸门和启闭设备检查，还要对防汛电源、备用电源进行检查。对于尚未加固的病险水库，应注意检查保安措施和度汛方案的落实。

蓄滞洪区检查。蓄滞洪区检查的主要内容有：蓄滞洪区管理，就地避洪设施、退洪设施、蓄滞洪区堤防、撤退转移措施、通信和报警设施、群众紧急救生措施和其他蓄滞洪运行准备工作等方面的检查。

涵闸检查。涵闸检查应结合河道堤防一并进行。涵闸检查的主要内容有：水力条件、闸身稳定、消能设施、建筑物和闸门启闭设备及动力等方面的检查。

河道检查。河道检查目的是顺应河势、巩固堤岸、彻底清除妨碍行洪障阻物，提高河道泄洪能力。河道检查主要内容有：河势、河工建筑物以及妨碍行洪的障碍物等方面的检查。对查出的洪障，必须采取坚决果断措施，严格按照防汛指挥机构的要求，彻底清除，以恢复河道过流能力。

水文测报检查。流域水文局、各省市水文局组织防汛抗旱检查组，对水情站的测验设施、雨量计、水位计、测流船只、测流缆道等各种设施设备进行检查；对报汛通信线路、自动报汛设备进行检测，确保水文信息传递畅通无阻。对特大洪水及各种类型洪水的应急测验预案及分洪溃口的测验预案进行检查，确保符合实际要求。流域内各级预报中心，应负责检查信息接收处理、计算机网络信息发布及服务系统的安全运行、洪水预报方案的修编完善以及分洪溃口洪水预报方案的编制，以保证抗洪抢险的需要。

（9）防汛抗旱管理工作。防汛工作是不间断的日常工作，贯穿在汛前准备、实时防汛和汛后工作的全过程中。实时防汛主要包括水雨情测报、预报，洪水实时调度，有计划蓄滞洪或溃口人员避险转移，险工抢护等内容。要随时掌握水雨情及其发展趋势，掌握及时准确的洪水预报，依据实际水情或预报水情，科学调度，力争减免灾害。当各类防洪工程出现险情时，要迅速找出原因，采取紧急有效措施进行抢护，消除险情。

汛后工作主要是开展水毁和旱损工程修复和重建，帮助灾区迅速恢复生产，重建家园；对当年防汛抗旱工作进行全面总结、评价，总结经验吸取教训。

防汛管理工作还包括：对在江河、湖泊、水库、滩涂、人工水道、蓄滞洪区内建设的非防洪建设项目开展洪水影响评价，并经有审批权的水行政主管部门审批，对未经审批并严重影响防洪的建设项目，督促依法强行拆除。

3.2.2 江河洪水预警

（1）当江河即将出现洪水时，各级水文部门应做好洪水预报工作，及时向防汛抗旱指挥机构报告雨情、水位、流量的实测情况和洪水走势，流域内各省市水文部门，负责其下属水文站点的报汛管理和洪水预报，并将结果向同级和上级防汛抗旱指挥机构报告。长江委水文局负责所属水文站点的报汛管理，并负责长江干流重要站、重要支流控制站、汉江干流重要站的洪水预报制作，及时向有关省防汛抗旱指挥机构、长江防总、国家防总报告。

（2）流域内各级防汛抗旱指挥机构按分级负责原则，确定洪水预警区域、级别和洪水信息发布范围，按照权限向社会发布。

（3）水文部门应跟踪分析江河洪水发展趋势，及时滚动预报最新水情。针对各个不同时期，不同防洪形势，除及时发布预报信息外，还在江河水位超警戒水位时发布“水情预报分析”“紧急水情通报”和“最新暴雨洪水预报”等信息。

3.2.3 蓄滞洪区预警

（1）长江流域蓄滞洪区经国家批准的共44处，由其所在省防办组织拟订群众安全转移方案，报所在省防指审批，并报长江防总核备。

（2）蓄滞洪区工程管理单位应加强对围堤及进泄洪工程、安全设施（安全区、安全台、避水楼、转移交通设施）、通信警报系统等工程运行监测，发现问题及时处理，并报告上级主管部门和同级防汛抗旱指挥机构。

（3）长江蓄滞洪区运用按国家防总批准的调度方案执行。运用蓄滞洪区，当地人民政府和防汛抗旱指挥机构应把人民的生命安全放在首位，迅速启动预警系统，按照群众安全转移方案实施转移。

（4）在实施蓄滞洪区调度运用前，根据洪水预报和批准的洪水调度方案，由有关地区、县防汛抗旱指挥机构做好蓄滞洪区启用的准备工作，主要包括：通过各种方式发布分蓄洪命令信息、组织蓄滞洪区内人员和重要财产转移、安置，分洪设施的启用和无闸分洪口门爆破准备。

3.2.4 水库工程预警

（1）加强水库工程管理。水库管理单位要对挡水建筑物、泄洪建筑物、引水建筑物等防洪工程设施进行全面系统的监测、维修和保养，并及时采取除险加固措施，发现险情要立即报告同级和上级防汛抗旱指挥机构。大型和重点中型水库出现重大险情同时报长江防总。

（2）水库管理单位应编制水库防洪调度规程，明确调度权限，提出防御超标准洪水的紧急措施方案，并报上级防汛部门审批。汛前应编制水库年度度汛计划，确定当年防洪标准、汛限水位、防洪高水位，明确各级洪水调度的权限，对可能发生的特大洪水要提出应急措施方案。年度度汛方案，每年都要修订并上报防汛主管部门，经批准后于当年实施。

（3）水库防洪实时调度时，水库调度主管部门，应充分利用水库以上流域水雨情监测资料和水库洪水预报成果。根据调度规程，按确保大坝安全，满足下游防洪需要安排蓄泄，有重大影响的蓄泄过程，经报请上级主管部门批准后实施。

3.2.5 堤防工程预警

（1）加强堤防管理。堤防管理部门要制定行之有效的管理办法，保持堤防工程有良好的工况，并保证堤防防汛通信、防汛道路畅通，防汛物料齐备。

（2）长江流域堤防按警戒、保证二级水位设防，据实时水情相应组建一线、二线、三线防汛队伍上岗巡堤查险，明确各堤段责任人，发现险情，管理单位应迅速制定抢护方案，调动专业队、机动队投入抢险。重大险情应立即向上级堤防管理部门和同级防汛抗旱指挥机构报告，重要险段的重大险情应及时向长江防总报告。

3.3 预警支持系统

3.3.1 洪水风险图

（1）流域内 13 个国家级重点防洪城市及重庆、贵阳、昆明的城市洪水风险图，由所在市防汛抗旱指挥机构组织绘制。流域内 44 个蓄滞洪区洪水风险图，分别由所在地的湖北、湖南、江西、安徽、江苏五省防汛抗旱指挥机构组织绘制。长江流域各级支流的流域洪水风险图、水库洪水风险图，由流域内各省防汛抗旱指挥机构组织绘制。丹江口水利枢纽、陆水水库洪水风险图由长江防总办公室组织绘制。

（2）防汛抗旱指挥机构应以各类洪水风险图作为抗洪抢险救灾、群众安全转移安置决策的技术依据。

3.3.2 防御洪水方案

经国务院批准的长江防御特大洪水方案和以国家防总批准的长江洪水调度方案，是长江中下游防汛调度的法规性文件，必须遵循。长江中下游各省（直辖市）防汛抗旱指挥机构，要在上述方案基础上编制分区以及支流的防御洪水方案和洪水调度方案。流域内其他省（市）防汛抗旱指挥机构亦应编制所管辖地区防御洪水方案。各类防御洪水预案和防洪调度方案，报同级政府审批，并报长江防总备案。

流域内各省（市）防汛抗旱指挥机构应根据变化的情况，及时修订和完善洪水调度方案。

4 应急响应

4.1 应急响应的总体要求

按洪涝、旱灾的严重程度和范围，将应急响应行动分为四级（Ⅰ、Ⅱ、Ⅲ、Ⅳ级），各级应急响应的进入由长江防总办公室负责宣布。

进入汛期、旱期，流域内各级防汛抗旱指挥机构应实行24小时值班制度，密切注视雨情、水情、工情、旱情、灾情，并根据不同情况启动相关应急程序。

长江流域防汛抗旱中的重大调度问题由国家防总直接决策，长江防总当好参谋。长江防总办公室履行值守应急、信息汇总和综合协调职责，发挥运转枢纽作用。流域内地方各级防汛抗旱指挥机构，按照流域防汛抗旱的统一部署，负责本辖区内水利、防洪工程的调度。必要时，视情况由上一级防汛抗旱指挥机构直接调度。防汛抗旱指挥部各成员单位应按照指挥部统一部署和职责分工开展工作，并及时报告有关工作情况。

发生洪涝、干旱灾害后，由地方各级防汛抗旱指挥机构按管理权限负责组织实施抗洪抢险、排涝、抗旱减灾和抗灾救灾等方面的工作。并向上级防汛抗旱指挥机构报告情况。造成重大人员伤亡的突发事件，可越级上报，并同时报上级防汛抗旱指挥机构。

山洪灾害应急处理由当地防汛抗旱指挥机构负责。对山洪灾害易发区，应加强监测，根据降雨及山体变形观测及时发出警报，紧急转移群众，当发生山洪灾害时，组织有关部门的专家和技术人员，及时赶赴现场，采取应急措施，若导致人员伤亡，应立即组织抢救，必要时向当地驻军、武警部队和上级政府请求救援。如山洪泥石流、滑坡体堵塞河道，当地防汛抗旱指挥机构应召集有关部门的专家研究处理方案，尽快采取应急措施。严重的山洪、泥石流灾害，长江防总办公室派出专家到现场指导。

台风暴潮（含热带气旋）灾害应急处理由当地防汛抗旱指挥机构负责。台风影响地区的各级防汛抗旱指挥机构领导及水利工程防汛负责人，应根据当地应急预案进一步检查各项防御措施落实情况。督促对病险堤防、水库、涵闸进行抢护或采取紧急处置措施，做好受台风威胁地区群众的安全转移。水文部门应根据降雨预报，做出江河洪水预报。水利工程管理单位应做好工程的保安工作，控制运用水库、水闸及江河洪水调度运行。并及时向上一级防汛抗旱指挥机构汇报防台风行动情况。

4.2 Ⅰ级应急响应

4.2.1 Ⅰ级响应的判别

出现下列情况之一者，为Ⅰ级响应：

（1）长江流域发生特大洪水，长江干流主要控制站水位达到或超过保证水位；

（2）三峡水库入库流量达到80000立方米每秒；

（3）滁河、水阳江或流域内两条及以上重要一级支流发生特大洪水或主要控制站水位超过保证水位；

（4）长江干流一级、二级堤防发生决口；

（5）流域内大型或重点中型水库发生垮坝；

（6）其他需要启动Ⅰ级响应的情况。

4.2.2 Ⅰ级响应行动

长江防总总指挥或常务副总指挥主持会商，防总成员参加。视情况启动国务院批准的长江防御特大洪水方案、长江水量应急调度方案。作出防汛抗旱应急工作部署，加强工作指导。按照权限调度水利、防洪和抗旱工程。向国家防总提出调度实施方案的建议，为国家防总提供调度参谋意见。向受影响省市防汛抗旱指挥机构发出落实调度实施方案应采取相应措施的具体要求。在2小时内将情况上报国家防总并通报长江防总成员单位。在24小时内派工作组、专家组赴一线指导地方抗洪抢险、抗旱救灾。

长江防总办公室密切监视汛情、工情、旱情、灾情的变化发展，领导参加带班并增加值班人员，加强值班、会商，每天发布汛情抗旱通报，通报汛情、旱情及防汛抗旱工作情况。根据汛情、旱情、灾情的发展，及时提出应急处理意见，供长江防总领导决策。

流域内相关省、市的防汛指挥机构启动Ⅰ级响应，可依法宣布本地区进入紧急防汛、抗旱期，按照国家的相关法规，行使权力。同时，增加值班人员，加强值班，由防汛抗旱指挥机构主要领导主持会商，动员部署防汛抗旱工作；按照权限调度水利、防洪工程；根据预案转移危险地区群众，组织巡查、布防及时控制险情。受灾地区的各级防汛抗旱指挥机构和成员单位负责人，应按照职责到分管的区域组织指挥防汛抗旱工作，或驻点帮助重灾区做好防汛抗旱工作。受灾省、市的防汛抗旱指挥机构应将防汛抢险和抗旱救灾工作情况上报当地人民政府和国家防总、长江防总。相关省、市的防汛抗旱指挥机构成员单位全力配合做好防汛和抗旱救灾工作。

长江防总办公室各成员单位进入Ⅰ级响应状态，按照职责分工，全力配合做好防汛抢险和抗旱救灾的专业技术支持和后勤保障。有关专业技术部门要参与长江特大洪水实时调度的研究和重大险情抢救方案、水量应急调度实施方案的制定，及时派出相关专业的专家赴一线指导地方抗洪抢险和抗旱救灾。流域内各级水文气象部门要确保防洪和抗旱水文测报。有关水情站点立即启动特大洪水测验方案，并加密观测和报汛段次，重点河段、测站逐时报汛，根据防洪调度的需要，加密实测流量的测验，布置对分洪溃口的水文观测。流域水文部门派出工作组到重要水文站点指导工作。流域内各级水情中心要及时准确做好相关站点的洪水预报工作，加强会商及滚动分析。

当水情达到洪水调度规定的分洪条件时，按照启用程序和管理权限由相应的防汛抗旱指挥机构批准下达分洪命令，有关地区和县防汛抗旱指挥机构负责调度措施的实施。运用蓄滞洪区时，应把人民生命安全放在首位，按照群众安全转移方案实施转移。

堤防决口的应急处理，由当地防汛抗旱指挥机构负责，首先应迅速组织受影响群众转移，并视情况抢筑二道防线，控制洪水影响范围，尽可能减少灾害损失。长江干流堤防决口应立即报告长江防总、国家防总。当地防汛抗旱指挥机构视情况在适当时机组织实施堤防堵口，要尽可能调度有关水利工程，为实施堵口创造条件，并迅速明确堵口抢险的行政、技术责任人，全力组织堵口抢险，长江防总的领导应立即带领专家赶赴现场指导。

水库溃坝的应急处理，由当地防汛抗旱指挥机构负责，应本着就近、迅速、安全、有序的原则迅速转移影响范围内的群众，实施安全转移时应先人员后财产，先老幼病残后其他人员，先转移危险地区人员，防止出现道路堵塞和意外事件的发生。若出现人员伤亡，应立即组织人员或抢险突击队紧急抢救。必要时向当地驻军、武警部队和上级政府请求救援。垮坝事件应立即报告长江防总、国家防总。

4.3 Ⅱ级应急响应

4.3.1 Ⅱ级响应的判别

出现下列情况之一者，为Ⅱ级响应：

（1）长江流域发生大洪水，长江干流主要控制站水位接近保证水位；

（2）三峡水库入库流量达到70000立方米每秒；

（3）滁河、水阳江或流域两条及以上主要一级支流发生大洪水或主要控制站水位达到保证水位；

（4）长江干流三级堤防或主要支流堤防发生决口；

（5）一般中型水库发生垮坝或大型水库发生重大险情；

（6）流域内多省（自治区、直辖市）数个市（地）在同一时期发生严重洪涝灾害；

（7）其他需要启动Ⅱ级响应的情况。

4.3.2 Ⅱ级响应行动

长江防总常务副总指挥或授权长江防总办主任主持会商，防总有关成员单位派员参加会商，视情况启动国家防总批准的长江洪水调度方案、长江水量应急调度方案。作出相应工作部署，加强防汛抗旱工作的指导。根据水情、工情、旱情、灾情的发展，及时向国家防总提出应对预案。按照权限调度水利、防洪工程。在2小时内将情况上报国家防总并通报长江防总成员单位，在24小时内派出工作组、专家组赴一线指导地方抗洪抢险和抗旱救灾工作。长江防总办公室密切监视汛情、工情、旱情、灾情的发展变化，领导参加带班并加强值班力量，不定期发布汛情、旱情通报。

流域内相关省、市防汛抗旱指挥机构可根据情况，依法宣布本地区进入紧急防汛、抗旱期，行使相关权力。同时增加值班人员，加强值班。由防汛抗旱指挥机构负责人主持会商，具体安排抗洪抢险和抗旱救灾工作，按照权限调度水利、防洪工程，及时控制险情。受灾地区的各级防汛抗旱指挥机构负责人、成员单位责任人，应根据职责到分管的区域组织指挥抗洪抢险和抗旱救灾。流域内相关省、市防汛抗旱指挥机构应将情况上报当地人民政府主要领导和国家防总、长江防总。其成员单位全力配合做好抗灾救灾工作。

长江防总办公室各成员单位，立即进入Ⅱ级响应状态，按照职责分工，全力配合为防汛抢险和抗旱救灾提供后勤保障和技术支持。流域内各级水文气象部门，确保防洪和抗旱水文测报。有关水情站点迅速启动大洪水测验方案，加密测报段次，布置分洪溃口的水文观测。流域水文部门派出工作组到重要水情站点指导测报工作。各级水情中心全力做好洪水预报，准确及时提供洪水预测预报信息。

当干支流控制站水位达到Ⅱ级响应标准时，当地防汛抗旱指挥机构应按照批准的防洪预案和防汛责任制的要求，组织强大的防汛抢险力量，全力防守，保证堤防安全。按洪水调度方案合理调度大中型水库，拦洪错峰，弃守洲滩民垸、清除河道阻水建筑物，临时抢护加高堤防等，落实蓄滞洪区运用的各项准备。

当堤防发生溃口性险情时，防汛责任单位要迅速调集人力、物力全力组织抢险，控制险情，并及时向可能受灾地区发出警报。长江干流堤防重大险情、堤防决口应立即报告长江防总、国家防总。堤防决口的应急处理，由当地防汛抗旱指挥机构负责组织群众转移、采取措施控制影响范围、适当时机组织堤防堵口。长江干流堤防决口、堵口，长江防总的领导应立即带领专家赶赴现场指导。

当水库出现重大险情时，防汛责任单位要迅速调集人力、物力全力组织抢险，控制险情，并及时向下游发出警报，同时向上级防汛主管部门和长江防总、国家防总报告。水库溃坝的应急处理，由当地防汛抗旱指挥机构负责，迅速组织转移影响地区的群众。水库垮坝事件应立即报告长江防总、国家防总。

4.4 Ⅲ级应急响应

4.4.1 Ⅲ级响应的判别

出现下列情况之一者，为Ⅲ级响应：

（1）长江流域发生较大洪水，长江干流主要控制站水位超过警戒水位；

（2）三峡水库入库流量达到60000立方米每秒；

（3）滁河、水阳江或流域内两条及以上主要一级支流发生较大洪水或主要控制站水位超过警戒水位；

（4）长江干流堤防出现重大险情；

（5）流域内中型水库出现严重险情或小型水库发生垮坝；

（6）流域内数省（自治区、直辖市）多个市（地）在同一时期发生较严重洪涝灾害；

（7）流域内某一省（自治区、直辖市）发生较大以上洪水，并发生严重洪涝灾害；

（8）其他需要启动Ⅲ级响应的情况。

4.4.2 Ⅲ级响应行动

长江防总办公室主任或授权副主任主持会商，作出相应工作安排，密切监视汛情、旱情、工情变化，加强防汛抗旱工作的指导，做好相关工程调度，在24小时内将情况上报国家防总并通报长江防总办公室成员单位，视情况派出工作组、专家组到一线指导地方防汛抢险和抗旱工作。

流域内相关省、市的防汛抗旱指挥机构，由防汛抗旱指挥机构的负责人主持会商，具体安排防汛抗旱工作；按照权限调度水利、防洪工程；根据预案组织防洪抢险和抗旱救灾，派出工作组、专家组到一线具体帮助防汛抗旱工作，并将防汛抗旱工作情况上报当地人民政府分管领导和国家防总、长江防总。有关部门按照职责分工，开展工作。

长江防总办公室各成员单位，按职责分工，做好后勤保障和技术支持。流域内各级水文气象部门加强汛情、旱情的监测，有关水文站点、启动较大洪水测验方案。各级洪水预报中心，加强洪水预测预报。

当干支流控制站水位达到Ⅲ级响应标准时，当地防汛抗旱指挥机构应按照批准的防洪预案和防汛责任制的要求，组织专业和群众防汛队伍巡堤查险，严密布防，必要时动用部队、武警参加重要堤段、重点工程的防守或突击抢险。

当堤防、水库发生险情时，防汛责任单位，应全力组织抢险控制险情，必要时向当地驻军、武警部队请求支援。重大险情立即向上级主管部门和长江防总报告。

4.5 Ⅳ级应急响应

4.5.1 Ⅳ级响应的判别

出现下列情况之一者，为Ⅳ级响应：

（1）长江流域发生一般洪水，长江干流主要控制站水位接近警戒水位；

（2）三峡水库入库流量达到50000立方米每秒；

（3）流域内两条及以上主要一级支流控制站水位达到警戒水位；

（4）长江干流堤防出现险情或主要一级支流堤防出现重大险情；

（5）流域内中型水库出现较重险情；

（6）流域内多省（自治区、直辖市）同时发生一般洪水；

（7）其他需要启动Ⅳ级响应的情况。

4.5.2 Ⅳ级响应行动

长江防总办公室副主任主持会商，作出相应工作安排，加强对汛情、旱情的监视和对防汛抢险和抗旱工作的指导，并将情况上报国家防总和通报长江防总办公室成员单位。

流域内相关省、市的防汛指挥机构由负责人主持会商，具体安排防汛抢险和抗旱减灾工作。按照权限调度水利、防洪工程。按照预案采取相应防守措施和抢险措施。派出专家组赴一线指导防汛抢险和抗旱救灾；并将防汛抗旱工作情况上报当地人民政府和长江防总办公室。

流域内相关水文、气象部门加强水雨情的监测，做好预测预报，并将情况及时报长江防总办公室。

4.6　信息报送和处理

4.6.1　防汛抗旱信息实行分级上报，归口处理，同级共享。

长江流域防汛抗旱信息报送流程：

水雨情信息：水情站→水情分中心→省市防汛抗旱指挥机构、流域水情中心→长江防总→国家防总。

洪水预报信息：省（市）水情中心→省市防汛抗旱机构、流域水情中心→长江防总→国家防总。

重大工情、险情、灾情信息：（堤防、水库、蓄滞洪区等）工程管理部门→上级防汛抗旱指挥机构→省市防汛抗旱指挥机构→长江防总→国家防总。

4.6.2　防汛抗旱信息的报送和处理，应快速、准确、详实，重要信息要立即上报，因客观原因当时难以准确掌握的信息，应及时报告基本情况，同时抓紧了解情况，随时补报详情。

4.6.3　属一般汛情、旱情、工情、险情、灾情信息，按分管权限，分别报送本级防汛抗旱指挥机构值班室负责处理。凡因险情灾情较重，按分管权限一时难以处理，需上级帮助，指导处理的经本级防汛抗旱指挥机构负责同志审批后，向上一级防汛抗旱指挥机构值班室上报。

4.6.4　凡经本级和上级防汛抗旱指挥机构采用和发布的水旱灾害、工程抢险等信息，当地防汛抗旱指挥机构应立即调查，对存在的问题，及时采取措施，切实加以解决。

4.6.5　长江防总办公室接到特别重大、重大的汛情、旱情、险情、灾情报告后应立即报告国家防总，并及时续报。

4.7　调度和指挥

4.7.1　荆江分洪区的运用由国家防总批准；其他蓄滞洪区的运用由长江防总商所在省人民政府决定，有关地区和县人民政府、防汛抗旱指挥机构负责调度措施的实施。

4.7.2　特殊情况下的非常洪水调度措施由长江防总商有关省（市）防总提出调度意见，报国家防总批准。

4.7.3　水库汛期要服从防汛调度。承担防洪任务的重要水库，汛期水库水位在汛限水位以上的防洪库容，由长江防总或省（市）级防汛抗旱指挥机构负责调度。三峡水利枢纽的洪水调度按国家防总有关规定执行；丹江口水利枢纽、陆水水库的洪水调

度由长江防总负责；清江隔河岩水库，其防洪调度由湖北省防汛抗旱指挥部实施，影响荆江防洪时须报请长江防总批准；长江上游干支流为长江中下游预留防洪库容的水库，当需要配合三峡水库为长江中下游进行防洪调度时，由长江防总负责。其余大中型水库调度管辖权限分别由各省（市）防汛抗旱指挥机构负责，其调度影响长江整体防汛时应报长江防总批准。

4.8　抢险与救灾

4.8.1　出现水旱灾害或防洪工程发生重大险情后，当地防汛抗旱指挥机构应根据事件具体情况，迅速对事件进行监控、追踪，并立即与相关部门联系和向上级防汛抗旱指挥机构报告；按照预案提出紧急处置措施；迅速调集本部门的资源和力量，提供技术支持；组织当地有关部门和人员，迅速开展现场处置救援工作；由防汛抗旱指挥机构统一指挥，按照职能分工，各单位各部门应各司其职，团结协作，快速反应，高效处置，最大限度地减少损失。

4.8.2　各级防汛抗旱指挥机构应高度重视应急抢险救灾人员的安全，调集和储备必要的防护器材、消毒药品、备用电源和抢救伤员必备的器械等。参加一线的抗洪抢险人员，必须穿救生衣。当现场受到污染时，应按要求为抢险人员配备防护设备，撤离时应进行消毒、去污处理。

4.8.3　出现水旱灾害后，事发地防汛抗旱指挥机构应及时做好群众的救援、转移和疏散工作，妥善安置灾区群众，为转移的群众提供紧急避难场所，保证基本生活。组织医疗卫生部门，对灾区和灾民提供医疗援助。

4.8.4　一次性灾害损失出现下列情况之一时，可由长江防总派出慰问团或工作组，赴灾区慰问，指导协助工作。

（1）受灾范围为流域内一省的三分之一以上市（县）或农作物受灾面积占耕地面积的30%以上；

（2）流域内一省（自治区、直辖市）伤亡人数在50人以上；

（3）流域内一省（自治区、直辖市）直接经济损失10亿元以上。

4.9　应急结束

4.9.1　当水旱灾害等得到有效控制时，可视情宣布应急响应结束。

4.9.2　紧急处置工作结束后，事发地防汛抗旱指挥机构应协助当地政府尽快恢复生活、生产、工作秩序，修复水毁、旱损基础设施。

5　应急保障

5.1　通信与信息保障

5.1.1　长江防总与国家防总、流域内各省（直辖市）、重点防洪地区防汛抗旱指挥机构间的通信网络是以公用通信网为主，并辅以防汛抗旱专用微波。无论是公用或专用通信网络的管理部门，都有依法保障防汛抗旱信息畅通的责任。

长江各堤防管理部门，包括各修防处、堤防管理段、闸管处等，尤其是重点地区的险工险段，长江流域各大中型水库，长江中下游 44 个重点蓄滞洪区，以及有分蓄洪任务的县市防办等部门，必须配备可靠的通信设施，并确保通信畅通。

5.1.2 防汛抗旱指挥机构应协调当地通信部门，按照防汛抗旱的实际需要，将有关要求纳入应急通信保障预案。出现突发事件后，通信部门应启动应急通信保障预案，迅速调集力量抢修损坏的通信设施，必要时，调度应急通信设备，保证防汛抗旱通信畅通，为现场指挥调度提供通信保障。

5.1.3 在紧急情况下，应充分利用有线、无线、广播、电视网络以及手机短信等手段发布信息，通知群众快速撤离，确保人民生命安全。

5.2 应急支援与装备保障

5.2.1 现场救援和工程抢险保障

（1）长江中下游干流一级、二级堤防重点险工险段或易出险的水利工程设施，应提前编制工程应急抢险预案，以备紧急情况下因险施策；当出现新的险情后，应派工程技术人员赶赴现场，研究优化除险方案，并由防汛行政首长负责组织实施。

（2）防汛抗旱指挥机构和防洪工程管理单位以及受洪水威胁的其他单位，储备的常规抢险机械、抗旱设备、物资和救生器材，应能满足抢险急需。

5.2.2 应急队伍保障

任何单位和个人都有依法参加防汛抗旱的义务。中国人民解放军、武警部队和民兵是抗洪抢险和抗旱救灾的重要力量。

流域内各级防汛抗旱指挥机构组建群众抢险队伍与防汛机动抢险队，群众抢险队伍主要为抢险提供劳动力，机动抢险队主要完成对抢险技术设备要求不高的抢险任务。解放军组建的抗洪抢险专业应急部队主要完成急、难、险、重的抢险任务。

调动防汛机动抢险队程序：本级防汛抗旱指挥机构管理的机动抢险队，由本级防汛抗旱指挥机构负责调动；上级防汛抗旱指挥机构管理的防汛机动抢险队，由本级防汛抗旱指挥机构向上级防汛抗旱指挥机构提出申请，由上级防汛抗旱指挥机构批准；同级其他区域防汛抗旱指挥机构管理的防汛机动抢险队，由本级防汛抗旱指挥机构向上级防汛抗旱指挥提出申请，由上级防汛抗旱指挥机构协商调动。

长江防总办公室组建的防汛抗旱专业组、防汛抢险预备队、防洪机动抢险队，主要为长江中下游重点防洪地区提供防洪抢险和抗旱救灾应急支援，由长江防总负责调动。

流域内县级以上地方人民政府组织的抢险救灾需要军队参加的，应通过当地防汛抗旱指挥机构军队成员单位提出申请，由军队成员单位按照军队有关规定办理，紧急情况下，部队可边行动边报告，地方政府及时补办申请手续。申请调动部队参加抢险救灾的文件内容包括：灾害种类、发生时间、受灾地域和程度、采取的救灾措施以及需要使用的兵力、装备等。

荆江分洪区，汛期需常驻军队，负责进洪闸（北闸）外防淤堤、及腊林洲进洪堤口爆破，启闭进洪闸门及节制闸（南闸），保障防汛安全等。申请调动军队驻守北闸，由湖北省防汛抗旱指挥部视情况按规定办理。

5.2.3　供电保障

流域内各电力部门主要负责抗洪抢险、抢排渍涝、抗旱救灾等方面的供电需要和应急救援现场的临时供电保障。

5.2.4　交通运输保障

交通运输部门主要负责优先保证防汛抢险人员、防汛抗旱救灾物资运输；蓄滞洪区分洪时，负责群众安全转移所需地方车辆、船舶和调配；负责分泄大洪水时河道航行和渡口的安全；负责大洪水时用于抢险、救灾车辆、船舶的及时调配。

5.2.5　医疗保障

医疗卫生防疫部门主要负责水旱灾区疾病防治的业务技术指导；组织医疗卫生队赴灾区巡医问诊，负责灾区防疫消毒，抢救伤员等工作。

5.2.6　治安保障

公安部门主要负责做好洪涝灾区、蓄滞洪区和干旱灾区的治安管理工作，依法严厉打击破坏抗洪抗旱救灾行动和防洪工程设施安全的行为，保证抗灾救灾工作的顺利进行；负责组织搞好防洪抢险、分洪爆破时的戒严、警卫工作，维护灾区的社会治安秩序。

5.2.7　物资保障

流域内各级防汛抗旱指挥机构、重点防洪工程管理单位以及受洪水威胁的其他单位应按规范储备防汛抢险物资，储备物资的品种和数量，结合本地抗洪抢险的需要和具体情况，由各级防汛指挥机构确定。

流域内干旱频繁发生地区县级以上地方人民政府应当储备一定数量的抗旱物资，由本级防汛抗旱指挥机构负责调用。严重缺水城市应当建立应急供水机制，建设应急供水备用水源。

长江防总防汛物资仓库储备的中央级防汛抗旱物资，主要用于解决遭受特大水旱灾害地区防汛抗旱物资不足，重点支持遭受特大洪涝和特大干旱灾害地区防汛抢险和抗旱救灾物资的应急需要。中央级防汛抗旱物资的调用，由长江防总或省级防汛抗旱指挥机构向国家防总办公室提出申请，经批准同意，由国家防总办公室下达调令。

防汛抗旱物资仓库在汛期和干旱期应随时做好物资调运的各项准备工作，按调令保证防汛抗旱物资快速、安全地运达指定地点。

当储备物资消耗过多，不能满足抗洪抢险和抗旱救灾需要时，防汛抗旱指挥机构应及时启动生产流程和生产能力储备，联系有资质的厂家紧急调运、生产所需物资，必须时可通过媒体向社会公开征集。

5.2.8 资金保障

由财政部门安排的防汛抗旱经费，按照分级管理原则，分别列入中央财政和地方财政预算。在汛期有防汛任务的地区的单位和个人应当承担一定的防汛抢险的劳务和费用，具体办法由省、市人民政府制定实施。

中央财政安排的特大防汛抗旱补助费，用于补助遭受特大水旱灾害的省、市及计划单列市进行防汛抢险、抗旱及中央直管的大江大河抗洪抢险和水毁防洪工程修复。流域内各省、市人民政府应当在本级财政预算中安排资金，用于本行政区域内遭受严重水旱灾害地区的抗洪抢险、抗旱和水毁、旱损工程的修复。

国家设立的中央水利建设基金，用于大江大河重点治理工程的维护和建设。受洪水威胁的省、市为加强本行政区域内防洪工程设施建设，提高防御洪水能力，按照《中华人民共和国防洪法》的有关规定，可以在防洪保护区范围内征收河道工程修建维护管理费。

5.3 技术保障

5.3.1 建设长江防汛抗旱指挥系统

完善水情信息系统。全面提高水文设施防洪标准和水文测报能力。建成覆盖长江流域且具有高效、可靠、先进、实用的水情信息系统，要求全流域各水情信息中心在20分钟内，流域水情信息中心在25分钟内收齐所属报汛站的水情信息，并在30分钟内将向中央报汛的水情信息传到国家防总。

形成覆盖国家防总、长江防总和流域内各省、市防汛抗旱指挥机构的计算机网络系统，提高信息传输的质量和速度。

修编现行的长江流域洪水预报方案，完善长江重要防洪河段的洪水预报系统，提高预报精度，延长有效预见期。流域水情中心负责长江干流和重要支流站点，洞庭湖、鄱阳湖出口控制站，清江、汉江中下游以及三峡水库洪水预报调度和中下游蓄滞洪区洪水预报方案的修编。流域内各省、市负责辖区内其他支流洪水预报方案的修编。

建设长江防汛抗旱通信系统。完成报汛报旱通信主干网建设，提高水情、旱情、工情、灾情信息传输的实时性和可靠性；改善长江防总与国家防总、流域内各省、市、重点防汛抗旱地区防汛抗旱指挥机构之间的通信条件，保证防汛抗旱命令迅速可靠传递；完善重点防洪地区通信干线和重点蓄滞洪区应急通信系统。

建设长江水旱灾害监测系统。流域内10个重点防洪省、市共有287个重点防洪县、

44个蓄滞洪区为长江灾情监测基本站网，利用监测技术、现代通信技术和计算机网络，建设覆盖长江流域重点防汛抗旱省、市的水旱灾害监测系统，可以不断监测灾情的进展和态势，及时把信息传输到各级防汛抗旱部门，为有效组织防汛抗旱救灾提供决策依据。

建立和完善长江防汛抗旱决策支持系统。主要包括调度系统、信息服务系统、灾情评估系统、会商支持系统、业务管理系统、预报系统、水情汇集系统等。建立长江防汛抗旱综合数据库系统，包括实时水雨情库、气象信息库、工程信息库、社会经济信息库、图形库、动态影像库、历史水旱灾害数据库等，并实现信息的快速查询。

建立长江重要河段实时防洪调度系统，实现实时制订和优化洪水调度方案，并建立长江防总与国家防总和流域内重点防洪省、市防汛指挥机构之间的防汛异地会商系统，为抗洪救灾、调度决策提供支持。

5.3.2 建立专家支持系统

长江防总和流域内各级防汛抗旱指挥机构应建立专家库，当发生水旱灾害时，由防汛抗旱指挥机构统一调度，派出专业组、专家组，指导防洪抢险和抗旱救灾工作。

6 宣传、培训和演习

6.1 宣传

采取各种形式加强全社会防汛抗旱意识的宣传教育，要对水旱灾害及防御措施进行系统的宣传，使广大群众、工矿企业、机关单位，充分认识水旱灾害的严重性和出现水旱灾害时可能采取的对策，增强全民和全社会的防洪抗旱意识。

公众信息交流。汛情、旱情、工情、灾情及防汛抗旱工作等方面的公众信息交流，实行分级负责制，一般公众信息由本级防汛抗旱指挥机构负责人审批后，可通过媒体向社会发布。当长江干流及主要一级大支流发生超警戒水位并呈上涨趋势；山区发生暴雨山洪，造成较为严重影响；出现大范围的严重旱情，并呈发展趋势时，按分管权限，由本地区防汛抗旱指挥机构统一发布汛情旱情通报。长江中下游干流出现特大洪水，主要控制站达到或超过保证水位时，由长江防总或授权有关省防汛抗旱指挥机构统一发布汛情通报。

6.2 培训

6.2.1 采取分级负责的原则，由各级防汛抗旱指挥机构统一组织培训。长江防总、流域内省级防汛抗旱指挥机构负责市、县防汛抗旱机构负责人、防汛抗旱技术骨干和防汛机动抢险负责人的培训；市、县防汛抗旱指挥机构负责乡镇防汛抗旱机构负责人、防汛抗旱技术人员和防汛机动抢险队骨干的培训。

6.2.2 培训工作应做到合理规范课程、考核严格、分类指导，保证培训工作质量。通过培训，提高防洪抗旱意识，掌握必要的防汛抢险和抗旱救灾知识与技能，能够知道如何处理各类险情的正确方法与措施，对于防汛专业人员，还应提高其科技水平及掌握现代科技能力。

6.2.3　制定培训计划，形成制度，使培训工作经常化、正规化、法制化。培训工作应结合实际，采取多种组织形式，定期与不定期相结合，每年汛前应组织一次培训。

6.2.4　中国人民解放军抗洪抢险救灾应急部队的培训，由军队统一安排。长江防总与地方有关部门给予必要的支持和协助。

6.3　演习

6.3.1　流域内各级防汛抗旱指挥机构应定期举行不同类型的应急演习，如对堤防、水库重大险情的抢护，蓄滞洪区的有控闸门的启闭，无控分洪口的爆破以及人员疏散转移，水量应急调度等。长江中下游重点险工险段堤防，重点大型水库、荆江分洪区，杜家台蓄滞洪区等应每年汛前举行演习，以检查、改善和强化应急准备和应急响应能力。

6.3.2　专业抢险队必须针对当地易发生的各类险情有针对性地每年进行抗洪抢险演习。

6.3.3　多个部门联合进行的专业演习，一般 2 至 3 年举行一次，由省级防汛抗旱指挥机构负责组织。

7　善后工作

7.1　救灾

发生重大水旱灾害后，当地防汛抗旱指挥机构应协助当地政府做好灾区生活供给、卫生防疫、救灾物资供应、治安管理、学校复课、水毁修复，恢复生产和重建家园等善后工作。

7.2　防汛抗旱物料补充

按照分级筹措和常规防汛抗旱的要求，及时补充到位。长江防总办公室储备的中央防汛抗旱物资的补充，由长江防总办公室负责办理。

7.3　水毁与旱损工程修复

7.3.1　对影响当年防洪安全和城乡供水安全的水毁、旱损工程，应尽快修复。防洪工程应力争在下次洪水到来之前，恢复主体功能。

7.3.2　遭到破坏的交通、电力、通信、水文以及防汛抗旱专用通信设施，应尽快组织修复，恢复功能。

7.4　蓄滞洪区运用补偿

国家正式批准的、有明确分蓄洪任务的蓄滞洪区，分洪运用后，由当地政府组织灾情调查，并报长江防总，由长江防总核实后，转报中央主管部门批准，并由财政部门下发补偿费。其他蓄滞洪区，由地方人民政府参照国家《蓄滞洪区补偿暂行办法》

补偿。

7.5　灾后重建

受灾地区相关部门，应尽快组织灾后重建工作。灾后重建原则上按原标准恢复，在条件允许情况下，可提高重建标准。

7.6　防汛抗旱工作评价

各级防汛抗旱指挥机构，应针对防汛抗旱工作各个方面和环节进行定性和定量的总结、分析、评估。总结经验，找出问题，从防洪和抗旱工程的规划、设计、运行和管理提出改进建议。

8　预案解释部门

本预案由长江防总办公室负责管理，根据实际情况的变化及时修订本预案。

本预案由长江防总办公室负责解释。

长江巨变70年丛书

缚龙捉鳖 长江防洪减灾70年

附图

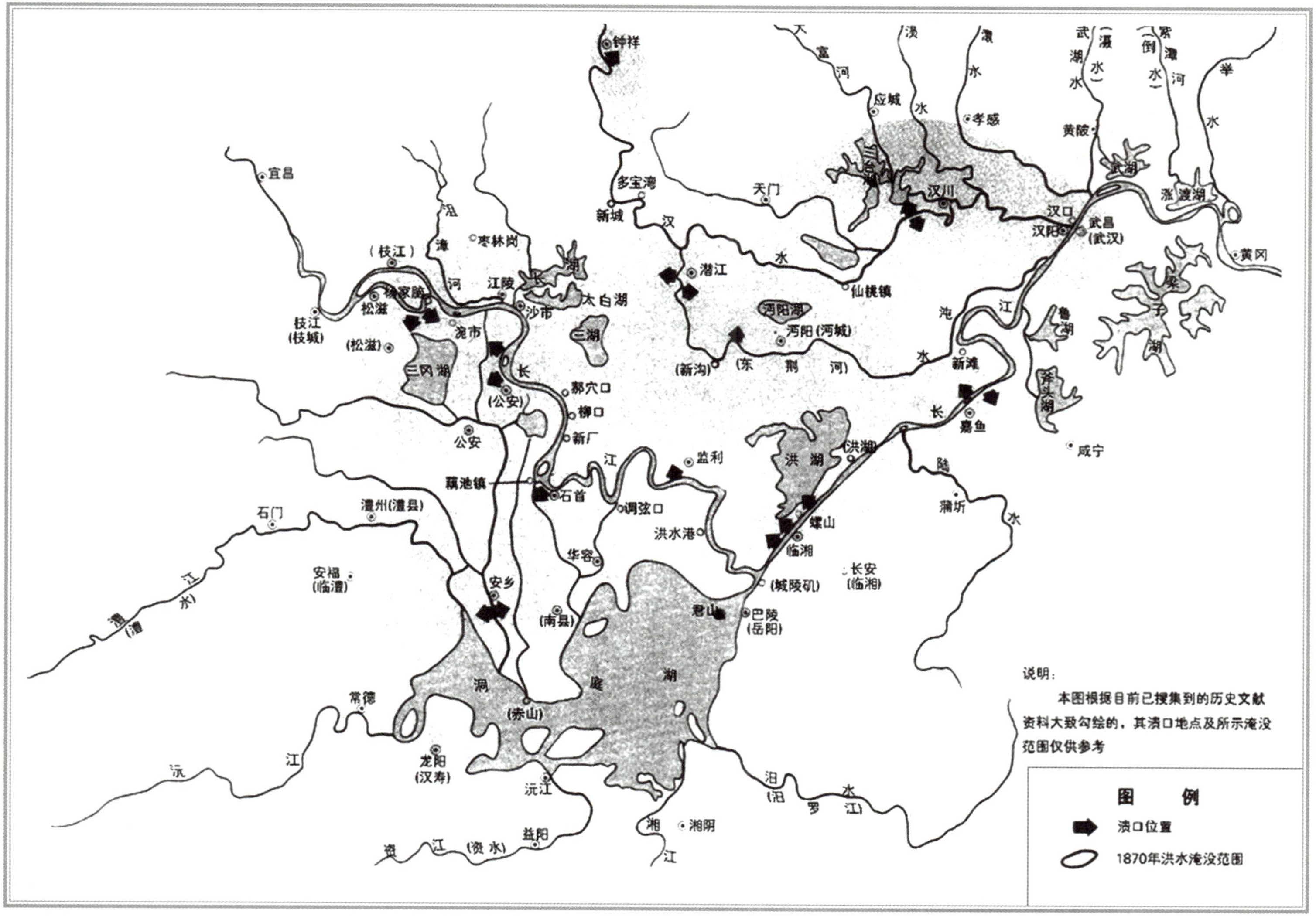

附图 1　1870 年长江中游洪水淹没示意图

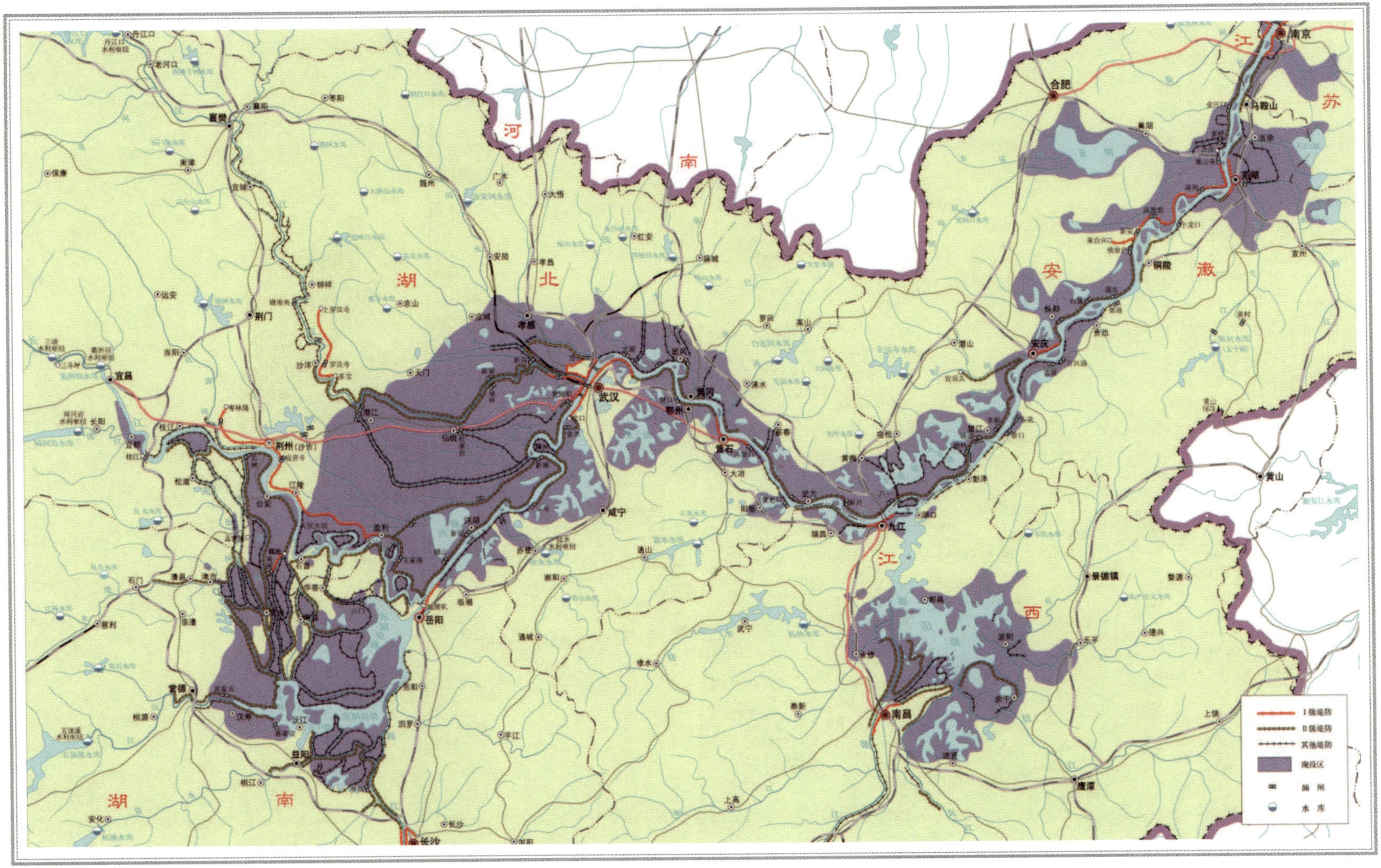

附图 2　1954 年长江洪水淹没示意图

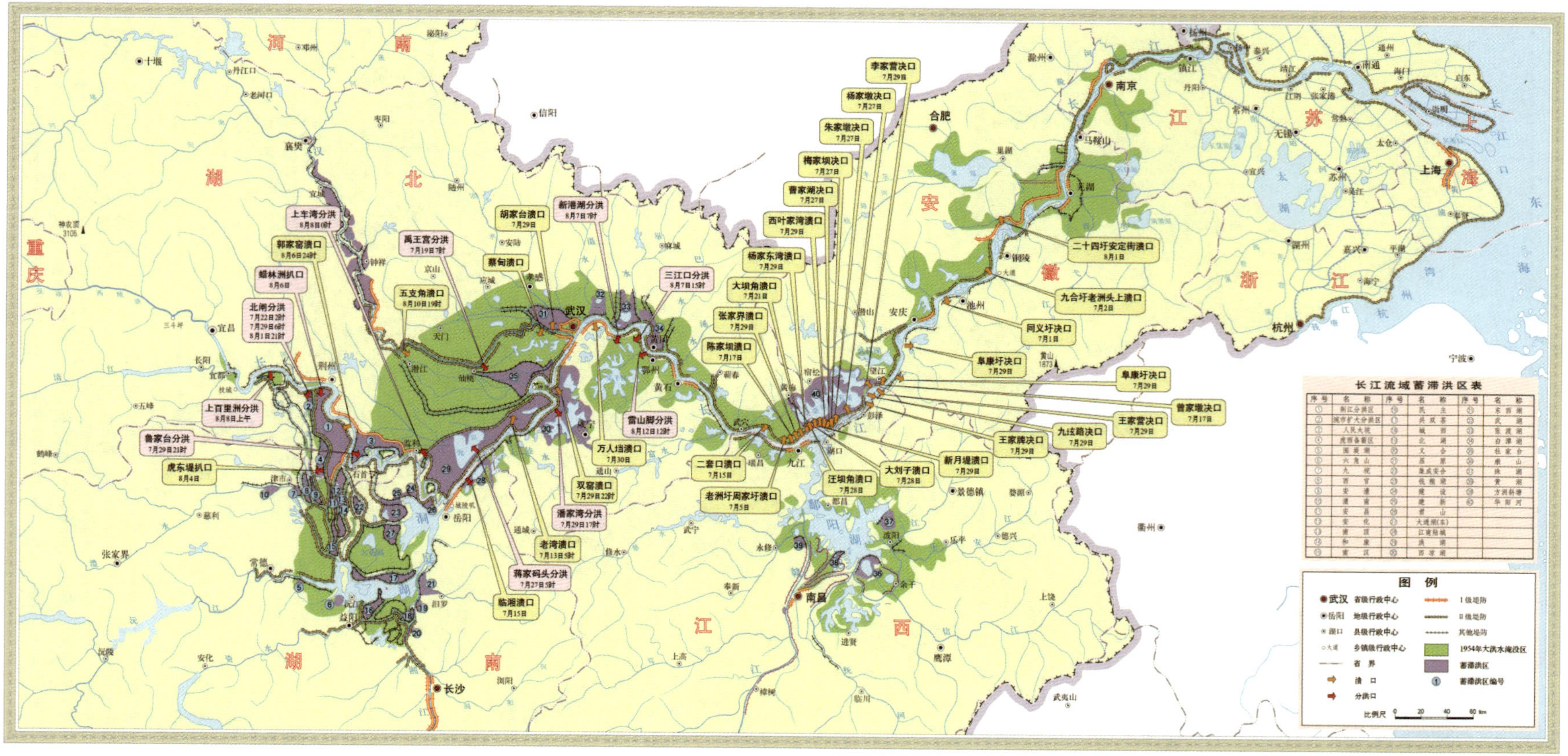

附图 3　1954 年长江中下游分洪溃口示意图

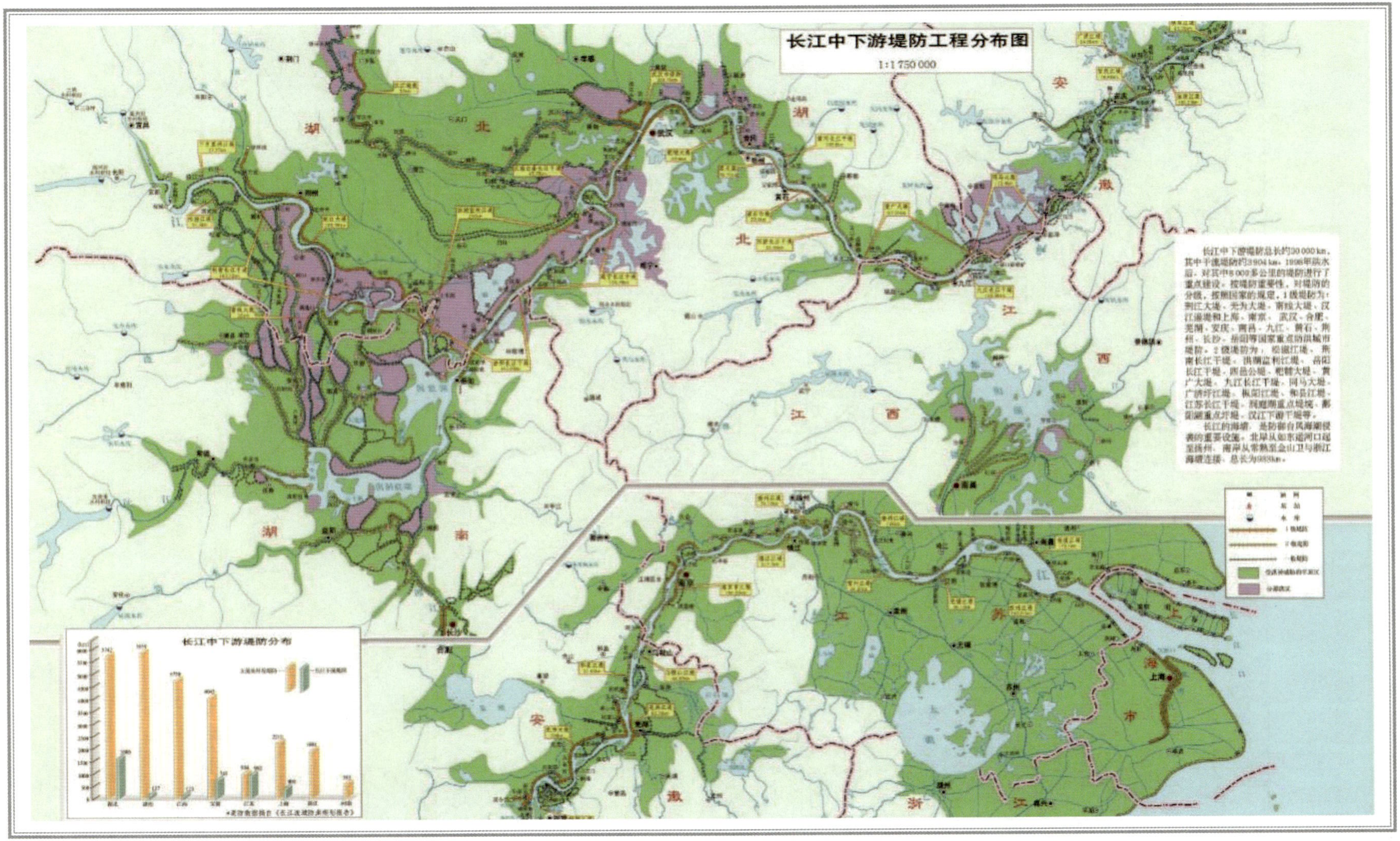

附图 4　长江中下游堤防工程分布图

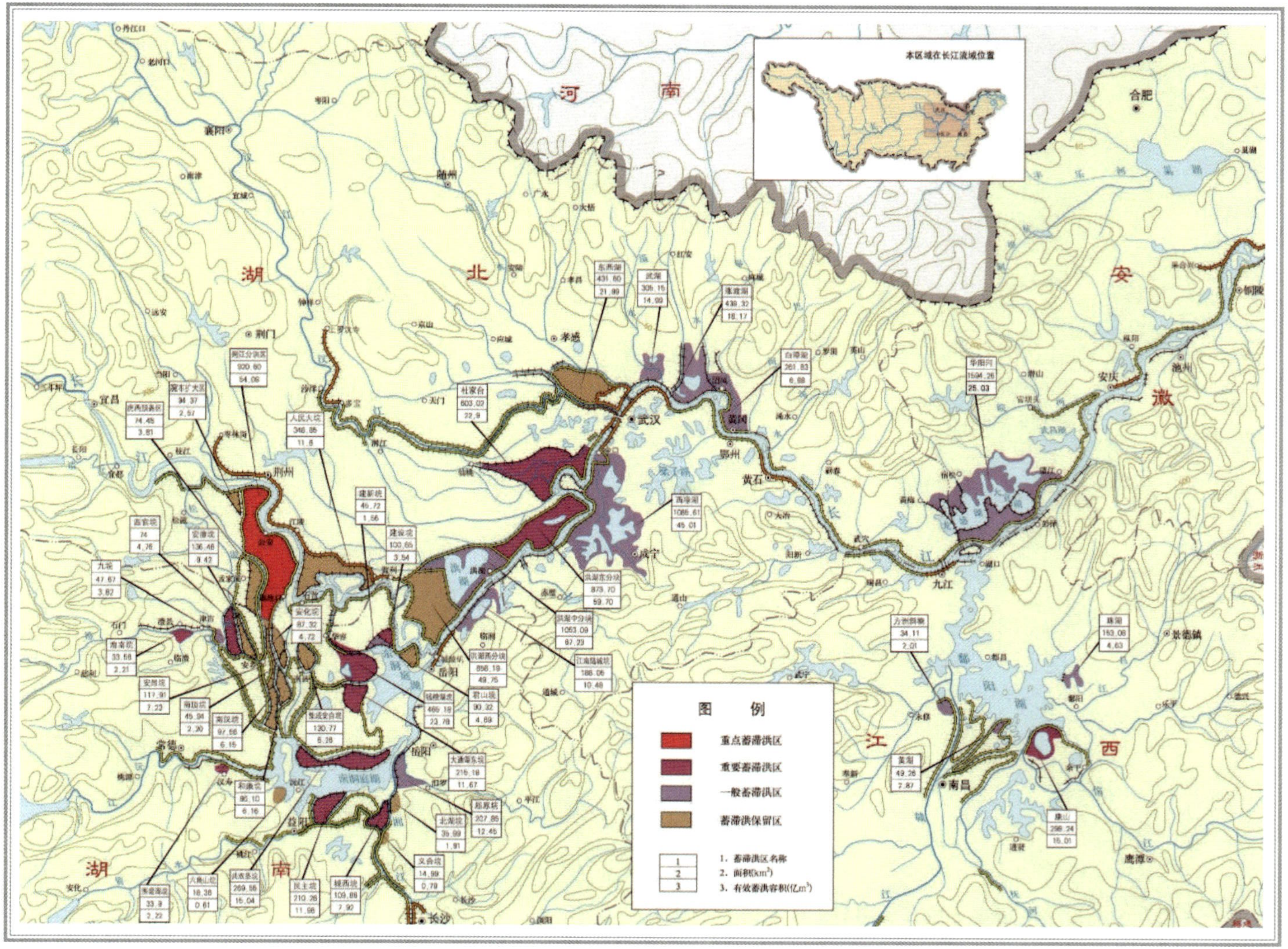

附图 5　长江中下游蓄滞洪区分布图

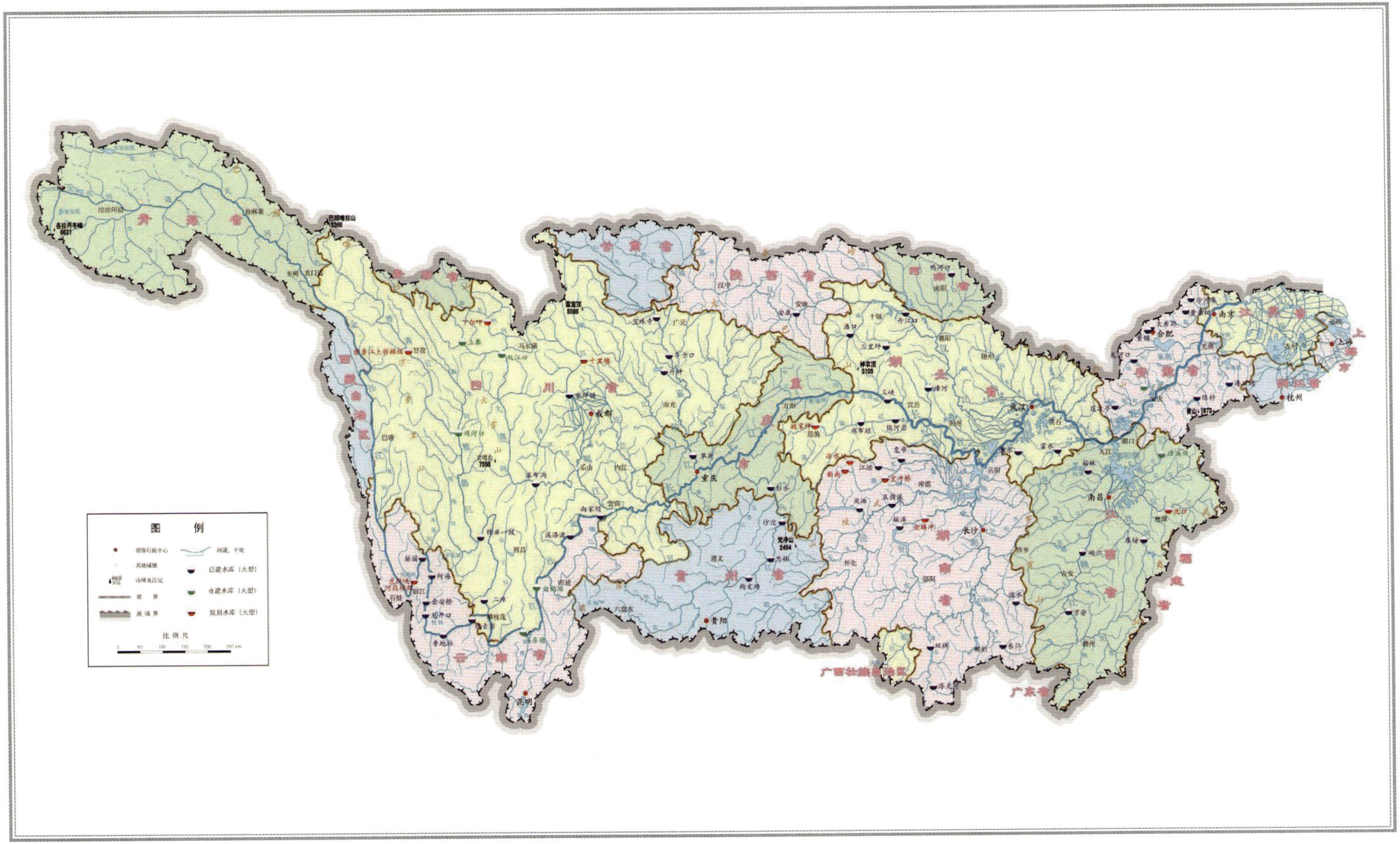

附图 6　长江流域重要防洪水库分布示意图

图书在版编目(CIP)数据

缚龙捉鳖：长江防洪减灾70年/徐照明等编著.
—武汉：长江出版社，2019.12
（长江巨变70年丛书）
ISBN 978-7-5492-6706-4

Ⅰ.①缚… Ⅱ.①徐… Ⅲ.①长江流域－防洪－成就 Ⅳ.①TV882.2

中国版本图书馆CIP数据核字(2019)第219085号

缚龙捉鳖：长江防洪减灾70年　　徐照明 等编著

出版策划：赵冕 郭利娜
责任编辑：高伟 张琼
装帧设计：刘斯佳
出版发行：长江出版社
地　　址：武汉市解放大道1863号　　邮　　编：430010
网　　址：http://www.cjpress.com.cn
电　　话：(027)82926557(总编室)
　　　　　(027)82926806(市场营销部)
经　　销：各地新华书店
印　　刷：武汉市金港彩印有限公司
规　　格：797mm×1092mm　　1/16　　21.5印张16页彩页　　419千字
版　　次：2019年12月第1版　　2020年8月第1次印刷
ISBN 978-7-5492-6706-4
定　　价：118.00元